国家出版基金项目
NATIONAL PUBLICATION FOUNDATION

地球观测与导航技术丛书

海岸带遥感评估

苏奋振 等　著

科学出版社

北　京

内 容 简 介

本书针对海岸带独特的地表形态、结构、格局和过程,融合高分辨率遥感的技术特点,创建海岸带遥感独特的调查、分析与评估方法,旨在打通海岸带与遥感的学科壁垒,使海岸带与遥感融合并重,相互不可或缺,以区别于遥感技术在海岸带中的应用或利用遥感技术的海岸带分析等一主一附的技术方法路线。全书分海岸带遥感调查、海岸带遥感分析和海岸带遥感评估模型三篇。海岸带遥感调查篇探讨海岸带遥感的分类体系、信息提取和制图方法;海岸带遥感分析篇则以我国大陆海岸 30 年变化为核心,探讨海岸带遥感分析中的典型形态特征分析方法和要素组成特征分析方法;海岸带遥感评估篇则创建海岸带遥感评估物理模型,探究海岸带与人力的相互作用及其累积效应与过程。

本书可供海洋、地理、测绘、遥感和地理信息系统等相关科研人员、教师和研究生等阅读参考。

图书在版编目(CIP)数据

海岸带遥感评估/苏奋振等著. —北京:科学出版社,2015.6
(地球观测与导航技术丛书)
ISBN 978-7-03-043682-5

Ⅰ.①海… Ⅱ.①苏… Ⅲ.①海岸带-海洋遥感-评估 Ⅳ.①P715.7

中国版本图书馆 CIP 数据核字(2015)第 048127 号

责任编辑:杨帅英 / 责任校对:赵桂芬
责任印制:肖 兴 / 封面设计:王 浩

科学出版社 出版
北京东黄城根北街 16 号
邮政编码:100717
http://www.sciencep.com

中国科学院印刷厂 印刷
科学出版社发行 各地新华书店经销
*

2015 年 6 月第 一 版 开本:787×1092 1/16
2015 年 6 月第一次印刷 印张:26
字数:616 000
定价:159.00 元
(如有印装质量问题,我社负责调换)

《地球观测与导航技术丛书》编委会

顾问专家

徐冠华　龚惠兴　童庆禧　刘经南　王家耀
李小文　叶嘉安

主　编

李德仁

副主编

郭华东　龚健雅　周成虎　周建华

编　委（按姓氏汉语拼音排序）

鲍虎军　陈　戈　陈晓玲　程鹏飞　房建成
龚建华　顾行发　江碧涛　江　凯　景　宁
景贵飞　李传荣　李加洪　李　京　李　明
李增元　李志林　梁顺林　廖小罕　林　晖
林　鹏　刘耀林　卢乃锰　闾国年　孟　波
秦其明　单　杰　施　闯　史文中　吴一戎
徐祥德　许健民　尤　政　郁文贤　张继贤
张良培　周国清　周启鸣

《地球观测与导航技术丛书》出版说明

地球空间信息科学与生物科学和纳米技术三者被认为是当今世界上最重要、发展最快的三大领域。地球观测与导航技术是获得地球空间信息的重要手段,而与之相关的理论与技术是地球空间信息科学的基础。

随着遥感、地理信息、导航定位等空间技术的快速发展和航天、通信和信息科学的有力支撑,地球观测与导航技术相关领域的研究在国家科研中的地位不断提高。我国科技发展中长期规划将高分辨率对地观测系统与新一代卫星导航定位系统列入国家重大专项;国家有关部门高度重视这一领域的发展,国家发展和改革委员会设立产业化专项支持卫星导航产业的发展;工业和信息化部、科学技术部也启动了多个项目支持技术标准化和产业示范;国家高技术研究发展计划(863 计划)将早期的信息获取与处理技术(308、103)主题,首次设立为"地球观测与导航技术"领域。

目前,"十一五"计划正在积极向前推进,"地球观测与导航技术领域"作为 863 计划领域的第一个五年计划也将进入科研成果的收获期。在这种情况下,把地球观测与导航技术领域相关的创新成果编著成书,集中发布,以整体面貌推出,当具有重要意义。它既能展示 973 计划和 863 计划主题的丰硕成果,又能促进领域内相关成果传播和交流,并指导未来学科的发展,同时也对地球观测与导航技术领域在我国科学界中地位的提升具有重要的促进作用。

为了适应中国地球观测与导航技术领域的发展,科学出版社依托有关的知名专家支持,凭借科学出版社在学术出版界的品牌启动了《地球观测与导航技术丛书》。

丛书中每一本书的选择标准要求作者具有深厚的科学研究功底、实践经验,主持或参加 863 计划地球观测与导航技术领域的项目、973 计划相关项目以及其他国家重大相关项目,或者所著图书为其在已有科研或教学成果的基础上高水平的原创性总结,或者是相关领域国外经典专著的翻译。

我们相信,通过丛书编委会和全国地球观测与导航技术领域专家、科学出版社的通力合作,将会有一大批反映我国地球观测与导航技术领域最新研究成果和实践水平的著作面世,成为我国地球空间信息科学中的一个亮点,以推动我国地球空间信息科学的健康和快速发展!

李德仁

2009 年 10 月

前　言

作为海、陆、气交互作用地带，各种过程耦合多变，机制复杂，叠加人类活动，使得海岸带成为响应全球变化最敏感也是最脆弱的区域。海岸变化的机制和应对已经成为人类探索自然的热点和关切未来的突破口。为此，海岸带海陆相互作用(land-ocean interactions in the coastal zone，LOICZ)成为国际地圈-生物圈计划(international geosphere-biosphere programme，IGBP)的研究核心之一。

作为人类生存和发展最为重要的区域，海岸带仅占地球表面积的18%，却成为世界60%人口的栖息地，人口超过160万的大城市中有2/3分布于这一地区。与此同时，海岸带也是国家或区域交往和防御的第一地带，是民族或国家的门户，是兴亡关键。

因优势区位及高生产力特性，20世纪80年代以来，我国海岸带成为国家社会经济发展的引擎，全国的物资、人口和资金大量集中于狭窄的岸带，经济社会发展的消耗和需求，导致岸带空间资源日渐匮乏，环境日趋恶化，优化配置和可持续利用成为近切。

我国海岸从热带到温带，气候类型不一，海洋环境复杂，受大陆和沿岸冷流、海洋冷暖流等影响，自然现象丰富，风浪表现各异，巨浪咆哮与风平浪静并存。其地壳变动时空分异明显，沉降隆起相互交替，河海陆相互作用复杂，海岸地形地貌发育异彩纷呈。岸段特性迥异，时而岸线平直，地势低缓，沙滩淤浅，养殖增地均佳，行船建港皆难；时而曲折多湾，悬崖峭壁，奇石异峰，海洞岬角，海岛密布，建港观光价高。河流来水来沙各异，时而挟带大量泥沙入海，形成滨海冲积平原，不断向海扩展；时而海洋侵蚀作用明显，陆地不断后退。

海岸带复杂多样的自然属性，同时叠加了时空分异的人类活动及强度，其资源环境变化快，需要遥感这一高新技术的支撑，高频地获取整体同一基准的信息。考虑到海岸的自然复杂性和遥感的技术特性，需要融会成海岸带遥感理论方法，而非仅仅停留在遥感在海岸带研究开发和管理的简单应用上。与此同时，海岸带遥感获取的信息，需要进一步地加工、分析和挖掘，以支撑海岸带的研究、管理和决策，这就提出了海岸带遥感评估的需求。发达国家因人为改变相对较缓或未对整个海岸造成影响，自然因素往往是其研究的重点，可供我国快速变化评估参考的内容并不多。

在人为影响评估方面，国内外较为常见的是采用数学模型对海岸利用状态进行评价，往往以数值代表区域而不区分空间分异。另外，传统的评估模型，更多地关注土地利用的面积比等，往往难以考虑海岸带的自然背景。事实上，相同的土地利用类型，其土地自然背景不同，所需开发力度不同；不同土地类型转换，尽管面积相同，其所需要的开发力度却不同；相同的土地类型，质量不同，提供的生态价值不同；相同的生态系统，在不同的区域或时间上，其对社会的生态贡献也不同。

由此，这十年我们致力于探讨海岸带遥感与传统陆地遥感的区别和传承，融合海岸带的属性和遥感技术能力，致力于海岸带遥感分类与调查、海岸带遥感分析与可视、海岸带遥感评估与预测3个方面研究。力图从空间、时间、力度、强度和综合等概念出发，开展海岸带时空分异的遥感评估工作,重点研究人类在这一特殊空间范围内开发利用的累积、改变、速度和力量,反映人类活动对自然的扰动及所产生的实际偏差。

为此,围绕海岸带遥感评估这一核心,我们将工作总结呈现,以推动海岸带遥感评估从整体评价走向空间评价,从数学模型走向物理模型,从利用状态评价走向开发作用力积累过程的评价,从单一生态系统功能评价到岸带区域综合生态功能评价,从时空匀质假设的生态价值评价到关注时空异质的生态服务评价。

在具体操作上,将海岸抽象为海岸线(轴)和岸带区域(面)两种评估对象,抓住岸线性质改变和位移、岸带区域利用方式和强度变化、海岸景观和生态服务价值减损三方面来完成对海岸的评估工作,特别地,将时间演变作为评估的参数和目标,以强调海岸带开发、状态和生态服务的过程性。例如,海岸带生态系统在不同演替或发育阶段其服务能力有差异,同时不同区域的社会经济发展水平对同一生态系统的感受能力也不同。这既是时间过程也是时间分异,既是空间格局也是空间分异,时空相互关联互为基础,缠绕融合,难以割裂。

全书分海岸带遥感调查、海岸带遥感分析和海岸带遥感评估模型3篇展开论述,共计8章。第1章绪论探讨海岸带和海岸线的关系,回顾国内外相关工作,进而提出海岸带遥感评估概念;第2章从海岸带的特点出发,结合遥感的技术能力,讨论海岸带遥感分类体系;第3章则从实践操作角度对海岸带遥感解译和制图进行讨论;第4章和第5章以岸线这一核心轴线出发,对我国大陆岸线30年的演变进行了深入分析,并对主要岸段的历史变迁和湿地演变进行定量分析;第6章和第7章则分别从空间状态、时间跃变和改变状态的人类作用力角度,将物理概念和模型引入到海岸带开发强度评估中;第8章则从海岸利用景观的生态系统价值角度对海岸带开发利用的服务能力、压力和未来发展进行评估。

全书由苏奋振统稿完成,其中第1章由苏奋振、孙晓宇、张丹丹、薛振山和高义等撰写,第2章和第3章由苏奋振、石亚男、孙晓宇、冯险峰和姚永慧等撰写,第4章由高义、苏奋振撰写,第5章由孙晓宇撰写,第6章由孙晓宇和苏奋振撰写,第7章由张丹丹和苏奋振撰写,第8章由薛振山和苏奋振撰写。胡文秋和丁智完成了全书的清绘工作。

本书的研究工作得到国家自然科学基金项目海岸带空间利用模式挖掘与时空分异分析(41271409)等的支持,得到了潘德炉院士、周成虎院士的指导和鼓励,得到了国家自然科学基金委员会地球科学部、国家海洋局海洋科学技术司和科学技术部国家遥感中心的大力支持,得到了宋长青、冷疏影、雷波、康健、高学民、廖小罕、李加洪、张松梅、蒋兴伟、王华、刘宝银、毛志华、张杰、赵冬至等师友的指导和建议,在此表示由衷感谢。本书错漏或偏颇之处,敬请读者批评指正。

作　者

2014 年 8 月 18 日

于天地科学园

目　　录

第二篇 海岸带遥感分析

第三篇　海岸带遥感评估模型

第1章 绪 论

对海岸带监测与提供信息服务已成为人类社会可持续发展的重要技术条件，是世界各国提高综合影响力和争夺长远战略优势的新领域。本书针对海岸带这一物理空间采用卫星遥感手段对其进行监测和回顾，对其空间资源、景观环境和生态服务进行现状或过程的评估，力图为海岸带研究、开发和管理提供技术方法、评估手段和对比背景参考。

1.1 海岸带与海岸线

本节首先探讨海岸带的定义及意义，不同以往，本书将海岸线从海岸带中单独列出，其原因在于海岸线是海岸带的基础要素之一，它不仅是海陆的分界线，还承载着丰富的环境信息，在实际操作中，海岸线的改变在海岸带中最为显著、最容易测量，在一定意义上也是海岸变化的重要空间位置指标、景观变化指标和生态环境变化指标，对海陆性质、沿海滩涂、湿地生态系统及近岸海洋环境有着重要的指示作用。在本节中同时对我国海岸的问题进行初步的探讨。

1.1.1 海岸带及其岸线

海岸带是位于陆地与海洋过渡区域的一个狭长带状区域，既包含受陆地影响的海洋，也包括受海洋影响的陆地。一般可从狭义和广义两方面理解。狭义的海岸带是指海洋向陆地的过渡地带，包括3个部分：①潮上带：高潮线以上狭窄的陆上地带，它的陆向界线是波浪作用的上限，大部分时间裸露于海水面之上，仅在特大高潮或暴风浪时才被淹没；②潮间带：平均高潮线与平均低潮线之间的区域，高潮时淹没，低潮时出露的交替地带；③水下岸坡：低潮线以下直至波浪有效作用于海底的下限地带。广义的海岸带则是指以海岸线为基准向海陆两个方向辐射扩散的广阔地带，包括沿海平原、河口三角洲、浅海大陆架，一直延伸到大陆架边缘的地带。

海岸带地处海洋、陆地、大气3种介质相互交接、相互作用的地带，海岸线则是3类介质的交汇线。3种介质不同性质使得海岸带成为能量和物质的重要集散地带，其中各种过程（包括物理过程、化学过程、生物过程和地质构造等）耦合多变，演变机制复杂多样，导致海岸带成为响应全球变化最迅速的区域，也是生态环境最敏感、最脆弱的地带。

海陆过渡区域的定义决定了海岸带的确切范围没有统一的界定标准。关于海岸带定义的较早版本是1919年Johnson D W提出，是指高潮线以外的陆地部分海岸。20世纪50～80年代海岸线的界定通常包括水上和水下两个部分。1980～1995年我国在全国海岸带滩涂资源综合调查中使用的海岸带范围是向陆地延伸10km，向海延伸15km。

1993年开始，IGBP将海岸带海陆交互作用单独列为其核心计划之一。该计划将海岸带定义为，从近岸平原一直延伸到大陆架边缘，反映出陆地-海洋相互作用的地带。海陆交互作用计划提出的海岸带概念使得海岸带的范围比过去更加明确而且范围也有所拓宽,即向陆到 200m 等高线,向海是大陆架的边坡,大致与 200m 等深线相一致。

1996 年陈述彭先生对海岸带提出了两点认识:第一,海岸带是以海岸为基线向海陆两方面辐射、扩散。其辐射程度、广度是不一样的,是逐渐减弱、逐渐模糊的。第二,从地球系统科学来说,海岸带是陆地系统与海洋系统的结合部。

虽然从科学的角度来看用指定距离的方法来定义海岸带范围缺乏理论基础,然而从操作的角度而言却是必要的。"我国近海海洋综合调查与评价专项"(908 专项)的海岛海岸带卫星遥感调查与研究工作把海岸带研究范围规定为"以海岸线为基线,向陆延伸 5km(在不同的地方可以适当调整),向海延伸至平均大潮低潮线外 1km"。

考虑到遥感成像机理和人类活动最激烈区域等因素,本书后面章节的海岸带遥感分析与评估工作将更接近于狭义定义,同时考虑到当前或过去 30 年我国海岸带的变化过程,重点聚焦在海岸带中的海岸线及岸线向陆一侧。

海岸线是划分国家领土和海洋专属经济区的基准,海岸线对维护海洋权益有着重要的意义。我们国家对海岸线的位置有明确的规定。中华人民共和国国家标准《海洋学术语——海洋地质学》(GB/T 18190—2000)对海岸线的定义为"在我国系指多年大潮平均高潮位时海陆分界线"。国家海洋局 908 专项办公室编写的《海岛海岸带卫星遥感调查技术规程》中规定:平均大潮高潮时水陆分界的痕迹线。因受海陆相互作用、河流淤积、人为开发等诸多因素的综合影响,海岸线呈现出显著的动态性。

海岸线是地形图和海图的基础要素,也是衔接地形图和海图的重要纽带。目前,我国海岸带地区的测绘工作由于受到诸多主客观因素的制约,在测量同一海岸带地区陆地地形图和海图时应用的方法和技术不同,获取的地图要素有别,采用的标准规范不统一。因此,海陆之间的成图差异较大,往往在位置性质、要素表达等方面具有冲突,导致海岸带的管理和研究标准不统一,甚至产生混乱。可见,利用遥感技术监测海岸线变化,是更新地图要素、实现海图与地形图无缝拼接的重要依据。

岸线是一个时空高度动态的界面或实体,受海陆过程、相对海平面变化、泥沙运动、气候变化及人类活动等因素的影响,处于变化中,机制也较为复杂。例如,海岸线变化既有海洋动力导致海岸冲蚀、磨蚀和溶蚀,造成岸线向陆一侧后退,也有河口冲淤或围海造地所导致的岸线向海一侧推进。通常,在某一时期海岸线动态变化往往受某一主要因素控制及其他多种因素的综合影响。以下从自然因素和人为因素来分析。

自然因素包括地壳运动,气候变化,入海河流输沙,海平面变化,波浪、潮流、潮汐和风暴潮作用等。其中,海岸线的变化受到入海河流中泥沙的影响,当河流将大量泥沙带入海洋时,因流速变缓、泥沙沉积,岸线变化表现为河口向海淤涨。影响海岸变化的各自然因素简要介绍如下:

(1) 构造与冰期:地质构造和地壳运动奠定了地球表面的整体形态特征,同时也是海岸发育和演化的基础。在第四纪时期,冰期和间冰期的更迭,引起大幅度的海面升降变动,大幅度的海侵和海退,形成了不同的海岸阶段。距今 7000~6000 年前,海面上升到与现代海面相近的高度,从而形成了现代海岸形态框架。

(2) 海浪作用:海浪在塑造海岸中是最直接、最活跃的动力因素,形成海蚀崖、海蚀洞、海蚀平台和岩滩等典型海浪作用地貌。海浪具有的巨大能量,也对海岸建筑物产生重大影响,如堤坝溃塌等。同时,海浪在近岸物质搬运和堆积方面也起重要作用。

(3)近岸流作用:斜向入射的波浪逼近海岸时,在破波带内产生平行于海岸的沿岸波流。海水流动所产生的泥沙运动,形成一系列海滨堆积地貌。近岸流对砂砾质海岸变化塑造能力显著,通常表现为沙嘴、沙坝和沙洲的动态变化。

(4)潮汐作用:潮汐引起的海水周期性升降运动以及随之产生的海水水平方向运动,对塑造海岸有重要影响。不同岸段潮差有较大差别,潮差大小直接影响海水动力所能作用到的范围。尤其是对细颗粒物质组成的淤泥质和砂砾质海岸,潮流是泥沙运移的主要营力。

(5)生物作用:在热带和亚热带生物作用较为明显。我国生物岸线在广东、广西和海南海岸分布较为广泛。在海湾、河口潮滩上,往往形成平静、隐蔽的红树林海岸环境,利于细颗粒物质迅速堆积。在珊瑚和珊瑚礁发育地区,构成珊瑚礁堆积海岸。

(6)气候因素:在不同气候带,因温度、降水、蒸发、风等因素不同,风化作用的表现有所差异,进而影响到海岸的发育演化,并使海岸发育具有一定的地带性,如近岸发育的沙坡式沙丘。台风是影响中国的重要高影响天气系统之一。台风带来的大风和强降水灾害也会造成海岸线较大规模的变化,如台风形成的大浪对海岸自然形态和人工形态的重新塑造等。

人类从事生产和开发活动也会引发海岸变化。人为因素改变海岸形态有两种方式,一种方式为直接开发海岸,如围填滩涂用于养殖、种植、港口码头建设及城镇建设等;另一种是在入海河流上游修建水利设施,改变入海河流搬运泥沙过程,而引起海岸沉积动态变化,间接影响海岸变化。前者往往能够在短期内较大程度地改变海岸形态,极大程度地干扰近岸生境。后者则造成海岸后退、海水侵入和入海河口土地盐渍化等。事实上,沿岸的人为活动或人工建筑也会间接影响海岸形态,如吹填海工程或围填的堤坝、养殖筏等会改变沉积方向和过程。此外,海滩养护可以减缓海滩的侵蚀,维护海滩的稳定性,如美国在东部海岸进行了上百年的大规模海滩养护工作,降低了大西洋飓风带来的海岸带风暴灾害,改善了美国东部海岸环境。总之,河流水利工程、拦河筑坝、蓄水放水制度、围海造地、建设港口、采挖珊瑚礁和砂石、砍伐红树林等均会引起海岸形态、结构、水文、动力等条件的变化,直接或间接地造成海岸线及其服务功能的变化。

总体上,海岸线的自然变化是缓慢的,往往需要很长的历史时期。若某一海岸长期以侵蚀作用为主,海岸线就会表现为向陆地后退,相反长期以堆积作用为主的岸线则会向海域推进。同时,海岸线在短期内也表现出相对稳定状态,只有在人类开发活动影响下才会发生大规模变化。

1.1.2 中国海岸及岸线

中国海岸具有许多独特的自然现象值得研究和探讨。更为迫切的是,30年来,经济飞速发展,人口日益向海岸带地区集中,陆域国土13%的沿海经济带,创造全国60%左右的国民经济产值。庞大的人口和经济总量给海岸带地区带来了前所未有的繁荣与压力,部分过度开发区大量自然景观消失,自然灾害频发,人员与财产损失巨大。在新的历史时期下,如何保证海岸带经济的可持续发展,改善海岸带中人与自然关系,协调自然、社会和生态的关系,已成为构建美好和谐社会的重要前提,也是中国梦实现的重要基础。

改革开放以来,依托于海岸的地理空间区位和高生产力,在国家发展外向型经济的总体部署下,在外商或外资进入中国的第一前沿,海岸带区域发展成为我国最具经济活力和竞争能力的区域,成为我国经济发展程度最高、人口最密集、资源开发利用最频繁的区域,成为陆域经济区核心和外海通道,成为海洋经济区的核心和海洋开发活动的坚实基地,对我国国防、经济与社会可持续发展至关重要。

面对我国人口增长、经济发展迅速,海岸带土地资源短缺成为迫切问题,围填开发海岸,实现土地资源扩张成为解决海岸带土地资源紧张局面见效最快的方式。与此同时,海岸资源利用的范围和规模迅速扩大,给海岸资源环境和海岸生态环境带来巨大压力。我国新一轮的海岸开发活动正在展开,过度追求经济利益,牺牲生态效益来换取经济效益的现象频发。因此,海岸带资源可持续利用任务的迫切性和重要性日益凸显出来。

我国海岸带纵跨 38 个纬度,沿岸濒临渤海、黄海、东海和南海 4 个海区。大陆岸线北起中朝边境的鸭绿江口,南至中越边境的北仑河口。从北往南有辽宁省、河北省、天津市、山东省、江苏省、上海市、浙江省、福建省、台湾省、广东省、广西壮族自治区和海南省及香港特别行政区和澳门特别行政区,其中广东省大陆岸线最长(图 1.1)。

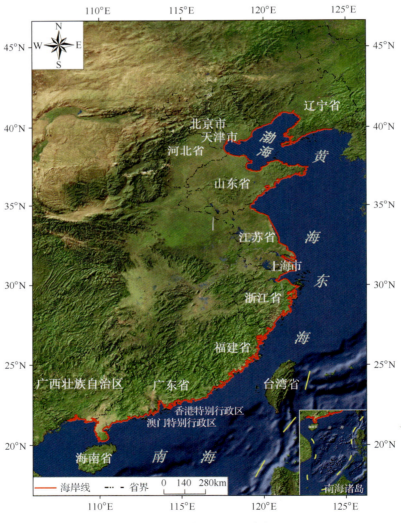

图 1.1　我国大陆海岸线分布图

我国海岸线曲折多湾、岛屿众多，其形态受板块、褶皱及水文动力等影响。太平洋板块、欧亚板块和印度洋板块运动是我国海岛海岸带地貌形成的内应力；海平面升降、河流塑造、海洋侵蚀、大气作用和人类开发活动是我国海岸带地貌形成的外应力。海岸带地貌类型丰富多样，自然地貌分布有山地、丘陵、台地、平原、河流、湖泊、潟湖、潮滩、岩滩、礁坪、水下三角洲、水下浅滩等；人工地貌主要有港口、盐田、养殖池塘和水库等。

我国海岸带在构造上从北向南表现为隆起—沉降带交替的格局，即燕山隆起带、辽河平原-华北平原沉降带、辽东半岛-山东半岛隆起带、苏北-杭州湾沉降带及浙闽粤桂隆起带（图1.1）。隆起带多岬湾，岸线曲折，沉降带多滩涂，岸线平直。

综合海岸线成因和物质组成，我国海岸线可分为自然岸线和人工岸线两个大类，其中自然岸线包括基岩岸线、砂砾质岸线、淤泥质岸线、生物岸线；人工岸线主要包括码头、堤坝及道路等人工构筑物形成的岸线。

当前我国岸线中人工岸线的长度已经超过自然岸线。基岩海岸开发不易，同时具有较好的自然风光，被工农业利用的概率小些，其次是砂质岸线，因具有很高的旅游休闲价值，被工农业生产利用的概率也较小。

各海岸线类型就其空间分布而言，基岩岸线分布与山地丘陵分布接近，主要分布于辽东半岛、山东半岛、浙江、福建和广东等地，其中福建基岩岸线最长；砂质岸线分布受海陆相互作用和河流泥沙补给影响，主要分布于各大河口和海湾区域；淤泥质岸线主要分布于辽东湾、渤海湾和莱州湾及濒临黄海的苏北沿岸；生物岸线一般分为红树林和珊瑚海岸两类，红树林主要分布于广东省、广西壮族自治区和海南省，其中广东省分布有全国最长的红树林生物岸线，海南省次之；人工岸线分布于适于养殖和港口建设的平原和优良海湾岸段。

我国海岛较多地呈链状和群状分布，主要类型有基岩岛、泥沙岛、人工岛，基岩岛占绝大多数。这些海岛67%以上分布在距大陆小于10km的海域。就海区而言，东海最多，南海次之，黄海较少，渤海最少。就省（直辖市）而言，浙江最多，福建其次，天津市则仅有一个。

海岸湿地是当前国际科学研究的热点问题，对于全球变化和生态科学均具有重要意义。同时，湿地也是海产品生产的空间基础。我国是全球最大的海产品生产地，其中广东省、山东省和江苏省海岛海岸带养殖池塘面积居前三，分别占全国海岸带养殖池塘总面积的20%、14%和12%。

我国海岸带跨越热带、亚热带和温带3个气候带。整个海岸带受季风控制，南北气候差异大，即使在同一个气候带内，南北气温、降水和光照条件也有较大差异。在海岸带范围内，受季风气候影响，水热条件较为优越，利于植物生长，因此我国海岸带植被类型多样。海岸土地利用程度高，人工植被面积大于自然植被面积，人工植被主要分布在宜于耕作的平原区域，自然植被主要分布于开发难度较大、土壤相对贫瘠的山地丘陵区域，零散且面积较小的植被分布于淤泥质岸线和生物岸线沿岸。面积较大且分布最广的植被为草本栽培植物，约占大陆海岸带植被的50%，主要分布于沿海各大平原区域；其次为木本栽培植被，约占大陆海岸带植被面积的15%。滨海盐生植被、滨海沙生植被等典型天然植被自北向南均有分布；红树林生物海岸在福建九龙江口和漳河口有少许分布，在广东珠江口以西区域和广西、海南沿岸有较广分布。

1.1.3 中国海岸开发利用

海岸带是海洋经济发展的主要载体。近年来,随着外向型经济和海洋经济的发展,海岸资源利用的范围和规模迅速扩大。在国家与地方的博弈下,一些地方随意占用稀缺的海岸资源,大规模开展填海造地活动,不仅造成海岸资源的严重浪费,而且对海岸自然环境和生态系统带来了巨大的破坏。

1. 形态巨变

我国海岸空间形态巨变突出表现为大规模围填海和海岸线剧烈变化。大规模围填海从海洋中要土地,沧海桑田改变了原有岸线形态,海岸高强度开发则导致了岸线的人工化。

海岸巨变起因于经济发展。海岸带因其多圈层交汇特性,资源丰富,区位重要。海岸带作为带动我国经济社会持续、健康和快速发展的动力引擎以及支撑我国国家安全的重要战略地带,在仅占全国陆地国土面积 14% 的沿海地区集中了三大都市圈、50% 以上的大城市、40% 的中小城市、50% 左右的人口和 60% 的国内生产总值(gross domestic product,GDP)。海岸土地供需矛盾随经济发展日益突出,而其直接的解决办法便是围填海,将海填成可高投入高回报建设的土地。许多海湾水动力条件改变、水域面积缩小、纳潮量减少、自净能力削弱,动态平衡和生态环境遭到不同程度的破坏。

围填海开发利用方式,使海岸线不断向海推进,致使岸线缩短、海湾水域面积减少,从而降低了海湾的可开发利用程度,削弱了海湾的正常功能。大规模的围填海和高强度的开发利用改变了我国海岸的自然形态,更改了海岸的原有属性和功能。

此外,海岸工程及滨海砂矿和建材砂石料的过度开采,使海湾海岸的动态平衡失调,并导致海岸侵蚀后退,潮流速度改变,使海湾的淤积和侵蚀越来越严重,航道变窄、变浅,影响了航行。例如,于 1970 年建成的山东石臼所岚山头突堤码头,在其北侧形成了入射角砂质堆积,现今,已有部分泥沙绕过堤顶,进入突堤南侧水域;相反,堤的南侧侵蚀加重,建后头 4 年,低潮线最大后退量达 100m,高潮线附近的海滩后退消失,大片新的基岩露出(陈则实等,2007)。

2. 开发缺序

因资源环境背景和经济社会发展阶段等的差异,海岸带的利用价值和方式具有明显的多元化特征。我国主要的利用方式包括:港口与航道、围填海、渔业(养殖与捕捞)、盐业、滨海旅游、能源开发、船舶修造、海洋矿产、海水利用、生态保育、生活居住以及特殊利用等。利用方式的选择及其价值的发挥依赖于海岸带的资源环境背景,其中,生态系统的稳定、健康和协调直接影响其开发利用方式、价值和可持续发展。

多年来中国海岸带资源的开发利用因缺乏科学的指导,缺乏海岸带协调管理的信息平台导致海岸带开发处于无序、无度状态,海洋生态系统与资源遭受严重破坏,致使资源近期消费或利用需求与资源的长期供给之间产生了尖锐的矛盾,环境质量面临越来越大的压力,带来了海岸侵蚀加剧、海岸维护成本剧增及灾害损失加大等不良后果。

缺乏规划的围海造地破坏着成千上万公顷的鱼类繁育场所,尤其是河口地区更为严重。昔日宁静的海滩迅速消失,取而代之的是鱼塘虾池或者港口码头、工业开发区。工农业废水和城市污水的迅速增加,导致水质下降和沿海自然生态系统的损害。许多历史上曾经大量存在的沿海和海洋野生生物,由于直接捕食或生态环境的损失而几乎从自然环境中消失。

3. 利用失衡

海岸功能开发不合理,造成资源非可持续利用。海岸从功能方面大体可分为建设岸段、围垦岸段、港口岸段、渔业岸段、盐业岸段、旅游岸段、保护岸段和其他岸段 8 类功能岸段。根据海岸自然属性和经济发展需求科学地确定其功能为功能区划。海岸实际开发方式与海洋功能区划所规定的开发模式有冲突,甚至经济短期利益驱动功能区划的制定。例如,在一些保护区中有航道通过、一些重要的生态保护区受航道扰动、海岸排污区污染威胁等。

在港口开发中,港口码头泊位少,吞吐能力不足,海港布局不尽合理的现象也非常突出。我国港口基础设施薄弱,专业化程度低,码头泊位少,深水泊位和高效专业化的泊位尤显不足。截至 2004 年年底,我国万吨以上的深水泊位仅 687 个(国家海洋局,2006),而早在 1995 年,发达国家日本的深水泊位就达到了 2000 个,美国达到了 2900 多个(中国自然资源丛书编纂委员会,1995)。海运发达国家的泊位利用率不到 50%,而我国则高达 70% 以上,有些主要海港的利用率甚至更高。由于泊位利用率的超标,导致压船的现象时有发生。在港口的布局上,我国目前的货运吞吐量主要集中在几个大型的港口;从港口功能来看,尚未形成枢纽港、干线港、支线港的合理港口布局。而且港口数量显得不足,特别是大中型港口明显偏少。而事实上,我国尚存巨大的港口开发资源。

4. 生态恶化

随着中国经济的发展,沿海人口不断积聚,经济开发活动日趋频繁,工业化和城市化的迅速发展,而相应环境保护意识和措施不配套发展,导致了生态环境恶化。近年来出现了生物多样性大规模下降、渔业产量降低以及水质恶化等生态问题。

大量石油类、悬浮物、泥沙、盐、碱、有机物和一些重金属离子污水入海,导致了恶性生态事件的频发,鱼类大量死亡,海洋"荒漠化"加剧,严重影响了工农业生产和社会发展。以胶州湾为例,1980~1985 年,沿岸渔获种类共 109 种,90 年代渔获种类仅 58 种,减少了 46.3%,网获量仅占 80 年代的 10% 左右,大沽河河口湿地退化,栖息珍稀鸟类减少(张绪良,2004)。又如,渤海湾、长江口、台湾海峡和珠江口已变成重大溢油污染事故高风险水域;2004 年东海赤潮大暴发,东海近海一片赤红,连绵数百千米;2008 年青岛浒苔暴发牵动世界目光,引起西方各大媒体非寻常关注,一时沸沸扬扬,等等。

5. 脆弱性增高

在开发利用改变生态系统结构和功能的同时,气候变化的影响进一步增大了生态系统的脆弱性和不确定性。海岸带是地球系统中陆地-海洋-大气强烈交互的作用带,对气候变化极为敏感。气候变化导致陆地系统水热条件的变化,直接改变淡水、营养元素、无机盐和有机污染物由陆地向海洋的输运过程及数量特征。在海平面上升和气候带迁移的影响下,径流、洪水、风、波浪、潮汐、沿岸流以及河口射流等环境因素的改变均深刻影响海岸带生态系统的分布、类型和结构,进而,影响到海岸带生态系统生产力以及其他服务功能,从而引发养殖、居住、旅游、开发等社会经济活动的改变。

资料表明,中国近百年增温幅度为 0.5～0.8℃,高于全球同期,近 50 年则为 1.1℃,显著高于全球同期(丁一汇等,2006);中国近 50 年海平面平均上升速率为 2.5mm/a,也高于全球同期,而且各个海区之间差异巨大(国家海洋局,2004)。气温升高、海平面上升已经对我国海岸带产生了多方面的不利影响,易淹低地、侵蚀海岸、敏感河口和退化生态等类型脆弱区面积的增加趋势显著,风暴潮等自然灾害波及的人口数量以及造成的经济损失占 GDP 的比例显著增加,海岸带及近海食物供应能力显著下降,严重的海岸侵蚀与淤积并存威胁港口与航道功能,海岸带环境退化及人居环境质量明显下降,极端生态灾害事件的发生频率增强,海岸带生态退化并导致生态保育功能减损以及旅游与美学价值降低等。这些问题都是气候变化背景下我国海岸带生态系统脆弱性的典型表现。

与此同时,由于在相关领域的研究严重不足,缺少基础性、系统性的深入研究,可以肯定脆弱性的表现及其程度并非仅仅局限于此,而且未来时期气候变化及大规模开发利用下,海岸带生态系统各个方面的脆弱性相互叠加并产生积聚与放大效应,将严重削弱我国海岸带作为海岸灾害"生态屏障"和社会经济"动力引擎"等功能的发挥。

6. 灾害频发

我国海岸带人类活动频繁而又剧烈,区内人口稠密,城镇及大型工矿企业、骨干工程密布。因而,一方面,一旦发生灾害则损失惨重;另一方面,人类经济工程活动加剧了灾害的发生与发展。我国是世界上海洋灾害最为严重的国家之一。1980～2002 年中,海洋灾害的经济损失大约增长了 30 倍,高于沿海经济的增长速度,已成为我国海洋开发和海洋经济发展的重要制约因素。

除因海岸承载体经济价值和人口密度增加导致的灾害损失增高外,人类活动在一定程度上直接增加了灾害发生的概率和密度。例如,不合理的海岸开发导致了海岸侵蚀、海水倒灌、土地大量丧失和快速盐渍化,给沿海地区带来重大经济损失。同时,由于各大河流上游截流,入海流量下降,河流携带入海泥沙持续减少,沿岸水动力条件改变,进而导致一些岸段海岸侵蚀(图 1.2)和土壤盐渍化。例如,黄河河口近些年来因径流量骤减,河口淤积变缓,侵蚀加剧,尽管采取了一些措施,但土地盐渍化形势依然严峻。

辽宁盖州海岸　　　　　　　昌黎黄金海岸　　　　　　　三亚海岸

图 1.2　海岸侵蚀实景照片

与此同时,在经济的飞速发展过程中,工农业造成大量的入海污染物,致使海滨城市、近岸海域都遭受严重的污染,包括营养盐污染、有机质污染、重金属污染和油类污染等。污染的加剧对于水产养殖和滨海旅游都构成了巨大的威胁,已成为重要的致灾背景。

1.2 海岸带遥感

海岸带因其在人类发展和生存中的重要性,发达国家自地理大发现始,十分重视全球海岸带的空间信息的收集和分析。在人类能够进行卫星对地观测时,于1978年连续发射了针对海岸带观测的两颗卫星 Seasat-1 和 Nimbus 7。此后各国争相发射了用于海岸带海洋的观测卫星或观测器,并相应开展了海岸带遥感与地理信息的相关研究工作。发展到今天,遥感和地理信息系统已成为海岸带海洋研究和管理必不可少的手段。

随遥感数据的积累,多时期海岸状态的比较促成了海岸变化监测和分析的发展(孟伟,2005;Shalaby and Tateishi,2007;Hilbert,2006)。此外,美国 NOAA 国家海岸带海洋科学中心(NOAA's national centers for coastal ocean science,http://coastalscience.noaa.gov)不仅提供了一定分辨率的土地利用/覆被变化的数据、高分辨率的海滩地形数据,以及深海生态环境和变化的数据,而且制订了相关的研究计划,对海岸湿地、海底、河口、近岸海水及海岸利用等进行变化监测和分析。

1.2.1 海岸带遥感信息源

1978年美国发射了世界上第一颗海洋卫星 Seasat-1,除了载有与气象卫星相似的可见光与红外辐射计(visible and infrared radiometer,VIRR)之外,还载有4种微波传感器:雷达高度计(radar altimeter,ALT)、散射计(scatterometer,SASS)、扫描式多通道微波辐射计(scanning multi-channel microwave radiometer,SMMR)和合成孔径雷达(synthetic aperture radar,SAR)。

Seasat-1 完全是按照海洋特点和海洋用户需要设计的实验型卫星,它的发射标志着海洋监测技术进入了空间遥感时代,是海洋遥感学发展史上的里程碑。同年,Nimbus 7 卫星发射,它载有与 Seasat 一样的 SMMR,还载有海岸带水色扫描仪(coastal zone color scanner,CZCS)。1986年3月美国海军 Geosat 发射升空,Geosat 载有高度计。20 世纪80年代中期以来,海洋遥感监测技术随着国际上一些大型空间对地观测计划[如 EOS(earth observing system)、Adeos(adaptive domain environment for operating system)、Radarsat、ERS(ESA remote sensing satellite)等]的逐步实施而得到了迅速发展。

20 世纪 90 年代初,NASA(national aeronautics and space administration)与法国合作研制的 TOPEX/Poseidon 雷达高度计为人类提供了第一张全球大洋环流地图,使很多国家能够监测厄尔尼诺/拉尼娜现象形成与消亡的过程,进而使地球气候的预报周期提前到12～18个月。90年代后期,NASA 使用 SeaWiFS 海色测量仪器了解海洋向大气层输送 CO_2 的作用。

20 世纪 80 年代早期,世界上只有美国和苏联拥有海洋观测计划。进入 21 世纪,开展海洋及海岸带观测计划已经遍布世界各国。早期还是试验性的仪器,现在已经是海岸带研究的基本工具,包括使用窄波段光学传感器估计生物初级生产力和观测浮游生物相关的荧光特性;用红外波段测量海面温度达到观测气候变化需要的精度;被动微波遥感器提供了全球不受云影响的海面温度观测;高度计测量海面高度的精度已经达到 2cm (Martin,2004;Curran and Steele,2005;Navalgund et al.,2007)。

近年来,随着遥感技术的快速发展,许多海岸带研究项目,主要有海岸带开发、生境分类、底栖测绘、海水监测、生物资源开发和河道保护等得以开展(Kwoun and Lu,2009;Barducci et al.,2009)。在技术领域里,GPS、多波束声呐和数字数据的收集、存储、分发 3 种技术的发展引起海岸带科学革命性的发展。海岸带遥感传感器空间分辨率越来越高,时间分辨率和光谱分辨率得到较大改善,传感器的运行平台和光谱信息越来越丰富(Chauhan and Dwivedi,2008)。

根据国际海洋和海岸带研究机构的研究计划,有关海洋的重点研究内容有风矢量反演、海洋和冰面地形测绘、海洋水色观测和海表面温度(sea surface temperature,SST)反演。其中尤其以美国的国家极轨环境业务卫星系统计划和欧洲空间局的极地冰盖探测计划最为重要(Martin,2004)。

美国的国家极轨环境业务卫星系统(national polar-orbiting environmental satellite system for business,NPOESS)计划是将美国国防部的 DMSP(defense meteorological satellite program)气象卫星、美国商业部的 POES(polar orbit environment satellite)卫星以及 NASA 的 TERRA 和 AQUA 卫星计划融合成一个单一的业务系统。首颗 NPOESS 卫星原计划于 2009 年发射,用于取代 DMSP,之后的第二颗 NPOESS 卫星取代 NOAA-N。NPOESS 携带的可见光红外成像辐射仪(visible infrared imaging radiometer,VI-IRS)代替了 AVHRR、OLS、SeaWIFS 和 MODIS 成像仪。锥形微波成像仪(conical microwave imager,CMIS)代替了 DMSP 上的 SSM/I、SSMI/S 和 WindSat 辐射计以及 TRMM(tropical rainfall measuring mission)上的 TMI(TRMM microwave imager)和 AQUA 上的 AMSR-E 的一些功能。由于 CMIS 具有多平台,所以它能提供每日 SST 的全球观测,可用于 SST、水气、液态水、降雨和海冰的反演。交叉跟踪红外探测器(CrIS)将为天气和气候应用提供准确、详细的大气温度与湿度观测数据(Miller et al.,2006;NPOESS,2006)。2011 年美国政府宣布停止 NPOESS 项目的预算申请,并对气象卫星项目重新制订计划。新计划将保留预定在 NPOESS 项目中发射的多种仪器,开发 2 个分离的卫星星座并于 2015 年和 2017 年发射。

卫星高度计从发展至今经历了近 30 年的发展历程,包括 1973 年的高度计实验卫星 Skylab、1975 年的单频卫星高度计 GEOS-3、1978 年的 SEASAT 卫星、1985～1990 年的 GEOSAT 卫星,1991～2000 年的 ERS-1 和 ERS-2 卫星。精度更高的卫星高度计是 1992 年的双频高度计 TOPEX/Poseidon。随后是 2001 年的 JASON-1 卫星和 2002 年的 EN-VISAT 卫星,在 2008 年实施的"海面地形计划"(ocean surface topography mission, OSTM)搭载了 Jason-2 卫星高度计。TOPEX 和 JASON 的轨道经过专门设计,并且都是非太阳同步轨道,其设计目的是为了满足海洋动力的地形研究需要。

合成孔径雷达传感器伴随着海洋遥感观测计划出现,第一颗民用 SAR 卫星是 NASA 在 1978 年发射的 Seasat SAR。此后,原苏联的 LAMAZ SAR、欧洲空间局的 ERS-1 和 ERS-2 SAR 发射。1996 年,加拿大 Radarsat SAR 是第一颗实现业务运行的卫星。2002 年欧洲空间局发射 Envisat ASAR(advanced synthetic aperture radar),使用了极化方式为 VV 和 HH。加拿大在 2004 年发射了多极化的 Radarsat-2 号卫星。日本在 2005 年发射了多极化先进的陆地观测卫星 ALOS。

欧洲空间局的极地冰盖探测卫星 Cryosat 于 2005 年 10 月 8 日首次发射，因火箭故障在进入轨道前失踪。欧洲空间局重造的 Cryosat-2 卫星，于 2010 年 4 月 8 日发射，卫星在距地 171km 高处对极地冰盖及海洋浮冰的厚度进行精确监测。利用卫星装备的雷达干涉测高仪（SAR interferometer radar altimeter，SIRAL），有可能随时掌握两极地区冰盖厚度的变化情况。SIRAL 由两个并排安装的椭圆形天线组成，由此形成距离向的干涉。椭圆形天线设计是为了容纳整流装置，以及满足距离向和方位向对不同波束宽度的需求（Phalippou et al.，2001）。

1.2.2　海岸带信息提取

当前，遥感手段广泛应用于海岸带监测，包括湿地、红树林和珊瑚礁等重点地物的监测，溢油、赤潮等环境灾害的监测，中尺度海岸线绘制，近岸海水叶绿素 a、悬浮泥沙、黄色物质提取以及海水温度提取，海岸带典型目标如堤坝、养殖区、建筑物、道路、港口、桥梁的自动提取等。

针对海洋溢油及赤潮监测，Nirchio 等发展了基于 SAR 的自动提取溢油方法（Kelly et al.，2003；Nirchio et al.，2005）。赤潮灾害监测主要使用 MODIS（moderate-resolution imaging spectroradiometer）数据（Anderson et al.，2009）、SeaWIFS 数据（Shanmugam et al.，2008）以及高光谱数据（Raychaudhuri et al.，2008）等。

针对湿地监测，Barducci 等（2009）利用高光谱数据和 Slatton 等（2008）利用雷达数据进行了成功实验。多种遥感方法被用来监测红树林动态变化，如高空间分辨率数据（Everitt et al.，2008）、高光谱数据（Yang et al.，2009）和多传感器融合数据（Souza et al.，2009）。

对于海浪的监测与反演，除了可利用高度计、微波、风场散射计等资料外，de Vries 等（2009）利用立体摄影测量的方法计算了沿岸浪高。

海岸线提取可基于 DEM（digital elevation model）数据、高分辨率遥感影像和海洋等深线数据的方法（Muslim and Foody，2008），也可基于 SAR 数据的海岸线提取（Dellepiane et al.，2004）。对于海岸线动态变化分析，Maiti 和 Bhattacharya（2009）提出了结合遥感与统计学的方法。

针对近岸海水水色参数监测，叶绿素 a 提取主要使用 MODIS 数据（Shutler et al.，2007）和 SeaWIFS 数据（Hyde et al.，2007；Shen et al.，2008），悬浮泥沙提取主要使用 MODIS 数据（Yan and Tang，2009）、ASTER 数据（Teodoro and Veloso-Gomes，2007；Teodoro and Veloso Gomes，2008），黄色物质提取也可以采用 SeaWIFS 数据（Pinkerton et al.，2006）。

海岸带典型目标识别主要使用面向对象的影像分析方法。桥梁识别可使用 IKONOS 全色数据（Luo et al.，2007）、多光谱数据（Chaudhuri and Samal，2008）、高分辨率 inSAR 数据（Soergel et al.，2008）的方法。其他目标如堤坝、养殖区（Sridhar et al.，2008）、城市建筑物（Gamanya et al.，2009）以及道路（Mokhtarzade et al.，2007；Zhou et al.，2007；Pascucci et al.，2008）的自动提取方法也有很大发展。海面舰船的监测由过去

识别有无、大小到识别船型有很大的发展(张晰等,2010)。对土地利用分类,O'Hara 等(2003)发展了海岸带复杂环境下城市区域的多时相土地利用/土地覆被分类方法。

遥感反演的方法已在诸多领域有广泛的应用,如对叶绿素浓度、海水悬浮物质浓度、海洋表层盐度、植被含水量和土壤水分的遥感反演等。随着遥感技术的发展,基于高光谱、高辐射和高空间分辨率的遥感定量反演方法在海岸带研究中的地位将越来越显著。Daniel(2007)分析了利用高光谱遥感对海底地形的定量反演方法。Champeaux 等(2003)利用 SPOT 影像采用气象模型提取土地表面叶面指数和反射率。

1.2.3 海岸带遥感应用

遥感和 GIS(geographic information system)的发展为海岸带资源开发、环境监测、管理、规划及评价、保护海洋环境及海上航行、生产安全等提供了强有力的科技支撑和服务,在多个领域都有着广泛的应用。以下简述海岸带各空间组成上近年主要开展的遥感与 GIS 的相关应用。

1. 近岸陆域

Yagoub 和 Kolan(2006)利用多个时期的 Landsat 影像数据,对 Abu Dhabi 海岸带1972～2000 年的土地利用/覆被变化进行了评价和量化分析。采用监督分类法和专家目视解译对影像进行分类,分析变化显著的类型和区域,探究主要驱动力。NASA 技术开发研究所的 Hilbert(2006)使用 1974 年、1991 年和 2001 年的 Landsat 数据,采用监督和非监督分类法及变化监测技术对墨西哥湾北部海岸带进行了土地利用变化的分析和研究。日本千叶大学环境遥感中心的 Shalaby 和 Tateishi(2007)用 1987 年和 2001 年的 Landsat 影像 6 个波段,对埃及西北部海岸带土地利用和覆被变化进行了遥感监测。土耳其Cukurova 大学的 Alphan 和 Yilmaz(2005)利用 1984 年、1993 年和 2000 年 3 个时期的 TM(thematic mapper)和 ETM+(enhance thematic mapper)数据,分析了地中海地区海岸带景观环境的变化,监测出该地区的农业、城镇和自然植被变化,并探究其变化方式和原因。

2. 海滩及潮间带滩涂

英国生态和水文中心的 Smith 等(2004)利用高光谱影像研究泥滩的稳定性。其方法是通过高光谱影像提取与泥滩表面稳定性相关的特性,用非监督分类法获得可以观测的专题数据和地形特征,得到地形和沉积物表面特征间的关系,利用多元回归分析构建相关表面特征的回归方程,得到泥滩所承受的侵蚀压力。

荷兰乌得勒支大学的 Plaziat 和 Augustinus(2004)利用 18 世纪以来的海岸线数据(包括海图和各种历史图件)分析红树林海岸的侵蚀后退,认为法国圭亚那地区海岸线变化的主要原因是红树林泥滩的移动。

Thu 和 Populus(2007)分析了对虾养殖迅速发展对红树林海岸的影响。利用 1965年美国海军的地形图以及 1995 年和 2001 年 SPOT 影像监测越南 Tra Vinh 省海岸红树林的分布及面积变化情况,并对其面积变化与对虾养殖面积变化的关系进行了分析。Al Habshi 等(2007)利用高分辨率 Terra ASTER 的可见光和近红外波段,分析研究 UAE(The United Arab Emirates)海湾红树林特征和空间分布,采用监督分类法将研究区红树林划成 9 个主要单元。

何执兼等（2001）利用遥感对广东省海岸带湿地资源与环境现状及其发展动态进行了调查研究,分析了海岸带湿地环境恶化的主因是工矿业废弃物的排放,探讨了广东省海岸带湿地资源与环境保护、管理及开发利用的措施。

3. 近岸海域

葡萄牙大学的 Teodoro 和 Veloso-Gomes（2007）对葡萄牙海岸带地区的总悬浮物质（total suspended material，TSM）浓度进行量化分析,利用 TERRA/ASTER 的多波段遥感数据和实地观测数据,确定了 TERRA/ASTER 可见光和近红外波段反射系数与 TSM 浓度间的关系,并分析了反射系数与 TSM 浓度间的相关性。

随着卫星遥感技术的高速发展,遥感已经成为监测溢油的最重要和最有效手段之一。常使用的传感器是机载红外/紫外扫描仪、合成孔径雷达、侧视雷达以及微波辐射计等。例如,Zatyagalova 等（2007）分析了泰国湾海域的 SAR 图像,并结合 GIS 技术对研究区溢油的时空分布进行了分析。另外,也可利用机载海洋荧光激光雷达系统（fluorescent lidar system，FLS-AU）和被动高光谱成像仪（hyperspectral imager CASI-2）对海洋表面的溢油污染（油膜厚度和溢油体积）进行监测。

遥感手段也被用于监测大面积赤潮,有利于形成常规监测难以获得的整体区域概念,目前 SeaWiFS 和 MODIS 遥感影像数据较为常用,高光谱遥感则有可能区分不同藻类形成的赤潮种类。

4. 海岸线

Dellepiane 等（2004）提出了一种基于模糊连通性和一致性度量的 InSAR 海岸线提取方法。Robinson（2004）利用航空摄影和地形图等分析了某区海岸 1941～1991 年岸线的变化模式。

Meyer 等（2008）利用不同来源和分辨率的 DEM 数据集,通过沉积物运移模型软件包（SEDSIM）分析位于波罗的海 Darss-Zingst 半岛海岸线的未来变化趋势。

比利时 Liege 大学的 Tigny 等（2007）利用 1977～2000 年的卫星遥感影像数据分析意大利塞丁尼亚西海岸（Sardinia）变迁情况,探索海岸线演化趋势与海草 *Posidonia oceanica*（Linnaeus）Delile 变化的关系。研究表明,部分岸段的地形、生物沉积、海滩坡度,尤其是沿海沙地的变化,与 *Posidonia oceanica*（L.）Delile 的演化有一定的关系。罗马尼亚国家资源与发展研究所的 Zoran 和 Andersona（2006）利用多时相（1975～2003 年）、多波段的卫星遥感影像数据（Landsat MSS，TM，ETM，SAR ERS，ASTER，MODIS）对黑海西北海岸带进行了动态评估。

1.3　海岸带开发利用评估

对海岸带地区的开发利用评价主要分为定性和定量两大类,其中定性评价主要是对海岸带的开发利用现状的非数量性描述。而定量评价则是通过建立适用于海岸带地区的指标体系,在此基础上对海岸带地区的可持续发展能力或者开发利用强度进行评价。专门针对海岸带的定量评价模型非常少,现有的海岸带开发利用评价大多引自土地利用研究领域的一些评估模型,更多的是对状态或多个状态数学差的评估,在一定意义上可以归结为海岸带开发利用评估的数学模型方法。事实上,海岸带开发本身是一个人类力量对其作用的过程,其评价模型应该具有物理力学含义,本书的主要贡献之一正是发展具有物理意义的评价模型,或者称之为海岸带开发利用评估的物理模型。

1.3.1 研究发展

海岸带可持续发展的意识萌芽于 1972 年美国提出的海岸带综合管理。这一年美国国会颁布了《海岸带管理法》,并于 1974 年开始执行第一个海岸带管理规划。在这之前,人们并没有把海岸带作为一个整体来进行研究,而是停留在某些领域的学术研究上。之后几年美国的海岸带管理取得了显著成效,随后,英国、荷兰等沿海国家也相继颁布了海岸带管理法。1973 年,联合国经济及社会理事会评价了海岸带在国家发展中的作用,认为海岸带是一项"宝贵的国家财富",并明确指出,对这一地带的"正确管理与开发"是国家发展计划的重要组成部分。关于海岸带开发利用与管理的著作,伴随着海岸带开发利用涌现出的问题而相继面世。1973 年创办了专业的国际性研究期刊《海洋管理》(Ocean Management),1982 年联合国经济及社会理事会编辑出版了《海岸管理与开发》一书。该书以 40 多个沿海国家为例论述了海岸带管理与开发的理论与政策问题,并提出了一些用于管理方面的技术标准和措施。

1986 年国际科学联合会(international council of scientific unions, ICSU)提出国际地圈-生物圈计划,并成立了 IGBP 科学计划专门委员会(special committee-IGBP, SC-IG-BP),于 1987 年开始着手 IGBP 计划内容,随后一系列的核心计划被提出。1990 年 SC-IGBP 成立了海岸带海洋陆地交互作用项目科学计划专门委员会,经过两年多的时间准备和多次会议讨论,最终确定该项研究计划。1992 年 12 月,该计划在 SC-IGBP 第五次大会被接纳,成为 IGBP 的第六个核心研究计划(IGBP and IHDP, 2001)。这一时期,随着 1987 年可持续发展概念的提出,人们开始以可持续发展的思想进行海岸带的管理与研究。

1993 年,世界海岸大会提出了海岸带综合管理的概念,使海岸带管理方面的研究逐步进入了一个成熟期。1996 年,国际知名的海岸带管理专家,美国学者约翰 R·克拉克出版了《海岸带管理手册》(Coastal Zone Management Handbook)一书,该书全面总结了 30 多个不同类型沿海国家海岸带管理的经验、教训,提出了海岸带综合管理的原则、方针、步骤及其不同的管理体制,全面论述了不同类型沿海国家海岸带综合管理面临的挑战和实际问题。

20 世纪 90 年代初,随着人们对可持续发展战略的重视,我国海岸带的研究也开始围绕可持续发展的思想进行。张振克(1996)对我国黄渤海沿岸带灾害、环境变化趋势及其可持续发展的对策进行了研究,从自然和人为两方面因素对海岸带灾害进行了分析和总结,主要从气候变暖、海平面上升和近海水域环境的变化对该地区影响的角度进行了分析和预测,并提出了相应的对策。金建君等(2001)以辽宁省海岸带为例对评价海岸带可持续发展的指标体系进行了研究构建,对海岸带可持续发展的概念及内涵进行了介绍,强调了建立区域可持续发展评价指标体系的科学性、显著性、层次性及动态性原则,并根据该原则建立了适合当地海岸带特点的指标体系。刘岩和张珞平(2001)对以海岸带可持续发展为目标的战略环境评价(strategic environmental assessment,SEA)进行了尝试性的研究与应用,认为造成海岸带目前的环境污染、生态系统退化的一个重要的原因是在决策过程中与环境评价相脱离,提出要以环境资源承载力为主题的多元评价标准,并以厦门岛东部岸带为例进行了战略环境评价的实际应用。程连生和孙承平(2003)在阐述海岸带资源开发和经济发展的战略意义基础上,揭示了海岸带经济环境的边缘效应、枢纽效应、依托效应、扩延效应和复合效应,以及它们对经济活动的影响,并从可持续发展的观点探讨了海岸带的经济走势及其存在的问题,从经济发展与生态环境关系方面讨论了促进我国海岸带经济发展的若干措施。

目前我国对海岸带地区的评价模型多为可持续发展评价模型,而对海岸带土地资源开发强度模型的研究较少。其中南京大学的周炳中等(2000)以长江三角洲为例进行了土地资源开发强度的评价研究,建立了一个适合该地区土地开发强度评价的指标体系,运用层次分析法确定指标的权重,把长江三角洲放到国内、国外以及长江三角洲内部行政单位3个空间尺度上进行评价,得到其相对开发强度。恽才兴和蒋兴伟(2002)设计了一套以综合协调度为目标层,包括44个具体指标的4个层次的海岸带可持续发展评价的指标体系,提出采用加权求和模型的评价方法,可能为了突出理论性,书中没有给出具体应用案例。尧德明等(2008)通过建立指标体系,并对各指标进行加权平均的方法评价了海南省土地利用强度,所建立的指标体系从土地利用条件、利用程度、投入强度及利用效益4个方面选取了人均耕地面积、人均建设用地面积、人口密度、粮食产量、农业产值等共14个指标,通过专家打分获取各个指标的权重并进行评价。

1.3.2 评估模型

由于发达国家的海岸开发利用的变化极为缓慢,其所导致的环境及生态的变化在尺度上或激烈程度上均较低,因此更多地偏重自然要素的机制性研究,对于开发利用评估的研究则较少。而我国由于开发利用强度不断增强,无论在尺度上或激烈程度上,均为历史和全球范围中罕见,其所面临的问题也更多、更复杂、更综合。

1. 基于面积的评估模型

在我国,随着土地利用变化研究的展开,许多学者提出了面积及其变化的评估方法,主要有土地资源数量变化模型和土地利用结构预测模型的应用。前者如土地利用动态度,土地利用程度变化模型、土地资源生态背景质量模型和土地利用变化区域差异模型;后者如灰色预测模型、Markov模型、系统动力学预测模型以及规划预测模型等。下面列出几种适合在海岸带中使用的评价模型。

(1)土地利用空间重心模型

可以通过不同土地利用/覆被类型重心的空间变化来反映土地利用/覆被的空间变化情况(朱会义和李秀彬,2003),其重心坐标计算模型为

$$X_t = \sum_{i=1}^{n} (C_{ti} \times x_i) / \sum_{i=1}^{n} C_{ti} \quad Y_t = \sum_{i=1}^{n} (C_{ti} \times y_i) / \sum_{i=1}^{n} C_{ti} \tag{1.1}$$

式中,X_t、Y_t表示第t年某种土地利用/覆被类型重心的坐标;C_{ti}表示整个研究区中第i个

小区域单元该种土地类型的面积;x_i、y_i表示第i个区域单元的几何中心坐标;n表示研究区内小区域单元的数量。

（2）土地利用变化速度模型

该模型表达的是研究区一定时间内某种土地利用类型的面积变化情况,针对单一土地利用类型的为单一土地利用动态度模型(刘纪远,1996),其计算公式为

$$K = \frac{U_b - U_a}{U_a} \times \frac{1}{T} \times 100\% \tag{1.2}$$

式中,K为某土地利用类型的动态度;U_b、U_a为研究时段两端的某土地利用类型的数量;T为研究时段长度,如果以年为单位,则K表示某土地利用类型的年变化率。

若针对一个区域中多种土地类型进行变化速度评估,则为综合土地利用动态度模型,其计算公式为

$$C = \left[\frac{\sum\limits_{i=1}^{n} \Delta U_i}{\sum\limits_{i=1}^{n} U_i} \right] \times \frac{1}{T} \times 100\% \tag{1.3}$$

$$\Delta U_i = U_i - UU_i \tag{1.4}$$

式中,C为综合土地利用动态度;ΔU_i为检测时间内第i类土地利用类型发生变化的面积;U_i为检测起始时间第i类土地类型的面积;UU_i为检测时间内第i类土地利用类型未变化部分的面积;T为检测时间长度,当T为年时,C表示研究区土地利用年变化率。

上述模型主要考虑第i类土地利用类型转为其他非i类的单向变化过程,针对土地利用的双向变化,则可采用单一土地利用动态度双向模型,如式(1.5)所示(王宏志等,2002)：

$$K_i = \frac{\sum U_{ij} + \sum U_{ji}}{U_i \times T} \times 100\% \tag{1.5}$$

式中,K_i为第i类土地利用动态变化的双向变化率;$\sum U_{ij}$为在该时段内第i类土地利用类型变为其他类型的土地面积总和;$\sum U_{ji}$为其他土地利用类型变为第i类土地利用类型的总和;U_i为研究时段开始时第i类土地利用类型的面积;T为研究时段的长度,以年为单位。

（3）土地资源生态背景质量变化模型

该模型表达的是研究区某一时段内某类型土地资源生态背景质量变化情况,如式(1.6)所示(王秀兰和包玉海,1999)：

$$R_j = \frac{S_{tj} \times Q_{tj} - S_{(t-1)j} \times Q_{(t-1)j}}{S_{(t-1)j} \times Q_{(t-1)j}} \tag{1.6}$$

式中,$S_{(t-1)}$为第j行政单元研究初期某类土地资源的面积;S_{tj}为第j行政单元研究末期某类土地资源的面积;$Q_{(t-1)j}$为第j行政单元研究初期某类土地资源生态背景质量指数;Q_{tj}为第j行政单元研究末期某类土地资源生态背景质量指数;R_j为第j行政单元某类土地资源在t时段内生态背景质量变化率,当t为年时,它反映的是该研究区某类土地资源生态背景年变化率。式中的生态背景质量指数Q的计算模型如式(1.7)所示：

$$Q_j = 100 \times \sum_{i=1}^{n} \left[D_i \times (A_i / S_j) \right] \tag{1.7}$$

式中，Q_j为第j个行政单元某类土地资源生态背景质量指数；D_i为第i级土地资源生态背景质量等级值；A_i为第j个行政单元第i级土地资源面积；n为土地等级数；S_j为第j个行政单元某类土地资源总面积。

（4）土地利用程度变化模型

土地利用数量变化相关模型主要有两种：一种是单项指标模型，如耕地复种指数、土地利用率、土地产出率等，这些模型主要揭示了耕地的利用情况，应用得比较具体，不具有综合性。若要对多种土地利用程度进行综合评价，则可采用土地利用程度综合指数模型(1.8)（庄大方和刘纪远，1997）：

$$L_a = 100 \times \sum_{i=1}^{n}(A_i \times C_i) \qquad L_a \in [100, 400] \tag{1.8}$$

式中，L_a为a时间的区域土地利用程度综合指数；A_i为第i级土地利用程度分级指数；C_i为研究区内第i级土地利用程度分级面积百分比；n为土地利用程度分级数。

在此基础之上，又可以进一步导出土地利用程度的变化模型。土地利用的变化量和变化率可以定量反映该研究区内土地利用的综合水平和变化趋势，其表达式为式（1.9）和式（1.10）（王秀兰和包玉海，1999）。

土地利用程度变化量：

$$\Delta L_{b-a} = L_b - L_a = \Big[\Big(\sum_{i=1}^{n} A_i \times C_{ib}\Big) - \Big(\sum_{i=1}^{n} A_i \times C_{ia}\Big)\Big] \times 100 \tag{1.9}$$

土地利用程度变化率：

$$R = \frac{\displaystyle\sum_{i=1}^{n}(A_i \times C_{ib}) - \sum_{i=1}^{n}(A_i \times C_{ia})}{\displaystyle\sum_{i=1}^{n} A_i \times C_{ia}} \tag{1.10}$$

式中，ΔL_{b-a}为土地利用程度变化量；L_b和L_a分别为b时间和a时间的区域土地利用程度综合指数；A_i为第i级土地利用程度分级指数；C_{ib}和C_{ia}为b时间和a时间第i级土地利用程度面积百分比；R为土地利用程度变化率。若$\Delta L_{b-a} > 0$或$R > 0$，则该区域土地利用处于发展期，否则处于调整期或衰退期。分级指数是将土地利用程度按照土地自然综合体在社会因素影响下的自然平衡状态进行分级，并赋予分级指数。

（5）土地利用变化区域差异对比模型

若要对土地利用变化各区域的差异进行评估，则可以采用局部变化与全区变化的比值来评估各局部变化的差异性，计算公式如式（1.11）所示（王秀兰和包玉海，1999）：

$$R = \Big(\frac{K_b}{K_a}\Big) \Big/ \Big(\frac{C_b}{C_a}\Big) \tag{1.11}$$

式中，R为土地利用类型的相对变化率；K_a、K_b表示某研究单元某种土地利用类型研究初期和末期的面积；C_a、C_b表示整个研究区某种土地利用类型研究初期和末期的面积。

（6）土地利用数量变化模型

前面所介绍的土地利用空间重心模型、土地利用变化速度模型、土地利用程度变化模型、土地资源生态背景质量变化模型以及土地利用变化区域差异对比模型在不同程度上都是在土地利用的数量变化基础上进行的运算，但是这些模型各有不同的侧重点。纯粹表示土地利用数量变化最常见的方法是土地利用转移矩阵（史培军等，2000）。利用转移矩阵可以清晰地表示两个时期不同土地利用类型之间的相互转换数量及其转化率。马尔柯夫模型可以用于土地利用变化研究,以揭示在一定时间范围和一定区域内不同土地利用类型间的转化规律(刘慧平和朱启疆,1999)。马尔柯夫模型的关键是确定转移概率,转移矩阵可以表达为

$$P = \begin{bmatrix} P_{11} & P_{12} & \cdots & P_{1n} \\ P_{21} & P_{22} & \cdots & P_{2n} \\ \vdots & \vdots & & \vdots \\ P_{m1} & P_{m2} & \cdots & P_{nm} \end{bmatrix} \tag{1.12}$$

式中,P_{ij} 是土地利用类型 i 转变为土地利用类型 j 的转换概率。

2. 基于格局的评估模型

以上模型强调的是面积变化,这里所列模型则是借用景观生态学关于空间格局的若干模型。这些模型尽管是从景观结构角度进行估算的,若将两个时期的计算结果进行比较,则可以反映出开发利用格局的变化,进而建立其变化与人文过程的关联,以及对海岸生态系统改变的关联。景观格局的模型较多,以下列出较为适合的若干模型。

(1)多样性分析

多样性分析是对土地利用类型丰富程度和均匀程度的综合描述,反映了土地格局的丰富度和均匀度,主要有吉布斯·马丁(Gibbs Mirtin)多样化指数(G_m)和景观类型多样性指数(H)方法。基本公式如式(1.13)和式(1.14)所示:

$$G_m = 1 - \frac{\sum_{i=1}^{n} x_i^2}{(\sum_{i=1}^{n} x_i)^2} \tag{1.13}$$

式中,G_m 为土地利用多样化指数;x_i 为 i 种土地利用类型的面积;n 为区域内土地利用类型数。

$$H = -\sum_{i=1}^{n} P_i \ln P_i \tag{1.14}$$

式中,H 为景观类型多样性指数;n 为区域内土地利用类型数;P_i 为第 i 类土地面积占总面积的比例。

(2)集中程度分析

空间洛伦兹曲线主要用来测度地理现象在区域上的集中程度。曲线越接近均匀分布线,则各土地利用类型的面积越接近,反之,曲线偏离均匀分布线越多,则土地利用在面积上越集中于一种或几种类型。

集中化指数是定量分析区域土地利用的集中化程度的一个指标,常用的计算公式为

$$I_i = (A_i - R)/(M - R) \tag{1.15}$$

式中,I_i 为第 i 个区域的土地集中化指数;A_i 为第 i 个区域各种土地类型积累百分比之和;M 为土地集中分布累计百分比之和;R 为高一层次区域各种土地类型的累计百分比之和。

(3)优势度分析

优势度指数用于测度土地利用格局中一种或少数几种类型占据支配地位的程度,见

公式(1.16):

$$D = H_{\max} + \sum_{i=1}^{n} P_i \ln P_i \qquad (1.16)$$

式中，D 为土地利用优势度指数；$H_{\max}$ 为当研究区域内各利用类型土地面积比例相等时的多样性指数；n 为区域内土地利用类型数；P_i 为第 i 类土地面积占总面积的比例。

（4）破碎度分析

破碎度指数用单位面积的斑块数测度，它表示土地利用格局的破碎程度，其公式为

$$F = \sum_{k=1}^{n} n_k / A \qquad (1.17)$$

式中，n 为土地利用类型数；n_k 为第 k 类土地利用类型的斑块数；A 为区域土地总面积；F 为破碎度指数，它用单位面积内的斑块个数来表示土地斑块的破碎程度，F 值越大表示土地斑块越破碎。

（5）分离度分析

分离度指数反映了土地利用格局中同一种土地类型的不同斑块的分布情况，其公式为

$$F_i = D_i / S_i \qquad (1.18)$$

式中，F_i 为第 i 类土地利用类型的分离度；$D_i = 1/2 \times \sqrt{n/A}$；$S_i = A_i/A$；$D_i$ 为第 i 类土地利用类型的距离指数；S_i 为第 i 类土地利用类型的面积指数；n 为第 i 类土地利用类型的斑块个数；A 为土地总面积；A_i 表示第 i 类土地利用类型的面积。分离度反映一个区域同一土地利用类型在区域中的分布情况，分离度越大表示该土地利用类型在区域中斑块越分散。

（6）分维数度量

Mandelbrot(1982)研究分形几何体的形态结构，建立了如下模型：

$$\left[S(r)\right]^{\frac{1}{D}} - \left[V(r)\right]^{\frac{1}{3}} \qquad (1.19)$$

式中，$S(r)$ 为表面积；$V(r)$ 为体积；r 为度量尺度；D 为分形维数。研究表明，土地利用斑块是自然界中典型的分形几何体，有关研究已经证明，对于不同土地利用类型，其形态结构都具有自相似性。用分维数进行定量化表示如下：

$$\ln[A(r)] = \frac{2}{D_1} \ln[P(r)] + C \qquad (1.20)$$

式中，$A(r)$ 为以 r 为量测尺度的图形面积；$P(r)$ 为图斑周长；C 为常数；D_1 为二维欧式空间中的分维数，根据这个回归模型就可以得到回归系数 $1/D_1$，这样就求出了该土地利用类型斑块的分维数 D_1。

（7）空间格局组合类型分布模型

该模型并非来自景观生态学，但可以从另一个侧面描述或确定土地利用格局的类型特征和主要类型。主要方法有威弗-托马斯(Weaver-Tomas)的组合系数法，即把土地的实际分布(实际相对面积百分比)与假设分布(假设相对面积百分比)相比较，然后逐步逼近实际分布，得到一个最接近实际分布的理论分布。其步骤为：

1）把各种土地类型按面积相对比例由大到小顺序排列。

2）假设土地只分配给一种类型，则这一种类型的假设分布为100%。其他类型的假

设分布为 0;如果仅分配给前两种类型,那么,这两种类型的假设分布为 50%,其他类型的假设分布为 0;依此类推,如果土地均匀分配给 8 种类型,则假设分布均为 12.5%。

3)计算和比较每一种假设分布与实际分布之差的平方和(称为组合系数)。

4)选择假设分布与实际分布之差的平方和最小的假设分布组合类型(最小组合系数所对应的组合类型),这种组合类型即为该区域土地组合类型。

3. 基于产出的评估模型

在评估海岸带开发利用强度时,由于投入难以衡量或刻画,故可以转变思路,从产出来评估海岸带的开发利用程度或强度等。这里列出 3 种适用的以产出为核心的评估模型,包括土地利用率产出指数模型、行业或产出指数模型以及土地利用率效益指数模型。以下模型主要根据已有研究修改所得(田彦军等,2003;朱会义和李秀彬,2003;高志强等,1999)。

(1)行业或产业指数模型

该模型可用于分析行业或开发利用类型对土地利用状况的影响,属于土地利用的社会经济影响模型范畴。土地利用率行业或产业指数模型能够反映区域内行业或产业对海岸开发程度的影响。模型(1.21)如下:

$$\text{LUSCI} = \frac{1}{S_i} \sum_{j=1}^{n} x_{ij} \times 100 \tag{1.21}$$

式中,LUSCI 为土地利用率产业指数;i 为评价单元序号;j 为行业种类序号;S_i 为第 i 个评价单元的面积;x_{ij} 为第 i 个评价单元内 j 类产业产出。

(2)土地利用率产出指数模型

该模型主要用于对土地利用单元的产出情况的分析,以衡量在特定的区域条件下,区域土地的有效产出量与全区的总产量的比值,从而反映土地利用强度的大小。产出标准潜力值的确定要通过相关标准,并结合研究区域的特点。模型如下:

$$\text{LUYI} = \sum_{j=1}^{n} \left(\frac{y_{ij}}{Y_j} \right) \times 100 \tag{1.22}$$

式中,LUYI 为土地利用率产出指数;i 为评价单元序号;j 为产出类序号;x_{ij} 为第 i 个评价单元内 j 类面积;y_{ij} 为第 i 单元 j 类产出。

(3)土地利用率效益指数模型

该模型用于计算单位面积土地的经济产出量,亦属于土地利用的社会经济影响模型范畴。根据该指数可以直接确定该区域的土地经济产出量。模型结果的大小在一定程度上反映了该区的技术和经济投入度,是区域经济水平的综合反映。模型(1.23)如下:

$$\text{LUBI} = \sum_{j=1}^{n} \left(\frac{b_{ij}}{B_j} \times r_{ij} \right) \times 100$$

$$= \frac{\sum\limits_{j=1}^{m} x_{ij} y_{ij} p_j \times x_{ij}}{\sum\limits_{i=1}^{n} \sum\limits_{j=1}^{m} x_{ij} y_{ij} p_j \times \sum\limits_{i=1}^{n} x_{ij}} \times 100 \tag{1.23}$$

式中,LUBI 为土地利用率效益指数;b_{ij} 为第 i 单元 j 类利用类型的单位面积产值;B_j 为全区 j 类利用类型的平均单位面积产值;r_{ij} 为第 i 单元 j 类利用类型面积指数;x_{ij} 为第 i

个评价单元内 j 类面积;y_{ij} 为第 i 单元 j 类产出;p_j 为 j 类作物的价格。

1.4　海岸带生态服务评价

　　自 20 世纪 90 年代至今,生态系统服务功能评价的研究取得了大量成果,但大部分研究将焦点集中在陆地生态系统,对海岸带生态系统服务及其价值评估却研究不足。已有的海岸带生态服务价值研究,多集中在红树林、珊瑚礁等典型区域,缺乏针对不同类型、不同区域海岸带生态系统服务功能综合研究。

　　生态系统是动态系统,其所提供的功能服务也是一个动态过程。土地开发利用与生态系统服务是互相影响、互相制约的矛盾统一体,生态系统类型在土地利用中表现为土地利用类型。土地利用结构变化将引起各种土地利用类型、面积和空间位置的变化,进而导致各类生态系统类型、面积、格局乃至服务功能的变化。因此,从系统角度出发,研究海岸带土地开发利用与生态系统服务功能之间的动态关系,对认识海岸带生态系统结构、服务功能变化机制、海岸带生态系统管理具有重要价值和应用意义。

1.4.1　海岸带生态服务功能

　　生态系统是地球的生命支持系统,是人类赖以生息繁衍的物质基础,为人类福利和可持续发展提供必需的产品与服务。而海岸带生态系统作为地球生态系统的重要组成部分,是陆地生态系统与海洋生态系统的交接带和过渡带,对陆地和水生生命及人类社会起着至关重要的作用,与其他生态系统相比具有独特的复合性、动态性和脆弱性。

　　1) 海岸带生态系统的复合性:海岸带是陆地与海洋的交互重叠地带,同时受到大气圈、水圈、岩石圈与生物圈的相互作用,是自然资源和生物多样性极其丰富的生态系统,其内包括了陆地、海洋的多种生态系统,以及独特的海岸带生态系统,如潮间带生态系统、河口生态系统、海湾生态系统、海岛生态系统、珊瑚礁生态系统、红树林生态系统等众多系统。高度的复合性给海岸带生态系统的综合价值评估研究带来了独特性。

　　2) 海岸带生态系统的动态性:海岸带是地球表面最为活跃、各种现象与过程最为丰富的自然区域或人类生态系统区域。海岸带生态系统包括了大量的生境类型、丰富的物种,在波浪、潮汐、海面波动、地壳运动、气候变化和各种人为影响等动力因素综合作用下,海岸带的形态、内部结构和功能不断发生变化,进而导致生态服务功能及其组成的变化。

　　3) 海岸带生态系统的脆弱性:虽然海岸带生态系统能够提供大量物质、能量和空间给人类社会,但是海岸带生态系统也是敏感脆弱的,随着海岸带区域人类活动的日趋频繁、工业化和城市化的迅速发展,海岸带生态系统面临着越来越大的压力,出现了物种多样性大规模下降、渔业产量降低、水质恶化、岸线侵蚀加快等生态问题,进而导致生态服务功能下降,海洋生物数量或质量急剧减少,甚至消失。

　　海岸带生态系统对人类社会、经济生产和生活均有着重要影响,海洋经济提供了大量的就业岗位,海洋产品也是人类重要的食物来源,海岸优美的景观和适宜的气候同样也吸引着人们到海岸地区居住生活或旅游。海岸带生态系统具有储存和循环养分、净化来自陆地径流污染物的功能,海岸带的湿地系统在防护海岸侵蚀和抵抗海啸、风暴潮等自然灾害方面起到重要作用。总之,海岸带生态系统是人类社会的重要资源。海岸带无论在节约资源、保护环境和社会经济发展方面，都是得天独厚得气之先，具有不可替代的优势（陈述彭，1996）。

1.4.2 海岸带生态系统面临的问题

海岸带是一个人口、资源、环境和经济的生态复合系统，受多因子共同作用，是整个地球系统中最脆弱和敏感的地带。海岸带生态系统面临着众多的压力，而在所有的压力背后，3个最基本的驱动力是海岸带区域人口增长、高强度利用和生态服务消费的增加。

2006年我国沿海11个省（自治区、直辖市）总人口为52 323.5万人，占全国总人口129 988万人的40.3%；GDP总额达到97 294.5亿元，占全国GDP总值136 515亿元的71.3%。11个沿海省（自治区、直辖市）的陆域土地面积仅占全国陆地面积的13.0%，如表1.1所示（国家环境保护总局，2006b）。而通过分析CIESIN（Center for International Earth Science Information Network）提供的历年中国人口密度数据并研究其区位变化可知（图1.3），中国沿海地区人口密度自1995～2000年呈逐渐上升趋势，而主要增长区域以长江口、珠江口等经济快速发展的沿海地区为主。

表1.1 中国沿海2006年基本情况

省份	总人口 /万人	GDP /亿元	土地面积 /万 km²	大陆岸线 长度/km	岛屿岸线 长度/km	岛屿 个数/个	岛屿面积 /km²
辽宁	4 217.0	6 872.7	14.59	1 971.5	649.0	404	203.4
河北	6 808.8	8 836.9	18.77	421.0	178.0	107	14.2
天津	1 023.7	2 931.9	1.19	153.3	4.2	9	0.2
山东	9 248.0	18 468.3	15.67	3 122.0	611.4	296	136.6
江苏	7 432.5	15 512.4	10.26	953.0	58.4	15	21.7
上海	1 352.4	7 450.3	0.06	172.0	277.4	7	1 185.8
浙江	4 719.6	11 243.0	10.18	1 840.0	4 301.2	1 921	1 670.1
福建	3 511.0	6 053.1	12.14	3 051.0	1 779.0	1 202	654.0
广东	8 303.7	16 039.5	17.98	3 368.1	3 460.8	828	34 804.9
海南	817.8	452.9	0.23		1477.0	280	930
广西	4 889.0	3 433.5	23.67	1 083.0	354.5	624	45.8
合计	52 323.5	97 294.5	124.74	16 134.9	13 150.9	5 693	39 666.7

注：不包括台湾省、港澳地区。

不断增长的人口数量、持续的高强度开发、不断提高的消费能力和稳步扩大的消费范围，集中作用于有限的海岸带空间及其生态系统，使得海岸带生态系统面临着越来越大的压力进而出现严重的生态、环境问题，主要包括：资源不合理利用、自然湿地严重损失、生物多样性下降、环境污染严重和生态系统服务功能减弱等。

1) 资源不合理利用：海岸带生态系统资源利用集约化程度提高、行业冲突和海陆矛盾的加剧，导致了海岸带的资源浪费（彭本荣等，2005）。近年来整个海岸带处于快速城市化与工业化进程中，耕地资源大量流失，而为了弥补丧失的耕地，实现耕地资源总量的动

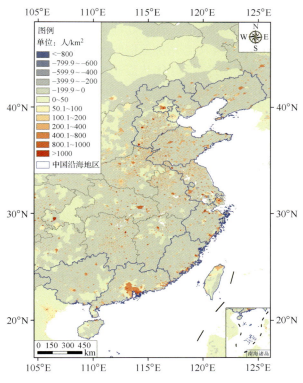

图 1.3　中国沿海历年人口密度分布图

态平衡,人们则把目光转向荒草地、稀疏林地、海岸灌丛等。即便如此,也难以满足港口、开发区和居民地建设的需求,人们又把目光投向了近岸的滩涂和海域,进一步加剧了生态退化的恶性循环与自然生态系统的脆弱性。

2) 自然湿地严重损失:海岸带区域内大片滩涂在高强度开发利用下,被分割成不同种类的人工湿地,在破坏自然景观的同时,也降低了湿地调节气候、保护岸线、抵御灾害等能力。广东省沿海各地曾是华南地区红树林重要分布区,但是在长期围垦和砍伐下,许多区域已消耗殆尽(刘凯等,2005)。以珠海为例,1985 年前珠海市红树林超过 1 400hm²,因城市楼房、道路和桥梁建设,导致红树林分布区域迅速减少,2005 年仅剩 498hm²(王树功和黎夏,2005)。

3) 生物多样性降低:由于海岸带自然湿地面积减少,生物天然栖息环境遭到破坏,再加上环境恶化、水质污染、过度捕捞等原因,海岸带鱼类、贝类、藻类以及其他海洋生命体的生产能力大幅度下降,海岸带生态物种组成和结构被深刻改变。

4) 污染严重:海岸带生态系统面临着大量的污染物,其来源主要有来自工业生产的化学污染物,包括有机化学物质、重金属等;来自农业生产和水产养殖的营养盐,包括农药、化肥、残饵等;来自城市和农村的生活污水也产生了大量的细菌污染物;石油渗漏和溢油带来大量污染物。广东省所在南海水域主要污染物包括无机氮和活性磷酸盐。近岸海域一、二类海水比例为 83.7%,四类、劣四类海水占 8.1%。珠江口海域水质较差,为四类水质(国家环境保护总局,2007)。

5）生态系统服务功能减弱：海岸带生态系统存在的一系列问题直接影响海岸带生态系统服务能力，主要表现在部分功能消失、部分功能质量上或数量上下降、部分服务功能的提供稳定性下降等。联合国千年生态系统评估的研究结果表明，在其所列的 24 种生态服务功能中，60% 的生态服务正处于退化状态或以不可持续方式被利用（Stokstad，2005）。在全球生态系统所提供的服务中，约有 63% 来自于海洋系统，其中大半（约占总数的 32%）来自滨海生态系统，其余 37% 来自陆地系统（Costanza et al.，1997）。海岸带生态系统对人类社会的服务功能减弱或丧失，将直接或间接地影响到人类健康和生活质量，进而影响到人类社会的经济发展和持续性（张朝晖，2007）。

1.4.3　海岸带生态服务评估研究

早在 20 世纪 70 年代，联合国就提醒各沿海国家，海岸带资源是一项"宝贵的国家财富"，80 年代，西方许多学者提出了保护有限且又非常宝贵的海岸带资源以及研究海岸带资源价值的主张，以便限制消耗以及给予保护与关心。国外对海岸带生态系统的研究主要集中在美国（如斯坦福大学、马里兰大学）、澳大利亚和欧洲（北界生态经济研究中心）等发达国家和地区，而发展中国家研究较少。

近年来，在生态学、生态经济学和环境经济学的研究领域中，对海岸带生态系统服务和资源价值的研究已成为全球生态系统服务和功能价值研究的一个重要方面，并取得显著进展。1997 年，Costanza 等综合各种方法最先完成了全球海岸带生态系统服务功能价值的估算。评估了河口、海藻/海藻床、珊瑚礁、大陆架和潮滩沼泽/红树林湿地等各海岸带生态系统提供的扰动调节、营养物循环、废物处理、生物控制、物种生境、食物生产、原材料、娱乐、文化 9 项服务和功能价值，结果表明，全球海岸带生态系统服务的年度价值为 14.216×10^{12} 美元，占全球生态系统服务和功能价值（33×10^{12} 美元）的 43.08%，相当于同期全世界 GNP（18×10^{12} 美元）的 78.98%。

该研究成果的发表，不仅引起国际广泛关注，而且由于海岸带在全球生态系统服务功能价值中所占比例巨大，以及当前在海岸带投资成倍增长和资源价值利用竞争等因素造成的海岸带生态环境危机，使海岸带生态系统服务和资源利用价值评估研究，成为调整海岸带综合管理策略、指导实现海岸带资源可持续利用的一种重要研究方法。针对近几十年来自然灾害频繁发生且许多灾害发生在海岸带区域（如印度洋海啸、卡特里娜飓风等），Costanza 从生态系统服务角度对海岸带红树林、自然湿地的防风、减浪等服务功能进行了强调，提出经济发展应以满足人类可持续福利为目标，并利用衰退模型进行了模拟，得出每损失 $1hm^2$ 自然湿地，风暴带来的损失将增加 33 000 美元，而美国全境的海岸带湿地每年提供价值 232 亿美元的风暴保护。

Ledoux 和 Turner 于 2002 年对收集的百余篇海岸带生态系统服务研究文献进行了整理和统计，总结了海岸带生态系统服务和资源利用价值估算研究状况（表 1.2）。通过分析这些文献，我们可以得到以下结论：

1）研究集中于区域海岸带生态系统，而国家层面以上的研究较少，说明海岸带的区域差异比较大，进行大尺度的综合评价较难。

2）评估研究主要集中在海滩、红树林、潮滩沼泽、珊瑚礁等的几个次级海岸带生态系统，对海岸带生态系统提供的各项服务或各种资源利用价值主要在娱乐、灾害防御、水质净化、生境和物种保护、渔业等方面研究较多。但是对于海岸带生态系统总体价值评估研究的文献较少。

3）国外对海岸带生态系统服务经济价值评估研究中，应用最广泛的方法就是条件价值法 CV。虽然支付意愿 WTP 或受偿意愿 WTA 量值的可信度远不如市场价格，但由于它们出自价值受益人自己，所以仍具有相当的客观性（杨光梅等，2006）。

表 1.2　国外海岸带生态系统服务评价研究

功能	生态系统	空间尺度	研究者/研究区/时间	技术方法	研究的具体功能/利用	价值量/＄2000
娱乐功能	海滩	区域	Bell, F. W. /美国/1990 年	TC	旅游	56.2/(人·d)
	海滩	区域	Bockstael, N. E. /美国 1987 年	DC	娱乐与水质	1.75～42/(人次·季节)
	海滩	国家	Green, C. H. /英国/1990 年	CV	娱乐与海岸保护	4.03/人次
	海滩	区域	ONeill, C. E. /爱尔兰/1991 年	TC	钓鱼	14.54～35.43 百万/a
	海滩	国家	Penning-Rowsell/英国/1989 年	CV	娱乐与海滩保护	6.53/人次
	海滩	局地	Silberman, J. /美国/1992 年	CV	海滩护养与娱乐	14.95～24.34/人次
	海滩	区域	Silberman, J. /美国/1988 年	CV	海滩护养与娱乐	5.68/人次
	海滩	区域	Smith, V. K. /美国/1997 年	CV	残骸保护与旅游	27.03～91.26/(人·a)
	海滩海岸带	区域	Loomis, J. B. /美国/1989 年	TC	娱乐与商业捕鱼	3.14×10⁶/a
	海岸带	区域	Downing, M. /美国/1996 年	CV	娱乐	3 050～4 730/a
	海岸带	局地	McConnell, K. E. /乌拉圭/1989 年	CV	娱乐与水质	20.38/户
	海岸带	区域	Agnello, R. J. /美国/1988 年	TC	娱乐与捕鱼	7.06/人次
	海岸带	区域	Brown, K. /多巴哥岛/2001 年	CV	娱乐与珊瑚礁保护	3.97～9.98/户
	海岸带	局地	Brown, K. /英国/1988 年	CV	娱乐与休闲	40.38～50.61/(户·a)
	海湾	区域	Lindsey, G. /美国/1994 年	CV	娱乐与水质	58.3/(人·a)
	海湾	区域	Strand, I. E. /美国/1986 年	CV	娱乐与水质	115.23/(人·a)
	盐池	局地	Anderson, G. D. /美国/1986 年	HP	捕鱼、游泳、野生动物	13.3～121/(户·次)
	湿地	区域	Bergstrom, J. C. /美国/1990 年	CV	湿地损失与娱乐	566/人
防灾	湿地	区域	Farber, S. /美国/1987 年	MV	防御风暴潮	4.57～15.38/hm²
净化水质	海湾	区域	Ribaudo, M. O. /美国/1984 年	TC	净化水质	161～204/a
	池塘	区域	Kaoru, Y. /美国/1993 年	CV	净化水质	199/a
	海岸带	区域	Hayes, K. M. /美国/1992 年	CV	净化水质	105～246/户
	海岸带	局地	Magnussen, K. /挪威/1992 年	CV	净化水质	197.61～263.48/户
渔业捕捞	海湾	局地	Anderson, E. /美国/1989 年	SM	海草与蓝蟹	3.39×10⁶/a
	海湾	区域	Grant, W. E. /墨西哥/1979 年	SM	捕虾与管理策略	11.1×10⁶/a
	海湾	区域	Griffin, W. L. /墨西哥/1978 年	MV	养虾	2.73/hm²
	珊瑚礁	区域	Hodgson, G. /菲律宾/1988 年	MV	娱乐与捕虾业	60.63×10⁶/a
	珊瑚礁	区域	McAllister, D. E. /菲律宾/1988 年	MV	珊瑚礁与环境成本	242×10⁶/a
	湿地	区域	Lynne, G. D. /美国/1981 年	MV	湿地的蓝蟹生产力	2.54/hm²
物种生境	礁湖	局地	Boisson, J. M. /法国/1998 年	CV	礁湖填埋的代价	23.08/hm²
	海岸带	区域	Loomis, J. B. /美国/1994 年	CV	灰鲸的价值	35.4/(条·a)
	海岸带	国际	Spaninks, F. A. /荷兰/1995 年	CV	湿地生态恢复成本	82.74/(hm²·a)

功能	生态系统	空间尺度	研究者/研究区/时间	技术方法	研究的具体功能/利用	价值量/$2000
多种功能	红树林	局地	Bennet, E. L./马来群岛/1993年	MV	渔业和旅游价值	$30.44 \times 10^6/a$
	红树林	区域	Lal, P. N./斐济/1990年	MV	直接/间接利用价值	$4\,550/hm^2$
	红树林	区域	Ruitenbeek, H. J. 印度尼西亚/1994年	MV	直接/间接利用价值	$7\,448/hm^2$
	红树林	国际	Christensen, B./亚洲/1982年	MV	渔业和农业价值	$602/hm^2$
	珊瑚礁	区域	Cesar, H./印尼/1996年	MV	渔业和旅游价值	$33.90/hm^2$
TEV	湿地	区域	Farber, S./美国/1996年	多种方法		$20\,848/hm^2$
	珊瑚礁	区域	Riopelle, J. M./印尼/1995年			$11\,600/hm^2$

资料来源：Ledoux and Turner, 2002。

随着近年沿海地区经济的快速发展,海岸带生态系统服务面临的矛盾和挑战也日益突出,有关部门在1984年组织专家开展了对部分自然资源实物量和价值量的初步核算,探讨了核算理论、核算方法、核算技术等问题,但因对海岸带管理和海洋资源有偿使用研究较晚(杨光梅等,2006),到20世纪90年代初期,我国对海岸带资产化管理仍仅停留在呼吁阶段,如何实施、如何进行价值评估等工作进展缓慢。

目前,国内学者对海岸带资源分类、资产化管理和海岸海洋资源价值分类等方面开展了比较多的研究,为我国海岸带资源价值核算研究和把海岸带资源推向市场奠定了一定的基础。例如,葛瑞卿(1994)对海岸带资源性资产进行了类型划分,从所有制性质、开发利用状态、开发利用类型等7个方面,把海岸带资源性资产划分为38大类型。此外,李德潮和吴平生(1995)、朱晓东和施丙文(1998)等从空间位置和资源开发利用的发展趋势等角度也提出了较为完整的划分体系,从而为管理部门进行资产登记或进行资源价值评估提供基本依据。

海岸带资源的价值类型,除了常用的分类体系(使用价值、非使用价值等分类)外,我国学者根据价值自然属性,将海岸资源分为天然价值、人类发现海洋海岸资源投入的劳动产生的价值和人工增殖产生的价值;根据社会属性,又分为经济价值、军事价值、科研价值和生态价值几个大类。国内较早开展对海岸带资源价值进行系统评估的研究,是许启望和张玉祥(1994)开展的"海洋资源核算的初步研究",对海洋水产、海岸土地、盐田、港址、旅游等海洋海岸资源价值的计价和核算作了初步探索,为建立海岸带资源价值量核算理论体系迈出了开创性的一步。刘容子(1994)对我国滩涂资源的价值量进行了核算,研究将滩涂作为一种特殊的"土地"采用收益还原法、收益倍数法和产值法,分别估算了我国滩涂和盐田的价值量。黄贤金(1993)则从土地估价的角度提出了两种适宜海涂资源经济评价的方法。

韩维栋等(2000)首次从生态系统角度,使用市场价值法、影子工程法、机会成本法和替代花费法等对中国现存自然分布的13 646hm²的红树林生态系统的功能价值进行经济评估,评估结果表明,中国红树林生态系统在生物量生产、抗风消浪与护岸、保护土壤、固碳以减弱温室效应和释放O_2、物种栖息地、林分养分积累、污染物生物降解和病虫害等方面的年总生态功能价值为23.6531亿元。辛琨和肖笃宁(2002)运用环境经济学、资源经济学、模糊数学等研究方法,对辽河三角洲的锦盘湿地生态系统的物质生产、气体调节、水调节、净化、栖息地、文化、休闲七大服务功能进行了价值评估,得到该地区湿地生态系统的服务功能价值为 62.13 亿元,是该地区国民生产总值的 1.2 倍。杨清伟等(2003)采用 Costanza 等的分类系统和相关服务的单位价值,以 20 世纪 80 年代海岸带和海涂资源综合调查数据为基础,初步估算出广东—海南海岸带的生态系统服务的总价值为 316.97 亿美元/a,其中陆地为 187.38 亿美元/a、海域为 129.59 亿美元/a。该总价值占全国总价值的 4.07%。

彭本荣等(2004)利用或然价值法对厦门海岸带环境资源水质、沙滩、珍稀物种的价值进行了评估,得出厦门水质、沙滩和珍稀物种的年价值分别为 2.2 亿元、1.03 亿元和 1.14 亿元。欧阳志云等(2004)将海南生态系统类型划分为 13 类,应用机会成本法、影子价格法和替代工程法分析评价了海南岛各类生态系统在水源涵养、水土保持、营养物质循环、固碳、防风固沙等方面的生态调节功能及其生态经济价值,以及生态系统提供产品的价值。研究表明,2002 年海南岛生态系统所提供的生态调节功能的价值为 2035.88 亿～2153.39 亿元。而生态系统产品价值仅为 254.06 亿元,生态调节功能价值是其产品价值的 8 倍多。赵晟等(2007)应用能值理论,对中国红树林生态系统服务的能值货币价值作了评估,结果表明,中国红树林生态系统服务的能值货币价值每年为 12.6 亿元,每公顷价值为 9.24 万元,其中凋落物的价值为 0.28 亿元、木材价值为 0.12 亿元、栖息地价值为 6.39 亿元、抗风消浪价值为 1.05 亿元、污染物处理价值为 4.76 亿元、科学研究价值为 0.0206 亿元。张朝晖(2007)对我国桑沟湾的生态系统服务价值进行评估,2003 年桑沟湾的总服务价值为 6.07 亿元,每平方千米海域面积的服务价值为 424 万元。在总服务价值中,供给服务、调节服务和文化服务分别占 51.29%、17.34% 和 31.37%。

国内对海岸带生态系统服务和资源价值估算研究起步较晚,目前仍处于概念性探索,借鉴其他学科和其他生态系统价值估算的理论和方法、积累研究案例的初始阶段,缺乏原创性研究(欧维新等,2005)。与国外研究相比,国内研究着重在海岸带资源直接利用价值的计价与估算,对间接利用价值评估较少涉及,对非利用价值(选择价值、遗产价值和存在价值)的研究较少。与其他类型生态系统研究相比,海岸带生态系统价值评价研究还存在着比较大的差距,如在进行青藏高原生态服务资源价值的研究中,谢高地等(2003)针对 Costanza 评价体系的部分缺点,通过问卷调查的方式,对其进行了修正并且制订了适用于我国生态系统服务价值的当量因子表。而在国内海岸带生态系统服务评价研究中缺乏此类针对性研究。在海岸带资源类型划分的基础上,对单项资源的估算较多,如对滩涂、盐田价值估算,从海岸带生态系统总体的角度,估算海岸带生态系统服务和功能价值的研究比较欠缺,且方法基本停留在对国外价值估算理论和方法的模仿应用,缺乏适宜于海岸带生态系统特点的理论和方法的研究。

1.5　海岸带遥感评估

前面从海岸带的讨论开始,评述了海岸带遥感、海岸带开发利用评估和海岸带开发利用的生态服务变化三方面研究,这里对前面的论述作一个总体的思考和讨论。海岸带遥感获取的是海岸带的一个状态,可以分析其开发利用的程度,多个时相则可获取多个时期的状态或开发程度,从而可以分析海岸开发利用的变化过程。海岸带开发利用评估则是针对开发利用的状态或程度,对海岸开发利用的频度、速率、深度、广度等进行综合计算获得的综合测度。海岸带生态服务评估则是对开发利用所产生的生态服务变化进行的一个综合计算,获得综合服务价值的测度。

1.5.1 海岸带遥感评估当前研究

如何合理有效地开发、利用海岸带资源,同时又将其对生态环境的损害降低到最小乃至提升生态环境,实现社会、经济、生态环境的协调和可持续发展已经成为海岸带科学研究的热点问题。海岸带遥感评估的科学性直接影响海岸开发利用、综合管理和生态修复等,是海岸带可持续发展的研究基础。

1)空间评价模型尚少:当前海岸带评价研究主要集中在海岸带资源利用变化和海岸带的生态环境效益及综合评价上,而专门针对海岸带开发利用的评价模型研究较少。在土地利用强度评价中较为成熟的指数模型和状态空间模型均未考虑海岸带这一评价目标的形态结构和属性特征,不能很好地揭示评价目标的空间结构特点及整体和局部特性。

2)空间属性本底考虑不足:目前许多开发利用评价强调的是利用了多少面积,更多的是一种利用面积比的评价,事实上同样的利用面积,不同的利用方式所需要的力度不同,造成的环境影响也是不同的,同时,同样的利用面积和类型,其空间本底不同,所需要的开发或投入力度也是不同的,环境影响或生态功能价值变化也是不同的。当前的"压力-状态-响应"(P-S-R)模型则从社会、经济的压力出发来分析环境的响应,对于作用对象的地学属性则没有成为考虑的重点。

3)空间差异性考虑不够:在对海岸带开发利用的生态环境效益和综合评价上,研究的焦点集中在指标的选择和指标体系的构建方法上。研究的思路大体为根据具体的研究目标,结合海岸带的系统结构特点,分别从社会、经济、环境,或是从压力、状态、响应等角度分析各个层次的相互关系,从中抽取指标。虽然在指标体系的构建上,国内外学者做了大量工作,提出了很多相对科学和规范的指标构建方法,但这些研究试图建立一种绝对的指标体系,而往往忽略了海岸带的地域差异性。不同的岸段,因岸段地貌特征和周边自然、经济及政策的影响,其评价的指标体系应该能自动地反映这些差异。

4)时间或过程因素不足:一方面是海岸带相关数据和资料相对缺乏,如获取长时间序列的数据,则更为困难;另一方面则是在模型或评价中缺少过程的概念,往往采用静态的评价目的,导致不能反映海岸带的变化过程。特别应当注意的是,状态的改变导致其所提供的功能不能一直持续,如现阶段,我国围填海的生态补偿是一次性缴纳,事实上湿地的生态功能是每年提供的,由此,围填海的生态补偿应当按年进行缴纳才是科学的。

5)多学科综合比较薄弱:对海岸带资源利用变化的研究,多是针对海岸带的一种资源类型进行的分析,如海岸线、海岸带土地利用、海岸带滩涂和湿地、海洋水环境和生物化学成分等,少有对多种资源的综合分析,或较少以海岸带整体生态系统为研究对象。

本书重点从空间评价角度,针对海岸带的属性和空间差异性开展评价研究,力图体现时间、力度、强度和综合等概念,除对海岸带开发利用进行现状反映外,其评价重点在于人类在海岸带这一特殊空间范围内的开发利用的累积、改变、速度和力量,反映人类活动对自然的扰动及所产生的实际偏差。

1.5.2　海岸带遥感评估研究趋势

海岸带遥感评估研究主要瞄向两部分科学问题,即人类对海岸的影响和环境变化对海岸的影响,其中蕴含两个对应问题,即海岸变化对人类的影响和海岸变化对环境的影响。考虑到海岸带是个区域概念,其研究势必进一步走向多学科在区域的综合,其研究内容也势必涉及多个学科及彼此的融合和交叉,这里从社会发展的重要性、基础性科学问题和当前研究热点三方面各挑出一个问题进行讨论。

1. 海岸开发利用与环境生态安全

该研究主要是利用高分辨率遥感卫星数据和海岸带传感器网络,获取人类社会经济活动造成的海岸景观变迁、环境变迁和社会变迁,从而对海岸工程或开发利用所产生的环境或生态效益进行评估,监测主要内容为海岸工程、土地利用、海洋养殖、海岸排污、海岸侵蚀与冲淤、海洋溢油、海洋赤潮、海水环境、悬浮泥沙、沿岸流等。

海岸带开发的环境效益评价是从人类对海岸带开发利用对环境所造成的影响的角度,评价人类对海岸带的开发利用情况。人类对海岸的开发是一个对海岸带进行作用力的过程,这一作用力可理解为压力,也可以理解为推力,在这种力的作用下,海岸带的景观、格局和功能产生一系列的变化。事实上,也可以反过来理解,即海岸带生态环境的变化是由于受到了力的作用,从生态环境的变化来衡量人的作用力,即海岸带开发利用的强度,从而建立海岸带开发利用与环境生态安全的关系。

环境生态安全可从以下几个角度开展研究,如近海水动力场的改变、近海地形地貌的改变、海水理化特性的改变、海岸带生态系统的改变、海岸带水环境景观的改变以及这些改变所产生的灾害,如海岸侵蚀、港口航道淤积、风暴潮、藻类暴发、养殖灾害和生态服务灾害等。这里的生态服务灾害是指因为海岸格局变化而导致生态服务价值的锐减,进而导致海岸带人类社会乃至全人类对该功能需求的突然或永久性缺失。

2. 海岸承载力与可持续发展

海岸带遥感评估是通过遥感和社会观测,获得人类价值取向、作用模式(工农业发展、土地利用、发展模式和主流行业等)与强度变迁,通过海岸水文、化学监测和生物学监测,获得物理通量、化学通量和生物迁徙等变化,通过遥感和海面监测获得海域环境和生态变化及异常(污染、溢油和藻类暴发等),进而讨论海岸带开发利用状态、程度、强度及可持续性等,协调人类社会发展与"陆地-潮间带-近海"系统的相互关系。

与一般的区域可持续性发展评价研究类似,海岸带的可持续性发展研究也主要集中在指标的选择和指标体系的构建上,以求通过科学和规范的指标来度量、监测和评价不同尺度系统的可持续性。南非和美国的一些学者提出了表征系统状态的指标(Cooper et al.,1994;Paul et al.,1998;Kiddon et al.,2003),如水环境、生境、生物量、营养动态等,每一类指标又对应相应的因子。这种基于状态的评价方法,忽视了对系统压力的考虑,而且指标的选择主要参考专家的知识,所以即便是在评价的过程中考虑了对系统脆弱性的度量(Ferreira,2000),也并非一套客观和完善的综合框架体系,其实质是系统在某个时刻的状态评价。

联合国可持续发展委员会于 1997 年提出的"驱动力-状态-响应"(driving-state-response，DSR)评价方法，将可持续性发展的指标分为社会、经济、环境和机构四大类，每一类又分为驱动力指标、状态指标和响应指标(Peter et al.，1997)。其中驱动力指标表征人类活动对环境所施加的压力，状态指标表征环境质量与自然资源在特定时间的状况，而响应指标则表征了为应对系统所存在的环境问题人类所采取的措施。虽然该模型考虑了可持续发展和环境的关系，但把可持续发展与社会、经济的关系放到了次要的地位，且未体现出驱动力和状态指标之间的逻辑关联。

PSR(pressure-state-response)指标框架是一种基于压力-状态-响应的框架体系，即将指标归为压力、状态和响应 3 类。该框架结构也有较为广泛的应用，如 Bricker 等(2003)利用场数据、模型和专家知识提供的定性和半定量指标对河口和沿岸区域水中的营养物质含量进行评价与分级，选取的主要评价指标有叶绿素、固体悬浮物、藻类、氮、磷、附生植物、溶解氧等含量，其评价结果由低到高共分为 5 个级别。

目前应用较为广泛的 DPSIR(driving-pressure-state-impact-response)模型是联合国(United Nations，UN)于 1993 年提出的，该模型综合了 PSR 模型和 DSR 模型的优点，从系统分析的角度看待人和环境系统的相互作用，是一种在环境系统中广泛使用的评价指标体系概念模型，是组织环境状态信息的通用框架。DPSIR 模型涵盖经济、社会、环境、政策四大要素，不仅表明了社会、经济发展和人类行为对环境的影响，也表明了人类行为及其最终导致的环境状态对社会的反馈。这些反馈是由社会为应对环境状态的变化以及由此造成的对人类生存环境不利影响而采取的措施组成(Smeets and Weterings，1999)。Bidone 和 Lacerda(2004)利用该模型对巴西的海岸海湾的可持续性进行了评价。

我国学者在海岸带可持续发展研究中，也做了大量工作。其指标的构建方法主要是基于 PSR、DSR、DPSIR 几种模型。例如，李健(2006)基于"压力-状态-响应"(PSR)框架模型，构建了一套由 3 个子系统(压力-状态-响应)和 4 个层次(目标层、准则层、要素层、指标层)的海岸带可持续发展指标体系。此外，基于目标层次的指标体系构建方法也得到了广泛的应用。例如，金建君等(2001)提出了一个以海岸带可持续发展的综合协调度为总目标，由资源系统、社会经济、海洋产业和环境系统 4 层结构及 20 个具体指标组成的指标体系。恽才兴和蒋兴伟(2002)设计了一套以综合协调度为目标层、包括 44 个具体指标、4 个层次的海岸带可持续发展评价指标体系。熊永柱(2007)构建了一套由目标层、准则层和指标层构成的 3 层结构，包含 32 个具体的统计监测指标构成的海岸带可持续发展评价指标体系和由综合协调度、可持续性和可持续发展度 3 个评价指数组成的海岸带可持续发展评价模型。

国家海洋局于 2008 年开展了近岸海域综合环境质量及海洋生态脆弱性评价工作(国家海洋局，2009)，并在 2008 年的海洋环境质量公报中对中国海岸带的开发强度进行了评价。公报中将沿海开发强度定义为沿海地区受人类开发活动影响而产生的扰动程度。通过对人均 GDP、人口密度、港口吞吐量、耕地变化状况及岸线人工化程度等指标进行评价，将沿海开发强度分为强、较强、一般和弱 4 个级别。评价结果显示，沿海 11 个省(自治区、直辖市)人口总数约为 5.5 亿，人口平均密度约为 700 人/km²，人均 GDP 约为 3 万元，岸线人工化指数达到 0.38，上海、天津、浙江、江苏和广东的沿海地区已经处于高强度开发状态。

3. 全球环境变化下海岸脆弱性

该研究综合运用传感器网络和数据网络,利用计算网络,开发相应的评价模型,研究全球变化和人类共同作用下对海岸典型生态系统的空间形态、景观生态、关键通量和物质交换等的影响,通过高分辨率遥感和监测网络,发展海岸动力学模型,研究海岸生态系统对海岸地貌形成的作用,研究海岸带利用、气候和人类活动变化的生物地貌学响应,对不同的相对海平面变化方案的海岸地貌学进行预测。进而研究全球变化对海岸系统的经济和社会影响,如在不同的全球变化方案下海岸系统的演化;海岸系统的变化对社会和经济活动的影响;从而为制定海岸资源综合管理和可持续发展战略措施提供科学技术保障。主要技术内容包括:海岸带典型生态区中小尺度空间信息、地面生态信息获取;海岸社会经济人文空间信息获取与统计信息空间化;海洋动力模型与高分辨率遥感流场同化;海岸稳定性动力模型;海平面上升危度分析模型等。

国际上,最早对海岸带的生态环境脆弱性进行研究的机构是联合国政府间气候变化专门委员会反应战略工作组的海岸带管理小组(Intergovernmental Panel on Climate Change,IPCC/Respose Strtegy Work Group,RSWG/Coastal Zone Management Support,CZMS)。该小组于 1990 年提出了海岸环境脆弱性评价分析方法。但该方法关注的重点是气候变化与海平面上升对海岸的影响。为了能够对沿海地区的风险度进行分析,海岸带管理小组在广泛汲取各国专家和学者意见和建议的基础上于 1992 年提出了海平面上升导致海岸地区脆弱性的 7 个评价步骤(Houghton and Callanger,1992;IPCC,1996):①确定研究地区并指明海平面上升与气候变化情景;②查清研究地区的特征;③确定相关的发展因素;④评价物理变化过程和自然系统的响应;⑤制定对策,分析潜在的费用与效益;⑥评定易损性轮廓并说明结果;⑦确定未来需求、拟订行动计划。在研究中,IPCC 逐渐明确了海平面上升导致海岸较为脆弱的沿海区域主要有三角洲地区、海岸湿地、砂质海岸。1993 年在荷兰召开的世界海岸大会(World Coastal Conference,WCC'93)上,与会代表在总结交流通用研究大纲发表以来的评估实践和取得的成果后再次强调,海岸易损性评估作为各国制订国家和地区跨世纪综合海岸管理计划不可少的基础性工作,沿海各国政府应继续重视并尽快完成各自国家或地区的评估工作(McLean and Mimura,1993;WCC'93,1995)。然而由于海岸带的区域性特征和海岸类型的复杂多样性,IPCC 的脆弱性分析方法被证实为只适用于平原型的海岸。1996 年,Watson 提出海岸环境脆弱性评价应该包括海岸对气候变化的适应,并将重点放在不同程度的变化导致海岸系统的敏感性、适应性和脆弱性变化方面,并认为海岸环境与社会系统的脆弱性应该被引起重视(Watson et al.,1996,1998)。随后,Tol 和 Fankhauser(1998)指出海岸环境脆弱性评价应该包括生态、地貌和经济 3 个方面。Dobosiewicz(2003)对英吉利海峡上泽西岛的拉里坦湾海岸的脆弱性进行了分析,认为海岸的脆弱性主要表现在海岸对风暴潮引起的洪水的敏感性上。

美国海岸带、河口、水体管理合作中心(Coastal CRC)提出了一套综合的河口评价框架(integrated estuary evaluation framework,IEAF),即压力-脆弱性-风险-状态-值的框架体系。其中,压力(stressor)是指对自然系统产生影响的因素,其对象是对系统组成要素有影响的事物,可以是人口密度、肥料的使用率,或是污染物浓度的变化等。压力可以是受人类活动影响的自然因素或人为因素。脆弱性(vulnerabality)是指 stressor 对系统的脆弱或敏感性。风险(risk)是指事物的可能性或结果,在该框架体系下,是指一定的压力和脆弱性对状态影响的预测。状态(condition)是指系统自身的各个组成要素的状态。值是系统被认知的量(perceived values)。图 1.4 为 IEAF 的框架结构,其方法和过程如下:首先,对于每一种压力,框架对系统的风险(压力强度和系统对某个特定压力的脆弱性)及系统的实际度量状态分别进行评价;接着对评价结果进行相互比较。如果两个评价结果不一致,对用于评价的数据进行检查,判断两者存在差异的原因,并进行相应处理。反之,如果两项评价结果一致(或者已经解决了两项评价间的差异),那么将其与期望的状态进行比较。所谓期望的状态是指由指导方针确定的社会价值和技术投入。期望状态与实际状态的比较可以表明哪些压力对系统有着最为重大的影响,以及由此产生的管理的优先顺序。指标的选择按照图 1.5 所示方法进行。

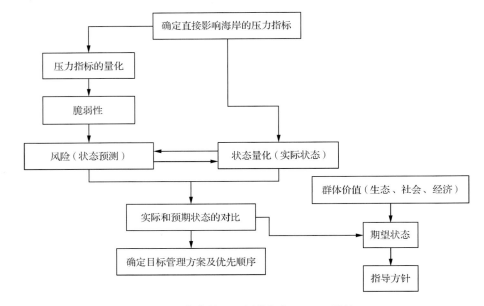

图 1.4　综合的河口评价框架(IEAF)结构

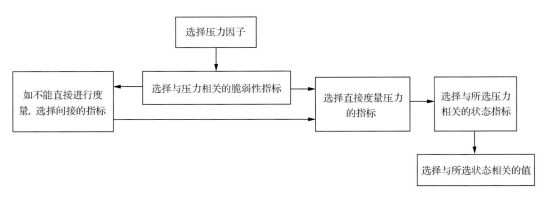

图 1.5　指标的选取过程

国内对海岸带脆弱性的研究可以追溯到 20 世纪 90 年代,其研究主要针对未来的海平面上升对长江三角洲、珠江三角洲、黄河三角洲等造成的环境和社会经济影响进行评估（任美锷，1993；施雅风，2000）。杨桂山（1997）提出海岸易损度 CVD（coastal vulnerable degree，海岸综合易损程度）的概念，通过选择代表地区综合易损性的潮滩湿地损失，受危害的人口与固定资产总值、GDP、农业、盐业、水产养殖业损失以及维持现状防护标准所需新增的防护费用等 8 个最主要的自然和社会经济损失因子，对其易损程度进行规范化处理，同时制定统一的海岸易损度评估等级标准，以判别不同岸段海岸综合易损程度的高低，供海岸管理决策者针对不同岸段易损情况分别制订切实可行的海岸防护与管理计划参考。随着海岸带及近岸海洋生态系统所承受的压力增大，海岸带的生态环境脆弱性越来越受到有关部门的重视，国家海洋局于 2008 年开展了近岸海域综合环境质量及海洋生态脆弱性评价工作（国家海洋局，2009），并在 2008 年的海洋环境质量公报中对中国海岸带的生态脆弱性进行了评价。公报中定义生态脆弱区为生态敏感且受到污染、开发、资源过度利用等人为活动干扰的区域，并将生态脆弱区分为高、中、轻和非脆弱区。评价结果显示，目前我国海岸带高脆弱区已占全国岸线总长度的 4.5%，中脆弱区占 32.0%，轻脆弱区占 46.7%，非脆弱区仅占 16.8%。且高脆弱区和中脆弱区主要分布在砂质海岸、淤泥质海岸、红树林海岸等受到围填海、陆源污染、海岸侵蚀、外来物种（互花米草）入侵等影响严重的海岸带区域。

纵观国内外有关海岸带生态环境脆弱性的研究发现，这些研究所关注的重点为自然因子如海平面的上升或者下降对海岸造成的影响，而对于我国来说更重要的应该是将人类活动纳入到评价方法中，毕竟当前海岸变化最为突出的原因在于人类社会的作用。30 多年来，人口持续增多、经济总量不断攀升和海岸线的相对匮乏，导致人海关系异常严峻，因此，充分认识人类的各种开发利用活动对海岸造成的影响，以及海岸对这些活动的脆弱性分析，是海岸带生态环境脆弱性研究的重点。

1.5.3　海岸带遥感评估意义

经济的迅速发展和保护措施的相对滞后，使得海岸带资源的过度利用愈演愈烈，因而如何即时监测、获取海岸带信息以及探索一种便捷、快速和精准的评估方法成为海洋海岸带管理的迫切需求，并且也是国家可持续发展的长远大计。

与此同时，在"存在就是权益"的国际公海权益竞争中，海洋的每一步跨越，都是国家权益的延伸。通过开展相关研究获取宝贵的科学数据和技术，可改变我国目前在海洋权益方面的被动地位，有效提高我国作为负责任海洋大国的地位，维护世界海洋权益的公平性。因此，以高新技术发展海洋海岸带研究也蕴含着深远的政治意义。

1. 和谐社会与经济可持续发展的需求

我国海岸的开发利用，呈极度的不均衡事态。部分地区开发过度、部门利益日益冲突、工业发展伤害农业、石油开发伤害养殖业与旅游业等事件频发，更为严重的是，往往灾害发生时，无法预测预报，甚至连应急措施也无从谈起。而一些地区，依然贫穷落后，其赤贫程度不亚于中国最不发达的西部乡村。为此，加大海岸资源环境的研究，为可持续发展提供决策支持势在必行。

2. 海洋强国和维护我国海洋权益的战略需要

我国是海洋大国,但不是海洋强国。海洋强国,是国家发展的需要,党的十六大正式提出"实施海洋开发"。党的"十八大"正式提出"海洋强国"。当前,实施海洋开发,建设海洋强国,是我国繁荣富强和可持续发展的客观现实需求。随着《联合国海洋法公约》的实施,海洋国家利益的效力空间发生了新的变化,已大大超出了传统国家利益的认知框架和范围,涵盖了政治、经济、安全、社会文明进步的方方面面。海洋开发,首先要了解掌握海洋带信息,要监测其环境,要保证开发的安全、高效和可持续性。

在世界海洋环境资源新的管理体制下,各国出于对其自身海洋权益的保护,不断加强对其专属经济区内的管理,持续性地增加对公海资源的开发强度。然而,我国受经济实力和技术水平的限制,海岸研究与服务等方面与发达国家相比存在较大差距,缺少为我国海洋开发提供全方位服务的区域性或全球性海洋环境信息服务系统,造成许多海洋权益方面问题,如外轮的排油、渔船生产冲突等,同时,也无法保证海洋开发生产的安全,如无法在台风等灾害性海洋环境变化时,提供应急保障。

3. 重大的现实意义和直接的国防意义

我国海岸地区是我国最重要的经济带、城市带,其安全性涉及国家存亡,迫切需要加大科技投入,加强环境的监测和资源的管理,以实现国家和民族的可持续发展。因此,中国海岸研究,对加强我国生产安全、海洋环境保护、海防建设,实现我国持续发展具有重大的现实意义。

我国近海,纵贯我国东南前沿,涵盖渤海、黄海、东海、南海及台湾以东太平洋五大海区,作为临海国家,近岸海域不仅是海上交通的重要枢纽,也是面向全球市场的门户和屏障,同时考虑到当前东向和南向岛链的混乱,加强海岸研究具有极为重要的国防意义。此外,在国际敌对势力散布"中国威胁论"的不利环境下,采取民用为主、兼顾国防的策略,可充分利用海岸带研究投入,完成对热点地区及其周边动态进行不间断的有效监测研究,获取以台湾海峡、南海等热点及毗邻地区的海洋环境信息及有关港口、机场等时效信息。

4. 对全球研究的学术意义

海岸带是气候变化的敏感地带,其生态环境变化对全球变化的响应,具有典型性和指示性。我国海岸线漫长、类型多样,沉降隆起各具特色,淤积冲蚀迥然相异,陆—海—气相互作用复杂多变,动力过程时空分异突出。与此相应,我国海岸带生态系统时空动态过程强烈而复杂,其对气候变化(温度上升、海平面上升、降水变化等)的响应机制、敏感性和脆弱性也各不相同。因此,发挥海岸带遥感评估的学科独特地位与特殊作用,以其为纽带开展海岸带生态系统演变分析评估,甄别各种驱动力,进而可以区分中国海岸带生态系统敏感性的时空分异,揭示气候变化背景下陆—海—气界面过程的变动特征及其对海岸带生态系统的影响机制,模拟气候变化下中国海岸带生态系统的演化过程,分析未来不同气候变化情景下我国海岸带生态系统的脆弱性及其响应特征,提出减缓和适应的策略,应对气候变化对我国海岸带区域经济社会发展的负面影响,这方面研究具有极为重要的科学意义和实践意义。

第一篇 海岸带遥感调查

　　海岸带快速变化的客观现实与卫星遥感高频同步的获取能力相契合,推动海岸带利用的遥感应用发展,也催生切合海岸带客体特征和遥感技术方法特点的海岸带遥感技术方法的产生。本篇包含第2章和第3章。第2章在统一考虑海岸带特殊性与高分辨率遥感能力的基础上,提出不同于传统调查或陆地遥感的海岸带遥感调查分类体系。第3章从实践操作角度出发,讨论海岸带遥感解译的方法及过程,给出海岸带土地利用类型和地貌的解译标志,标定海岸带各专题信息的提取与制图技术参数。

　　本篇目的是通过太空之遥的卫星高分辨率获得海岸带精准的空间利用状况,其中分类系统是关键,恰当的海岸带遥感分类体系能够充分利用海岸的和遥感的特性,获得所需的海岸带空间分异,正如韩非子所言:"远见而明察",是为明察篇。

第 2 章　海岸带遥感分类

相对于现实世界海岸带存在的"实",信息世界内海岸带的存在则是"虚",虚是实的知识加工,不免带有人类目的或知识的痕迹,甚至受人类知识或目的所控制。正如古书所言"水因地而制流"及"水无常形"。由此,海岸带遥感分类也必须根据地域特性、分类目的、技术手段以及数据基础等作相应变化。尽管分类规则可变化,但其不可是非遥感的,不可是非海岸带的。

一直以来,分类体系往往是许多工作的基础,许多学者在不同的学科中提出了许多不同的分类体系,与本书非常接近的有土地利用分类体系、植被分类体系、湿地分类体系、地貌分类体系、海岸分类体系等。许多分类的原则和方法产生在遥感方法成为重要调查研究手段之前,或者并非以遥感为主要调查研究手段提出,因此许多分类体系不能直接应用到遥感分类中,如有些分类体系将商服用地、住宅用地、公共建筑、公共设施用地分开,显然是以大量详尽的地面调查为主或为细分手段的分类体系。这样的分类体系,恐难称为遥感分类体系。为此,本书的重点之一就是从遥感本身出发,结合海岸带地物特点,讨论海岸带遥感分类体系。

从分类到遥感分类,有一个修订或适应过程,同样,对于海岸带遥感分类,存在调查研究目的、比例尺、专题、方法的不同。这些不同,同样会对海岸带遥感分类提出不同的要求,导致采用不同的分类体系。也就是说,海岸带遥感分类体系存在一定的前提条件,如研究目的、卫星数据、目标专题、成图比例尺、调查方法等。其中调查方法分为以影像判别为主和以野外调查为主两种。

本章所言的海岸带遥感分类体系,是以影像室内判别为主、野外调查为辅的方式,以1：5万图为提取标准形成的海岸带遥感分类体系。成图比例尺不同,所能表现地物的大小则不同,所要提取的地物大小则也就不同,这些与地物分类密切相关。

海岸带遥感分类涉及土地利用分类、海岸类型分类、植被分类、地貌分类等专题分类,这些分类相互联系又相互补充,如红树林,如果在植被中单独分开,那么在土地利用中则可以归并在滩涂中。但如果海岸带土地利用的调查研究目的在于林业管理,则红树林应当与滩涂相互独立。

2.1　海岸利用类型遥感分类

海岸带是人类作用的强烈地带,其地物宏大与碎散并存,同时从研究或成图尺度来说,只要尺度一旦确定,必然有地物以点形式、线形式或面形式表现在成果图中。因此,本分类在实践中需要针对点、线或面的地物进行区别应用。

在进行海岸利用类型的遥感分类之前,有必要讨论一下土地利用分类、土地覆盖分类等相关概念。土地利用分类强调的是土地单元的人类利用方式,土地覆盖分类则强调土地的自然属性和人类利用共同作用下所呈现的分异特性。若从调查的联系来讲,土地利用因强调社会目的,故其属性有时很难通过遥感观测,必须有大量的地面调查,才能获得土地的社会属性,因此土地利用分类与遥感分类是既有区别又有联系,等同使用和割裂使用均不可取。土地覆盖则更多地强调一种状态,探究的是土地自然属性与社会属性的综合体,并以一定的景观单元通过遥感影像及其特征呈现,相对于土地利用,土地覆盖与遥感相联系则更为密切些,因此本书认为遥感分类更加偏向于覆盖分类。

海岸带突出的特点是水域所占面积较大,因此首先从强调水面的角度,形成一个水域及设施类,并具有较为详细二级类;考虑到海岸带养殖景观突出,因此养殖单列一类,以强调重要性;同时海岸带也是人们休闲的重要场所或提供地,因此将休闲用地单独列出;另外,海域的交通功能突出,海港占有突出地位,因此在交通用地中细分了若干二级类,如灯塔、港池、锚地等。海岸带的石油平台和制盐也非常突出和重要,因此在工矿用地中,单列了盐田和石油平台。

海岸带由陆地、潮间带和潮下带 3 部分组成,有些分类系统将这 3 类分开进行分类,本分类则将海岸带作为一个整体来考虑,因此不割裂此 3 部分的分类,如运输管道往往跨越此 3 部分,若分开分类,势必造成同一管道具有不同编码的 3 段。

为此,基于遥感能力及海岸带特性和整体性,本海岸利用分类系统将海岸利用分一级类 12 个,二级类 58 个(如表 2.1 所示)。

表 2.1　海岸利用分类编码及说明

一级分类	二级分类	类别说明
水面及设施	河流	天然形成和人工开挖的河流常年水位以下的土地
	沟渠	包括城市和乡村的人工设置的行水用地
	湖泊坑塘	天然形成的积水区常年水位以下的土地
	水库	人工修建的蓄水区常年水位以下的土地
	海面	与陆地水域区别的海域水面
	河湖滩涂	水域平水期水位与洪水期水位之间的土地
	海滩涂	未开发的海边砾石及沙泥质滩地,包括红树林滩
	苇地	生长芦苇等植被的湿地
	堤坝	包括海岸、水库、大型沟渠等用于阻隔水的人工建筑
养殖	塘池养殖	人工修建的集中连片的池塘
	滩涂养殖	利用位于海边潮间带的软泥或沙泥地带加以平整、筑堤、建坝等进行海水养殖
	水面养殖	网箱等方法养殖水产的水面
	塘基	具有一定宽度的塘池堤,堤面常种有桑、蔗、果树等
耕地	水田	有水源保证和灌溉设施,在一般年景能正常灌溉,用以种植水稻、莲藕等水生农作物的耕地,包括实行水稻和旱地作物轮种的耕地
	旱地	无灌溉水源及设施,靠天然降水生长作物的耕地;有水源和灌溉设施,在一般年景下能正常灌溉的旱作物耕地;以种菜为主的耕地;正常轮作的休闲地和轮歇地
	大棚	以大棚方式种植农作物的用地,主要有蔬菜、瓜果等

一级分类	二级分类	类别说明
园地	果园	种植水果为主的园地。在1:5万可细分香蕉园、甘蔗园、龙眼荔枝园等
	桑园	种植桑树为主的园地
	茶园	种植茶叶为主的园地
	橡胶园	种植橡胶的园地
	其他园地	种植可可、咖啡、油棕、胡椒、药材等其他作物的园地
林地	有林地	郁闭度>30%的天然林和人工林,包括有林地、经济林、防护林等成片林地
	疏林地	郁闭度10%~30%的稀疏林地
	灌丛林地	郁闭度>40%、高度在2m以下的矮林地和灌丛林地
	未成林造林地	种植时间短,未成林的人工林地
	迹地	森林采伐、火烧后5年内未更新的土地
	苗圃	包括苗圃、花圃、草圃(人工草皮)等
草地	天然草地	生长天然草本植物,未经人工改良,用于放牧或割草的草地
	人工草地	用于畜牧业,人工种植的牧草地
工矿仓储用地	厂矿	各种厂矿占用地,包括采石(砂)用地
	盐田	用于制盐的用地,包括制卤区和结晶区,和纳潮、扬水、堤埝、沟道和储盐坨地等设施
	石油平台	用于石油生产的平台,包括海上石油平台和人工岛石油平台等
	仓储	存在于城市、工矿、盐田、码头等大型棚型建筑
居民用地	城镇单一住宅	城镇内单一住宅小区、别墅区
	城镇混合住宅	城镇内住宅与其他建筑混合,边界难以确定
	农村居民点	城镇以外,乡村与零散农户的居民点用地,包括晒谷场等设施,有条件可细分
交通运输用地	铁路用地	铁路路基及两侧辅助建筑物
	公路用地	公路路面及两侧林带、排水沟等用地
	机场	机场范围内的用地
	海滨大道	沿海滨的等级较高的道路及其绿化带
	河港码头	沿海商港、渔港、专用码头等所属范围的用地
	港池	港口内供船舶停泊、作业、驶离和转头等操作的水域
	锚地	供抛锚停泊、避风、检疫、装卸以及编组的水域
	管道运输用地	利用管道运输水、油等的用地
	灯塔	位于航道关键部位,用以指引船只方向的建筑物
其他建筑用地	特殊用地	军事、涉外、宗教、监教、墓葬等特殊用地
	已围待用地	沿海已经圈定但尚未确定用途的水面或围地
	未定建筑用地	类别难以确定或正在建设但类别尚无法确定的建筑用地
休闲用地	城市休闲绿地	城市内公园,小区内大片绿地,休闲、景观绿地等
	滨海浴场	用于公众服务的海滨浴场的沙滩及附属设施用地
	高尔夫球场	用于高尔夫运动的练习及比赛用场地
	运动场馆	各类球场及田径场,包括大型体育馆

一级分类	二级分类	类别说明
未利用土地	荒草地	树木郁闭度小于10%，表层为土质，生长杂草，不包括沼泽地和裸土地
	盐碱地	盐类集积，pH大于9，难以生长植物的土地
	沼泽地	地势平坦低洼、排水不畅、长期潮湿、季节性积水或常年积水，地层生长湿生植被的土地
	沙地	地表为沙覆盖，植被覆盖在5%以下的土地，包括沙漠，不包括河湖及海岸的沙滩
	裸土地	地表土质覆盖、植被覆盖在5%以下的土地
	裸岩石砾地	地表裸露岩石覆盖，植被覆盖在5%以下的土地
	其他未利用地	类别难以确定的未利用土地

该分类体系采用了等级划分，目的在于可根据不同比例尺来选取分类级别，其中二级适用于1∶5万比例尺，其他更小比例尺可采用一级，大于1∶5万比例尺，可在本表基础上采用进一步细化的类别。

事实上，分类除与前面提及的调查研究目的、专题、比例尺、调查手段、遥感数据源等有关外，还与区域有很大的关系，如南北气候差异、经济发展差异、功能分区差异等，都可能必须对该分类进行适当的修订。同时，经常地，为了满足与旧分类或部门标准的统一，往往需要修改分类，使得两个区域或时期的数据可以协同使用。本书后面分析评估的实例将进一步体现分类间的协调和变换。

2.2 海岸带湿地类型遥感分类

湿地一般是指从水体到陆地的自然过渡地带。最早关于湿地的定义是在1956年由美国鱼类及野生动物管理局(Fish and Wildlife Service)为保护候鸟及鱼类资源而提出的："湿地指的是被浅水、暂时或间歇水体所覆盖的低地……，它包括以出露植被为明显特征的浅湖和池塘；但是不包括永久性河流、水库和深湖泊的水面，以及一些对湿地植被生长没有什么效果的暂时性水面。"这一定义列出了湿地的2个基本特征，即湿地水文和湿地植物。

1979年，加拿大国家湿地工作组(Canadian National Wetlands Working Group)对湿地进行了如下定义："湿地是指一些水位在地表、接近或高于地表，因而使得土壤在相当长的时间内处于饱和状态的地带。这些条件促成了湿地即水生过程，具体表现为湿地土壤、水生植物和各种适于潮湿环境的生物活动。"在美国水资源保护中具有里程碑地位的净水法案(Clean Water Act, 1977)中第404条将湿地定义为："能够在一定的保证率情况下，在特定的时段内被地表或地下水淹没或饱和的地带，并且在正常情况下支持适宜于饱和土壤条件下生活的植被生长……"。这个定义的重点是"保证率和时段"限制下，湿地的3个特征即湿地水文、湿地植物和湿地土壤。

与上述针对自然过渡带的湿地定义不同，《湿地公约》(Ramsar Convention On Wetlands of International Importance, Ramsar Convention)对湿地的定义则将一些水体本身以及诸如稻田、鱼塘一类的人工系统也包括在内(Gopal, 1998)。Ramsar Convention作为一个世界性的环境保护组织，在推动全球范围内包括湿地在内的各项环保工作中起到了积极作用,先后在 25 年中帮助 90 多个国家开展了湿地保护工作。

滨海湿地处于海陆的交错地带,是一个"边缘地区"(Levenson,1991),陆健健(1996)参照湿地公约及美国和加拿大等国的湿地定义,根据我国的实际情况将滨海湿地定义为,陆缘为含 60% 以上湿生植物的植被区、水缘为海平面以下 6m 的近海区域,包括江河流域中自然的或人工的、咸水的或淡水的所有富水区域(枯水期水深 2m 以上的水域除外),不论区域内的水是流动还是静止的、间歇的还是永久的。这一定义基本上涵盖了潮间带的主要地带,以及直接与之有密切关系的相邻区域,是滨海地区中具有特定自然条件和复杂生态系统的地域。

湿地分类方法和分类体系的发展与 3 个因素密不可分,即对湿地效应的认识加深、湿地定义的内涵扩展、湿地资源调查和监测对分类的需要及其结果对湿地分类系统的修改和完善等(陈建伟和黄桂林,1995)。

最早的湿地分类只将湿地分为几个一般类型,如河流沼泽、湖沼、台地沼泽、间歇和悠久沼泽、湿牧地、定期泛滥地。此后,随着人类对湿地兴趣的增加,湿地的分类系统得到不断改进。1979 年,美国鱼类及野生动物管理局提出了一套分级式的湿地分类系统,一直沿用至今。这个分类系统首先把湿地和深水生境分为海洋、河口、河流、湖泊和沼泽 5 个系统,每个系统依次往下再分为亚系统、类型组、亚类型组、优势类型等不同水平。除此之外,还有一些湿地的分类系统(Zoltai and Pollett,1983;Brinson,1993)。这些分类系统为各国的湿地调查提供了有利的帮助。

随着《湿地公约》缔约国不断增加,1990 年 6 月缔约国大会发布了新的湿地分类系统。这个分类系统相对以往具有准确性强、通用性强、类型丰富等特点。但由于湿地类型的地区差异明显且分布不均,导致各缔约国仍各自发展适合本国需要的湿地分类体系,《湿地公约》的分类系统仍没有统一采用。

滨海湿地景观结构复杂,生态系统多样,其类型划分是一项有难度的基础性工作,对利用和保护湿地有重要作用。滨海湿地类型的划分方案有多种,《湿地公约》将滨海湿地分为 12 个类型,我国除广泛采用这一种分类方法外,许多学者也根据自己的研究提出了各自的分类体系(表 2.2),目前尚未有统一的、系统的湿地分类系统。

表 2.2　滨海湿地分类方案

《湿地公约》 (1975)	季中淳 (1981)	陈建伟和黄桂林 (1995)	陆健健 (1996)	倪晋仁等 (1998)	赵焕庭 (2000)
永久性浅海水域、海草床、珊瑚礁、岩石性海岸、沙滩砾石与卵石滩、河口水域、滩涂、盐沼、潮间带森林湿地、咸水碱水潟湖、海岸淡水湖、海滨岩溶洞穴水系	水稻沼泽体、芦苇沼泽体、盐地鼠尾粟-灰绿碱蓬盐化草甸沼泽体、盐地鼠尾粟-芦苇盐化草甸沼泽体、扁秆藨草-芦苇沼泽体、扁秆藨草沼泽体、藻类-底栖生物泥沼沼泽体、大米草沼泽体	海洋水域、潮下水生层、珊瑚礁、岩石海岸、潮间沙/圆卵石海滩、河口水域、潮间泥/沙滩、潮间盐水沼泽、红树林沼泽、沿海咸水/盐水湖(潟湖)、沿海淡水水湖	基岩质湿地、淤泥质湿地、生物礁湿地、藻床湿地、滩涂湿地、泥沙质滩涂湿地、岩基海岸湿地、离岛湿地、河口沙洲湿地、潮上带淡水湿地	三角洲湿地、口湾潮流湿地、平原海岸湿地、潟湖湿地、红树林湿地	淤泥质海岸湿地、砂砾质海岸湿地、基岩海岸湿地、水下岸坡湿地、潟湖湿地、红树林湿地和珊瑚礁湿地

已有体系分类方法包括成因分类法、特征分类法和综合分类法。成因分类法根据形成湿地的地貌部位和生态环境来区分湿地类型,多描述性,难以区别类别间的相似性;特征分类法根据湿地的表现特征和内在活力特征区别湿地类型,但对湿地的成因、空间分布等地理属性反映不足。

在确定滨海湿地分类系统之前,首先要确定分类系统的制定需要遵守的基本原则,具体包括:

1)能够反映湿地的本质特征;

2)涵盖中国滨海湿地的主要类型,适合我国滨海湿地的实际情况;

3)能与国际《湿地公约》的分类系统接轨,具有通用性和兼容性;

4)对于遥感分类具有可操作性;

5)是分级系统,适合于不同尺度的湿地分类。

本研究在成因分类法和特征分类法的基础上,采用“综合分类法”建立滨海湿地分类系统如表2.3所示。各级类型划分具体如下:

1)根据成因或水文地理将滨海湿地划分为海岸海湾湿地、河口三角洲湿地、内陆河流湖泊湿地、内陆沼泽湿地和人工湿地5个一级分类。

2)对于自然湿地(前4个一级分类)根据地质地貌分异划分二级分类,人工湿地根据目的和用途确定为18个二级分类。

3)根据湿地的地表特征(植被、基质、淹没时间等)确定自然湿地的三级分类,人工湿地的三级分类则根据湿地的具体用途来确定。

表 2.3　滨海湿地类型分类及编码

一级		二级		三级	
类型	编码	类型	编码	类型	编码
海岸海湾湿地	4100	海岸湿地	4110	乔木湿地	4111
				灌木湿地	4112
				草本湿地	4113
				裸滩地	4114
				浅水水域	4115
		潟湖湿地	4140	乔木湿地	4141
				灌木湿地	4142
				草本湿地	4143
				裸滩地	4144
				水域	4145
		咸水沼泽湿地	4160	乔木湿地	4161
				灌木湿地	4162
				草本湿地	4163
				裸滩地	4164
				水域	4165
		红树林	4130		

一级		二级		三级	
类型	编码	类型	编码	类型	编码
河口三角洲湿地	4200	河口湿地	4210	乔木湿地	4211
				灌木湿地	4212
				草本湿地	4213
				裸滩地	4214
				水域	4215
				鱼塘	4216
		三角洲湿地	4230	乔木湿地	4231
				灌木湿地	4232
				草本湿地	4233
				裸滩地	4234
				鱼塘	4235
				水域	4236
内陆河流湖泊湿地	4300	长期性河流溪流（水面）	4310	长期性河流溪流水深＞2m	4311
				长期性河流溪流水深＜2m	4312
		河流滩地	4320	乔木湿地	4321
				灌木湿地	4322
				草本湿地	4323
				裸滩地	4324
				水域	4325
	4400	自然湖泊	4410	自然湖泊水域	4411
				自然湖泊滩涂	4412
内陆沼泽湿地	4500	山地沼泽	4510	乔木湿地	4511
				灌木湿地	4512
				草本湿地	4513
		丘陵沼泽	4520	乔木湿地	4521
				灌木湿地	4522
				草本湿地	4523
		平原沼泽	4530	乔木湿地	4531
				灌木湿地	4532
				草本湿地	4533
人工湿地	4600	水库与水工建筑	4610	蓄水池	4611
				水库	4612
				水渠	4613
		水生植物种植田（稻田湿地）	4620	稻田	4621
				其他经济水生湿生植物田	4624

一级		二级		三级	
类型	编码	类型	编码	类型	编码
人工湿地	4600	水生动物养殖水面	4630	鱼塘	4631
				虾池	4632
				蟹田	4633
				贝类养殖塘	4634
				基塘	4635
		盐田	4640		
		海滨浴场	4660		
		人工湖泊	4650	人工湖泊水域	4651
				人工湖泊滩涂	4652
				人工池塘	4653

2.3　海岸带植被类型遥感分类

海岸带植被分类系统的制定需要考虑到生态系统、气候带、盐淡水、底质类型和物质组成颗粒,以及植物本身的种属性质等。考虑到我国海岸带植被的人工因素等,这里首先根据植被的生长状态分为天然和人工栽培两个一级分类,再根据植被的种类划分为 9 个二级分类(表 2.4)。

表 2.4　植被类型编码及说明

一级分类	二级分类	编码	说　明
天然植被	针叶林	5110	天然针叶林。多分布于山区,影像上形状不规则,颜色暗红,发灰
	阔叶林	5120	天然阔叶林。多分布于山区,影像上形状不规则,颜色鲜红、深红,有立体感
	灌丛	5130	农业用地中灌木林
	草丛	5140	天然草地、荒草地
	滨海盐生植被	5150	分布在海滩盐渍土上的植被,主要为红树林滩
	滨海沙生植被	5160	分布在滨海沙土上的天然植被,主要是沙荒地上生长的灌丛、荒草等
	沼生水生植被	5170	河湖滩涂生长的植被,以及苇地、沼泽
人工植被	木本栽培植被	5210	人工林地、未成林造林地、园地、种植树木为主的苗圃
	草本栽培植被	5220	水田、旱地、畜禽饲料地、人工草地、苗圃中的花圃和人工草皮、文体设施和交通设施中的草地(机场、高尔夫球场等)

2.4　围填海类型遥感分类

围填海的确定以一条前期或某一历史时间点的海岸线为基准,其围填范围为基准海岸线以外向海洋方向新围填的范围。确定该范围时参考基准年海岸线或土地利用数据和现今遥感影像。类型判别可通过海岸利用类型的解译结果和遥感影像综合得到。具体分类及编码如表 2.5 所示。

表 2.5　围填海类型编码及说明

一级分类	二级分类	编码	说　明
海港	港口码头	7110	土地利用分类中的港口、码头
	船坞修造	7120	船只制造厂、修理厂
种植	耕地	7210	专门种植农作物并能正常收获的土地
	园地	7220	用于种植水稻、莲藕等水生农作物的耕地
	林地	7230	生长乔木、竹类、灌木的土地,这里不包括红树林
	草地	7240	以生长草本植物为主的土地
	农田水利用地	7250	农田排灌沟渠及其相应附属设施用地
增养殖	围垦养殖	7310	土地利用类型属于养殖水面。有规则田块分割,海边围垦养殖有明显堤坝
	网箱养殖	7320	土地利用类型属于养殖水面。影像上能看到较密集的排列规则的斑点,一般在内陆水域或岸边
	基塘	7330	种植和养殖结合,种植以香蕉、牧草为主
工矿业	盐田	7410	晒制海盐的生产生活用地
	油气田	7420	进行开采、钻探石油和天然气的生产用地
	其他工矿业	7430	其他工矿仓储用地
城镇建设	路桥建设	7510	公路、铁路及其附属设施用地
	房屋建设	7520	除工厂以外的房屋建设用地
	机场建设	7530	机场建设用地
旅游娱乐	海水浴场	7610	属于公共设施(旅游休闲)的沙滩
	其他娱乐设施	7620	除海滨浴场外的旅游、度假等休闲用地
其他		7700	难以确定类型的围填海区域

2.5　海岸带地貌类型分类

地貌的分类主要可从成因和形态,或结构与组成等来划分,事实上,地貌类型是一个尺度或层次概念,其分类与区域范围和表现对象等密切相关。另外一方面又与获取地貌类型的技术手段密切相关,这里的分类体系,力图加入遥感技术手段的特点,应注意的是,遥感地貌时必须借助背景数据,如 DEM、土壤、植被、沉积等,才可具有科学性和准确性的保障。必须强调的是,地貌的遥感比土地利用类型或覆被类型、植被、围填海等的遥感解译更需要实地调查的配合。具体分类及编码如表 2.6 所示。这里所列的分类体系是基于当前遥感能力的体系,若需要获得更细一级的分类,目前则尚需依赖实地调查,特别是当前的 DEM 的水平精度为 10～30m、高程精度为 10～20m 情况下,可解译到四级,尚不能够对海岸五级微地貌进行计算检测。

表 2.6　海岸带地貌分类及编码

一级 类型 （位置）	二级 类型 （成因）	三级 类型 （形状）	四级 类型（海拔、陡缓、类型、微地貌）	编码	五级 类型（海拔、陡缓、类型、微地貌）	编码
潮上带陆地地貌81	洪积地貌811	洪积台地8111	洪积低台地	81111	洪积低台地岗地	811111
					洪积低台地岗间谷地	811112
			洪积高台地	81112	洪积高台地岗地	811121
					洪积高台地岗间谷地	811122
		洪积扇8112	起伏的洪积扇	81121	起伏洪积扇冲沟	811211
					起伏洪积扇岗地	811212
			平坦的洪积扇	81122	平坦洪积冲沟	811221
					平坦洪积岗地	811222
		洪积平原8113	起伏的洪积平原	81131	起伏的洪积平原洼地	811311
					起伏的洪积平原微高地	811312
			平坦的洪积平原	81132	平坦的洪积平原洼地	811321
					平坦的洪积平原微高地	811322
			倾斜的洪积平原	81133	倾斜的洪积平原洼地	811331
					倾斜的洪积平原微高地	811332
	冲积地貌812	洪积冲积扇8121	洪积冲积扇	81211	洪积冲积扇冲沟	812111
					洪积冲积扇岗地	812112
		洪积冲积平原8122	河道	81221	河道	812211
			洼地	81222	洼地	812221
			岗地	81223	岗地	812231
		冲积平原8123	河道	81231	河床	812311
					心滩	812312
					边滩	812313
			河漫滩	81232	高河漫滩	812321
					低河漫滩	812322
			阶地	81233	河流阶地	812331
			天然堤	81234	天然堤	812341
			冲积扇平原	81235	平坦的冲积扇平原	812351
					起伏的冲积扇平原	812352
			决口扇	81236	决口扇	812361
			洼地	81237	古河道洼地	812371
					牛轭湖	812372
			高地	81238	古河道高地	812381
					微高地	812382

一级类型（位置）	二级类型（成因）	三级类型（形状）	四级类型（海拔、陡缓、类型、微地貌）	编码	五级类型（海拔、陡缓、类型、微地貌）	编码
潮上带陆地地貌 81	冲积地貌 812	洪积冲积台地 8124	洪积冲积低台地	81241	洪积冲积低台地岗地	812411
					洪积冲积低台地岗间谷地	812412
			洪积冲积高台地	81242	洪积冲积高台地岗地	812421
					洪积冲积高台地岗间谷地	812422
	海成地貌 813	冲积海积平原 8131	冲积海积平原	81311	冲积海积平原	813111
			古潟湖洼地	81312	古潟湖洼地	813121
			古海岸沙堤	81313	古海岸沙堤	813131
		三角洲平原 8132	河道	81321	河床	813211
					心滩	813212
					边滩	813213
			潟湖	81322	潟湖	813221
			天然堤	81323	天然堤	813231
			决口扇	81324	决口扇	813241
			洼地	81325	决口洼地	813251
					泛滥洼地	813252
			沙坝	81326	离岸沙坝	813261
					河口沙坝	813262
					拦门沙	813263
			高地	81327	高地	813271
		潟湖平原 8133	潟湖平原	81331	潟湖平原	813311
		海积平原 8134	海积高地	81341	海积高地	813411
			海积洼地	81342	海积洼地	813421
		冲积海积台地 8135	冲积海积低台地	81351	冲积海积低台地岗地	813511
					冲积海积低台地岗间谷地	813512
			冲积海积高台地	81352	冲积海积高台地岗地	813521
					冲积海积高台地岗间谷地	813522
	风成地貌 814	风成沙地 8141	平沙地	81411	平沙地	814111
			波状沙地	81412	波状沙地	814121
		风成沙丘 8142	横向海岸沙丘	81421	横向海岸沙丘	814211
			纵向海岸沙丘	81422	纵向海岸沙丘	814221
			阶地海蚀崖顶沙丘	81423	阶地海蚀崖顶沙丘	814231

一级类型 （位置）	二级类型 （成因）	三级类型 （形状）	四级 类型（海拔、陡缓、 类型、微地貌）	编码	五级 类型（海拔、陡缓、 类型、微地貌）	编码
潮上带陆地地貌81	侵蚀剥蚀地貌815	侵蚀剥蚀山地8151	侵蚀剥蚀中山（>1000m）	81511	侵蚀剥蚀中山（>1000m）	815111
			侵蚀剥蚀低山（500～1000m）	81512	侵蚀剥蚀低山（500～1000m）	815121
		侵蚀剥蚀丘陵8152	侵蚀剥蚀高丘（200～500m）	81521	侵蚀剥蚀高丘（200～500m）	815211
			侵蚀剥蚀低丘（<200m）	81522	侵蚀剥蚀低丘（<200m）	815221
		侵蚀剥蚀台地8153	侵蚀剥蚀高台地（40～80m）	81531	侵蚀剥蚀高台地（40～80m）	815311
			侵蚀剥蚀低台地（10～40m）	81532	侵蚀剥蚀低台地（10～40m）	815321
		侵蚀剥蚀平原（<50m）8154	平坦的侵蚀剥蚀平原	81541	平坦的侵蚀剥蚀平原	815411
			起伏的侵蚀剥蚀平原	81542	起伏的侵蚀剥蚀平原	815421
			倾斜的侵蚀剥蚀平原	81543	倾斜的侵蚀剥蚀平原	815431
		其他地貌类型8155	山脊线（线状）	81551	山脊线（线状）	815511
			陡崖（线状）	81552	陡崖（线状）	815521
			山峰（点）	81553	山峰（点）	815531
			裂点（点）	81554	裂点（点）	815541
			谷地	81555	谷地	815551
			残丘	81556	残丘	815561
	火山地貌816	火山8161	火山锥	81611	火山锥	816111
			火山口	81612	火山口	816121
			火口湖	81613	火口湖	816131
		熔岩台地8162	熔岩低台地	81621	熔岩低台地	816211
			熔岩高台地	81622	熔岩高台地	816221
		熔岩平原8163	熔岩平原	81631	熔岩平原	816311
	人为地貌817	水库8171	水库	81711	水库	817111
		码头8172	码头	81721	码头	817211
		养殖场8173	养殖场	81731	养殖场	817311
		盐田8174	盐田	81741	盐田	817411
		圩田8175	圩田	81751	圩田	817511
		基塘8176	基塘	81761	基塘	817611
		海堤8177	海堤	81771	海堤	817711

一级 类型 （位置）	二级 类型 （成因）	三级 类型 （形状）	四级		五级	
			类型（海拔、陡缓、 类型、微地貌）	编码	类型（海拔、陡缓、 类型、微地貌）	编码
潮上 带陆 地地 貌 81	人为 地貌 817	河堤 8178	河堤	81781	河堤	817811
		避潮墩 8179	避潮墩	81791	避潮墩	817911
		沉陷地面 8180	沉陷地面	81701	沉陷地面	817011
	重力 地貌 818	倒石堆 8181	倒石堆	81811	倒石堆	818111
		滑坡体 8182	滑坡体	81821	滑坡体	818211
		垮山堆积坝 8183	垮山堆积坝	81831	垮山堆积坝	818311
		岩屑锥 8184	岩屑锥	81841	岩屑锥	818411
		岩屑坡 8185	岩屑坡	81851	岩屑坡	818511
		崩滑坡壁 8186	崩滑坡壁	81861	崩滑坡壁	818611
		岩屑槽 8187	岩屑槽	81871	岩屑槽	818711
		崩落巨石 8188	崩落巨石	81881	崩落巨石	818811
潮间 带地 貌 82	潮滩 821	高潮滩（平均 高潮线以上） 草滩 8211	贝壳堤	82111	贝壳堤	821111
			潮沟	82112	潮沟	821121
			潮汐通道	82113	潮汐通道	821131
		中潮滩（平均高 潮位～平均低潮 位）泥滩 8212	贝壳堤	82121	贝壳堤	821211
			潮沟	82122	潮沟	821221
			潮汐通道	82123	潮汐通道	821231
		低潮滩（平均低 潮位以下）粉 砂滩 8213	贝壳沙堤	82131	贝壳沙堤	821311
			潮沟	82132	潮沟	821321
			潮汐通道	82133	潮汐通道	821331
	海滩 822	海滩 8221	阔滩	82211	阔滩	822111
			砾石滩	82212	砾石滩	822121
		滩脊 8222	滩脊	82221	滩脊	822211
		高潮位堆阶地 8223	高潮位堆积阶地	82231	高潮位堆积阶地	822311
		沙坝 8224	海岸沙坝	82241	海岸沙坝	822411
			湾坝	82242	湾坝	822421
			连岛坝	82243	连岛坝	822431
			沙咀	82244	沙咀	822441
	岩滩 823	海蚀崖 8231	海蚀崖	82311	海蚀崖	823111
		海蚀柱 8232	海蚀柱	82321	海蚀柱	823211
		海蚀残丘 8233	海蚀残丘	82331	海蚀残丘	823311
		海蚀穴 8234	海蚀穴	82341	海蚀穴	823411
		海蚀槽 8235	海蚀槽	82351	海蚀槽	823511
		海穹石 8236	海穹石	82361	海穹石	823611

一级类型（位置）	二级类型（成因）	三级类型（形状）	四级类型（海拔、陡缓、类型、微地貌）	编码	五级类型（海拔、陡缓、类型、微地貌）	编码
潮间带地貌 82	珊瑚礁 824	岸礁 8241	岸礁	82411	岸礁	824111
		堡礁 8242	堡礁	82421	堡礁	824211
		环礁 8243	环礁	82431	环礁	824311
	红树林滩 825	潮沟 8251	潮沟	82511	潮沟	825111
		光滩 8252	光滩	82521	光滩	825211
		灌草滩 8253	灌草滩	82531	灌草滩	825311
		乔木滩 8254	乔木滩	82541	乔木滩	825411
		干出滩 8255	干出滩	82551	干出滩	825511
河口地貌 83	近口段地貌 831	冲积平原 8311	河道	83111	河床	831111
					心滩	831112
					边滩	831113
			天然堤	83112	天然堤	831121
			决口扇	83113	决口扇	831131
			洼地	83114	决口洼地	831141
					泛滥洼地	831142
					古河道洼地	831143
			高地	83115	古河道高地	831151
					微高地	831152
	河口段地貌 832	冲积海积平原 8321	冲积海积平原	83211	冲积海积平原	832111
			古潟湖洼地	83212	古潟湖洼地	832121
			古海岸沙堤	83213	古海岸沙堤	832131
		三角洲平原 8322	河道	83221	河床	832211
					心滩	832212
					边滩	832213
			潟湖	83222	潟湖	832221
			天然堤	83223	天然堤	832231
			潮汐通道	83224	潮汐通道	832241
			决口扇	83225	决口扇	832251
			洼地	83226	决口洼地	832261
					泛滥洼地	832262
			沙坝	83227	离岸沙坝	832271
					河口沙坝	832272
					拦门沙	832273
			高地	83228	高地	832281

一级	二级	三级	四级		五级	
类型（位置）	类型（成因）	类型（形状）	类型（海拔、陡缓、类型、微地貌）	编码	类型（海拔、陡缓、类型、微地貌）	编码
河口地貌 83	口外段地貌 833	水下三角洲 8331	水下三角洲	83311	水下三角洲	833111
		古水下三角洲 8332	古水下三角洲	83321	古水下三角洲	833211
浅海地貌 84	河积海积地貌 841	现代水下三角洲 8411	现代水下三角洲	84111	现代水下三角洲	841111
		古代水下三角洲 8412	古代水下三角洲	84121	古代水下三角洲	841211
	海蚀地貌 842	海底海蚀平原 8421	海底海蚀平原	84211	海底海蚀平原	842111
	海蚀海积地貌 843	水下岸坡 8431	水下岸坡	84311	水下岸坡	843111
		潮流三角洲 8432	潮流三角洲	84321	潮流三角洲	843211
		潮流脊系 8433	潮流脊系	84331	潮流脊系	843311
	海积地貌 844	海底平原 8441	海底平原	84411	海底平原	844111

2.6　海岸线类型分类

海岸类型的划分也是一个尺度的概念，与研究区域大小和研究目的密切关联。依照地理区域单元的思路，根据海岸的物质组成和形成原因，大体可分为基岩海岸、砂（砾）质海岸、淤泥质海岸和生物海岸。目前有丛草滩海岸的划分，考虑到丛草滩仅仅是滩面形成后的植被情况，而非丛草参与海岸的形成过程，故本书不把丛草滩作为海岸类型进行划分。与此同时，由于人类作用日益凸现，本书单独将人工海岸作为一个类型进行体现。具体分类及编码情况如表 2.7 所示。

表 2.7　岸线类型编码表

一级		二级		三级	
类型	编码	类型	编码	类型	编码
岸线	2	自然岸线	21	基岩岸线	211
				砂质岸线	212
				粉沙淤泥质岸线	213
				生物岸线	214
		人工岸线	22	养殖围堤	221
				盐田围堤	222
				农田围堤	223
				码头岸线	224
				建设围堤	225
				交通围堤	226

基岩海岸,由地质构造活动及波浪作用形成,地势陡峭,岸线曲折,水深流急。砂(砾)质海岸,由海流和风改造堆积而成,组成物质以松散的沙(砾)为主,岸滩较窄而坡度较陡。淤泥质海岸,由大量细颗粒泥沙在潮流作用下输运、沉积而成,地势平坦,岸线平直。生物海岸包括珊瑚礁海岸和红树林海岸。前者由热带造礁珊瑚虫遗骸聚积、黏合、压实、变质等作用而成;后者由红树科为主植物与淤泥质潮滩组合而成。生物海岸只出现在热带与亚热带地区。各海岸线类型的说明见表2.8。

表 2.8　岸线类型说明

编码	岸线类型	说明
211	基岩岸线（岩岸）	由裸露的基岩构成的海岸。特征:①岸线曲折,岬湾相间,侵蚀和堆积交错。通常堆积物源自邻近岬角和海底岸坡的磨蚀,一般岬角处以侵蚀为主,海湾内以堆积为主;②地形反差较大,水下岸坡较陡,岩滩的宽度很窄,地形和沉积物横向变化显著;③营力以波浪为主;④构造与岩性对海岸轮廓,海蚀与海积形态发育影响显著;⑤海蚀形态较发育,类型较多,可出现在不同高度上
212	砂质岸线（砂岸）	海岸物质是由沙组成的海岸。一般岸线平直,海滩宽展,砂坝、潟湖等海积地貌发育。特征:①组成物质:以砂砾质为主;②海滩与水下岸坡的坡度较大,通常为5°左右,海滩宽度较窄;③营力以波浪为主;④堆积地貌发育,类型众多,有的(如岸坝、离岸坝)规模巨大,常构成砂坝-潟湖系;⑤海岸普遍处于蚀退状态
213	粉沙淤泥质岸线（泥岸）	由粉沙、淤泥构成的海岸。岸线平直,海滩宽广,岸坡平缓。滨海平原地区的海岸多为泥岸。沿岸有许多入海河流。在沿岸附近,河口区经常可见古河道、潟湖或湿地等淤泥质海岸所特有的地貌景观。特征:①组成物质较细,多属黏土-粉沙类型;②滩涂宽阔较大,坡度很小;③营力以潮流作用为主;④潮滩地貌单调,但有明显的分带性,可分为潮上带、潮间带和潮下带
214	生物岸线	由于造礁珊瑚或红树科植物作用而在海岸特别发育形成的一种特殊海岸
221	人工岸线	改变原有自然状态完全由人工建设的海岸

2.7　岛礁类型分类

岛礁是指周围环水的小块陆地。其中,岛屿面积大,终年出露水面,一般具备植被生长条件;礁面积小,有时深藏于水面,一般为岩石。岛礁类型分类、编码如表2.9所示。这

表 2.9　海岛类型分类编码表

一级		二级		三级	
类型	编码	类型	编码	类型	编码
岛礁	1	海岛	11	基岩岛	111
				泥沙岛	112
				珊瑚岛	113
				人工岛	114
		礁	12	明礁	121
				干出礁	122
				适淹礁	123
				暗礁	124

里需要注意的是沙坝和浅滩等概念,在实际应用中,可将其并入泥沙岛,也可单列,需依应用目的进行划分。一般情况下,沙坝和浅滩具有动态性或不稳定性,而岛礁具有一定的恒久性或稳定性。具体岛礁类型说明见表2.10。

表 2.10　岛礁类型说明

编码	类型	说明
111	基岩岛	由基岩构成的岛屿
112	泥沙岛	由河流或暗河携带泥沙并在海底堆积形成的岛屿
113	珊瑚岛	由珊瑚礁发育形成的岛屿
114	人工岛	人工在海洋上填筑或拓固出的岛屿
121	明礁	平均大潮高潮面时,露出的孤立岩石
122	干出礁	平均大潮面下深度基准面上的孤立礁石,高潮时淹没,低潮时露出的礁
123	适淹礁	深度基准面时正好淹没的礁
124	暗礁	深度基准面以下的孤立岩石,常指水深浅于 20m,有碍航行的礁石

　　特别地,岛礁解译部分需参考地貌部分,请注意要素的取舍和图斑的综合。这里,礁作为重要的解译要素,在高分辨率遥感调查中,无论面积大小,只要存在都应标出。在制图时可适当夸大。

第 3 章　海岸带遥感解译与制图

　　遥感解译和制图是遥感工作的重要步骤,相关的研究和文献较多,本章则针对海岸带特点建立解译标志,并讨论从影像信息到专题图的关键环节。一般地,在遥感解译和制图工作中,对底图的作用及其制作重视不够,为此,本章专门列出一节讨论底图制作,以反映底图制作的重要性。换而言之,解译分为两部分,即底图解译和专题解译,专题解译以底图为基础或为框架。

　　解译和制图是两个阶段。解译时按调查区进行解译,需要考虑相邻两幅影像的统一或接边问题,若涉及相邻但属不同调查研究区,则存在区间的统一或接边问题。当解译完成后获得整个区域的地表信息。制图阶段则是从解译出的数据进行空间的切割和专题的合并,不涉及图幅间的拼接或接边问题。

　　事实上,海岸带遥感分类、解译、制图和评估等环节是由相互关联、相互制约的有机整体组成,特别是从遥感影像数据到获得海岸带地表信息的过程,若涉及多人一起工作,往往需要制定详细、可操作的技术规程,考虑到本书的篇幅和理论性,这里不列出详细的技术规程内容,有兴趣的读者可以向作者索要《高分辨率海岸带遥感技术规程》,其内容包括影像预处理、外业调查和控制点测量、内业各专题提取、数据体系命名和制图符号体系等的技术规定。本章附录列出了土地利用解译标志和地貌解译标志,以及土地利用和地貌野外调查表样例,供读者参考。

3.1　解译方法选择

　　遥感解译的方法主要可以分为计算机自动解译和人工判读两种,目前更常用的方法是两者的结合。其中自动解译分为面向像素的方法和面向对象的方法,前者主要是自动分类的方法,后者主要是分割的方法。当前自动和人工方法的结合,往往是人工对自动解译结果进行修改,或利用自动解译结果来控制人工解译,或反之。

　　自动分类主要采用聚类方法进行,根据是否人为选择样本,分为监督分类和非监督分类。遥感分类模型有最大似然、最小距离、最邻近元等。这种分类方法所得到的结果是栅格形式的景观图,它可以形象地表现现实世界中各种景观类型的空间分布,表现景观类型之间或环境变化的连续性、渐变性。但这种分类结果常常会出现大量过于细小的斑块,对于大尺度的研究来说还需要作进一步的综合处理。

　　分割的方法则根据出发点分成基于区域的分割方法和基于边界的分割方法。前者利用区域内像素特征相似实现分割,如阈值法、区域生长法、分裂合并法等;后者根据区域间像素特征突变或不连续实现分割。阈值法是根据阈值有效分割目标;区域生长法选择一些像素作为生长点,然后将周围相似像素合并在一起;分裂合并法通过不断分裂合并来得到各个区域。分割过程的各种参数设置影响结果,易存在过分割和欠分割等问题。

目视解译是在确定分类指标和分类系统后,通过人眼分辨地物的类型和边界,通过手工数字化的方式在遥感影像上勾绘每个斑块的范围,生成分类图。这种方法得到的分类结果斑块相对完整,斑块与斑块间有明显的边界。但由于受到尺度的限制,在数字化过程中难免会进行地图综合,去掉细小斑块,损失信息。另外,自然界中许多不同景观类型之间的转变是连续的、渐变的,并没有明显的边界,而矢量化所得的边界是间断的、突变的。

人工目视解译勾绘可以解决地物的同谱异物现象或同物异谱问题,作业人员可以根据相关地理位置等辅助信息,来识别地物,避免了计算机自动分类仅依靠光谱值来识别地物的弊端,而且人工勾绘的地物边界线圆滑美观。虽然人工解译判读可以根据经验、知识等进行地物类别的判读,但由于判读人员素质的差异,不可避免地会产生地物类型错判、遗漏某些地物要素或边界线勾绘不准确等现象,使分类结果具有一定的不确定性。人工解译勾绘方法,完全依靠人工解译判绘,存在费工、费力、生产周期较长等不足。

3.2 解译尺度确定

目前除研究分类方法或分割方法,在为获取地表信息为目的的实践中,人工解译依然是精度最有保障的一种方法,但人工解译则往往因操作人员的不同或状态的不同影响结果。例如,人工解译时,必须根据最终成图比例尺来确定一个与之相对应的统一的影像放大比例尺,才能保证数据成果中地物的统一比例尺或地物综合尺度的一致性。一般地,影像放大的比例尺要大于成果数据的比例尺,如成1:5万图,则解译时影像放大至1:1万~1:5000为宜。

多大的地物应解译,多大的地物不解译依然取决于成图比例尺。以下列出1:5万成图时的解译要素的尺度,即需要对解译过程制定完善的取舍方案。读者可以根据成图比例尺来修改取舍参数。

1. 农用地

农用地斑块的大小,往往因所处区域的地貌不同而差异较大。一般成1:5万图或数据时,图上面积小于$4mm^2$的耕地与单纯养殖水面不采集。较大的耕地和养殖区要依比例尺真实表示其外围轮廓,内部适当以田坎等表示分割线。

2. 居民地要素

这里的居民地主要是城市、集镇及农村中形成街区的村庄。其特点是有明显的外轮廓和街道,由于街道或河渠将居民地分成若干街区,街区内房屋有密有稀,综合原则可从以下方面考虑。

城镇居民地只需要保持街区的基本轮廓特征和主要街道,街区面积一般应控制在$8\sim30mm^2$。大中城市街区面积可适当增大。街区边缘独立房屋一般可省去。农村居民点面积一般控制在 4～16mm²。

街区式居民地要保持总体形状特征,并正确显示街区内部的通行情况,街道凹凸拐角在图上小于 1mm 的可以综合取舍,街区内部空地面积小于 8mm² 的不表示。

综合时街区内的广场、空地等,视居民地的特点与面积在图上大于 10mm² 时才表示;居民地周围的树木不表示。居民地内的湖泊、池塘图上面积大于 4mm² 的一般应表示,数量较多时可适当取舍。

3. 水系要素

水系要素中,存在同一河流不同表示的问题。即同一段河流在不同比例尺成图时可能为单线,也可能是双线;同一河流,其在同一比例尺成图时,其上游表现为单线,下游表现为双线。具体参数表现如下。

在图上长度小于 1cm 的河渠不表示,宽度大于 0.4mm 时用面状地物表示,不足 0.4mm 时用单线表示,河中滩、河心岛及湖心岛在图上大于 4mm² 时要表示。

图上面积小于 4mm² 的水库或湖泊不采集,湖泊密集地区可进行取舍但不能综合,池塘间只有田埂相隔,可适当综合;不论综合或取舍,都要注意保持其特征和与其他地物位置关系,要保持其分布的范围和特征。密集分布的池塘,其相邻水涯线间隔在图上小于 0.2mm 时,合并为实线采集。

4. 交通要素

铁路以线状地物表示,采集时必须保持其连通性。工矿用地内部铁路图上长度小于 1cm 时不表示。公路在图上宽度大于 0.4mm 用面状地物表示,小于 0.4mm 的用单线表示。公路的采集必须要保持其连通性,各级公路通过街区时用街区边线表示。机耕路以下的道路,只表示主要的、通向较长远、彼此能贯通、通达双线路以及居民地间的主要机耕路及小路。

5. 未利用土地

对于荒草地、盐碱地、沼泽地、沙地、裸土地、裸岩石砾地以及苇地和滩涂,图上面积小于 4mm² 的不表示。

6. 公用边处理

当面状地物的边界是较窄的河流、道路等需用线状表示的地物时,选取线状地物作为面的边线。

3.3 底图制作原则

底图是其他解译工作的基础,底图解译的内容应最大限度上满足其他解译工作的需求,即可以是各种专题解译工作的内容,也可以作为各专题内容的衬托和辅助。尽量作为其他专题解译的内容,避免重复劳动。

底图作为控制各专题的框架，首先必须确定制作底图的影像及参考数据。一般选择调查研究所有的影像中，最具代表性的影像或最多的影像类型；应注意选取夏季的影像为主，同时将相关地形图或 DEM 作为辅助数据，或转入到底图中，有时可以将交通图等导入。

其次则是确定底图内容并建立图层，事实上，底图内容的确定可能导致上一步骤的变化，即影像和辅助数据选择的改变。一般底图需要的要素有道路、水系、岸线、等高线和居民地。以下简要讨论在解译时注意的问题。特别需要注意的是，每个要素及要素内部不同类别最好均分在不同的层，这样在生成最后的底图时，可以灵活地选取底图要素，以满足不同的专题解译对底图的不同要求。

1. 岸线

岸线是海陆的分界线，按我国的惯例画在平均大潮高潮线位置，由于遥感上的水边线在很多情况下是属于瞬时潮位线，因此在遥感解译时，可用植被与海滩的分界线替代海岸线。底图中往往还需要画出0m线，考虑到人力和财力等原因，往往无法进行实地测量获得0m线，因此通常采用海图的0m线来替代。如此，获得替代性的最高潮位线和最低潮位线。对于河口，有些案例采用由海向河的第一座桥梁为准，但考虑到第一座桥梁的位置受经济发展阶段和人类社会发展需要会发生很大的不同，本书认为以河口突然变大处为准更为客观。

2. 水系

水系主要有河流、沟渠、湖泊坑塘、水库及海域。河流解译时根据尺度和大小表现为单线和双线。作为底图要素，其取舍和图上表现可与水系专题要素不同，底图主要体现区域特点。例如，在1∶5万水系专题图的图上长度小于1cm或宽度小于0.2mm（实地小于10m）的河渠不表示；宽度大于0.2mm小于0.4mm（实地10～20m），长度大于1cm（实地500m）的河流和水渠用单线表示，单线河目视解译难度较大，可对照地形图、影像、等高线数据来提取；图上宽度大于0.4mm（实地20m），长度大于1cm的河流和水渠底图上表示为双线河。在底图中，可与水系专题一致，也可变为宽度大于0.4mm小于1mm表现为单线，大于1mm为双线。对于湖泊坑塘和水库，图上面积小于1cm²时不采集，或者根据其重要程度适当采集。

3. 道路

一般底图中的道路分为公路和铁路，海岸的滨海景观大道也可单独分开，其中公路可分为高速公路、国道、省道，至于更细的类别可以在专题解译时进行，而非底图要素。道路在影像上有时被植被遮掩，采集时必须保持其连通性。省道及以上级别的道路用单线表示，以中心线为准。公路的采集必须要保持其连通性，可在通过面状表示的城镇内部时断开。

4. 等高线

等高线对于解译专题图或成图后读图具有重要作用,因此,在底图中往往需要引入该要素。特别地,在地貌解译时,等高线可能比遥感影像作用还大。一般地引入的等高线其比例尺要与遥感成图的比例尺对应,即成 1∶5 万图,则引 1∶5 万地形图上的等高线,若是用 DEM 生成等高线,则采用同比例尺的 DEM 为宜。在底图中,可将等高线分层,以满足不同专题图的需求,如在成 1∶5 万的植被图时,可保留等高距 50m,而在成 1∶5 万的地貌图时,应保留等高距 10m。

5. 居民地

居民地要与水系、道路、岸线相匹配,因此往往要与前几个要素相互参照进行解译。对于农村居民点只在点层用点状符号表示。城镇及以上级别行政单位分别在点图层和面图层中用点状和面状符号表示。对象的取舍尺度可参考居民专题信息提取的规定也可适当综合。城镇所用多边形面的数量由城镇明显分区数量决定,在道路穿过的城镇,要将道路分段,以保证图面整洁。

3.4 土地利用遥感信息提取

在海岸带遥感综合调查中,土地利用的信息提取可以作为基础底图提取之后的首要工作,其他一些专题信息可以从土地利用信息专题中提取修改而成。在具体实践中,也可以将底图信息提取与土地利用专题提取进行综合考虑。

在经纠正、融合和增强的影像基础上,叠加底图数据,在自动分类或对象提取的辅助下,可以进行人工的修正和解译,需要注意的是不同波段组合及不同拉伸方式可以凸现不同的利用类型及其边界,由此,在解译过程中需进行不同的尝试,方能最终可靠地获取土地利用遥感信息。

土地利用的信息可以用面或线表达,因此往往包括面状和线状两个图层,其中线层中主要包括较窄的河流沟渠、公路铁路、田坎围墙以及大面积耕地和养殖水面中的分割线等。

土地利用专题解译大致可以分成信息采集、拓扑关系建立、图层建立、检查修改、接边融合、分幅裁减等步骤。整个操作流程如图 3.1 所示。

1. 数据采集

由于对 polygon 的编辑容易出错,一般用边界线和 label 点采集数据。对于面状地物的解译首先勾画外部边界(line),然后在边界范围以内添加点,并赋属性。对于线状地物边解译边赋属性。

2. 建立拓扑关系并修改拓扑错误

拓扑关系直接涉及斑块的完整性及未来统计数据的可靠性,是专题数据成果质量的

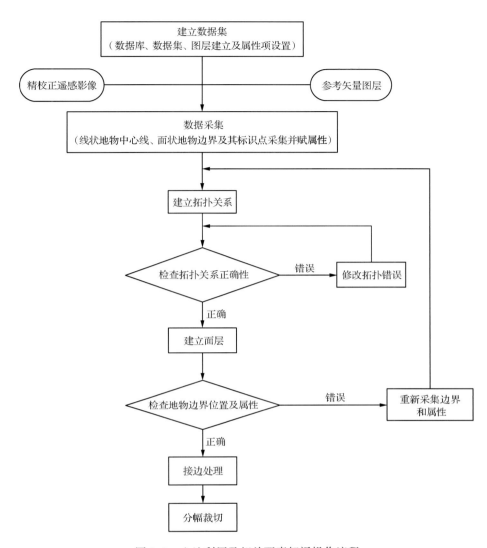

图 3.1　土地利用及相关要素解译操作流程

重要指标，由此特别需要对面状地物的边界线建立拓扑关系，修改拓扑错误。

3. 建立面层

一般利用边界线和 label 点建立土地利用的面层。面层的属性与 label 点相同。

4. 检查及修改

检查内容包括面状和线状土地利用类型解译结果的几何位置和属性。对于面状层，如果发现错误要修改边界线（line）和 label 点层，将修改结果重新生成面层。

5. 接边处理

相邻影像的解译结果要进行接边处理，实现几何图形的无缝接边。接边不仅要保证拓扑关系的正确还要保证地物属性的一致。当然,可以在解译前对影像进行镶嵌以避免接边处理。

6. 分幅裁切

按照成图比例尺的图幅分割将土地利用解译结果进行裁切,每一个图幅建立一个相应的数据库(＊.mdb)。

3.5　地貌信息提取

地貌信息提取最为重要的是剖析地貌单元的内外营力,每种地貌类型都会同时存在多种内外营力,这里以主导营力为主。同时应特别注意形态类型的完整性。类型界线应沿山麓线、坡折线、流水线、谷底线和其他明显地貌结构标志的界线绘制。注意保持各类地貌轮廓图形的特点和真实性。

遥感地貌类型界线勾画时,以反映正地形为主。同时根据需要叠加相匹配的等高线数据和 DEM、坡度、山体阴影等数据。平原地区绘制类型线时,主要根据平原与台地、丘陵以及山地等正地貌之间的转折线;要求勾画的地貌界线应平缓圆滑过渡,不应出现突变拐点,界线应符合地貌成因。

地貌界线以成图比例尺为基准,如成图比例尺为 1:5 万时, 面积大于 $4mm^2$ 的图斑需要表示。与其他专题信息提取时相同,勾画界线时需要将遥感数据扩到 5~10 倍进行,规程中需要确定一个倍值,以统一不同作业人员的结果。在解译过程中,当面状地物的边界是需用线状表示的地物时,选取线状地物作为面的边线。

避免部分区域界线过密,而一部分区域界线过疏。总体平面上的图斑数量基本要均匀分布,一般不允许存在图斑密度明显有大有小的现象。这里涉及图斑的合并与取舍,如成图 1:5 万时,面状地物面积大于 $4mm^2$ 时均采集,较大的圩田、养殖区等要依比例尺真实表示其外围轮廓,内部适当以垄基等表示分割线。对于长条形图斑,两线之间的图面距离不得小于 2mm。对于礁,影像上只要有的就表示出来,小于 $4mm^2$ 的在制图时可以适当夸大表示。线状地物长度大于 1cm 的线性地物均采集,采集时必须保持其连通性。道路、河道和海洋将作为基础底图出现,无须解译。

在一些地貌块体内,如果出现复合型图斑,即在某一地貌类型中,又有其他地貌类型混合在一起时,应视图斑占主导的地貌类型为主体类型,将其他类型归入主体类型。主体类型应以相应的类型勾绘边界,并赋属性编码。在同一图幅里,可以允许较粗的判读单元与较细的判读单元共存,不必强求统一。

地貌解译遵从先易后难、先大后小、先简后繁、先一般后特殊的顺序。这样有利于整个图幅的分区和定位,避免漏判,也便于检查。对于难以搞清的类型,要结合有关地面实况资料,进行地理相关分析和综合。在地貌信息遥感提取的过程中,实地考察验证工作必不可少。图 3.2 为一次地貌考察的路线记录。

图 3.2　调查路线和调查点

3.6　其他专题提取

对于湿地类型的解译要同时参考地貌和土地利用的解译结果。首先根据地貌的解译结果确定湿地的一级分类和部分二级分类,再参考土地利用的解译结果确定更细化的分类。

植被分类是对海岸带植被的种类及其空间分布的状况进行遥感解译。植被解译主要参考土地利用的解译结果。但从土地利用解译结果中直接提取并不能完全解译植被类型,还要根据影像将某些建筑用地中的植被提取出来,并根据影像特征赋予属性。另外对于针叶林和阔叶林也需要根据具体的影像特征加以区分。

围填海的解译主要是需要确定一个时间基准,即以此时间基准之后形成的围填为本次调查的围填海。解译出新围填的土地范围后,依据影像或土地利用专题划分其土地利用类型。

3.7　遥感解译质量控制

遥感解译的质量直接影响统计数据的准确与否,直接决定评估结果的客观性,由此,其质量的分析与控制极为重要。为了保证质量,一般会进行以下约定和控制。

1. 数学基础检查

数据库及内部图层检查,其地图数学基础或投影基准要求保证正确、统一。

2. 数据完整性检查

数据格式、数据组织要符合规定,不能有遗漏图层;文件名命名时格式与名称正确;主要地物不得有遗漏;地物要素的综合取舍符合编绘取舍方案要求。

3. 几何精度检查

以成图 1∶5 万为例,图上地物点对于附近控制点、经纬网格点的平面中误差不大于0.2mm,特殊情况下不大于 0.4mm。

4. 属性精度检查

线、面属性表中，字段名、字段类别、字段长、字段顺序不得有误；地物属性解译精度达到80%以上。

5. 接边精度检查

图幅之间几何图形应无缝接边，要素几何上保持自然连接，避免生硬；接边地物要素属性一致；接边地物要素拓扑关系一致。

6. 逻辑一致性检查

要素拓扑关系建立不得有错误，无重复要素，没有无意义的小多边形；线状要素正确表达地物的中心线；线划相交与否表达正确；公路、铁路、水系连通性表达正确等。

3.8　海岸带专题制图

针对海岸带地区和要素，利用遥感影像，经辐射和几何纠正，或正射纠正，提取获得土地利用和其他专题信息，经整合、叠合、注记、整饰而成海岸带专题图。其制图工作主要可分成以下3部分内容。

1. 基础底图的制作

基础地图（底图）在专题地图中为主题信息提供参考基础，让地图更为直观，因此专题地图中，底图的选取也是关键内容。底图可从遥感图像中提取获得，底图要素主要有河流、湖泊、各级道路、主要居民地、居民区、水边线等信息。

2. 专题符号库、图例库等的建立

这是专题制图的前期准备工作，根据专题内容、性质、比例尺以及行业规范等，建立专题图所需的图例库、符号色彩库等。可以选用或参考专门规程和相关地形图以及海图的图式建立专题符号库、图例库等。地图图式须统一，实现共享作用，制图时直接导入所需图式表示，方便制图使用。

符号制作一般分专题进行。如果采用位图编辑工具进行图例样图绘制，需要严格控制位图的大小和精度，以免后期在进行表达使用时出现大小不合适、图像模糊的现象。若采用ArcGIS制图，可采用其自带的图式样式进行叠合编制实现，虽然直接可以引用的不多，但通过多个自带图式编辑叠成，则基本可满足图式的需求，虽然速度慢，但制作出来的图式显示效果较好。

3. 专题图制作

包括添加底图信息、选取或融合土地利用或相关要素专题信息，通过地图表达、图廓整饰、模块建立等，制作成图，然后制图输出。图3.3～图3.6为海岸带遥感影像专题图及解译专题图，以供参考。

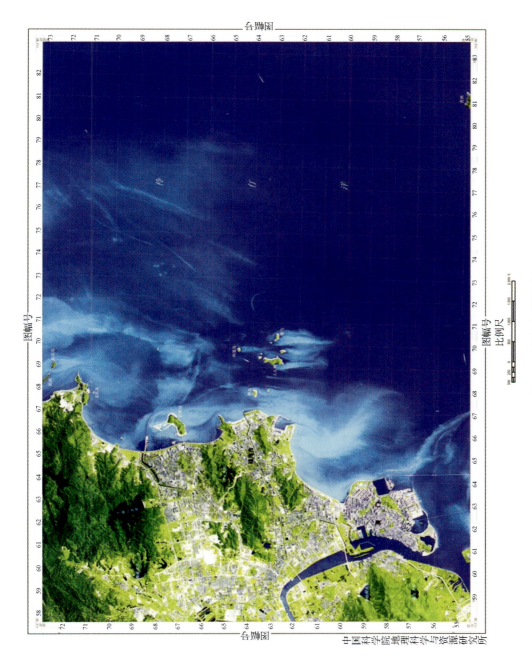

图 3.3 澳门遥感影像图

比例尺

图幅号

中国科学院地理科学与资源研究所

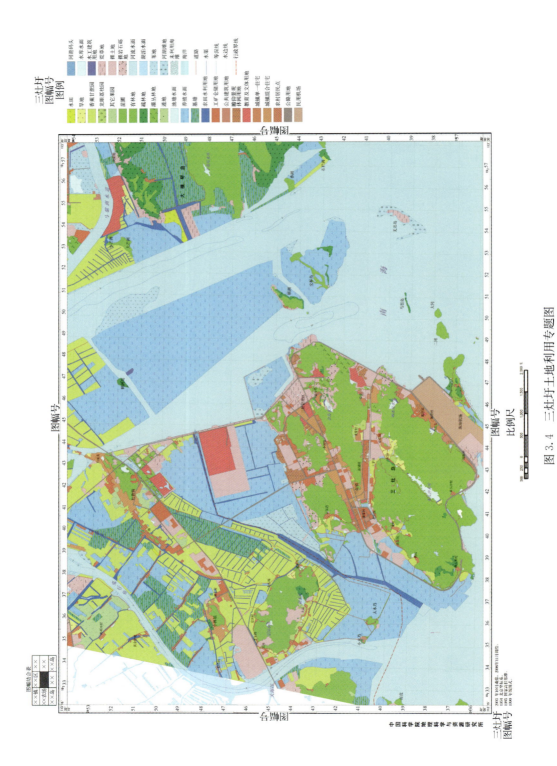

图 3.4 三灶圩土地利用专题图

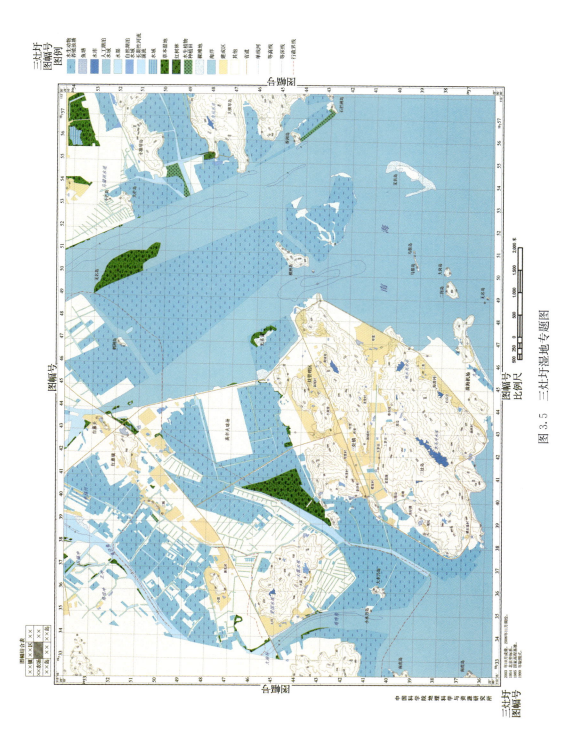

图 3.5 三灶圩湿地专题图

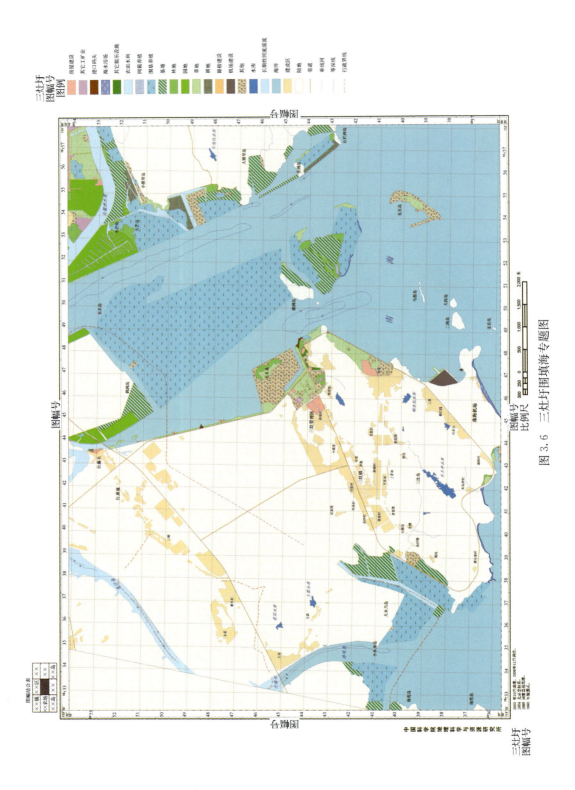

图 3.6　三灶圩围填海专题图

附录3.1 土地利用类型解译标志

分类及编码	空间分布	影像特点（以SPOT影像Pan-sharp融合结果为准）	影像样例
水田（6111）	河流两岸低阶地，洼地、水库、湖泊附近	明显的四边形排列，呈格状和条带状，灌溉方便，渠系成网。红色、深红色、鲜亮、深暗、色调饱和，冬季影像为灰白色。纹理平滑细腻	
旱地（6112）	主要分布在平原，有些分布在宽阔的山谷中	影像的几何特征规则，地块有大有小，地类界明显。平原地区大块成片有四边形、多边形，山间分散的有小块。色调多样，主要以红色、浅红为主，又有灰白、浅蓝等，鲜亮、饱和度不一。不同地区，色差大	
香蕉、甘蔗园（6121）	平原。有充分灌溉保障地区。部分与养殖构成基塘	明显的四边形排列，呈格状和条带状，田块比水稻大。灌溉方便，渠系成网。红色、深红色、色彩鲜亮、色调饱和、纹理平滑细腻。与水稻相比夏季颜色更鲜红，冬季也为红色	
龙眼荔枝园（6122）	山前台地、平原、山间谷地，居民地周围	规则的条带或片状。深红色及鲜红色，有立体感，纹理较为平滑	
其他果园（6123）	山前台地、平原、山间谷地，居民地周围	山地地区影像形状不规则，深红色及鲜红，纹理较粗糙。平原地区影像形状规则，呈格状或条带状，颜色呈暗红色	
苗圃（6124）	多位于平原，交通较为便利的区域	形状规则。花圃、草圃颜色鲜红或浅红，种植树木的苗圃特点类似香蕉园地	
有林地（6131）	分布广泛，多位于水源好的山地，高原、平原等	不规则的条带或片状。深暗红色及暗红色（针叶），较粗糙，有立体感	

分类及编码	空间分布	影像特点（以SPOT影像Pan-sharp融合结果为准）	影像样例
疏林地（6132）	分布于山区、丘陵、平原等地区，靠近居民地或生长自然条件较差区域	不规则的条带或片状，边缘不明显。深红色、浅暗与深灰。较粗糙，立体感不强	
灌丛林地（6133）	分布于中低山山区，平原等地势平缓区域	呈不规则的条带或片状，外缘不很明显。深红色、红色、较暗红色。较粗糙，立体感不强	
未成林造林地（6134）	多分布于平原、中低山和丘陵等地势较为平缓、水分较充足区域	形状较规则，为格状或条带状，地类界线较为明显，呈浅红色或灰色，有一定的立体感	
迹地（6135）	同有林地	形状不规则，呈条带或片状，为黑色或黑红色地，界线非常明显，立体感强	
天然草地（6141）	分布较广，主要在山地、山前平原及沙地边缘	大小不一，无固定分布，大多呈片状、面状，一般连片分布。由于覆盖度不同分别呈现暗红、红色、浅红色和浅黄绿色	
人工草地（6142）	分布较广，主要在山地、山前平原及沙地边缘	形状规则，粉红、浅红色、深红色，色彩均一，纹理平滑。斑块面积相对较小，边界较为明显	
畜禽饲料地（6151）	主要分布于低山、山前平原等地势平缓、水源充足区域	形状规则，颜色鲜红，色彩均一，纹理平滑	
塘池水面（6152）	多分布于农村及城市郊区，常与耕地相邻	形状不规则，面积较小。蓝色或蓝绿色，色彩均一，纹理平滑	

分类及编码	空间分布	影像特点（以 SPOT 影像 Pan-sharp 融合结果为准）	影像样例
养殖水面（6153）	平原，多位于沿海、河流及湖泊内部及周围	形状规则，大部分有规则矩形田块。黑色、蓝色或深蓝色。部分有暗红	
农田水利用地（6154）	主要分布在农业用地内部，与河流湖泊连接	渠系为蓝色或深蓝色，形状较规则，呈细长的条带状，具有明显人工开凿特征	
工矿仓储用地（6220）	多分布于城市边缘及郊区，交通较为便利，地势平坦	形状规则，颜色为灰白、黄绿和粉色（厂房顶），纹理粗糙，有一定的层次感	
公共建筑用地（6231）	主要分布于城镇内部，靠近道路	形状规则，颜色为灰白色，斑块大小比临近的居住地要大，纹理相对平滑	
瞻仰景观休闲用地（6232）	主要分布在平原地区，多位于城镇内部、海滨	一般有粉红色人工草坪、人工湖或沙滩等明显地物	
教育及文体用地（6233）	分布于平原及地势平缓的坡地，多位于城镇内部及城市郊区	形状特点突出，斑块相对较大，边界明显，包含地物类型多样，主要为灰白色的建筑，能明显分辨出操场、高尔夫球场等	
城镇单一住宅（6251）	分布于平原地区，集中于城镇内部	形状不定，多是面状、片状。蓝灰色、蓝黑色、暗红色，灰暗。较粗糙，见格状斑点。别墅区特点明显	
城镇混合住宅（6252）	分布于平原地区，多为城镇内部及城市边缘	形状不规则，多为面状，颜色主要为灰色、青色，夹杂少量深红色及白色，纹理粗糙	

分类及编码	空间分布	影像特点（以 SPOT 影像 Pan-sharp 融合结果为准）	影像样例
农村居民点（6253）	广泛分布于平原、山间谷地等地势平坦及平缓区域，四周多环绕农田	相对规则的条带状或面状。灰白、红色、暗红色，较明亮。纹理粗糙，分布较为零散	
公路用地（6262）	广泛分布于平原及地势平缓丘陵区域，少量位于山地，靠近居民地	形状规则，主要为条带状，颜色灰白，纹理细致平滑	
民用机场（6263）	主要分布在地势平坦的平原地区，多靠近城市，相邻位置没有林地	形状规则，具有相对较大的灰白色斑块（停机坪）及宽阔的灰白色条带状跑道，纹理较为平滑	
海滨大道（6264）	主要分布于海岸区域，靠近海边	同公路，较宽	
河港码头（6265）	主要分布在河岸及海岸，部分延伸到水域	形状较规则，颜色为灰白、深灰或灰蓝色。部分港口能看见大量停泊船只	
水库水面（6271）	多位于山地及丘陵地区	形状多不规则，部分区域呈现规则形状，为人工建筑或设施，整体颜色为蓝色、深蓝色，纹理平滑，边界明显	
水工建筑用地（6272）	多分布于水库、湖岸等水域附近，位于居民地内或邻近居民地	主要为水库大坝，形状规则，条状。颜色灰白色。排水沟条状，颜色深蓝或黑色	
军事用地（6281）	多分布于人迹罕至的山区及靠近具有战略军事地位的区域	一般有人工草地，建筑物少，外部形状规则，远离居民地及大的居住区，连接有专有道路	

分类及编码	空间分布	影像特点(以 SPOT 影像 Pan-sharp 融合结果为准)	影像样例
墓葬地 (6282)	多分布于低山、丘陵等较为荒凉区域,靠近居民地	形状规则,呈片状或连片分布。颜色灰色、浅红或暗红。有斑点,纹理较粗糙	
荒草地 (6311)	多分布于平原及地势平坦区域,位于城镇内部及边缘地区	形状为不规则片状、条带状。颜色鲜红、暗红、浅红,较杂乱,纹理粗糙	
盐碱地 (6312)	分布于地势低平区域,多靠近水域及沼泽地	形状不规则,呈片状、条带状、面状。白色、灰白色,明亮。絮状,较平滑	
沼泽地 (6313)	分布于地势平坦低洼区,如湖、池塘、河流、水库近旁	不规则的片状、条带状、面状。深蓝、黑红色,暗淡,不明亮。絮状,较粗糙	
沙地 (6314)	分布于平原地区,离海较近,少量分布于河岸	形状不规则,呈片状。土黄色、黄绿色、浅蓝色,明亮。坎坷不平,有立体感	
裸土地 (6315)	分布于山前丘陵、平原等地势平坦开阔区域,离河湖较远	不规则的片状、条带状。白色调,明亮。平展光滑	
裸岩石砾地 (6316)	多为低山山体、高山顶部,干旱的剥蚀残山等	片状,条带状。青灰色、浅绿色,明亮。凸凹不平,立体感强	
河流水面 (6321)	分布广泛	不规则的线状、面状,大小长短不一。浅蓝及深蓝色,色彩鲜亮,色调饱和	

分类及编码	空间分布	影像特点（以 SPOT 影像 Pan-sharp 融合结果为准）	影像样例
湖泊水面（6322）	分布广泛	形状不规则，浅蓝及深蓝色，色彩鲜亮，色调饱和	
苇地（6323）	多分布于河流两侧、湖边积水、及河口三角洲地区	形状不规则，呈片状，颜色鲜红、黑红，色彩鲜亮，纹理较平滑	
河湖滩涂（6324）	主要分布于湖泊河流外围，位于水域和陆地相交区域	形状不规则，呈条带状、扇状。颜色为浅蓝、蓝、暗红绿，明亮到灰暗，平滑絮状	
未利用海滩（6325）	分布于海边，位于海水与陆地的相交区域	海滩涂为长条状，白色或灰白色。沙滩细腻平滑。海滩涂还包括红树林，影像上沿海岸条状分布，为鲜红色，有立体感	

附录 3.2　地貌类型解译标志

类型	成因、营力、位置、组成物质	影像样例（黄线为等高线，绿线为地貌单元边界）	影像解译标志
洪积冲积平原	由河流迁徙泛滥冲积和洪积共同形成，或由于冲积扇与洪积扇之间的扇形河流冲积物组成的平原。位置：山前。组成物质：颗粒较粗		位置：山前或谷地。植被较好，呈红色。有时有耕地，常有大小不等的居民点或建筑物。海拔低，坡度缓，等高线在平原部分非常稀疏。DEM 值比较接近
冲积平原	河流携带的泥沙进入低地堆积而成的平原。位置：河流的中下游和河口地带。组成物质：颗粒较细		位置：河流的中下游和河口地带。土壤肥沃，植被长势很好，有大面积的园地和耕地，色彩呈亮红色，居民点呈散花状分布。河道和坑塘较多

类型	成因、营力、位置、组成物质	影像样例（黄线为等高线，绿线为地貌单元边界）	影像解译标志
洪积冲积台地	由流水洪积、冲积形成的台地。 位置：山前、山谷等。 组成物质：颗粒较粗		位置：山前、山谷等。海拔为 20～40m，台面平缓，等高线稀疏，台坡较陡，等高线较为密集
冲积海积平原	冲积和海积作用共同形成的平原。 位置：河口、滨海区域。 组成物质：很细，海积层和冲积层交错		位置：河口、滨海地带。土壤肥沃，植被长势很好，有大面积的园地和耕地，色彩呈亮红色，水道纵横。海拔很低，多在 10m 左右，面积大，非常平缓
三角洲平原	河流入海口处，河海交互作用的产物，面积大，地势平坦，海拔低。 位置：河流入海口。 组成物质：很细		位置：河口、滨海地带。土壤肥沃，植被好，有大面积园地和耕地，呈亮红色，水道纵横。海拔很低，多在 10m 左右，面积大，非常平缓。完整的三角洲平原平面形态像一个尖顶向陆的三角形
潟湖平原	潟湖淤积发育成潟湖平原。常有沙堤相伴。 位置：邻近海岸。 组成物质：海相和湖相沉积，较细		位置：邻近海岸。植被特征和其他平原类似，可通过沙坝和潟湖进行判断，海拔较低，地势平缓，大多面积不大
海积平原	地壳上升或海面下降出露的沿海平原。地势表面平坦。 位置：滨海。 组成物质：海相沉积，沉积物层次清晰		位置：滨海。一般面积不大，濒临海域，地势低平

类型	成因、营力、位置、组成物质	影像样例（黄线为等高线，绿线为地貌单元边界）	影像解译标志
冲积海积台地	构造隆起或海平面下降，融合流水的冲积作用形成。海拔20～40m。位置：滨海。组成物质：河相和海相沉积，颗粒较细		位置：河口滨海。海拔为20～40m，台面平缓，等高线稀疏，台坡较陡，等高线较为密集
风成沙地	由沙组成的风积地貌，有轻微起伏的沙地。位置：滨海。组成物质：颗粒很细		地势有轻微起伏，土黄色、黄绿色、浅蓝色，明亮。因沙地地貌而呈现凸凹不平感。而生长植被的沙丘因植被盖度不同呈现不同程度的红色和红褐色
风成沙丘	由沙组成的风积地貌，形状如链、如新月形等。位置：滨海。组成物质：颗粒很细		沙丘形状不同，相对高度不同。外观呈现链状、新月形、抛物线形等，有着不同的纹理特征。部分沙丘有草灌覆盖
侵蚀剥蚀中山	外力侵蚀剥蚀而成，有些为蚀余山。位置：滨海山区。组成物质：多为块状岩石。海拔在1000m以下		海拔在500m以上，坡度较陡，有强烈的山体阴影，山体高低起伏，水系和沟谷非常发育，多有水库，较大的水系出口处有洪积冲积扇地貌。影像因植被的郁闭度不同而呈现不同或红、或暗红、或棕红、或灰白的色彩。将遥感影像旋转180°，能看到山脊凸出，河谷深堑，山体阴影很明显
侵蚀剥蚀低山	外力侵蚀剥蚀而成，有些为蚀余山。位置：滨海。组成物质：岩石居多，夹杂碎石粒。海拔：500～1000m		

类型	成因、营力、位置、组成物质	影像样例（黄线为等高线，绿线为地貌单元边界）	影像解译标志
侵蚀剥蚀高丘	形成于地壳抬升过程中，受流水侵蚀切割，还受波浪、潮汐、风力的磨蚀、吹蚀。 位置：滨海丘陵。 组成物质：岩石和基岩碎屑组成。 海拔：200～500m		海拔较高，坡度较缓，高低起伏，发育有水系和沟谷。部分丘陵的低洼处有水库。植被以森林为主，华南地区树种多为台湾相思树、马尾松、龙眼树、荔枝树、茶树等。土地利用多为园地。影像色彩大面积较为均一的红色。部分地区，土层很薄，有大块的裸岩和石砾，植被稀疏，岩石和植被相映成趣，影像色彩为斑驳的暗红和灰白色
侵蚀剥蚀低丘	形成于地壳抬升过程中，受流水侵蚀切割，还受波浪、潮汐、风力的磨蚀、吹蚀。 位置：滨海丘陵。 组成物质：岩石和基岩碎屑组成。 海拔：<200m		
侵蚀剥蚀高台地	由高阶地经流水切割和轻度抬升发育而成。 位置：河边及河口。 组成物质：沙粒与黏土组成。 侵蚀剥蚀高台地（40～80m）		海拔较低，台面平缓，等高线稀疏，台坡较陡，等高线较为密集。土地利用多为农田和园地
侵蚀剥蚀低台地	由高阶地经流水切割和轻度抬升发育而成。 位置：河边及河口。 组成物质：沙粒与黏土组成。 侵蚀剥蚀低台地（10～40m）		

类型	成因、营力、位置、组成物质	影像样例（黄线为等高线，绿线为地貌单元边界）	影像解译标志
侵蚀剥蚀平原	地壳在长期稳定下，由流水等的侵蚀、剥蚀作用下所形成的平地。 位置：河流密布区域。 组成物质：沙粒及黏土，颗粒细。 海拔：低于50m		丘陵长期剥蚀而成。地势低缓。等高线稀疏，土地利用多为农田和园地。影像中为台地和平原混合
陡崖	各种原因形成的坡度大于350°的陡坎，包括各种台地坎、重力坎等。 位置：滨海山地及基岩海岸。 组成物质：多为巨大岩石		等高线在此忽然断掉。新形成的陡坎在影像上一般没有植被发育，可以看到灰白色的裸露陡崖
火山	岩浆喷出堆积成的山体，有火山口、火山锥。 位置：多靠近山地。 组成物质：火山岩等		一般都具有截头圆锥状的山体（火山锥），山体完整，反映在地形图上等高线呈同心圆闭合。火山锥的顶部有漏斗状或碗状的环形坑即火山口
熔岩台地	熔岩涌出地表凝固而成的台地，分布在火山周围。 组成物质：玄武岩，较大石块		
水库	人工地貌，多分布在几个山体间海拔较低的地方		多分布在几个山体间海拔较低的地方，形成很好的汇流区域。水体部分为蓝色、深蓝或蓝黑色，有明显灰白色大坝，大坝下有河流。周围丘陵或山体，或有山体阴影。山体丘陵大多植被密集，呈红色或暗红色

类型	成因、营力、位置、组成物质	影像样例(黄线为等高线,绿线为地貌单元边界)	影像解译标志
码头	人工地貌,多位于河流沿岸和海边		形状较规则,颜色为灰白、深灰或灰蓝色。海港多有伸向海域的防潮堤,在部分港口能看见停泊的大量船只
养殖场	人工地貌,多位于沿海、河流及湖泊内部及周围的平原地带		形状规则,大部分有规则矩形田块。水体部分为蓝灰色、蓝色或深蓝色,有些隐约可见点状灰白色的养殖箱。垄基部分多生长植被,呈红色或暗红色。部分干涸的养殖场呈灰白色
盐田	用于将海水引进、蒸发、晒盐的平地,多位于滨海		形状规则,大部分有规则矩形田块。水体部分为蓝灰色、蓝色或深蓝色,有海水引入口和排水口,有些晒场水已干,呈灰白色,隐约可见大小不等的白色盐堆
圩田	从一片水域(通常为海洋)开辟出来的低地滨海		周边多有大面积水域,圩田部分地势低平,地块较大,多用于农作物或经济作物的种植,颜色亮红
基塘	人工地貌,由基和溏组成,是珠江三角洲特色的一种人工地貌,多分布于平原地区		形状规则,大部分有规则矩形田块。由基和溏组成,溏呈蓝灰色、蓝色或深蓝色,为水体,用于养殖。基上种植香蕉、甘蔗等,呈亮红色。与养殖场相似,但基要宽于养殖场

类型	成因、营力、位置、组成物质	影像样例(黄线为等高线,绿线为地貌单元边界)	影像解译标志
海堤	人工地貌,主要利用土石、混凝土建成,底部较宽,用于防护海岸免于潮汐及海浪的侵袭。分布于海陆交界处。物质组成:土石或混凝土		分布在海、陆相接处的一种人工地貌。呈灰白色或亮白色。宽度不大,线条平直
河堤	人工地貌,主要利用土石、混凝土建成,底部较宽,预防河水暴涨而引起的洪灾。位置:河边。物质组成:土石或混凝土		河流两岸,呈线状或条状的灰白色。有时有红色的植被。海拔高于周围地区
避潮墩	人工地貌,利用土石等构建的圆柱形高坡。主要分布在海堤外侧。物质组成:土石		在分辨率较高的影像上可见灰白色的排列分布的点状人工地貌
重力正地貌	重力作用下形成的坡地正地貌,如山麓堆积坡、滑坡体、倒石堆等		可看到有一定形状特点的山麓堆积坡、滑坡体、倒石堆等
重力负地貌	重力作用下形成的坡地负地貌,如滑坡坑等		新生的重力负地貌可隐约看到灰色的陡崖等,植被稀疏。可在不远处寻找正地貌

类型	成因、营力、位置、组成物质	影像样例（黄线为等高线，绿线为地貌单元边界）		影像解译标志
淤泥滩	潮滩，潮汐作用海相沉积为主，颗粒细腻			滩面较大，坡度平缓，颜色较暗为土灰色或棕灰色（因饱含水的缘故），纹理细腻平滑，有些地方发育潮沟，多发展养殖
砂滩	海滩，波浪作用堆积物较细腻			岸线平直，滩面宽展，坡度较平缓，颜色较暗为亮白色或灰白色，纹理细腻平滑。多分布于海湾处。可发展为海滨浴场等，因此也可根据周边建筑辅助解译
砾滩	海滩，波浪作用，堆积物粗糙			岸线较为曲折，滩面很窄，坡度陡，颜色为亮白色或灰白色，纹理粗糙，为大块石砾堆积而成。多分布于岬角
岩滩	岩滩，海蚀作用多为基岩侵蚀后残余物，无其堆积物			岸线较为曲折，滩面很窄，坡度陡，颜色为亮白色或灰白色，纹理较粗糙，多为基岩海岸海蚀形成的海蚀平台，有一些微型海蚀地貌，但堆积物较少
礁坪	珊瑚礁建造起主导作用，无其堆积物			是热带海岸的一种特殊类型
红树林滩	红树林发育的潮滩海相沉积为主，颗粒细腻			是生物海滩的一种，多发育在潮滩上，颜色亮红

附录 3.3　土地利用野外调查表样例

序号	1	地名	珠海　某公园	日期	2005-1-6
经纬度			113°34′47″E,22°15′43″N		
土地利用类型		人工草地	植被类型		人工草地,稀疏景观树
照片			影像特征		

  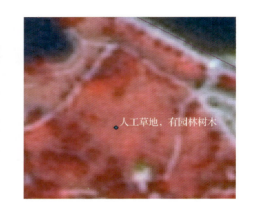

说明	公园内人工草地

序号	2	地名	珠海	日期	2005-1-6
经纬度			113°36′3″E,22°19′1″N		
土地利用类型			养殖		
照片			影像特征		

 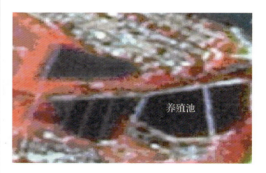

说明	池塘,旁边农村居民地

序号	3	地名	珠海	日期		2005-1-6
经纬度				113°31′5″E,22°17′55″N		
土地利用类型		蔬菜大棚	植被类型			

照片	影像特征

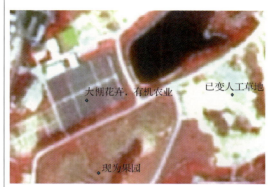

说明	珠海市农业科学研究所内,图为蔬菜大棚,旁边水库。影像比较亮为裸土,现在为草地

序号	4	地名	珠海	日期		2005-1-6
经纬度				113°30′15″E,22°17′58″N		
土地利用类型		荒草地	植被类型		荒草地	

照片	影像特征

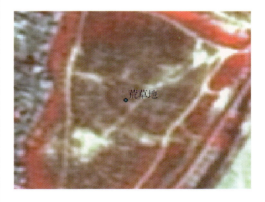

说明	有少量灌木

附录 3.4　地貌野外调查表样例

点号	a13	新点号	0630	日期	2006-1-6	时间	16:45
地名	磨刀岛大排村	天气	阴	经纬度		113°19′53.42″E 22°18′21.69″N	
解译		地貌完好,基塘生产。以路作为地貌划分边界				植被	

照片	影像特征

全景照片	

点号	9	新点号	0712	日期	2006-1-7	时间	15:30
地名	白蕉开发区	天气	多云	经纬度		113°32′46″E 22°06′50″N	
解译		三角洲平原,珠海古老的三角洲,沉积层达 60m,100 多年,鱼米之乡,苗圃,香蕉园				植被	

照片	影像特征

点号		新点号	0805	日期	2006-1-8	时间	14:50
地名	矿山点	天气	阴	经纬度		113°17′E 22°4′30″N	
解译	山前有陡崖，挖土			植被			
照片				影像特征			

说明	珠江 8 大口，中间 6 口以冲积为主，海积为辅，东西 2 个以海积为主

点号	新加点	新点号	0903	日期	2006-1-9	时间	11:38
地名	东澳岛 水库角	天气	晴	经纬度		113°42′22.41655″E 22°1′4.364281″N	
解译				植被			
照片				影像特征			

 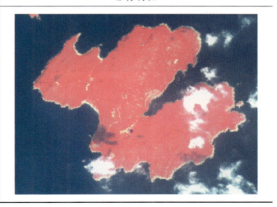

点号	F3	新点号	1305	日期	2006-1-13	时间	11:53
地名		天气	晴	经纬度		114°45′1.565″E 22°42′5.683″N	
解译		沙坝潟湖		植被			

照片	影像特征

 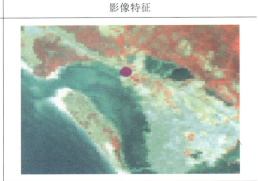

点号	F4改	新点号	1306	日期	2006-1-13	时间	13:00
地名	大水坑村	天气	晴	经纬度		114°52′46.84″E 22°36′51.75″N	
解译		山谷间平地,无信标改		植被			

照片	影像特征

说明	小海湾,组片,潟湖一个通到海龟保护区,通过沙坝来判断潟湖平原

第二篇 海岸带遥感分析

海岸带地处海洋、陆地、大气3种介质相互交接、相互作用的地带，同时叠加生物和人类作用，导致海岸因子、格局和过程的各要素复杂错综。为此，需要抓住海岸带典型因子以表征其空间利用变化、生态格局分异和环境过程跃变，发掘海岸带的变化规律及所存在的问题，为海岸带管理和修复提供方向和基础数据。本篇选取了岸线和湿地两个典型因子来表征海岸开发利用及生态环境的变化。第4章紧紧围绕30年海岸线的空间位置、形态和属性的变化，分析30年来中国大陆海岸开发利用方式方法的时空变化。第5章则以渤海岸带为研究区，综合分析了岸线和湿地时空变化，探究该区岸带的生态环境变化和时空分异规律。

本篇以岸线和湿地为海岸空间和生态的指征，开展海岸带遥感分析，从时间、空间和属性三方面解构海岸带空间利用和生态环境状况及其变化。望如《后汉书》之"分析曲折，昭然可晓"，故本篇或可名昭析篇。

第 4 章　中国大陆岸线及其 30 年巨变

空间尺度是地理学研究的基础性问题,海岸线分形分维特征的尺度效应是海岸带科学研究的基础问题,也是海岸带资源评估和综合管理必须考虑的现实问题。海岸线长度资源的计量和管理与特定尺度相联系,不同尺度下,岸线长度不同。我国大陆岸线因受不同地质构造及地表过程影响,各段分形特征空间分异明显,由此计算海岸长度时,更应注意测量的尺度确定和统一。

海岸线作为海陆分界线,承载着丰富的环境信息,对海陆相互作用、人类作用及沿海滩涂、湿地生态系统及近岸海洋环境有着重要的指示作用。改革开放以来,我国海岸带区域凭借国家政策的天时、拥港临海的地利和全球化进程的人和,发展成为我国最具经济活力和竞争能力的区域(刘彦随等,2005)。面对人口沿海集聚和经济暴发性增长,海岸带土地资源短缺凸现,以围填方式实现土地资源扩张成为解决土地资源紧张局面见效最快的方式,由此引发了我国岸线的 30 年巨变。

作为自然资源和社会资源最为集中的区域,我国沿海地区 30 多年来的经济增长率为每年 10%~20%,海岸承受高强度的开发利用。海岸带的开发强度可以用许多指标来衡量,其中海岸线的性质改变和空间位移无疑具有重要的指示性作用。海岸线是海陆分界线,位于大气圈、生物圈、岩石圈和水圈的交汇处,中国大陆岸线整体格局由地质构造和海进海退塑成,细部特征受诸如局部地质构造运动、天气、浪潮冲积、河流淤积、地震破坏和人工围垦等因素影响,其动态变化既有自然作用也有人类作用。这 30 年的巨变则主要是人工的改变。

本章分析表明,近 30 年来,我国大陆岸线性质、长度和利用方式发生了巨大变化。人工岸线所占比例由 1980 年的 24% 上升到 2010 年的 56.1%,海岸线平均每 10 年有 2850km 以上发生空间位移,主要表现为向海推进。因岸线变化,30 年陆地面积净增 7446.5km^2。岸线开发则呈现从南到北的时间顺序。

4.1　岸线长度及其尺度效应

海岸线是地形图和海图的基础要素,岸线长度对于管理和研究是基础数据,为此岸线长度的计量一直是各国关心和研究的一个重要方向。若不了解尺度与长度的关系则会导致对海岸线长度的错误认识,带来研究或管理上的失误。特别地,在我国海岸建设如火如荼进行的今天,具有特别意义。

岸线的长度与尺度的密切关系,其实质是因海岸的分形自然属性决定,不同的分形特征控制了岸线长度与尺度的不同关系。事实上,岸线的测量由于受到诸多主客观因素的制约,在整个岸线的测量中,不同地区采用的方法和技术往往不同,标准规范也可能不统一,由此得到一个不同尺度下长度的总和,这就是一种错误。

作为海岸线空间形态的综合数学表征,岸线分形特征各国不同,如由 Mandelbrot

（1967）计算出英国海岸线分形维数为 1.25，澳大利亚海岸线分形维数为 1.13，南非海岸线分形维数为 1.02；Philips（1986）计算出美国 Delaware Bay 海岸线分形维数为 1.4；James 和 Benzer（1991）利用量规法分别计算出英国西海岸分形维数为 1.27，澳大利亚南北岸海岸线分形维数分别为 1.13 和 1.19，美国加利福尼亚湾东西岸分形维数分别为 1.15 和 1.19；Jiang 和 Plotnick（1998）计算出美国西部岸线分形维数为 1.0～1.27，东部岸线分形维数为 1.0～1.70；Lantuit 等（2009）在分析环境变化对北极海岸侵蚀中计算了北极不同侵蚀岸段的海岸分形维数，并对海岸尺度效应对岸线侵蚀和有机碳排放量估算的影响进行了探讨；冯金良和郑丽（1997）计算出渤海湾海岸线分形维数范围为 1.0199～1.1255，并探讨海岸线分形维数的地质意义；戴志军等（2006）对华南弧形海岸的分形和稳定性进行了研究，通过分形研究华南弧形海岸形态和自然属性，并结合海岸动力地貌和泥沙供给等对华南弧形海岸的稳定性平衡方式进行了分类；Zhu 等（2004）对江苏省海岸线分形分维性质进行了较为系统的研究，对海岸线空间分形性质进行探讨，并对不同分形计算方法进行了对比分析。刘孝贤和赵青（2004）以普通印刷地图和电子地图为数据源，对沿海省（自治区）的海岸线分形维数进行了计算和分析。张华国和黄韦艮（2006）以某海岛为例，分析了海岛岸线的分形特征。

我国通常用多年大潮高潮线来定位海岸线，根据海岸线的定义和海陆地形特征，海陆交界处 0m 等高线与海岸线空间位置相邻，在中小比例尺制图时，海岸线与 0m 等高线重合。因此，在全国尺度分析时，可将海陆交界处 0m 等高线代替海岸线对其尺度效应进行研究。

本研究以 SRTM1-DEM 为基础数据（https：//wist．echo．nasa．gov）。SRTM 是"shuttle radar topography mission"的缩写，即"航天飞机雷达地形测量任务"，具体过程为 2000 年 2 月 11～22 日，美国"奋进"号航天飞机历时 11 天，采用两台干涉雷达对地面进行了 222 小时 23 分钟的测绘，获取了地表 60°N～60°S 80% 陆地面积的三维雷达地形数据，数据量达 12TB。SRTM DEM 像元空间分辨率分为 1 弧秒（30m×30m）和 3 弧秒（90m×90m），相应编号为 SRTM1 和 SRTM3。其空间参考为 WGS84 坐标系，平面定位误差为 ±20m，高程精度为 ±16m。

除 DEM 数据外，本研究收集了 33 景海岸区域 Landsat TM 卫星影像（http：//glovis．usgs．gov/），成像时间与 SRTM1-DEM 获取时间一致，均为 2000 年前后，作为 DEM 解算海岸线的参考图，保证了海岸线的位置精度。

4.1.1　岸线长度与尺度

分形几何学提出了尺度变化下的不变量——分形维数，由此为定量描述自然地理对象的特征属性与空间尺度之间的关系提供了理论依据。求解复杂曲线分形维数的基本模型（Mandelbrot，1977）为

$$L_G = M \times G^{1-D} \tag{4.1}$$

式中，L_G 为在标尺长度为 G 时所测的海岸线长度；M 为待定常量；D 为被测海岸线的分形维数。对式（4.1）两边取自然对数即可得到式（4.2）：

$$\ln L_G = (1-D)\ln G + C \tag{4.2}$$

式中，C 为待定常数；该式斜率 $k = 1 - D$，可以根据（L_G，G）数组求得斜率 k，则可求得分形维数 $D = 1 - k$。

根据地形图航空摄影测量内业规范(GB 12340—90)和地形图数字化规范(GB/T 17160—1997)相关规定,对基本比例尺地形图进行数字化过程中,分辨率通常为0.3～0.5mm地图单位,此值换算为实地距离可作为测量海岸线长度的标尺长度。本研究以0.3mm地图单位为依据,由此可推算1:100 000、1:200 000及1:500 000地图数字化时的测量标尺长度分别为30.0m、60.0m和150.0m,同理可推算不同比例尺Q地图所对应的测量标尺长度G,如表4.1所列。综上,可参照式(4.2)构建不同比例尺下海岸线长度与尺度转换模型(4.3):

$$\begin{cases} \ln L_G = (1-D)\ln G + C \\ G_Q = 0.3 \times Q/1000 \end{cases} \tag{4.3}$$

式中,L_G、D、G含义同式(4.1);G_Q为与比例尺分母Q相对应的标尺长度(单位:m)。

以30m空间分辨率的SRTM1-DEM为基础,参照表4.1对应的标尺长度G,重建相应分辨率为G的DEM,然后分别基于各分辨率的DEM提取相应比例尺的海陆交界处0m等高线,并叠加卫星影像加以修正,得到不同比例尺的大陆海岸线数据。根据地图尺度转换模型(4.3),不同比例尺所对应标尺G所测量的中国大陆海岸线及各隆起沉降段海岸线长度L如表4.1所列。

表 4.1　地图比例尺及所对应标尺长度G与海岸线长度L对照表

标尺长度 G/m	对应比例尺分母 Q	辽东半岛隆起 L/km	辽河平原—华北平原沉降 L/km	山东半岛隆起 L/km	苏北—杭州湾沉降 L/km	浙东—桂南隆起 L/km	中国大陆岸线长度 L/km
30	100 000	1 296.7	1 625.9	1 831.9	1 965.9	8 934.2	15 654.7
60	200 000	1 214.7	1 523.3	1 745.4	1 863.3	8 205.5	14 552.3
75	250 000	1 168.4	1 470.0	1 686.5	1 799.0	7 947.2	14 071.2
150	500 000	1 009.2	1 318.4	1 486.4	1 648.1	6 776.8	12 238.9
300	1 000 000	953.9	1 192.1	1 329.3	1 480.1	5 763.2	10 718.5
600	2 000 000	846.7	1 121.1	1 202.8	1 198.9	5 005.4	9 375.0
900	3 000 000	807.1	1 048.0	1 160.9	1 156.2	4 347.1	8 519.3
1 000	—	786.3	1 033.6	1 133.3	1 144.3	4 128.0	8 225.4
1 050	3 500 000	774.7	1 031.4	1 122.0	1 136.4	4 093.2	8 157.7
1 100	—	770.9	1 029.5	1 118.6	1 123.1	4 063.7	8 105.8
1 150	—	765.5	1 028.8	1 110.3	1 097.7	3 898.8	7 901.1
1 200	4 000 000	751.6	1 023.0	1 106.4	1 091.6	3 853.6	7 826.5
1 500	5 000 000	722.0	1 003.0	1 075.8	1 083.0	3 622.1	7 505.8
1 800	6 000 000	711.0	977.2	1 024.1	1 035.7	3 516.4	7 264.4
2 500	—	687.6	959.6	952.2	1 023.2	3 245.1	6 867.6
3 000	10 000 000	674.7	947.1	931.9	1 001.6	3 209.6	6 764.9
3 500	—	643.3	926.3	917.4	919.9	3 075.4	6 482.3
4 500	15 000 000	622.0	900.1	890.6	842.5	2 986.3	6 241.6
6 000	20 000 000	591.8	888.6	841.9	802.1	2 531.9	5 655.6
7 500	25 000 000	565.3	863.0	825.4	781.1	2 508.7	5 543.5
9 000	30 000 000	544.7	834.8	816.7	751.5	2 488.1	5 435.9
15 000	50 000 000	503.0	784.7	784.2	674.4	2 300.0	5 046.3

4.1.2 岸线分形分析

1. 中国大陆海岸线尺度效应分析

由表4.1所列各地图比例尺对应尺度G及中国大陆海岸线长度L,可得到L-G函数关系如图4.1A所示,中国大陆海岸线长度L和标尺G组成的L-G数组符合曲线分形模型(4.1),且具有较高的相关系数(0.996)。中国大陆海岸线长度随测量标尺长度增加而减少,且这种减少趋势随标尺长度增加而变缓。由尺度转换模型(4.3)和L-G函数关系,可推算各比例尺下中国大陆海岸线长度。根据公式(4.2),分别对L-G数组序列求对数,$\ln L-\ln G$函数关系如图4.1B所示,曲线斜率$k=-0.195$,则中国大陆海岸线分形维数为$D=1-k=1.195$。

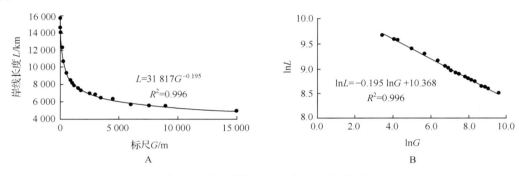

图4.1 海岸线长度L与标尺G的关系
A. L-G关系;B. $\ln L-\ln G$关系

中国大陆海岸线整体分形维数低于英国西岸海岸分形维数,与澳大利亚北海岸和美国加利福尼亚湾西岸海岸线分形维数相当。我国大陆海岸线跨越了5个隆起与沉降相间岸段,且在隆起带分布有次一级的沉陷带,漫长的大陆海岸线物质组成和形态有着显著的空间异质性,大陆海岸线整体分形维数是海岸线空间形态的综合数学表征。

2. 沉降与隆起区域海岸线尺度效应分析

根据我国沿海地质构造的沉降与隆起空间分布特征(李从先和范代读,2002;全国海岸带和海涂资源综合调查成果编委会,1991),将大陆岸线分为5个沉降与隆起相间的岸段,即辽东半岛隆起段、辽河平原—华北平原沉降段、山东半岛隆起段、苏北—杭州湾沉降段和浙东—桂南隆起段。

根据由表4.1所列的各地图比例尺所对应的标尺长度G,及其所测量的各隆起沉降段海岸线长度L,可得到中国大陆各隆起与沉降段海岸线长度L与标尺G的函数关系如图4.2A～E所示;各隆起与沉降岸段海岸线长度与标尺长度对数$\ln L-\ln G$函数关系如图4.2a～e所示。

如图4.2A～E所示,与中国大陆整体海岸线长度L与测量标尺G函数关系相似,各隆起和沉降段大陆海岸线长度L与测量标尺G均符合曲线分形模型(4.1),各段海岸线长度均随测量标尺长度G的增加而缩短,这种缩短速度随尺度增加而变缓。如图4.2a～e所示,辽东隆起段大陆海岸线分形维数为1.153;辽河—华北平原沉降段为1.116;山东半岛隆

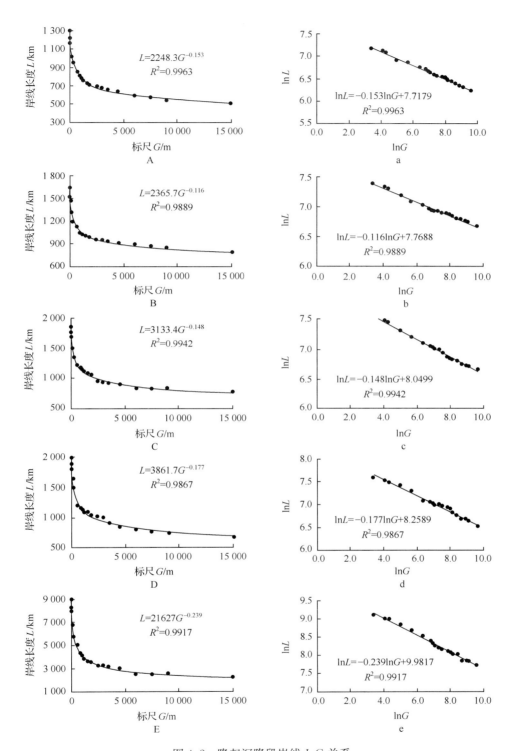

图 4.2　隆起沉降段岸线 *L*-*G* 关系

A,a. 辽东半岛隆起段；B,b. 辽河平原—华北平原沉降段；C,c. 山东半岛隆起段；D,d. 苏北—杭州湾沉降段；

E,e. 浙东—桂南隆起段

起段为 1.148;苏北—杭州湾沉降段为 1.177;浙东—桂南隆起段为 1.239。以上数据表明,辽河平原—华北平原沉降段大陆海岸线分形维数最小;浙东—桂南隆起段最大;其余 3 个隆起段海岸线分形维数均大于辽河平原—华北平原沉降段;苏北—杭州湾沉降段大陆海岸线分形维数明显大于辽河平原—华北平原沉降段;"辽东半岛隆起段"、山东半岛隆起段和浙东—桂南隆起段中,浙东—桂南隆起段海岸线分形维数显著高于其他两个。同时数据表明并非隆起段的分形维数一定大于沉降段。

我国大陆隆起与沉降带海岸线表现出来的尺度效应及分形维数差异,是与其所在的地理环境密不可分的。地质构造是海岸线形态形成的内应力,水陆相互作用则是海岸线形态形成的塑造力,此外,人为开发也是影响海岸形态的重要因素。海岸线形态形成往往以上述 3 种因素之一为主,主导因素随地理位置不同而异。在沉降带,多有源远流长的大河大江入海,而在隆起岸段,入海河流多为近源小河,从而引起河流泥沙沿岸分配不均和河流沿岸沉积物的空间差异,导致海岸形态差异。因此,隆起带中的辽东半岛、山东半岛和浙东—桂南段海岸线形态曲折,海岸线分形维数较高。同是位于沉降带,辽河平原—华北平原段比苏北—杭州湾段海岸线分形维数小得多,这种差异与两个岸段所处的地质构造、地貌形态和沿岸水动力条件有着密切的关系,辽河平原—华北平原沉降带海岸线位于山地丘陵向海洋过渡带,海岸坡度较大,沿岸水动力较强,水环境对沉积物搬运能力强,对海岸形态塑造充分,从而导致海岸线较为平直;而苏北—杭州湾沉降带位于广阔的平原地区,海岸坡度较小,沿岸水动力较弱,沿岸泥沙淤积,潮沟发育,加之该平原区域入海河流众多,岸线分割剧烈,因此形态较为破碎;浙东—桂南段大陆海岸线,在华夏构造体系的支配下,东北—西南和西北—东南向的山地丘陵与河谷海湾错落的地貌组合,构成了该段曲折复杂的海岸线轮廓,因此该段海岸线分形维数较高。

3. 典型海岸类型尺度效应分析

砂质岸线、淤泥质岸线和基岩岸线是我国大陆海岸线中的 3 个基本类型,分析其尺度效应,对理解全国海岸线尺度效应有着重要作用,同时可以了解中国大陆海岸线尺度效应的空间异质性。本节选取 3 个直线距离均为 200km 左右的砂质、淤泥质和基岩岸线岸段作分析,如图 4.3 所示。

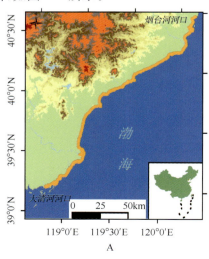
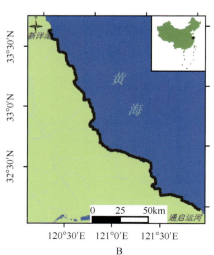

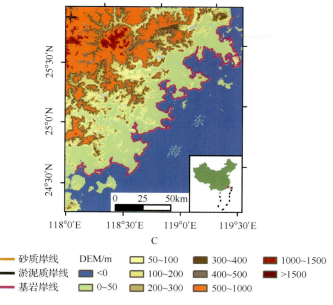

图 4.3 所选岸线类型分布

A. 烟台河河口—大清河河口 砂质岸线；B. 新洋港—通启运河 淤泥质岸线；C. 牛头湾—杏林水库 基岩岸线

烟台河河口至大清河河口段，位于辽西冀北山地丘陵向海洋过渡的冀北平原和滦河三角洲平原，以砂质海岸为主；江苏新洋港至通启运河，位于苏北平原，为淤泥质海岸；福建牛头湾至厦门杏林水库岸段，位于闽东南山地丘陵区域，以基岩海岸为主。所选砂质、淤泥质和基岩海岸的起止点直线距离分别为 206.1km、216.3km 和 203.5km，以 1：10 万所对应标尺长度 30m 量测的海岸线长度分别为 422.9km、302.2km、1122.2km。由此可知，所选砂质、淤泥质和基岩岸线的曲直比率分别为 2.05、1.40 和 5.51，可见基岩岸线比砂质和淤泥质岸线更曲折。

根据地图尺度转换模型式(4.3)，上述 3 个岸段各比例尺对应的标尺长度 G 测得海岸线长度如表 4.2 所列(除表 4.2 中所列尺度的海岸线外，还提取了标尺长度为 1000m、1050m、1100m、1150m、2500m 和 3500m 等共计 22 组海岸线)。由此可得所选岸段的海岸线长度 L 与标尺 G 的函数关系，如图 4.4 所示。

表 4.2 3 个岸海岸线长度与尺度对照表

标尺长度 G/m	比例尺分母 Q	砂质岸线 L/km	淤泥质岸线 L/km	基岩岸线 L/km	标尺长度 G/m	比例尺分母 Q	砂质岸线 L/km	淤泥质岸线 L/km	基岩岸线 L/km
30	100 000	422.9	302.2	1 122.2	1 500	5 000 000	253.0	250.3	439.1
60	200 000	375.0	296.7	1 021.9	1 800	6 000 000	248.8	244.9	392.1
75	250 000	357.2	295.5	996.6	3 000	10 000 000	243.3	235.3	335.1
150	500 000	325.6	290.3	858.5	4 500	15 000 000	230.3	229.5	286.5
300	1 000 000	309.0	278.3	736.8	6 000	20 000 000	228.0	228.4	261.5
600	2 000 000	289.5	271.0	625.1	7 500	25 000 000	221.0	224.8	241.1
900	3 000 000	273.8	260.5	530.3	9 000	30 000 000	219.7	221.1	229.1
1 200	4 000 000	263.5	254.8	469.6	15 000	50 000 000	215.5	220.1	227.5

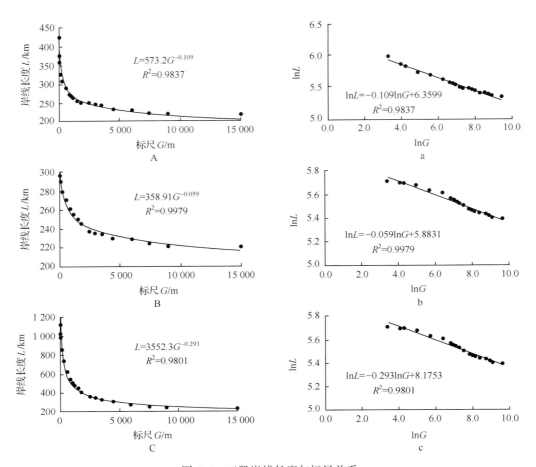

图 4.4　三段岸线长度与标尺关系
A,a. 烟台河河口—大清河河口段 砂质岸线；B,b. 新洋港—通启运河段 淤泥质岸线；
C,c. 福建牛头湾—厦门杏林水库段 基岩岸线

由表 4.2 和图 4.4A～C 可知,所选砂质、淤泥质和基岩岸段中,海岸线长度均随标尺长度的增加呈缩减趋势,这种缩减趋势随标尺长度增加变缓,其中曲折基岩岸线长度随测量标尺长度增加缩减最快。当测量标尺长度达某一尺度时(如标尺大于 6000m 时),三个岸段海岸线长度基本相当,随标尺长度继续增加,海岸线长度逐渐趋于岸线端点的直线距离。如图 4.4a～c 所示,烟台河河口—大清河河口段砂质岸线分形维数为 1.109,新洋港至通启运河段淤泥质岸线分形维数为 1.059,福建牛头湾至厦门杏林水库段基岩岸线分形维数为 1.293。由此可见,所选的 3 个岸段类型中,基岩海岸线分形维数最大,砂质岸线次之,淤泥质海岸线分形维数最小。

导致砂质、淤泥质和基岩海岸线分形维数差异,和隆起沉降带岸线分形维数差异有着相似的因素:砂质岸线和淤泥质岸线多分布于沉降带或隆起带次一级的断陷盆地,沿岸有河流入海,河流携带泥沙不断补给海岸,并在沿岸水动力的运输和冲刷作用下,砂质和淤泥质岸线趋于平整化,因此砂质、淤泥质岸线分形维数低于基岩岸线。淤泥质岸线和砂质岸线分形维数差异,主要是由于砂质岸线和淤泥质岸线所处的地质地貌环境、沿岸水动力、海岸物质组成及人为开发有着密切的关系,所选砂质海岸位于山地向海洋过渡的海积

平原,沿岸分布有基岩岬角,海岸形态受地形控制较强,因而分形维数较高,所选淤泥质海岸位于广阔的苏北平原,属平原海岸,地形因素和海岸物质组成较为简单,海岸形态受人为开发影响较大,岸线平直,因而淤泥质岸线分形维数较低。此外,随选择岸段的海岸类型和地理环境不同,岸线分形维数会有较大差异。综上所述,地质构造、地貌形态、沿岸水动力环境、海岸物质组成和人为开发共同影响着海岸形态。

4.2　大陆岸线类型及时间变化

上一节主要讨论了岸线的长度及其与尺度的关系。本节则主要针对岸线的类型及其时间变化进行讨论分析,包括全国岸线类型空间分布及其30年变化、各隆起沉降带的类型构成及其30年变化、各行政区岸线类型构成及其30年变化。值得说明的是,因本节采用同一尺度计算岸线长度,因此其比较具有意义。

4.2.1　岸线类型空间分布

改革开放以来,我国海岸线变化显著。这里基于提取的1980年、1990年、2000年和2010年4个特征年的海岸线数据,及相邻时期岸线摆动区内的土地类型,分析我国大陆海岸线30年时空变化特征。各特征年份我国大陆各海岸线类型分布如图4.5所示。

1. 各类型空间分布

自然岸线的变化受海陆相互作用的直接影响,人工岸线则是由人类开发自然岸线或在原有人工岸线基础上围填而形成的海陆分界线,人工岸线受人类开发活动直接控制。通过对比分析自然岸线与人工岸线空间分布格局,能够反映出人类活动对海岸的影响范围。

如图4.5所示,自然岸线中基岩岸线主要分布于辽东半岛隆起岸段、山东半岛隆起岸段和浙东—桂南隆起段;入海河口多分布于沉降带及隆起次生沉降带,沉降带多分布源远流长的大江大河,入海河口规模也较大,如长江、黄河、海河、辽河等皆于沉降带内入海,在隆起带内入海的河流,除珠江外皆为中、小河流(李从先,1988),因此河口形态的动态变化也各具特点;砂砾质海岸主要分布于弧形海湾内,以及流经区域落差较大的入海河口两翼(如河北省滦河口和广东省韩江口),其分布受物质补给和沿岸水文动力等地理环境因素控制;淤泥质岸线主要分布于沉降带的落差较小的入海河口,其中渤海湾、黄河口段分布较为集中;生物岸线主要分布于东南沿海热带、亚热带海岸,如红树林海岸主要分布于该区的港湾、河口湾等水域,在福建、广东、广西和海南等沿岸均有分布。

人工岸线多分布在易于开发的平原海岸及经济发达的河口区域;养殖围堤、农田围堤分布较为广泛,地势平坦的平原海岸均有分布;盐田围堤在辽宁、河北、山东、江苏、福建、广东和广西沿海均有分布。1980年,人工岸线在珠江口狮子洋两岸、杭州湾—海州湾局部、渤海湾北部及辽河口呈连续分布,其他岸段均呈零星分布,而自然岸线呈较为连续分布;1990年和2000年数据显示,人工岸线分布逐渐增多;时至2010年,自然岸线则呈现断续分布,而人工岸线则呈现出连续分布。

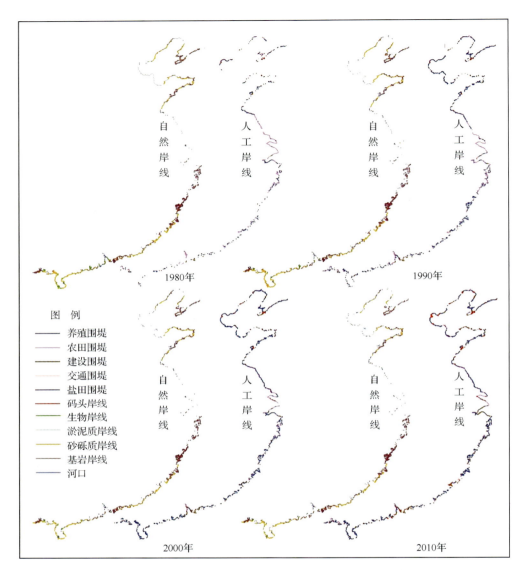

图例

—— 养殖围堤
—— 农田围堤
—— 建设围堤
—— 交通围堤
—— 盐田围堤
—— 码头岸线
—— 生物岸线
—— 淤泥质岸线
—— 砂砾质岸线
—— 基岩岸线
—— 河口

图 4.5　1980 年、1990 年、2000 年及 2010 年我国大陆海岸线分布

　　人工岸线往往与地理环境有密切关系。在沉降岸段,地势平坦,易于开发,隆起岸段因海岸地理环境限制,开发难度较大。因此,在沉降岸段及隆起带的次级沉降带人工岸线所占比例逐年增加,随着人类对海岸开发活动的深入,隆起带的人工岸线比例也在逐年增加,但远不如沉降带人工岸线所占的比例高。

　　2.各类型长度及比例

　　1980 年、1990 年、2000 年和 2010 年我国大陆海岸线类型长度及所占比例如表 4.3 所列,各时期不同海岸线类型所占比例对比如图 4.6 所示。近 30 年来,人工岸线中,养殖围堤所占比例增加将近 4 倍,而建设围堤、码头岸线所占比例分别增加 7 倍多,农田围堤岸线不足原来的 1/2。自然岸线中,淤泥质岸线所占比例仅为原来的 1/5 左右,基岩和砂砾质岸线所占比例均大幅降低,2010 年生物岸线占 1980 年生物岸线的 27.0%。

表 4.3　各时期各类型海岸线长度及所占比例

海岸类型		海岸线长度/km				所占比例/%			
		1980 年	1990 年	2000 年	2010 年	1980 年	1990 年	2000 年	2010 年
人工岸线	建设围堤	176.3	359.8	645.1	1 259.1	1.1	2.3	4.0	7.7
	交通围堤	38.3	49.4	72.3	130.6	0.2	0.3	0.5	0.8
	码头岸线	167.1	262.3	503.3	1 266.7	1.1	1.7	3.1	7.7
	农田围堤	1 534.3	1 491.0	889.4	648.2	9.8	9.5	5.6	4.0
	盐田围堤	473.9	474.5	456.1	393.0	3.0	3.0	2.9	2.4
	养殖围堤	1 363.2	3 546.4	5 325.8	5 477.5	8.7	22.5	33.3	33.5
	小计	3 753.1	6 183.4	7 892.0	9 175.1	24.0	39.3	49.4	56.1
自然岸线	河口	140.6	132.7	137.8	131.8	0.9	0.8	0.9	0.8
	基岩岸线	6 023.8	5 221.4	4 868.5	4 404.4	38.5	33.2	30.5	26.9
	砂砾质岸线	3 612.6	3 187.2	2 453.4	2 118.4	23.1	20.2	15.3	13.0
	生物岸线	584.1	293.5	176.5	167.8	3.7	1.9	1.1	1.0
	淤泥质岸线	1 518.0	721.6	455.5	349.2	9.7	4.6	2.8	2.1
	小计	11 879.1	9 556.4	8 091.7	7 171.6	76.0	60.7	50.6	43.9
	合计	15 632.2	15 739.8	15 983.7	16 346.7	100.0	100.0	100.0	100.0

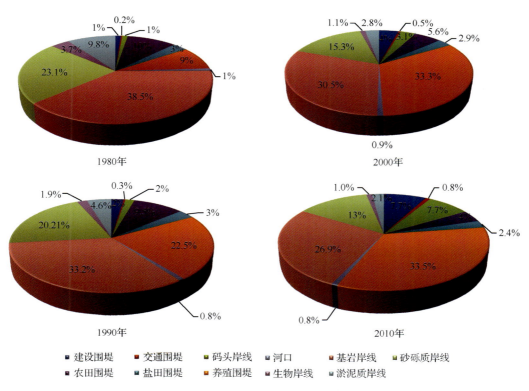

图 4.6　各时期不同海岸类型所占比例对比图

3. 大陆岸线长度变化

由表 4.4 可知,30 年来,我国大陆海岸线总长度增加 714.3km,其中,1980~1990 年、1990~2000 年和 2000~2010 年 3 个时期分别增加 107.4km、244.2km 和 362.7km。

大陆海岸线总长度呈加速增长趋势,一方面,在人为开发作用下,一些曲折的淤泥质海岸和海湾被围堤养殖,使得海岸线变短;相反地,在港口区域建设码头及一些"凸"字形围堤养殖导致海岸线增长,还有一些近岸岛屿受陆连岛开发作用影响,如辽宁西中岛、广东三灶岛、高栏岛等,成为陆地一部分,从而导致海岸线长度增加;另一方面,河口泥沙沉积、沙坝增长等自然因素也使得海岸线总长度增加,如黄河口泥沙淤积,黄河口泥沙淤积是我国各大入海河流中最为显著的。

1980 年、1990 年、2000 年和 2010 年我国大陆各海岸类型长度及不同时期各类型长度变化如表 4.4 所示。综合分析表 4.3 和表 4.4 可知,人工岸线类型中,尽管用于城镇建设的建设围堤所占比例不高,但呈现出每 10 年翻一倍的速度增长,海岸环境的宜居优势驱动了海岸城镇的扩张;交通围堤在后期增长速度最大;码头岸线在前期、中期均呈增长趋势,但后期增长趋势较为显著,码头岸线的急剧增长,体现了我国远洋贸易的增长,这与后期我国进出口贸易急剧增长是一致的;农田围堤持续减少,其中 1990~2000 年减少幅度最大,这是由于大量农田被用于经济价值较高的围堤养殖,其次是被开发用于城镇建设;盐田围堤所占比例变化不大,与 1980 年相比 2010 年仅下降了 0.6%;养殖围堤在前期和中期均有大幅度的增加,前期是在改革开放后的海岸大开发浪潮下进行的,主要是在平原海岸围垦种植、开发砂砾质海岸以及围填海湾,中期养殖围堤持续增长,到后期,由于易于开发的海岸资源减少,围堤养殖方式增幅急剧变缓。自然岸线类型中,基岩岸线所占比例有所减少,缩减了 11.6%;30 年来,砂砾质岸线所占比例减少幅度较大,其中以中期减少幅度最为显著;淤泥质岸线由 1980 年的 9.7% 减少到 2010 年的 2.1%,其中前期减少幅度最为显著,达 5.1%;生物岸线长度及所占比例持续减少,不足原来的 1/3,且前期减少幅度最为显著。综上,1980 年自然岸线占总岸线的 76%,到 2010 年其所占比例减少了近一半。

4. 岸线类型构成及变化

通过对比分析我国大陆各海岸类型长度及其所占比例(表 4.3 与表 4.4)可知,人工岸线长度及所占比例逐年增加,1980 年人工岸线长度为 3753km,占大陆海岸线长度的 24.0%,2010 年人工岸线长度则达 9175km,占总长度的 56.1%,人工岸线长度以年均 181.9km 的速率增加,其中前、中及后 3 个时间段人工岸线增长速度分别为 243.0km/a、170.9km/a 和 128.3km/a;与之对应,自然岸线在前期、中期和后期则分别以 232.3km/a、146.5km/a 和 92.0km/a 的速度递减。

表 4.4 各时期我国大陆海岸线长度增长量

岸线类型		各时期岸线长度变化/km			
		1980～1990 年	1990～2000 年	2000～2010 年	1980～2010 年
人工岸线	建设围堤	183.5	285.3	613.9	1082.7
	交通围堤	11.0	22.9	58.3	92.3
	码头岸线	95.2	241.1	763.4	1099.7
	农田围堤	−43.4	−601.6	−241.2	−886.2
	盐田围堤	0.5	−18.3	−63.2	−81.0
	养殖围堤	2183.2	1779.4	151.7	4114.3
	小计	2430.0	1708.8	1282.9	5421.8
自然岸线	河口	−7.9	5.1	−6.1	−8.8
	基岩岸线	−802.4	−352.9	−464.1	−1619.4
	砂砾质岸线	−425.5	−733.8	−334.9	−1494.2
	生物岸线	−290.5	−117.0	−8.7	−416.3
	淤泥质岸线	−796.5	−266.0	−106.1	−1168.8
	小计	−2322.8	−1464.6	−920.1	−4707.5
合计		107.2	244.2	362.8	714.3

综上,在人为开发和海陆相互作用综合影响下,我国大陆海岸线长度及类型处于动态变化中。随着海岸线人工开发过程的推进,自然岸线开发潜力逐年下降,因而,自然岸线人工化速度逐渐变缓。

4.2.2 各构造岸段类型构成及变化

如前文所述,我国大陆海岸按地质构造特征,可分为浙东—桂南隆起段、苏北—杭州湾沉降段、山东半岛隆起段、辽河平原—华北平原沉降段和辽东半岛隆起段 5 个沉降隆起相间的岸段。受海陆作用及人为开发因素影响,各岸段海岸线变化区域差异显著,具体如下文分析。

1. 浙东—桂南隆起段

该岸段在华夏构造体系的支配下,东北—西南和西北—东南线的山地丘陵与河谷海湾错落的地貌组合,构成了该段曲折复杂的海岸轮廓。

1980 年、1990 年、2000 年和 2010 年各海岸类型长度对比如图 4.7 所示。1980 年,该岸段基岩岸线类型所占比例最大,为 45.9%;砂砾质岸线次之,为 25.4%,农田围堤占8%,养殖围堤占 7.9%,生物岸线占 6%,淤泥质岸线 3.6%。2010 年,各海岸类型中,所占比例最大的仍是基岩岸线,为 35.3%,其次为养殖围堤,占 28.5%,再次为砂砾质岸线占 15.3%。该岸段人工岸线所占比例由 1980 年的 18.1%上升到 2010 年的 45.2%。该岸段海岸线变化主要是由于人工围填海用于水产养殖、建设港口码头引起的,其中以广东省珠江口段开发最为剧烈。受人为开发因素影响,浙东—桂南段海岸线长度呈增加趋势,

30 年来该岸段海岸线长度增加 160.5km,其中,早期增加 12.9km,中期增加 86.6km,后期增加 61.1km。

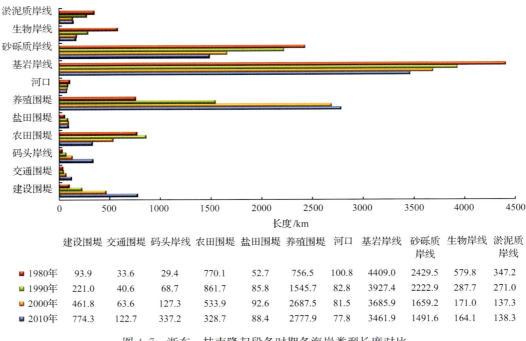

	建设围堤	交通围堤	码头岸线	农田围堤	盐田围堤	养殖围堤	河口	基岩岸线	砂砾质岸线	生物岸线	淤泥质岸线
1980年	93.9	33.6	29.4	770.1	52.7	756.5	100.8	4409.0	2429.5	579.8	347.2
1990年	221.0	40.6	68.7	861.7	85.8	1545.7	82.8	3927.4	2222.9	287.7	271.0
2000年	461.8	63.6	127.3	533.9	92.6	2687.5	81.5	3685.9	1659.2	171.0	137.3
2010年	774.3	122.7	337.2	328.7	88.4	2777.9	77.8	3461.9	1491.6	164.1	138.3

图 4.7　浙东—桂南隆起段各时期各海岸类型长度对比

总体来看,建设围堤从 93.9km 增长至 774.3km,交通围堤从 33.6km 增长至 122.7km,码头岸线增长十余倍,农田围堤则减少一半,养殖围堤增长约 4 倍,河口收窄,生物岸线减少 71.7%。

2. 苏北—杭州湾沉降段

苏北—杭州湾段位于苏北平原和长江三角洲平原,地势低平,土地肥沃,是我国粮食主要产地,也是人口密度较高的区域。该岸段的长江三角洲区域,改革开放以来经济迅速发展,是继珠江三角洲经济区后的又一个重要经济区,在我国经济发展过程中发挥了重要的作用。

该岸段各时期各海岸类型及长度如图 4.8 所示。由于该岸段地理区位优势突出,人类开发海岸较早,故岸段人工化程度较高,1980 年、1990 年、2000 年和 2010 年人工岸线所占比例分别为 85.2%、82.3%、92.3% 和 97.3%。1980 年农田围堤所占比例最大,达 58.2%,其次为养殖围堤,为 15.7%,再次为淤泥质岸线,占 9.2%;2010 年,各海岸类型中,养殖围堤岸线所占比例最高,达 46.6%,其次为农田围堤岸线,占 18.0%,再次为建设围堤,占 17.6%。受人工开发因素影响,该岸段海岸线长度动态变化性较强,30 年来海岸线长度增加了 96.1km,其中,早期增加 24.4km,中期减少 2.2km,后期则增加 74km。由于该岸段跨越了杭州湾和长江口及苏北海岸,地域跨度较大,海岸开发模式的转变也存在着地域异质性,海岸开发的地域差异将在后文中典型岸段分析中详细介绍。

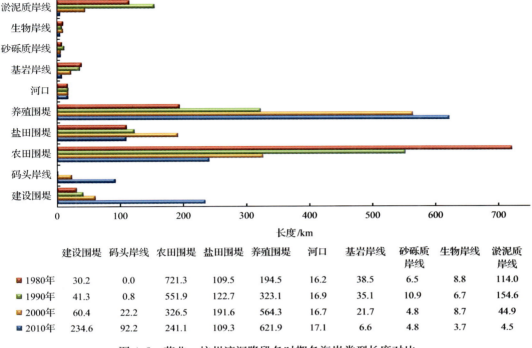

	建设围堤	码头岸线	农田围堤	盐田围堤	养殖围堤	河口	基岩岸线	砂砾质岸线	生物岸线	淤泥质岸线
■ 1980年	30.2	0.0	721.3	109.5	194.5	16.2	38.5	6.5	8.8	114.0
■ 1990年	41.3	0.8	551.9	122.7	323.1	16.9	35.1	10.9	6.7	154.6
■ 2000年	60.4	22.2	326.5	191.6	564.3	16.7	21.7	4.8	8.7	44.9
■ 2010年	234.6	92.2	241.1	109.3	621.9	17.1	6.6	4.8	3.7	4.5

图 4.8　苏北—杭州湾沉降段各时期各海岸类型长度对比

总体来看,该岸段建设围堤增长约 7 倍,码头岸线则从无增长至近百千米,农田围堤减少至 1/3,盐田围堤基本不变,养殖围堤增长为原来 3 倍左右,自然岸线减少,基本消失,其中淤泥岸线减少甚巨。

3. 山东半岛隆起岸段

该岸段北岸濒临渤海,东南与黄海犬牙交错,海岸形态受地形控制,多优良港湾,有良好的建设港口条件,如青岛港和日照港等。基岩岬角间分布有砂砾质海岸,各入海河口两翼分布有淤泥质或砂砾质海岸。

1980 年、1990 年、2000 年和 2010 年山东半岛隆起段各海岸类型长度对比如图 4.9 所示。人工岸线所占比例由 1980 年的 17.6％ 上升到 2010 年的 53.2％,接近 2010 年全国人工岸线所占的比例(56.1％)。各海岸类型中,1980 年基岩岸线长度所占比例最大,其次为砂砾质岸线,再次为淤泥质岸线;1990 年基岩岸线所占比例最大,其次为砂砾质岸线,养殖围堤上升到第三;2000 年,养殖围堤所占比例跃居首位,其次为基岩岸线,再次为砂砾质岸线;2010 年,养殖围堤所占比例持续增长。因人工开发影响,该岸段海岸线长度缩短 85km,其中,1980～1990 年减少 70.8km,1990～2000 年增加 14.8km,2000～2010 年减少 28.9km。

其中,建设围堤约增长至 5 倍,码头岸线增长至 3 倍多,交通围堤从 4.8km 增长至 7.1km,农田围堤从 8.6km 缩短为 3.4km,养殖围堤则从 243.7km 增长至 643.2km。自然岸线大幅被人工岸线替代,其中淤泥质岸线从 281.1km 减少至 41.7km。

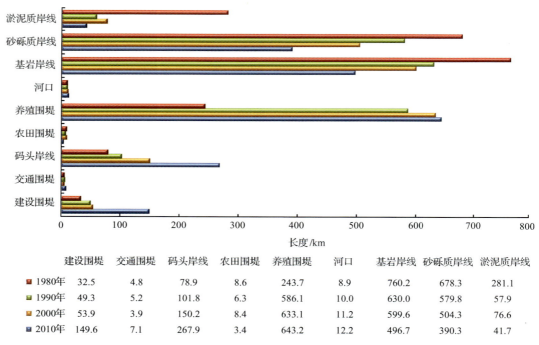

	建设围堤	交通围堤	码头岸线	农田围堤	养殖围堤	河口	基岩岸线	砂砾质岸线	淤泥质岸线
■ 1980年	32.5	4.8	78.9	8.6	243.7	8.9	760.2	678.3	281.1
■ 1990年	49.3	5.2	101.8	6.3	586.1	10.0	630.0	579.8	57.9
■ 2000年	53.9	3.9	150.2	8.4	633.1	11.2	599.6	504.3	76.6
■ 2010年	149.6	7.1	267.9	3.4	643.2	12.2	496.7	390.3	41.7

图 4.9　山东半岛隆起段各时期各海岸类型长度对比

4. 辽河平原—华北平原沉降段

该段地处沉降带,入海河流众多,且径流量较大,其中华北平原段,主要由黄河、海河和滦河冲积而成,辽河平原主要由辽河冲积而成。受河流泥沙补给影响,海岸底质以粉砂淤泥质为主,冀东及辽西丘陵岸段分布有基岩海岸,基岩岬角间及各个河口沿岸分布有宽度不等砂砾滩。1980 年该岸段淤泥质岸线所占比例最高,为 46.7%,其次为砂砾质岸线占 22.6%,2010 年养殖围堤岸线所占比例最高,为 42.4%,其次为码头岸线,比例达 22.8%。该岸段 1980 年、1990 年、2000 年和 2010 年各海岸类型长度对比如图 4.10 所示。该岸段海岸变化受人为因素和自然作用共同影响,海岸动态变化显著,其中滦河口和黄河口自然因素影响占优势,辽河口、滦河口和大清河口受人为开发和自然因素综合作用影响。30 年来,该岸段海岸长度增加 418.2km,其中,1980～1990 年增加 116.4km,1990～2000 年增加 149.6km,2000～2010 年增加 152.2km。人工岸线所占比例由 1980年的 24.4% 上升到 2010 年的 78.5%,人工岸线比例高于全国平均水平(56.1%)。

其中,建设围堤从 7.6km 增长至 50km,码头岸线从 30.8km 增长至 408.5km,农田围堤从 34.3km 增至 73.1km,中间略有变化,也可能是由数据解译带来的误差,盐田围堤基本不变,养殖围堤则从 119.9km 增至 755.7km。自然岸线锐减中,淤泥质岸线最为显著。

5. 辽东半岛隆起段

该岸段与山东半岛隆起段隔海相望,海岸形态与山东半岛海岸形态有相似之处,地形控制海岸形态,在基岩岬角之间发育有砂砾质海岸。

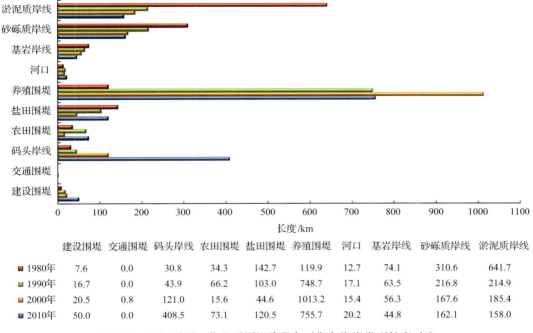

	建设围堤	交通围堤	码头岸线	农田围堤	盐田围堤	养殖围堤	河口	基岩岸线	砂砾质岸线	淤泥质岸线
1980年	7.6	0.0	30.8	34.3	142.7	119.9	12.7	74.1	310.6	641.7
1990年	16.7	0.0	43.9	66.2	103.0	748.7	17.1	63.5	216.8	214.9
2000年	20.5	0.8	121.0	15.6	44.6	1013.2	15.4	56.3	167.6	185.4
2010年	50.0	0.0	408.5	73.1	120.5	755.7	20.2	44.8	162.1	158.0

图 4.10　辽河平原—华北平原沉降段各时期各海岸类型长度对比

　　1980 年、1990 年 2000 年和 2010 年各海岸类型长度及其对比如图 4.11 所示。1980 年基岩岸线所占比例最高,为 56.3%,其次为砂砾质岸线,占 13.8%,再次为盐田

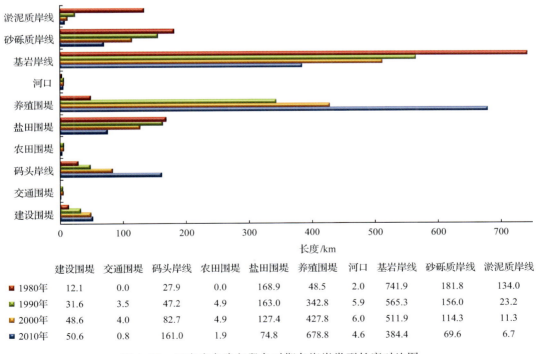

	建设围堤	交通围堤	码头岸线	农田围堤	盐田围堤	养殖围堤	河口	基岩岸线	砂砾质岸线	淤泥质岸线
1980年	12.1	0.0	27.9	0.0	168.9	48.5	2.0	741.9	181.8	134.0
1990年	31.6	3.5	47.2	4.9	163.0	342.8	5.9	565.3	156.0	23.2
2000年	48.6	4.0	82.7	4.9	127.4	427.8	6.0	511.9	114.3	11.3
2010年	50.6	0.8	161.0	1.9	74.8	678.8	4.6	384.4	69.6	6.7

图 4.11　辽东半岛隆起段各时期各海岸类型长度对比图

围堤,占 12.8%;到 2010 年,各海岸类型中,养殖围堤所占比例最大,为 47%,其次为基岩岸线,占 27.3%,再次为码头岸线,占 11.2%。以人工开发为主,自然海陆相互作用因素综合影响下,30 年来海岸线长度增加了 126km,其中,早期增加 26.2km,中期缩短 4.6km,后期增加 104.3km。人工岸线所占比例由 1980 年的 19.5%上升到 2010 年的 67.1%。其中养殖围堤岸线长度增加最多,由 1980 年的 48.5km,上升到 2010 年的 678.8km。

其中,建设围堤从 12.1km 增长至 50.6km,码头岸线从 27.9km 增长至 161.0km,盐田围堤则在 2000～2010 年减少最多,养殖围堤在 1980～1990 年增长甚快,从 48.5km 增至 342.8km。该岸段砂砾质岸线减少明显,从 181.8km 减少至 69.6km,淤泥质岸线则基本全部转为人工海岸。

综合分析表 4.3、图 4.5 至图 4.11,不难看出,我国大陆海岸线各类型中,尽管码头岸线所占的比例不高,但其所占比例逐年上升。如图 4.12 所示,30 年来,我国大陆海岸线中码头岸线所占比例与时间呈指数函数关系。我国大陆海岸整体及各沉降与隆起岸段相比,渤海沿岸的辽河平原—华北平原沉降岸段港口码头岸线所占比例增长最快,且 30 年

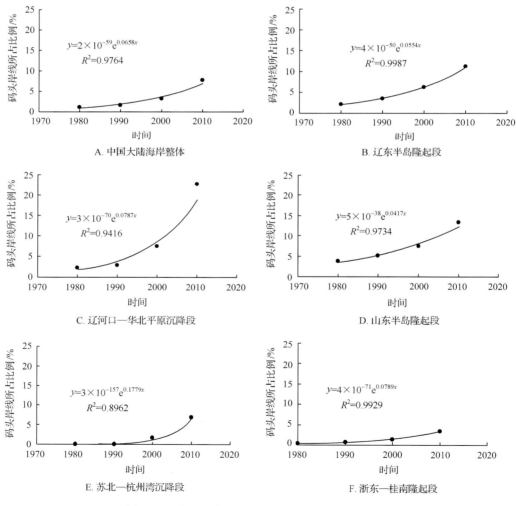

图 4.12　全国及各段码头岸线所占比例与时间关系

来呈持续增长的态势;辽东半岛与山东半岛隆起岸段有着相似的海岸环境,港口码头增长规模也呈相似态势增长,在苏北—杭州湾沉降岸段,港口码头建设主要集中在连云港、长江口南支和杭州湾两岸。

4.2.3 各行政区海岸线类型构成特征

我国大陆各沿海省(自治区、直辖市、特别行政区)在 1980 年、1990 年、2000 年和 2010 年海岸线长度如表 4.5 所列,各行政区不同时期岸线长度对比如图 4.13 所示,各行政区划内大陆海岸线长度动态变化量对比如图 4.14 所示。

表 4.5　各时期各行政区岸线长度及变化量统计

行政区	各时期海岸线长度/km				各时期海岸线长度变化量/km			
	1980 年	1990 年	2000 年	2010 年	前期	中期	后期	30 年
辽宁	1 774.8	1 830.5	1 841.9	1 968.4	55.7	11.4	126.5	193.6
河北	327.5	350.7	380.2	410.1	23.2	29.5	29.9	82.6
天津	121.6	130.3	141.3	254.3	8.7	11.0	113.0	132.6
山东	2 478.2	2 449.8	2 558.0	2 511.7	−28.4	108.1	−46.3	33.5
江苏	817.2	847.3	829.4	891.6	30.1	−17.8	62.1	74.4
上海	164.0	166.9	175.2	188.9	2.9	8.3	13.6	24.9
浙江	2 086.0	2 082.8	2 098.4	2 094.4	−3.2	15.6	−4.0	8.5
福建	3 118.2	3 034.9	2 987.2	2 986.4	−83.4	−47.7	−0.7	−131.8
广东	3 150.5	3 273.2	3 391.3	3 434.9	122.6	118.1	43.7	284.4
广西	1 192.1	1 171.4	1 174.3	1 204.2	−20.7	3.0	29.9	12.1
澳门	14.3	15.7	15.2	13.4	1.5	−0.5	−1.8	−0.8
香港	386.3	386.3	391.5	388.2	−0.1	5.2	−3.3	1.9
合计	15 630.7	15 739.8	15 983.9	16 346.5	108.9	244.2	362.6	715.8

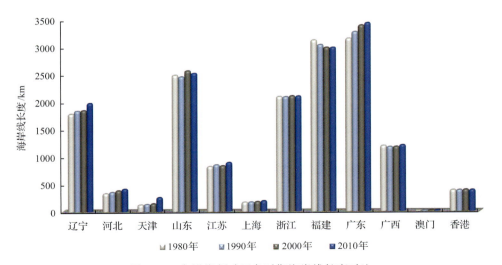

图 4.13　各沿海行政区各时期海岸线长度对比

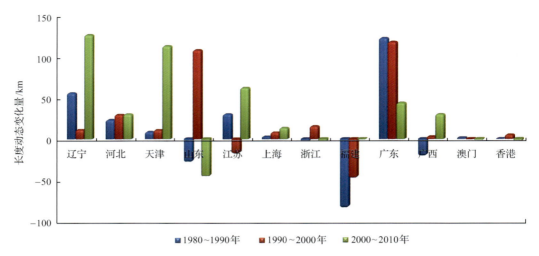

图 4.14　各沿海行政区海岸线长度动态变化量对比

由表 4.5 和图 4.13 可知,各沿海省(自治区、直辖市、特别行政区)中,广东省海岸线最长,福建省次之,山东省位居第三,澳门特别行政区海岸线长度最小。30 年间,全国海岸线增长约 4.4%。1980 年、1990 年、2000 年和 2010 年期间,辽宁、河北、天津、上海和广东 5 个省份岸线长度持续增长,唯有福建省持续减少。1980~1990 年、1990~2000 年和 2000~2010 年 3 个时间段相比,早期海岸线长度动态变化量最大的为广东省,增长了 122.6km,其次为福建省,海岸线缩短了 83.4km;中期海岸线长度动态变化量最大的省份仍为广东省,岸线增长了 118km,其次为山东省,增长了 108km;福建省海岸线长度减少了 47.7km;后期海岸线长度变化最大的省份为辽宁省,岸线增长 126.5km,其次为天津市,增长了 113km。近 30 年来海岸线长度变化量最大的是广东省(增长 284.4km),辽宁省次之,再次为天津市。尽管天津市海岸线长度较小,但 30 年来其海岸线长度增长了 109%,是各沿海省(自治区、直辖市)中岸线长度变化幅度最大的,这主要是受天津发展近海养殖、远洋运输建设码头的海洋开发战略影响。各个省份海岸线长度动态变化,是其所处的地理环境和人为开发模式综合作用体现。若对不同省份的 3 个时期进一步分析,则体现自然与发展阶段更为突出。例如,江苏省在中期岸线缩短,山东省也存在岸线缩短时期。

4.3　海岸线的空间平移与利用

通常,某一时期海岸线动态变化往往受某一主要因素控制和其他多种因素综合影响。既有海洋动力导致海岸冲蚀、磨蚀和溶蚀,造成岸线向陆一侧的后退,也有河口冲淤或围海造地所致的岸线向海一侧推进。但在这 30 年,主要是人工影响,表现为 30 年来大陆岸线的性质和位移主要由社会生产和开发活动引发。

人为因素改变海岸形态有两种方式:一种方式为直接开发海岸,如采挖砂石和珊瑚礁、砍伐红树林、筑堤和围垦滩涂用于养殖、农作物种植、港口码头建设以及城镇建设等;另一种方式是在入海河流上游修建水利设施,改变入海河流搬运泥沙过程而引起海岸沉积动态变化,间接影响海岸变化。前者往往能够在短期内较大程度地改变海岸形态,极大程度地干扰近岸生境,后者则造成海岸后退,入海河口土地盐渍化。这些都会引起海岸形态、结构、功能、水文、动力等条件的变化,直接或间接地造成海岸线的变化。

总体上,海岸线的自然变化是缓慢的,往往需要很长的历史时期,若某一海岸长期以侵蚀作用为主,海岸线就会表现为向陆地后退,相反长期以堆积作用为主的岸线则会向海域推进。同时,海岸线在短期内也表现出相对稳定状态,只有在人类开发活动影响下才会发生大规模变化。

4.3.1 海岸线空间平移的计量方法

当前,海岸线变化分析方法主要有基线法、动态分割法和多重缓冲区覆盖法及面积法,每种方法在海岸线变化分析中均有独到之处。以下简要介绍各海岸线变化分析模型基本原理。

1. 基线法

基线法最早是由 Dolan 等(1978)为研究美国新泽西州南部海岸时空变化时提出,后经 Thieler 等改进用于海岸线时空变化分析(Thieler et al.,2009;Moore,2000),其基于 ArcGIS 平台开发的"digital shoreline analysis system,DSAS"功能模块,随软件平台的更新,该功能模块升级了多个版本(Thieler et al.,2005;Thieler and Danforth,1994)。

基线法海岸线时空变化分析原理如图 4.15 所示:首先确定基线(baseline),基线可以在陆地一侧也可以在海一侧,但必须使不同时期海岸线在基线的同一侧;然后从基线向岸线一侧作长度为 D 的垂线 Transect(i),Transect(i)和 Transect($i+1$)与基线交点之间基线长度为 d,即为基线采样间隔;每个垂线与各个时期海岸线相交,可通过每个交点至基线的距离来求解海岸线变化距离。如表 4.6 所示,表格中将各个时期海岸线通过岸线时间"ShorelineID"进行区分;并存储了垂线与每个时期海岸线的交点坐标(IntersectX,IntersectY),每个交点到基线的距离通过"Distance"字段存储。如图 4.16 所示基线可以是一个也可以是多个,不同基线通过字段"ID"进行区分。

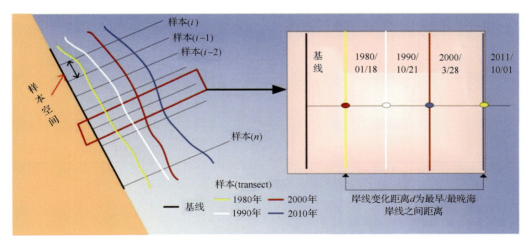

图 4.15 基线法海岸线变化分析原理示意图

表 4.6　基线法分析岸线时空变化结构表

ID	TransectID	BaselineID	ShorelineID	Distance	Intersect$X$	Intersect$Y$
1	1	1	1980/10/29	100.0	745 741.2	2 843 965.3
2	1	1	1990/07/05	163.8	745 780	2 844 015.9
3	1	1	2000/06/12	185.6	745 791.8	2 844 034.3
4	1	1	2010/06/08	195.0	745 798.5	2 844 040.9
...	...	...	...	...	...	...

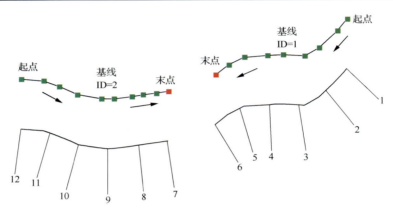

图 4.16　多个基线分析示意图(Thieler et al.，2009)

　　DSAS 功能模块提供了根据垂线与海岸线交点的外接多边形来剪切落在各时期海岸线之间的 Transect 线段,因此也可利用该剪切线段的长度来分析海岸线变化的最大距离、最小距离、中误差以及可视化海岸线变化距离空间分布情况,如图 4.17 所示(关于基线法分析海岸线时空变化可参阅 http：//woodshole.er.usgs.gov/project-pages/DSAS/index.htm)。

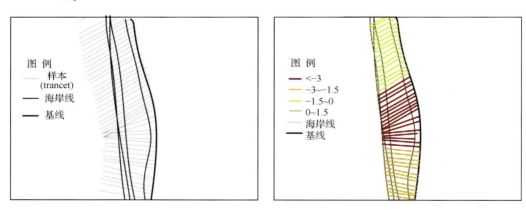

图 4.17　岸线变化距离裁切及可视化表达示意图

2. 动态分割法

　　黑色岸线为海岸线发生变化前 t_0 时刻的位置,长度记为 l_0,红色岸线为海岸线 t_1 时刻的位置,长度记为 l_1。将发生变化的海岸线以长度 d 为间隔平均分为 n 段,每段间隔长

度为 l_1/n。连接每个间隔点的连线,即可分析海岸线变化的距离的最大值、最小值、均值等指标,同时也可以对自然变化的海岸线变化趋势和距离进行预测。动态分割法(Liu,1998;Li et al.,2001)海岸线空间变化分析原理如图 4.18 所示。

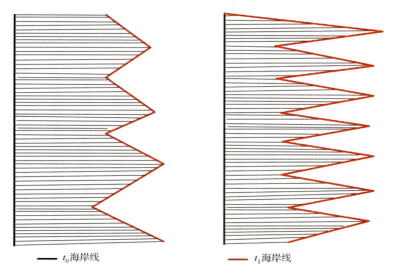

—— t_0 海岸线 —— t_1 海岸线

图 4.18 动态分割法海岸线变化分析示意图

3. 面积法

将岸线变化导致土地变化的面积与基线比,用于分析海岸线变化距离也是一种有效的方式。面积法分析海岸线变化原理如图 4.19 所示。

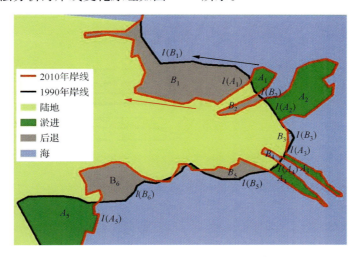

图 4.19 面积法分析海岸线变化示意图

黑色曲线为早期时刻 t_0 海岸线位置,红色曲线为后期时间 t_1 海岸线位置,两个时期海岸线方向相同,即陆地均在海岸线的左侧。两个时期海岸线叠加,在早期岸线左右两侧生成多个多边形,若后期岸线在早期岸线的左侧,说明岸线后退;若后期岸线在早期岸线的右侧,则说明岸线向海推进(或淤进)。海岸变化导致陆地面积增加 S_{increase}、陆地面积减

少 S_{decrease} 计算公式(4.4)和公式(4.5)如下：

$$S_{\text{increase}} = \sum_{i=1}^{j} A_i \tag{4.4}$$

$$S_{\text{decrease}} = -\sum_{i=1}^{k} B_i \tag{4.5}$$

以图 4.19 中多边形 B_1 为例，该岸段平均变化距离可由公式(4.6)计算得出；对于图 4.19 中多边形 A_1 而言，该岸段平均变化距离如公式(4.7)所示。岸线变化距离 $d>0$ 时，说明岸线向海推进；当 $d<0$ 时，说明岸线向陆地一侧后退。

$$d = -\frac{S_{B_1}}{l(B_1)} \tag{4.6}$$

$$d = \frac{S_{A_1}}{l(A_1)} \tag{4.7}$$

4. 多重缓冲区覆盖法

多重缓冲区覆盖法是通过构建不同缓冲半径的缓冲区，利用落在缓冲区内的海岸线长度分析海岸线的时空变化。该方法由 Heo 等(2009)通过改进 Goodchild 和 Hunter (1997)提出的曲线变化分析方法实现的。其基本算法模型如图 4.20 所示。

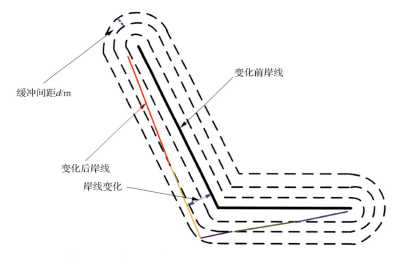

图 4.20　多重缓冲区覆盖法海岸线变化分析示意图

以早期岸线为基准，做每两个缓冲间距为 d 的缓冲区序列，每个缓冲区区间将当前岸线分割为不同的部分，由此可计算落在每个缓冲区范围内各线段的长度；然后求各个缓冲带内的岸段长度与当前岸线长度的比率(p)，计算原理如公式(4.8)所示。

$$p(x) = \frac{\text{落在缓冲区内当前岸线长度}}{\text{当前岸线长度}} \times 100\% \tag{4.8}$$

式中，x 为以早期岸线为基准的缓冲区半径，存在 $p(0.0)=0.0$；$p(\infty)=1.0$。

显然，用多重缓冲区覆盖法分析海岸线变化，可以反映出海岸线变化在特定缓冲距离内的分布比例，并可以不断增加缓冲半径 x，与缓冲区内现有岸线所占比例 p 组成有序数对 (x,p)，因此可以计算出有序数对 $(x_1，5\%)$，$(x_2，10\%)$，…，$(x_i，95\%)$ 及 $(x_n，100\%)$

等,用于分析海岸线变化情况。

动态缓冲区方法分析海岸线空间变化具体实现步骤如下所述(Heo et al., 2009):

1)令 $x_0=0$、$p_0=0$,由此推算落在特定缓冲半径 x 内所占当前岸线长度的比例 y。设定初始值 x_1,给定一个初始值 $i=1$;

2)以初始岸线为基准,构建半径为 x_i 的缓冲区;将缓冲区与当前岸线叠加,然后计算在缓冲区内岸线所占比例 p_i,直到 $|p_i-y|<0.001$ 为止;

3)然后构建 x,p 的线性逼近函数式(4.9):

$$x_{i+1}=\frac{(y-p_{i-1})(x_i-x_{i-1})}{(p_i-p_{i-1})}+x_{i-1} \tag{4.9}$$

4)令 $i=i+1$,回到步骤2)。

由上述步骤,可构建出缓冲区内当前岸线所占比例与缓冲半径 x 的有序数组,并以此构建高斯分布函数,得出当前岸线在缓冲区内所占比例的分布概况。

以上4种方法各自具有不同的适用性。基线法能够直接反映出海岸线空间位置变化距离,以及海岸线空间变化幅度的分布。垂线的间隔可根据需求变化,间隔越大,反映海岸线空间变化距离的精细度越小,垂线间隔越小,越能反映海岸线空间变化距离的精细程度,因此也可以根据研究区岸线变化情况定义间隔的大小;动态分割法能够反映出发生空间位置变化的岸段分布情况,但其分析精度与岸段变化前后的海岸线形态关系密切,进而影响其应用范围;面积法能够反映岸线摆动导致土地变化面积的数量以及分布,但是不能反映海岸线变化的空间分布特征;而多重缓冲区覆盖法通过建立岸线摆动区间 D,对 D 多重分割,进而构建落在缓冲区内的概率函数,用以分析海岸线空间变化。

上述4种海岸线变化分析方法,在分析海岸线时空变化中均有独到的见解,但是在大区域和多岸段海岸线变化情况下,也会表现出模型的不足。例如,利用动态分割法分析海岸线空间变化时,受海岸线初始和当前形态的影响,会影响分析精度;面积法分析岸线变化时,可以发现因岸线变化导致土地面积变化的大小,还可以叠加卫星遥感影像分析引起岸线变化的因素,但在反映岸线变化距离时,只能给出平均变化距离,不能充分反映岸线空间位置变化具体的空间差异特征;多重缓冲区分析方法可以分析在特定范围内岸线变化的分布比例,以及各缓冲半径内现有岸线高斯分布概况,但不能充分反映岸线变化的空间分布特征。

由此可见,各方法均适合用于单个岸段的海岸线变化分析,当用于分析多个岸段的海岸线变化时,动态分割法和多重缓冲区覆盖法均有一定的局限性,而面积法和基线法不受岸段数量的限制,既可以分析岸线摆动区土地类型及面积变化,又可以分析岸线变化空间分布特征,因此,可结合两种方法用于海岸线时空变化分析。

4.3.2 岸线空间摆动及利用变化

海岸线历史发展与变化过程是多种自然因素与人为作用的直接体现,近30年沿海海岸带的开发利用大大加速了岸线变化。土地利用是人与自然交叉最为密切的环节,海岸线的演变与岸线摆动区土地利用方式密不可分,以下利用1980~2010年4期大陆海岸线数据,对我国海岸线空间摆动、土地利用方式及类型转换进行分析,以探索我国大陆海岸线30年的摆动过程,并分析海岸开发方式及其时空变化特征。

1. 海岸线空间变化分析

利用DSAS工具,将基线位置定在各时期海岸线最靠近陆地一侧向陆地纵深100m

处,基线从南至北起点为中越边界的北仑河口,终点为中朝边界的鸭绿江口,基线长14 024km,以300m为间隔,生成46 764条垂线,4个时期共187 056条记录,得到30年来我国大陆海岸线变化距离空间分布(图4.21和图4.22)。

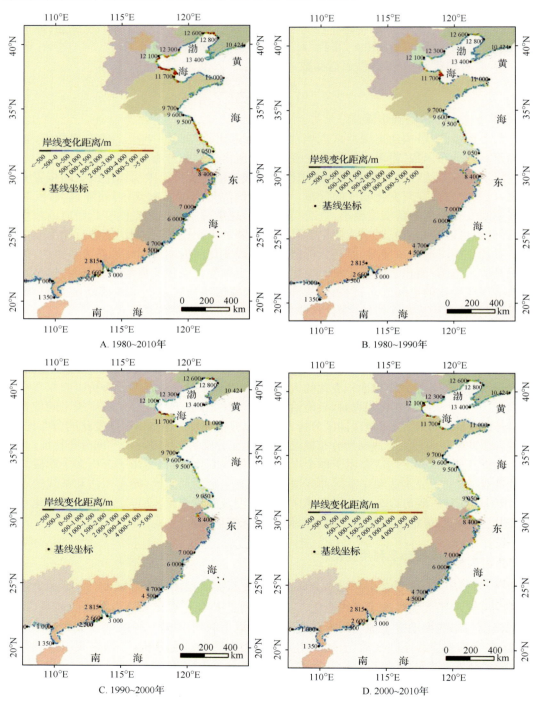

图4.21 我国大陆海岸线1980~2010年空间变化距离分布

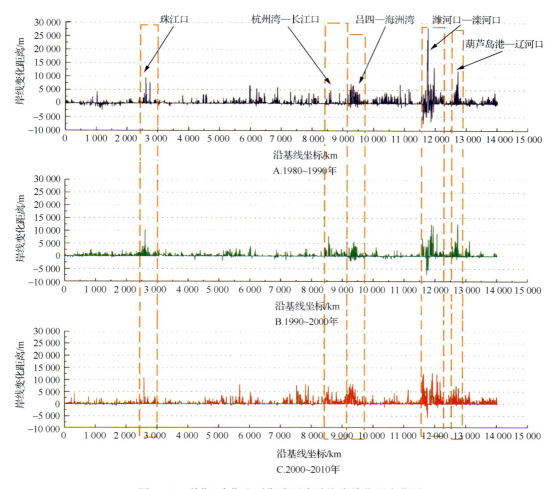

图 4.22 前期、中期和后期我国大陆海岸线位置变化图

1980～1990 年、1990～2000 年和 2000～2010 年各阶段我国大陆海岸线空间变化距离分布如图 4.21A～D 所示。各个时期海岸线空间变化距离沿基线展开,如图 4.22 所示。由图 4.21 和图 4.22 可知,改革开放 30 年以来,自南向北我国大陆海岸线在空间位置发生了相当大的变化,且海岸线变化规模时间和空间异质性显著。其中以珠江口、杭州湾—长江口、启东—海州湾、潍河口—滦河口及辽东双台子河口—辽河口段海岸线空间位置变化最为显著。30 年来,上述岸线变化显著的岸段,均有部分岸线向海推进距离在 5km 以上,海岸线变化距离最大处位于黄河口,最大距离为 28.1km。我国大陆海岸线空间变化除基岩海岸线以向海推进为主外,个别岸段有海岸蚀退现象。

2. 岸线摆动区利用变化

海岸开发或海陆相互作用导致海岸线摆动,为分析海岸线摆动区内土地利用变化,根据影像特征,制定分类如表 4.7 所示。

表 4.7　海岸线摆动区内土地分类表

土地类型	说明
建设用地	以围填海形式改变海岸线形态,用于工矿、城镇住宅等用途的建设用地
交通用地	人为开发海岸,用于交通建设,并改变海岸形态,导致新增土地
港口码头	以围填海的形式,用于修建港口码头、货物仓储用地的建设用地
农田	以围填海的方式,开发近岸海域用于农作物种植而新增的土地
盐田	以围填海的方式,开发近岸海域用于晒盐而新增的区域
养殖	以围填海的方式开发成近岸水产养殖的区域
陆连岛	将岛屿与陆地连在一起而新增的大陆土地,其土地类型不再细分
砂砾滩	因沉积、波浪潮汐运输等因素引起的砂砾滩堆积,使海岸线向海淤进而新增土地类型
红树林	因红树林生物海岸扩张而引起的生物质海岸向海推进而增长的生物滩
淤泥滩	因河口泥沙淤积,海岸线相对向海推进而新增加的泥滩
蚀退	由于海岸侵蚀后退而损失的土地

　　基于卫星遥感影像解译了岸线摆动区内土地类型,1980~2010 年我国大陆海岸线各土地类型面积对比如图 4.23 所示。

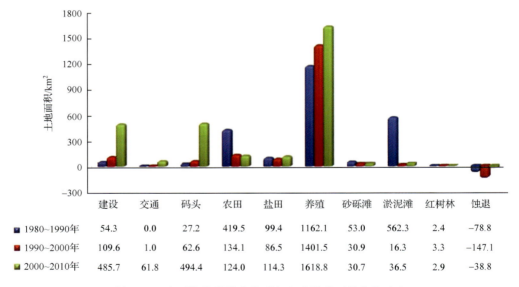

	建设	交通	码头	农田	盐田	养殖	砂砾滩	淤泥滩	红树林	蚀退
■ 1980~1990年	54.3	0.0	27.2	419.5	99.4	1162.1	53.0	562.3	2.4	−78.8
■ 1990~2000年	109.6	1.0	62.6	134.1	86.5	1401.5	30.9	16.3	3.3	−147.1
■ 2000~2010年	485.7	61.8	494.4	124.0	114.3	1618.8	30.7	36.5	2.9	−38.8

图 4.23　各时期海岸线变化引起土地类型面积变化对比

　　1980~1990 年,岸线摆动区内土地面积新增 2380.2km², 蚀退土地面积 78.8km², 土地面积净增加 2301.4km², 其中增加最多的为养殖用地,面积达 1162.1km², 占早期岸线摆动区域面积的 47.26%, 其次为淤泥滩,面积为 562.3km², 占 22.3%, 再次为围垦农田,面积为 419.5km², 占 16.6%; 1990~2000 年,岸线摆动新增土地 1845.8km², 蚀退 147.1km², 土地面积净增加 1698.7km², 其中面积增加最多的同样是养殖用地,面积为 1401.5km², 占该时期岸线摆动区域面积的 70.32%, 其次为围垦农田,面积为 134.1km², 占该时期岸线摆动区面积的 7.9%, 该时期海岸蚀退面积也是最大的,占该时期岸线摆动区域面积的 6.73%; 2000~2010 年,岸线摆动区新增土地 2969.1km², 蚀退面积

38.8km²,土地面积净增加 2930.3km²,其中面积最大的仍是养殖用地,面积达1618.8km²,占该时期土地净增长面积的 55.24%,其次为港口码头建设用地,面积达494.4km²,占 16.87%,再次为建设用地,面积为 485.7km²。

尽管众多学者研究表明我国海岸侵蚀具有普遍性、多样性和加剧发展 3 个特点,海岸侵蚀岸线长度占全国大陆岸线的 1/3 以上(季子修,1996),据野外工作观察估计有70%的砂砾质海岸和大部分处于开阔水域的淤泥质潮滩受到侵蚀(夏东兴和王文海,1993),但是由于遥感监测能力与影像空间分辨率有着密切的关系:分辨率越高,观测海岸变化详细程度越高。限于所用遥感影像空间分辨率较低,因而监测到海岸侵蚀的范围相对偏小。在研究的遥感影像分辨率条件下,发现我国大陆海岸 30 年内累计侵蚀土地面积达 264.7km²,主要海岸侵蚀岸段如图 4.24 所示。海岸侵蚀给沿岸生产带来巨大损失,因此,本研究所监测到岸线显著后退的岸段,是我国治理海岸侵蚀的重点区域。

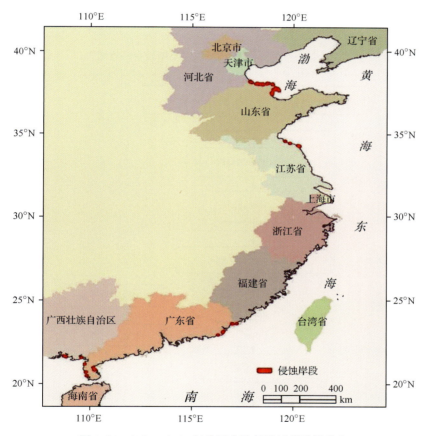

图 4.24　1980～2010 年我国大陆侵蚀显著岸段分布

3. 岸线类型转换

土地利用变化转移矩阵可全面而又具体地刻画区域土地利用变化的结构特征与各用地类型变化的方向(朱会义和李秀彬,2003)。转移矩阵构建的依据是两期土地利用数据有相同的空间参考。而海岸线数据发生空间变化时,相邻两期数据具有空间相邻的拓扑关系,因此,可借助土地利用变化转移矩阵的思想,来分析海岸线变化的数量和方向。岸线变化转移矩阵原理如图 4.25 所示,相邻两个时间 t_1 和 t_2 对应的海岸线发生空间变化时,可以根据两个时期岸线与岸线变化形成的多边形的空间邻接关系,来判断海岸线变化前后的类型和数量,由此构建岸线变化转移矩阵,具体操作可按照图 4.26 流程所示。

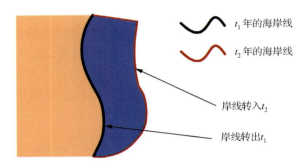

图 4.25　时间 t_1 至 t_2 海岸线类型转变示意图

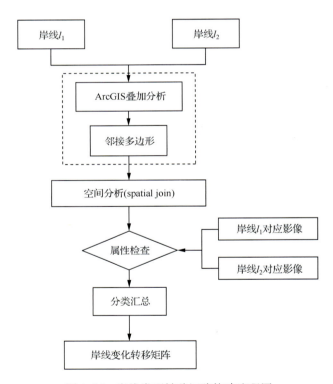

图 4.26　岸线类型转移矩阵构建流程图

叠加相邻时期海岸线数据,可以分析出海岸线发生空间位移的岸段,由此可得出,1980～1990 年(前期)、1990～2000 年(中期)和 2000～2010 年(后期),每个时期不同海岸类型发生空间位移岸段的长度及其发生位移后的类型和长度(表 4.8)。

表 4.8　前期、中期及后期海岸类型变化统计表

海岸类型		前期/km		中期/km		后期/km	
		转出	转入	转出	转入	转出	转入
人工岸线	建设围堤(L1)	50.2	97.0	97.9	228.1	152.1	469.3
	交通围堤(L2)	0.5	6.5	4.4	4.1	16.3	41.3
	码头岸线(L3)	33.9	106.9	77.7	265.1	166.6	860.0
	农田围堤(L4)	377.5	295.8	405.9	128.8	235.5	146.1
	盐田围堤(L5)	211.7	190.3	131.5	118.0	190.0	135.5
	养殖围堤(L6)	439.0	2055.4	886.4	1966.7	1915.0	2109.2
	小计	1112.8	2751.9	1603.8	2710.8	2675.5	3761.4
自然岸线	基岩岸线(L7)	792.3	192.4	365.4	69.0	470.6	77.5
	砂砾质岸线(L8)	513.2	185.0	573.1	173.5	349.2	153.3
	生物岸线(L9)	133.4	6.1	67.3	17.6	20.9	13.5
	淤泥质岸线(L10)	700.0	235.5	240.7	113.0	203.8	82.0
	小计	2138.9	619.0	1246.5	373.1	1044.5	326.3
	合计	3251.7	3370.9	2850.3	3083.9	3720.0	4087.7

由表 4.8 可知,1980~2010 年的前、中、后 3 个 10 年间,我国大陆海岸线均有 2850km 以上的岸段发生空间位置变化,其中,1980~1990 年发生空间变化的海岸长度为 3251.7km,占 1980 年我国大陆海岸线长度的 20.8%;1990~2000 年,发生空间位置变化的岸段长度为 2850.3km,占 1990 年海岸线长度的 18.1%;2000~2010 年,发生空间变化的海岸线长度达 3720km,占 2000 年我国大陆海岸线长度的 23.3%。1980~1990 年,因用于围填养殖而改变的海岸线长度达 2055.4km,占岸线变化总长度的 61%,其开发方式为扩建原有养殖围堤,或在淤泥质、砂砾质和基岩海岸基础上围填海。

借助土地利用变化转移矩阵分析方法,可以得出我国大陆海岸线前期、中期和后期的海岸类型转移矩阵,分别如表 4.9、表 4.10 和表 4.11 所示。前期被开发的人工岸线总长度为 1112.8km,被开发的自然岸线长度为 2138.9km,被开发的人工岸线与自然岸线比例约为 1∶2;中期,被开发的人工岸线长度为 1607.2km,被开发的自然岸线为 965.5km,被开发人工岸线与自然岸线比例约为 8∶5;后期,被开发的人工岸线长度为 2675.5km,自然岸线为 1045.1km,被开发人工岸线与自然岸线比例约为 5∶2。由此可知,我国大陆海岸开发大致经历了如下转变过程:海岸开发方式由早期的以开发自然岸线为主,到中期在已有人工岸线基础上继续开发与围填开发自然岸线的规模相当,后期则以在原有人工海岸基础上再次开发为主。

表 4.9　1980~1990 年我国大陆海岸类型转移矩阵

		人工岸线/km							自然岸线/km				合计
		L1	L2	L3	L4	L5	L6	小计	L7	L8	L9	L10	小计	
人工岸线	L1	39.5		5.4	0.3		5	50.2						50.2
	L2		0.2				0.3	0.5						0.5
	L3	3.1	0.2	30.6				33.9						33.9
	L4	2.4	0.9		138.5	0.8	225	367.6	0.8			9.1	9.9	377.5
	L5			2		107.4	102.2	211.6	0.1				0.1	211.7
	L6	2.9	4.5		6.2	5.3	419.7	438.6	0.4	0			0.4	439
	小计	47.9	5.8	38	145	113.5	752.2	1102.4	1.3	0		9.1	10.4	1112.8

		人工岸线/km							自然岸线/km					合计
		L1	L2	L3	L4	L5	L6	小计	L7	L8	L9	L10	小计	
自然岸线	L7	30.4	21	17.8	31.7	25.7	630.3	756.9	57.5*	7.6		4.7	12.3	769.2
	L8	13.4	15	7.1	0.9	17.8	359.3	413.5		177.6			177.6	591.1
	L9			22.6			99	121.6		6.4	8.3	10	24.7	146.3
	L10	1.3	0.5		21.1	27.6	575.2	625.7	3	3.6		59.9△	6.6	632.3
	小计	45.1	36.5	24.9	76.3	71.1	1663.8	1917.7	60.5	195.2	8.3	74.6	221.2	2138.9
	合计	93	42.3	62.9	221.3	184.6	2416	3020.1	61.8	195.2	8.3	83.7	231.6	3251.7

注：*由陆连岛引起的大陆基岩岸线增加；△由泥沙沉积(堆积)引起的砂质岸线变化；表4.10和表4.11同注。

表 4.10　1990～2000 年我国大陆海岸类型转移矩阵

		人工岸线/km							自然岸线/km					合计
		L1	L2	L3	L4	L5	L6	小计	L7	L8	L9	L10	小计	
人工岸线	L1	90.7		22	0.6		9.9	123.2	0.5	4.3			4.8	128
	L2	0.8		0.8			1	2.6	1.1	0.7			1.8	4.4
	L3	1.1		64.4			2.6	68.1	0.2				0.2	68.3
	L4	16.4		3.7	78.1	10.8	295.5	404.5		0.7	2	1.3	4	408.5
	L5	4.4				71.5	46.1	122		0.4			0.4	122.4
	L6	27.4		14.7	12.5	9.3	780.6	844.5	0.9	23.4		6.8	31.1	875.6
	小计	140.8	0	105.6	91.2	91.6	1135.7	1564.9	2.7	29.5	2	8.1	42.3	1607.2
自然岸线	L7	76.7	2.2	23.6		5.8	202.4	310.7	38.7*	0		0.4	0.4	311.1
	L8	37.8		18.6	5.8	6.3	303.3	371.8	7.1	249.1△	5.3		12.4	384.2
	L9	0.3					50.2	50.5		1.3	11.7		13	63.5
	L10	18.5	1.7	4.2	9.5	10.4	154.3	198.6	0.6			7.5	8.1	206.7
	小计	133.3	3.9	46.4	15.3	22.5	710.2	931.6	46.4	250.4	17.0	7.9	33.9	965.5
	合计	274.1	3.9	152	106.5	114.1	1845.9	2496.5	49.1	279.9	19.0	16.0	76.2	2572.7

表 4.11　2000～2010 年我国大陆海岸类型转移矩阵

		人工岸线/km							自然岸线/km					合计
		L1	L2	L3	L4	L5	L6	小计	L7	L8	L9	L10	小计	
人工岸线	L1	24.2	45	70			12.9	152.1						152.1
	L2	8.5	2.7	1.8		1.6	0.4	15		1.3			1.3	16.3
	L3			166.6				166.6					0	166.6
	L4	31.7	4.3	45.1	33		107.3	221.4	14.1				14.1	235.5
	L5			9.3		58.4	120	187.7	2.3				2.3	190
	L6	222.2	26.1	136.6	36.8	48.2	1385.1	1855	31.9	5.1	23		60	1915
	小计	286.6	78.1	429.4	69.8	108.2	1625.7	2597.8	48.3	6.4	23	0	77.7	2675.5
自然岸线	L7	123.3	11.4	136.2	1.5		195.5	467.9	70.9*	1.7	1		2.7	470.6
	L8	68.6	10.8	42.3			120.3	242	10.3	96.9			107.2	349.2
	L9							0			22.8		22.8	22.8
	L10	22.2		9.4	30.2	6.5	76.9	145.2	8.4			48.9	57.3	202.5
	小计	214.1	22.2	187.9	31.7	6.5	392.7	855.1	89.6	98.6	23.8	48.9	190	1045.1
	合计	500.7	100.3	617.3	101.5	114.7	2018.4	3452.9	137.9	105	46.8	48.9	267.7	3720.6

综合分析 3 个时期岸线摆动区域土地类型面积(图 4.23)和各时期海岸类型变化长度(表 4.3),可以发现,在早期我国大陆海岸开发以围堤养殖和围垦农田为主,各大河口的淤泥滩淤积迅速;中期我国大陆海岸开发仍然以围堤养殖和围垦农田为主,建设用地围填和港口码头建设有所增加,但各大河口自然淤积面积骤减;后期海岸开发模式与前两个时期相比更具多元化,渔业开发规模比前两期规模更大,用于建设用地和港口码头建设的海岸开发所占比例显著增长。2000~2010 年是我国经济发展最重要的 10 年,也是在该时间段内的 2010 年我国发展成为世界第二大经济体,该阶段海岸开发规模扩大化及海岸开发多元化也是我国经济增长的一个重要体现。

4.3.3 我国大陆海岸开发方式转变分析

综合分析 1980 年、1990 年、2000 年和 2010 年我国大陆海岸类型长度变化及构成比例,以及各时期岸线变化区各土地类型面积组成,可以发现,近 30 年我国大陆海岸线变化主要由于人为开发引起。个别岸段如黄河入海口及其周边岸段海陆相互作用对海岸影响占主导作用。

定性描述人类活动对海岸开发模式的变化,有助于理解我国海岸变化过程及未来发展趋势。在综合分析各海岸类型及与岸线变化相关土地类型变化的数量,以人为开发因素引起变化的土地面积为依据,总结出我国海岸整体及岸线变化剧烈岸段的海岸开发方式,如图 4.27 所示。

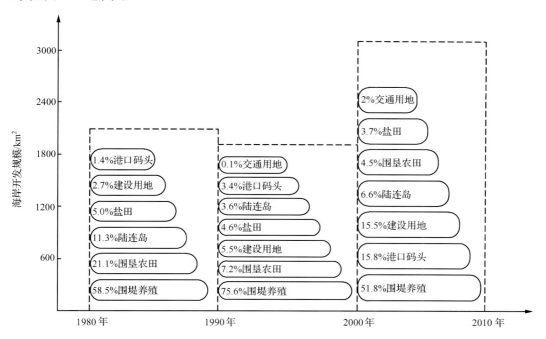

图 4.27 近 30 年我国大陆海岸开发方式示意

30 年来,我国大陆海岸开发中,围堤养殖一直是我国海岸开发的主要方式之一,随着时间的推移,以围填海用于农田的开垦方式面积和比例均呈下降趋势;用于城镇建设的围填海开发方式规模快速增长;同时,用于发展远洋运输的港口码头建设的海岸开发方式在2000~2010 年增长极为迅速,成为后期海岸开发的主要方式之一。因此,海岸开发方式示意图较为直观地反映了 30 年来我国海岸开发方式的转变特征。

我国浙东—桂南隆起岸段、苏北—杭州湾沉降岸段、山东半岛隆起岸段、辽东半岛隆起岸段及辽河平原—华北平原沉降岸段 30 年来，前、中、后 3 个 10 年间海岸开发方式转变特征，分别如图 4.28～图 4.32 所示。

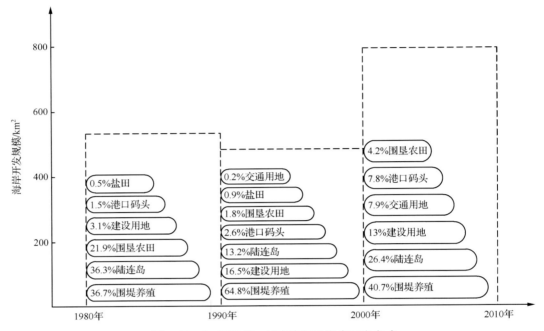

图 4.28　30 年浙东—桂南隆起段海岸开发方式

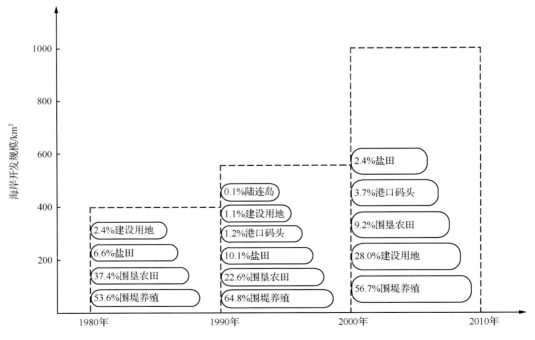

图 4.29　30 年苏北—杭州湾沉降段海岸开发方式

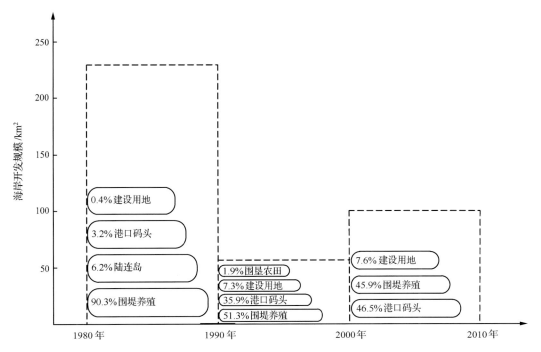

图 4.30　30 年山东半岛隆起带海岸开发方式

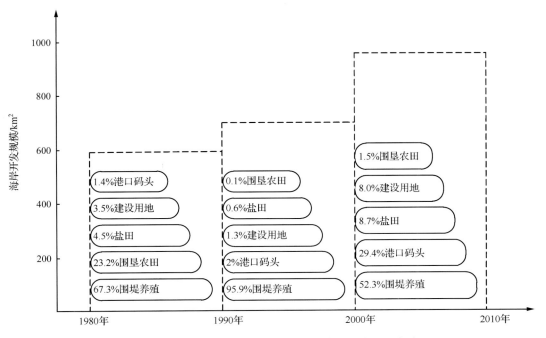

图 4.31　30 年辽河平原—华北平原沉降段海岸开发方式

1980~1990 年,浙东—桂南隆起带海岸陆连岛占 36.3%,其他开发方式主要为围堤养殖和围垦农田,分别占海岸开发规模的 36.7% 和 21.9%;1990~2000 年,该区域海岸开发规模比上一时期减少约 12%,这一时期以围堤养殖开发为主,占海岸开发规模的64.8%,建设用地利用方式增加比较明显,占比为 16.5%;2000～2010 年,海岸开发规模比 1980～1990 年增加约 41%,其中,围堤养殖仍占较大比例,为 40.7%,陆连岛和建设用地分别占 26.4%和 13%,其他开发类型均不足 8%。整体上,近 30 年浙东—桂南隆起带海岸开发规模总体呈先降后升的趋势,且以围堤养殖为主要开发方式。

1980～1990 年,苏北—杭州湾沉降段海岸主要利用方式以围堤养殖和围垦农田为主,分别占海岸开发规模的 53.6%和 37.4%,盐田和建设用地较少;1990～2000 年,海岸开发规模比上一时期增加约 29%,海岸以围堤养殖为主要利用方式,占开发规模的64.8%,围垦农田所占比例下降,占 22.6%,盐田占 10.1%,建设用地、港口码头所占比例均在 1%左右;2000～2010 年,海岸开发规模比 1980～1990 年增加约 1.4 倍,其中,围堤养殖占开发规模的 56.7%,其次为建设用地,占 28%,其他海岸利用方式占总规模的比例均未达到 10%。整体上,近 30 年苏北—杭州湾沉降段海岸开发呈递增趋势,以围堤养殖为主要开发方式,围垦农田次之,后期建设用地开发方式明显增加。

1980～1990 年,山东半岛隆起带海岸主要利用方式以围堤养殖为主,占海岸开发规模的 90.3%,其他海岸利用方式均较少,特别是建设用地仅占开发规模的 0.4%;1990～2000 年,海岸开发规模比上一时期减少约 79%,其中,围堤养殖占海岸开发规模的51.3%,其次为港口码头,占 35.9%;2000～2010 年,海岸开发规模比 1980～1990 年减少约 55%,以围堤养殖和港口码头两种利用方式为主,分别占海岸开发规模的 45.9%和46.5%,其余 7.6%为建设用地。整体上,近 30 年山东半岛隆起带海岸开发规模总体下降,特别是中期下降幅度较大,后期开发规模略有上升,海岸利用从围堤养殖的单一开发方式逐渐转变为围堤养殖和港口码头并重的开发方式。

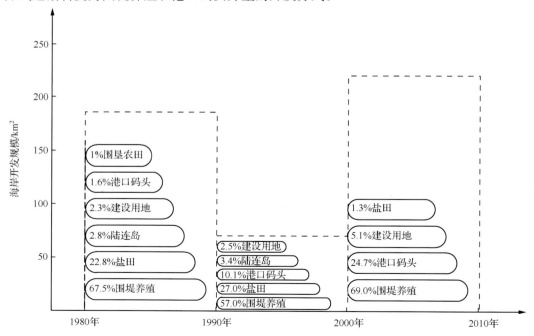

图 4.32 30 年辽东半岛隆起带海岸开发方式

1980~1990年,辽河平原—华北平原沉降段海岸主要利用方式以围堤养殖为主,占海岸开发规模的67.3%,其次为围垦农田,占23.2%,其余海岸利用方式所占比例均在5%以下;1990~2000年,海岸开发规模比上一时期增加约17%,其中,围堤养殖利用方式占绝对主导地位,所占比例为95.9%,特别是围垦农田利用方式大幅下降,仅占0.1%;2000~2010年,海岸开发规模比1980~1990年增加约67%,其中,围堤养殖占开发规模的52.3%,其次为港口码头建设,占29.4%,盐田与建设用地基本持平,围垦农田开发方式仍较少。整体上,近30年辽河平原—华北平原沉降段海岸开发规模逐步扩大,围堤养殖为该岸段主要开发方式,前期围垦农田占有一定比例,后期港口码头开发比较突出。

1980~1990年,辽东半岛隆起带海岸主要利用方式以围堤养殖为主,占海岸开发规模的67.5%,其次为盐田,占22.8%,其余利用方式规模较小,占比均未超过3%;1990~2000年,海岸开发规模比上一时期减小约54%,其中,围堤养殖占开发规模的57%,盐田占27%,港口码头占10.1%;2000~2010年,海岸开发规模比1980~1990年增加约25%,其中,主要利用方式仍以围堤养殖为主,占开发规模的69%,港口码头占24.7%,建设用地和盐田规模较小。整体上,近30年辽东半岛隆起带开发规模呈先降后升的波动变化,且变化幅度较大,开发方式上仍以围堤养殖为主,后期港口码头建设明显增加。

对比分析30年来各沉降与隆起岸段的海岸开发转变方式图,可以发现,前、中、后3个10年间,各隆起岸段海岸开发总规模呈先降低后大幅增加的特征;两个沉降带海岸开发规模呈增长趋势,且后十年呈急剧增长特征。

4.4 典型岸段历史变迁与近期变动

岸线的空间位置变化包括自然和人为因素,在生产力不发达的时代,位置变动主要由自然因素决定。这些自然因素包括地壳运动、气候变化、入海河流输沙、海平面变化以及波浪、潮流、潮汐和风暴潮作用等。其中,入海河流输沙的影响表现为当河流将大量泥沙带入海洋时,因流速变缓,泥沙沉积,岸线变化表现为河口向海淤涨。

本节在简要介绍各岸段海岸线历史变迁基础上,对海岸线变化显著的珠江口、杭州湾至长江口段、吕四至海州湾段、潍河口至滦河口段及葫芦岛港至辽河口段海岸线30年时空变化特征和规律,进行深入分析。

4.4.1 珠江口段大陆海岸线时空变化分析

该岸段位于珠江三角洲,南北为$21°52'~23°6'$N,东西为$112°59'~114°3'$E,基线坐标为2500~3000km,大致以基线坐标2815km处将珠江口分为东西两岸(图4.33)。该区域地势低平,降水丰富,河流携带泥沙量大,在开阔的珠江口,水流流速降低,泥沙淤积量大,因此海岸线不断向海推进。

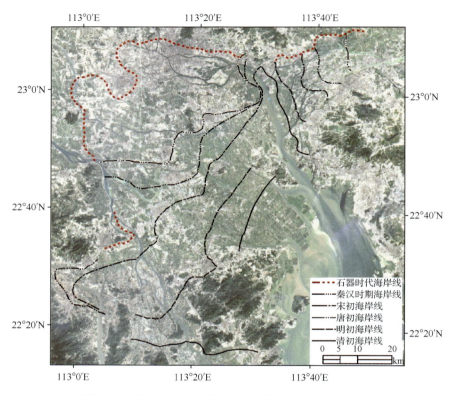

图 4.33　珠江口历史岸线变迁（据黄镇国等，1982 修改）

1. 珠江口段大陆海岸线历史变迁概况

珠江三角洲于距今 7000～6000 年形成（赵焕庭，1984），可由海蚀穴、海蚀台地、沙堤等要素来确定珠江口历史岸线分布（黄镇国等，1982），如图 4.33 所示。

在历史上，珠江口海岸线与其三角洲发育相伴随。当前对珠江口历史海岸发育研究中，普遍认为该区域经历了 3 次海进海退过程。珠江三角洲岸线总趋势是不断向海推移，有快慢时期之分。海岸线的进退与海平面升降变化有关，在高海面期，岸线推进减慢，低海面期则较快。人为因素则为筑建堤围等，如宋代筑堤护田，使下游沙田淤积加快，明代筑堤做田及种芦积泥均使淤积加速。而潮汐作用和上游来沙来水亦有影响，如虎门及崖门水道淤积较慢，便是受潮汐强流影响。

总而言之，珠江口海岸线历史上大规模的变迁主要是由自然因素引起的，但人类围垦活动从未停止过，尤其是近 30 年来，人类围堤开发活动使该区域海岸线变化显著，以下作具体分析。

2. 珠江口段大陆海岸线 30 年时空变化分析

近些年来，珠江口是广东省海岸带岸线变化最为剧烈的区域，同时也是我国大陆海岸线变化最为剧烈的区域之一，因此也是众多学者研究的热点区域，如李猷等（2009）利用多期 Landsat 卫星影像，对该区域 1979～2005 年的海岸线变迁进行了分析。

1980 年、1990 年、2000 年和 2010 年珠江口段大陆海岸线位置如图 4.34 所示,30 年岸线变化区土地类型分布如图 4.35 所示,各时期海岸类型分布如图 4.36 所示。利用基线法分析得到海岸线空间变化距离分布如图 4.37 所示,各海岸线类型长度及所占比例如表 4.12 所示。

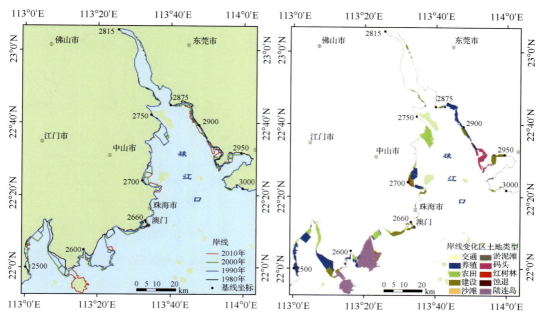

图 4.34　珠江口各时期海岸线位置图　　　　图 4.35　珠江口岸线摆动区土地类型分布图

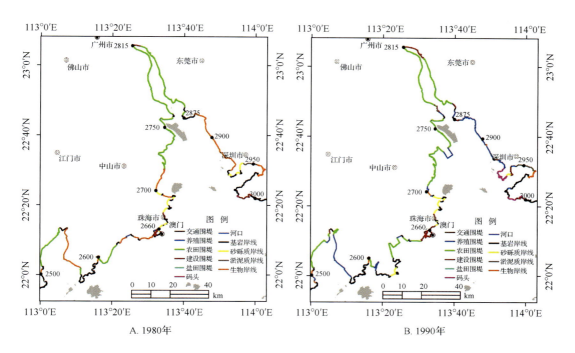

A. 1980年　　　　　　　　　　　　　　B. 1990年

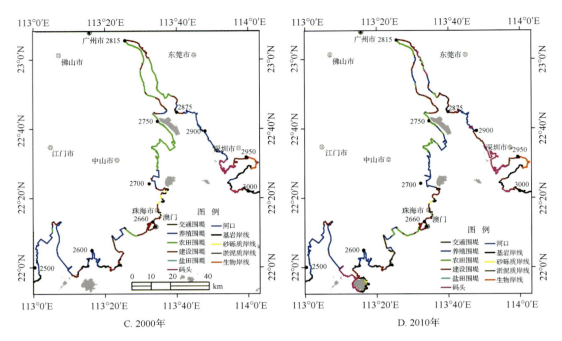

C. 2000年　　　　　　　　　　　　　D. 2010年

图 4.36　我国大陆海岸线珠江口段各时期各海岸类型分布图

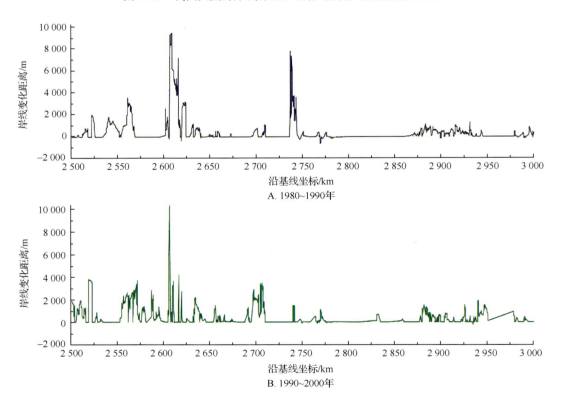

A. 1980~1990年

B. 1990~2000年

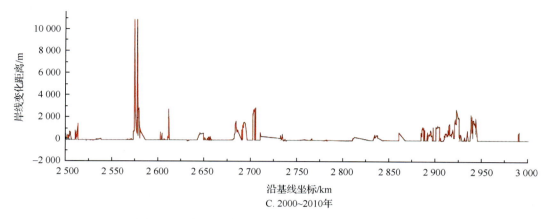

沿基线坐标/km

C. 2000~2010年

图4.37 我国大陆海岸线珠江口段各时期位置变化图

表4.12 珠江口段不同时期各海岸类型及所占比例统计表

岸线类型		岸线长度/km				所占比例/%			
		1980年	1990年	2000年	2010年	1980年	1990年	2000年	2010年
人工岸线	建设围堤	31.8	68.6	147.2	166.8	6.1	11.6	23.6	24.4
	交通围堤			8.8	17.8	0.0	0.0	1.4	2.6
	港口码头	1.3	27.1	42.6	100.7	0.2	4.6	6.8	14.7
	农田围堤	192.8	200.1	136.9	67.7	37.1	33.8	21.9	9.9
	养殖围堤	0.5	113.9	181.9	213.8	0.0	19.2	29.1	31.2
	小计	226.4	409.7	517.4	566.8	43.4	69.2	82.8	82.8
自然岸线	河口	15.1	16.1	15.7	18.7	2.9	2.7	2.5	2.7
	基岩岸线	113.4	109.4	69.0	75.2	21.8	18.4	11.0	11.0
	砂砾质岸线	29.0	25.6	9.4	9.1	5.6	4.3	1.5	1.3
	生物岸线	127.9	17.8	13.6	14.9	24.6	3.0	2.2	2.2
	淤泥质岸线	7.8	14.4			1.5	2.4	0.0	0.0
	小计	293.2	183.2	107.7	117.9	56.4	30.8	17.2	17.2
合计		519.5	593.0	625.1	684.7	100.0	100.0	100.0	100.0

珠江口1980年、1990年、2000年及2010年海岸线长度分别为519km、593km、625.1km和684.7km,受围填海影响该岸段海岸线呈增加趋势。该岸段1980年人工岸线所占比例为43.4%,2010年为82.8%。截至2010年,未开发自然岸线主要为基岩岸线,占该区域岸线长度的11%;该岸段养殖围堤所占比例最大,为31.2%,其次为建设用地围堤岸线,占24.4%,再次为码头岸线,占14.7%。另外,到2010年,淤泥质岸线基本消失,砂砾质岸线也较少,仅占1.3%,余存生物岸线不足原来的1/11(表4.12)。

如图4.34所示,30年来,该区域海岸线变化幅度较大的区域集中在虎门外的东西两岸。东西两岸相比,西岸海岸线变化最大距离显著大于东岸变化。此期间,西岸有两次规模较大的陆连岛开发,一次是1980~1990年的三灶岛陆连岛开发,仅三灶岛陆连开发就使陆地面积增长107.6km²;另一次是2000年后的高栏岛陆连岛开发(图4.38)。除陆连岛开发外,还有岛连岛围填海开发,如大横琴岛与小横琴岛连岛开发、横门岛和烂山岛连岛开发等。珠江口东岸的交椅湾至深圳湾整个岸段海岸线均有显著变化,交椅湾至深圳机场段30年来海岸开发方式为单一的养殖围堤开发;深圳前海湾海岸开发在1980~2000年以围堤养殖为主,而2000年以后则以建设港口码头开发为主;深圳湾北岸西部以港口码头建设开发为主,深圳湾北部则以城镇建设开发为主。

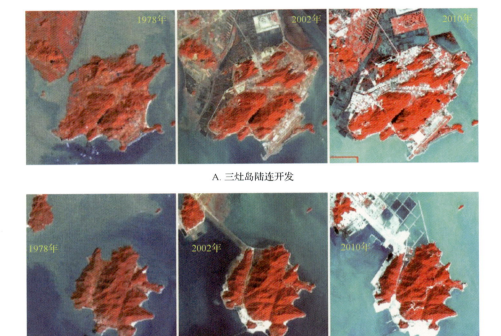

A. 三灶岛陆连开发

B. 高栏岛陆连开发

图 4.38 陆连岛开发遥感监测图

1980~2010年,3个时间段因海岸开发而增加各类型土地面积如图4.39所示。早期珠江口海岸线变化使陆地面积增加233.2km²,其中,建设用地8.8km²、陆连岛面积107.6km²、围垦农田75.2km²、围堤养殖31.5km²、港口码头用地7.7km²;中期陆地面积增加144.7km²,其中,建设用地51.1km²、陆连岛2.6km²、新增农田4.6km²、码头6.3km²、养殖用地80.1km²;后期增加112.6km²,其中,建设用地20.5km²、陆连岛51.6km²、新增农田0.9km²、码头15.7km²、养殖23.9km²。综上,近30年珠江口岸段陆连岛增加面积最大,为161.8km²,其次为养殖围堤,共增加135.5km²,农田围堤、建设用地增加面积分别为80.7km²和80.4km²,其他类型增加面积较小,不足40km²。

如图4.34和图4.37所示,在西岸,3个时期海岸线均有较大规模变化,大陆海岸线空间变化最大距离均超过了10km;在东岸,海岸线变化的规模和空间位置均有较大差异,海岸线变化显著区域为交椅湾—深圳湾段,后期海岸线变化规模显著增加。

综上所述,珠江口区域陆连岛开发是较大规模改变大陆海岸线空间位置的主要方式,其次为养殖围堤,其后码头建设、农田围垦及建设用地围填海。早期围填海以围垦农田和筑堤养殖为主,中期则以建设用地和养殖为主,后期以建设用地、码头和养殖并重开发,由此不难看出,30年来,珠江口海岸开发方式随时间的转变方式可概括为围堤养殖→城镇建设→港口码头建设,说明该区域海岸开发方式逐渐向更深层次开发,也可反映出该区域作为南海区域海上交通枢纽的地位逐年凸显。

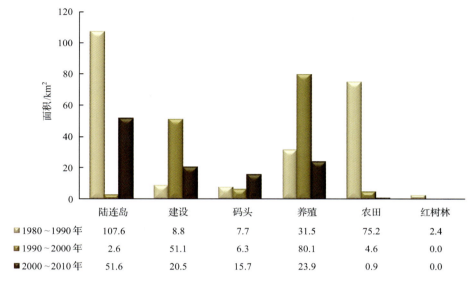

	陆连岛	建设	码头	养殖	农田	红树林
1980~1990年	107.6	8.8	7.7	31.5	75.2	2.4
1990~2000年	2.6	51.1	6.3	80.1	4.6	0.0
2000~2010年	51.6	20.5	15.7	23.9	0.9	0.0

图 4.39　珠江口段 3 个时期海岸变化区各土地面积对比

4.4.2　杭州湾—长江口段大陆海岸线时空变化分析

该岸段南北为 $29°53'N\sim32°4'N$,东西为 $120°26'E\sim121°58'E$,岸线起止点自南向北为沿基线坐标 $8400\sim9100km$(图 4.40),我国第一大河的长江在此入海。杭州湾的形成

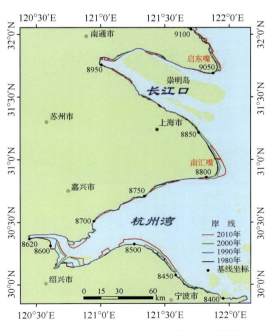

图 4.40　杭州湾—长江口各时期海岸线位置

与长江三角洲的伸展密切相关,我国最大潮差发生在此,历史最大潮差达8.93m(陈则实等,2007)。该区域为我国经济最为发达的长三角经济群落,是连接我国大陆与海洋的主动脉。受复杂海陆相互作用和活跃的人为开发因素综合影响,该区域海岸线变化显著。

1. 长江口历史变迁

据钻孔资料,在距今6000~5000年的全新世中期高海面时期,长江河口在扬州、镇江一带。直到西汉(距今2000年左右),河口仍在扬州、镇江附近,这种形势直到唐代中期(公元8世纪)还没有很大变化,当时长江中焦山北面的一个礁石被称为"海门山",表明长江三角湾的内口(缩口)当时仍在扬州、镇江附近。唐代中期以后,由于大量人口从北方移入,长江流域农垦范围日益扩大,长江泥沙增多,把三角湾逐渐淤填,于是长江口遂演变为目前的形状。

18世纪以前,长江径流大部由北支入海,之后,长江径流改道主要由南支入海,长江径流除汛期有少量进入北支外,一般已不进北支,使北支日益淤浅,渐趋衰亡。陈吉余等(1979)、朱诚和卢春成(1996)等通过对贝壳沙堤及沉积物的^{14}C测定,对长江口历史岸线变迁进行了研究,绘制变迁如图4.41所示。

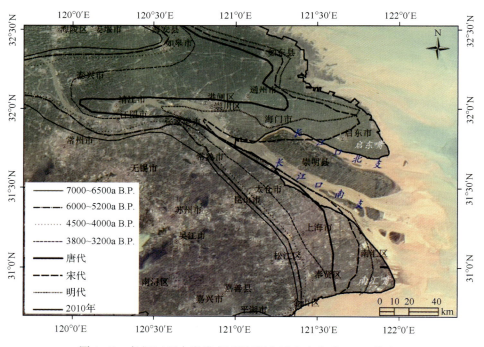

图4.41 长江口历史岸线变迁图(据朱诚和卢春成,1996修改)

2. 杭州湾岸线历史变迁

杭州湾位于中国浙江省东北部,西起澉浦—西三闸断面,东至扬子角—镇海角连线。湾底形态自湾口至乍浦地势平坦;从乍浦起,以0.1‰~2‰的坡度向西抬升,在钱塘江河口段形成巨大的沙坎(余炯和曹颖,2006)。杭州湾北岸为长江三角洲南缘,沿岸深槽发育;南岸为宁绍平原,沿岸滩地宽广。杭州湾北岸经历了先侵蚀后淤涨的过程(茅志昌等,

2008),随着泥沙补给的减少,由早期的淤积型转为冲刷型(茅志昌等,2006)。杭州湾历史岸线变迁如图 4.42 所示。

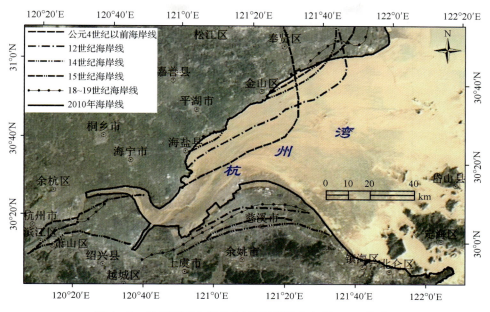

图 4.42   杭州湾历史岸线变迁图(据陈吉余等,1989 修改)

3. 杭州湾—长江口段大陆海岸线 30 年时空变化分析

1980 年、1990 年、2000 年和 2010 年杭州湾—长江口段海岸线位置分布如图 4.40 所示,由基线法分析得到 1980～1990 年、1990～2000 年和 2000～2010 年 3 个时间段海岸线空间变化距离如图 4.46 所示。

杭州湾—长江口段,各时期海岸线变化导致各土地类型面积如图 4.43 所示。1980～1990 年海岸线变化使土地面积增加 124.9km²,其中,围填海用于建设用地面积 10km²、围垦农田 45.7km²、围塘养殖 68.8km²,该时期围塘养殖面积占围填总面积的 55%;1990～2000 年,岸线变化使土地面积增加 335.6km²,其中,建设用地 6.2km²、码头 6.4km²、农田 120.6km²、养殖 201.8km²,仍是养殖所占比例最大,为 60%;与前两个时期相比,后期海岸线变化更为显著,岸线长度相对 2000 年增加 37.1km,变化使土地面积增加 475.8km²,其中,建设用地 284.4km²,所占比例也最大,为 59.8%,其余为码头 37.5km²、农田 91.3km²、养殖 62.6km²。

在杭州湾区域,前、中与后 3 个时期相比,海岸线向海推进距离最大处均在杭州湾南岸。杭州湾海岸开发除政策影响以外,自然环境是影响其开发的主要因素,在南岸,以泥沙淤积为主,而北岸不仅受入海河流侵蚀影响,还受该区域较强潮汐冲刷作用的影响,因此在人为开发和自然条件约束下,30 年来杭州湾南岸向海推进规模明显高于北岸。

长江口岸线变化显著的区域为南岸的南汇嘴和北岸的启东嘴两个区域(图 4.40 与图 4.44)。长江口海岸线变化的区域差异特征与长江携带入海泥沙的交换和输移过程密切相关。一方面,受沿岸流系和台湾暖流的影响,从长江口输出的大部分悬浮泥沙首先沉

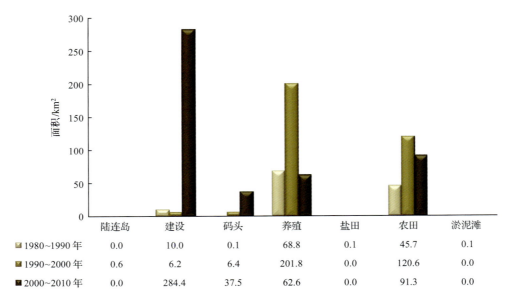

	陆连岛	建设	码头	养殖	盐田	农田	淤泥滩
1980~1990 年	0.0	10.0	0.1	68.8	0.1	45.7	0.1
1990~2000 年	0.6	6.2	6.4	201.8	0.0	120.6	0.0
2000~2010 年	0.0	284.4	37.5	62.6	0.0	91.3	0.0

图 4.43　杭州湾—长江口段 3 个时期海岸变化区内各土地类型面积对比

积在长江口南槽口外的泥质区,随后在潮流的影响下,向长江口、杭州湾和沿岸向南输送(刘红等,2011;虞志英和楼飞,2004),从而使泥沙在南汇嘴淤积,为该区域的围填开发奠定了物质基础;另一方面,在悬浮泥沙沿岸流运输下,经启东嘴时因水底地势平坦而流速变缓,泥沙在启东嘴淤积,导致岸线逐渐向海推进。

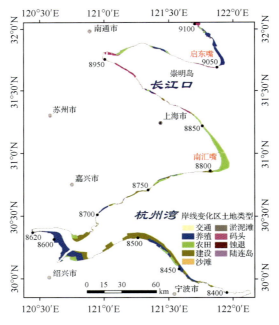

图 4.44　1980~2010 年杭州湾—长江口岸线摆动区土地类型

　　该岸段 1980 年、1990 年、2000 年及 2010 年各海岸类型分布如图 4.45 所示,各海岸类型长度如表 4.13 所示。海岸线长度分别为 716.3km、723.4km、744km、781.1km,在泥沙淤积和人工开发综合影响下,海岸线长度呈显著增长趋势。该区域人口密集,人类开发活动频繁,因此人工岸线所占比例较高,1980 年人工岸线比例为 87.3%,2010 年为 96.1%。

表 4.13　杭州湾—长江口段不同时期各海岸类型及所占比例统计表

岸线类型		岸线长度/km				百分比/%			
		1980 年	1990 年	2000 年	2010 年	1980 年	1990 年	2000 年	2010 年
人工岸线	建设围堤	30.2	38.3	61.4	233.6	4.2	5.3	8.3	29.9
	码头岸线	0.6	0.8	22.2	92.2	0.1	0.1	3.0	11.8
	农田围堤	422.4	389.5	262.1	222.1	59.0	53.8	35.2	28.4
	盐田围堤	7.4	8.3			1.0	1.1	0.0	0.0
	养殖围堤	164.8	189.3	316.8	203.0	23.0	26.2	42.6	26.0
	小计	625.4	626.2	662.5	750.9	87.3	86.5	89.1	96.1
自然岸线	河口	12.8	12.9	12.8	12.6	1.8	1.8	1.7	1.6
	基岩岸线	37.3	33.9	21.7	6.6	5.2	4.7	2.9	0.8
	砂砾质岸线	6.5	10.9	4.8	4.8	0.9	1.5	0.6	0.6
	生物岸线	8.8	6.7	8.7	3.7	1.2	0.9	1.2	0.5
	淤泥质岸线	25.5	32.8	33.5	2.5	3.6	4.5	4.5	0.3
	小计	90.9	97.2	81.5	30.2	12.7	13.4	10.9	3.8
合计		716.3	723.4	744.0	781.1	100.0	100.0	100.0	100.0

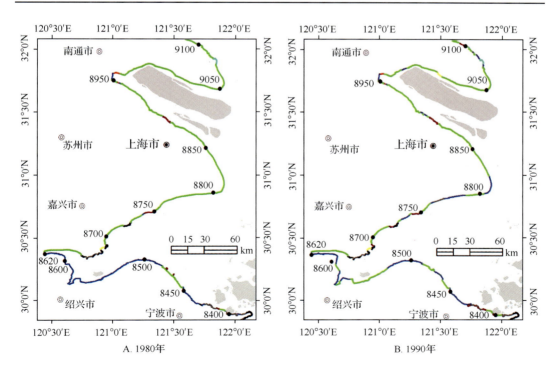

A. 1980年　　B. 1990年

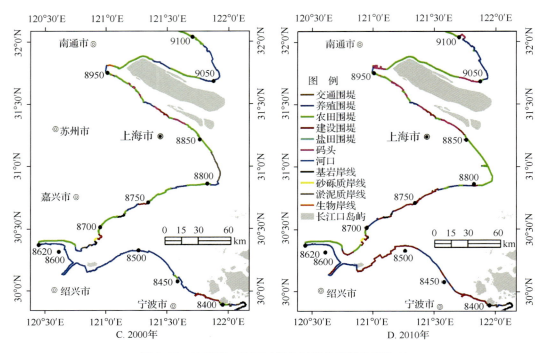

图 4.45　杭州湾—长江口段各时期各海岸类型分布

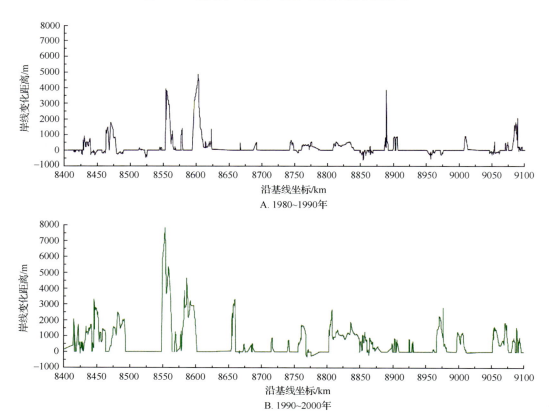

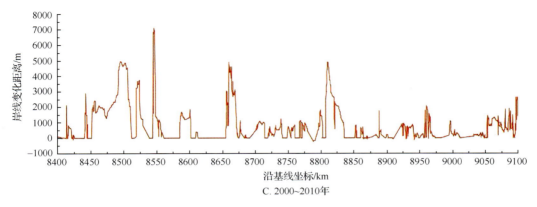

图 4.46　杭州湾—长江口段各时期大陆岸线空间变化

综上，该岸段海岸线变化3个时期相比，前期变化幅度最小，岸线变化以围垦农田和筑塘养殖为主；与前期相比，中期海岸开发新增土地增加将近2倍，同样以围垦农田和养殖为主；后期海岸开发幅度进一步增长，建设用地成为围填海主要利用方式，除围垦农田和筑塘养殖外，码头建设大幅增长。3个时期相比，海岸开发呈现由农业和渔业开发向城镇建设和港口码头建设的开发模式转变。

4.4.3　吕四—海州湾段大陆海岸线时空变化分析

该岸段南北为 32°4′～34°54′N，东西为 119°10′～121°37′E，沿基线坐标为 9100～9700km(图 4.47)，地处江淮下游，黄海之滨，海岸底质包括粉沙淤泥质、基岩和砂砾质，其中粉沙淤泥质分布较为广泛，基岩海岸主要分布于连云港市，砂砾质岸线主要分布于海洲湾北部。该岸段滨海分布有宽阔的水下三角洲，海陆作用剧烈，岸线变化显著。

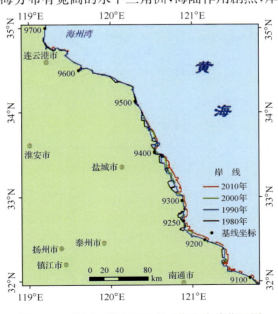

图 4.47　吕四—海州湾段各时期海岸线位置图

1. 吕四—海州湾岸线历史变迁

可依据海岸带特有的贝壳堤分布调查资料和人类活动遗迹进行分析确定该岸段海岸线的历史变迁。该岸段海岸线在各历史时期变迁摘引前人研究(陈吉余,1989)如图4.48所示。

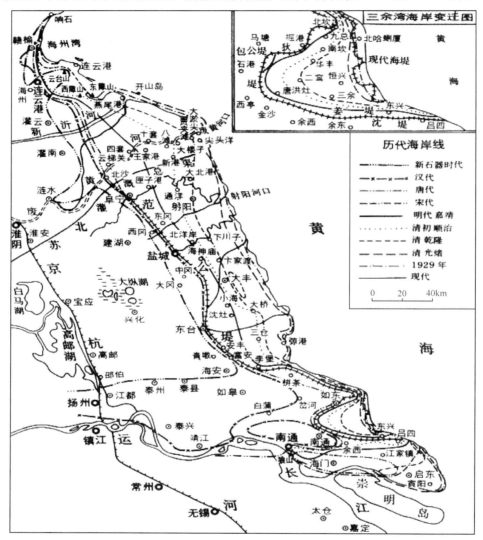

图4.48　江苏海岸历史变迁图(陈吉余,1989)

1) 新石器时期古海岸线。冰后期,海面迅速上升,大约在距今8500年,江苏东部发生大规模海侵,距今7000年前后海侵达最盛,此后海面波动下降,岸线开始后退,大约在距今6000年,海面波动微弱,岸线基本稳定,沿岸发育沙坝潟湖,并发育一条古贝壳沙堤,断续分布于赣榆、阜宁羊寨、盐城龙岗、大岗、东台及梅李、太仓一线,构成新石器时期的古海岸线。

2) 新石器时代晚期海岸线。距今6000年前后,海面在稳定一段时间之后,又开始逐渐东移。大约至距今4000年,海面又相对稳定,沿岸又发育一道新的古贝壳沙堤和长江河口两侧沙坝。岸线大致位于赣榆、连云港、灌南、阜宁沟墩、东台、海安东,然后折向西,沿通扬运河至镇江,再向东南经扬中油坊至靖江、张家港、锦丰、常熟徐市、太仓陆渡一线。北部赣榆至灌南一带岸线基本处于原来岸线位置,向南岸线则东移5～20km,可见该条海岸线形成年代为距今4000年左右,相当于新石器时代晚期。

3）秦汉时期(约距今2000年)海岸线。海州湾赣榆头坨桥和坝头桥之间贝壳沙堤 ^{14} C测年为2640年±105年,汉时期盐城为一片沙洲(盐城南三洋墩出土汉墓)。由此可推测当时海岸位于赣榆海头、头坨桥、连云港市、灌南、阜宁、盐城、东台至如皋东南与古长江口北岸线相连。此时岸线较以前变化不大,只东移了数千米。但南部古长江口变化较大,北岸岸线向南推移30km左右,河口缩狭并向下移动超过10km。

4）隋唐时期(距今1200年前后)海岸线。盐城南洋、东台沈灶、富安一线埋藏古沙堤,赣榆东南黄砂村以西沙口、大庙、刘口、小东关一线古沙堤年代为距今1000年以前。由此推知当时海岸线的位置。

5）距今200年前的海岸线。历史时期黄河曾多次南徙由江苏入海。由其携带大量泥沙倾注入海,使江苏北部海岸迅速向外推进90km。连云港云台山地区的一些海峡逐渐淤积成陆,至清康熙年间(1771年)海水全部退出,遂与大陆连成一体。1855年黄河北归后,切断了黄河大量泥沙补给的来源,致使北部海岸动力条件发生较大变化,使废黄河口两侧海岸进入新的发展阶段,逐渐由向外淤长转入侵蚀后退。

江苏海岸线不管从地质历史时期,还是近代,其变化幅度均较为显著,而且还在不断演变之中,从近代的情况分析,除长江北咀和废黄河口处于蚀退外,绝大部分处于淤积状态,其滩涂面积还将不断扩大。

2. 吕四—海州湾海岸30年时空变化分析

吕四至海州湾在1980～2010年各时期海岸类型分布见图4.49,海岸线位置如图4.47所示,30年间岸线摆动区土地类型如图4.50所示,各岸段岸线空间变化距离如图4.52所示。

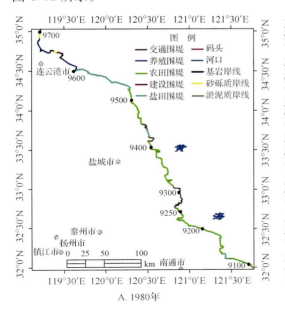

A. 1980年

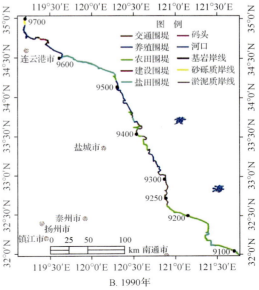

B. 1990年

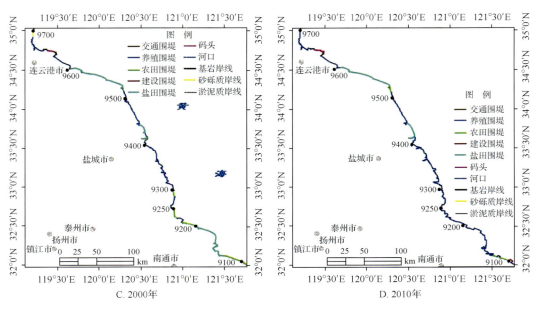

图 4.49　我国大陆海岸线吕四—海州湾段各时期各海岸类型分布

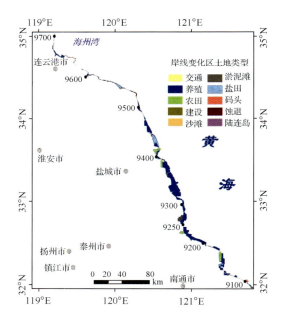

图 4.50　吕四—海州湾段 30 年岸线摆动区土地类型

　　该岸段 1980 年、1990 年、2000 年及 2010 年各类海岸线长度如表 4.14 所示,在人工开发为主导因素及海陆相互作用为辅综合影响下,该岸段海岸线总长度在 1980 年、1990年、2000 年和 2010 年分别为 587.1km、614km、591.8km 和 634.7km,岸线长度动态变化显著。该岸段人工岸线所占比例由 1980 年的 79.9%,上升到 2010 年的 96.7%,岸线主要受人为开发因素影响。到 2010 年,砂砾质岸线消失殆尽,基岩岸线所占比例为 1.7%,淤泥质岸线仅余原来的 4.9%。

表 4.14　吕四—海州湾段不同时期各海岸类型及所占比例统计表

海岸类型		长度/km				比例/%			
		1980 年	1990 年	2000 年	2010 年	1980 年	1990 年	2000 年	2010 年
人工岸线	建设围堤		4.5		4.0	0.0	0.7	0.0	0.6
	码头岸线	5.2	13.0	15.3	22.7	0.9	2.1	2.6	3.6
	农田围堤	300.3	163.7	67.2	19.3	51.1	26.7	11.4	3.0
	盐田围堤	102.1	114.4	191.6	109.3	17.4	18.6	32.4	17.2
	养殖围堤	61.8	172.7	289.2	459.2	10.5	28.1	48.9	72.3
	小计	469.4	468.3	563.3	614.5	79.9	76.2	95.3	96.7
自然岸线	河口	4.8	4.7	4.4	5.1	0.8	0.8	0.7	0.8
	基岩岸线	17.1	15.9	12.7	10.7	2.9	2.6	2.1	1.7
	砂砾质岸线	4.7	1.0			0.8	0.2	0.0	0.0
	淤泥质岸线	91.0	123.9	11.4	4.5	15.5	20.2	1.9	0.7
	小计	117.6	145.5	28.5	20.3	20.0	23.8	4.7	3.2
合计		587.0	613.8	591.8	634.8	100.0	100.0	100.0	100.0

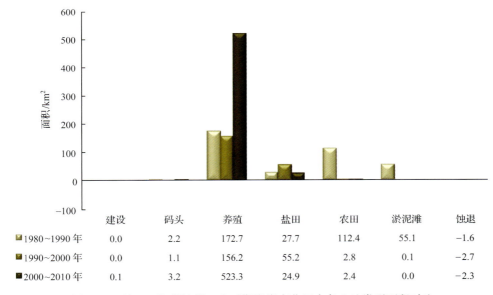

	建设	码头	养殖	盐田	农田	淤泥滩	蚀退
1980~1990 年	0.0	2.2	172.7	27.7	112.4	55.1	−1.6
1990~2000 年	0.0	1.1	156.2	55.2	2.8	0.1	−2.7
2000~2010 年	0.1	3.2	523.3	24.9	2.4	0.0	−2.3

图 4.51　吕四—海州湾段 3 个时期海岸变化区内各土地类型面积对比

如图 4.52 所示,该岸段 3 个时期岸线变化剧烈段基线坐标为 9150～9500km。3 个时期岸线变化区内各土地类型面积如图 4.51 所示,1980～1990 年,岸线变化使土地面积增加 370.1km²,其中,围堤养殖面积最大,为 172.7km²,占该时期土地变化面积的 46.5%;中期,岸线变化使土地面积增加 215.4km²,其中,养殖 156.2km²,占该岸段中期围填海面积的 72.5%;后期土地面积增加 553.9km²,其中养殖 523.3km²,占 94.5%。除因淤积和围填开发使海岸线向海洋推进外,部分岸段侵蚀较为显著,翻身河口至新生港段,30 年来岸线持续后退,最大后退距离超 700m,因岸线侵蚀损失土地约 6.6km²。

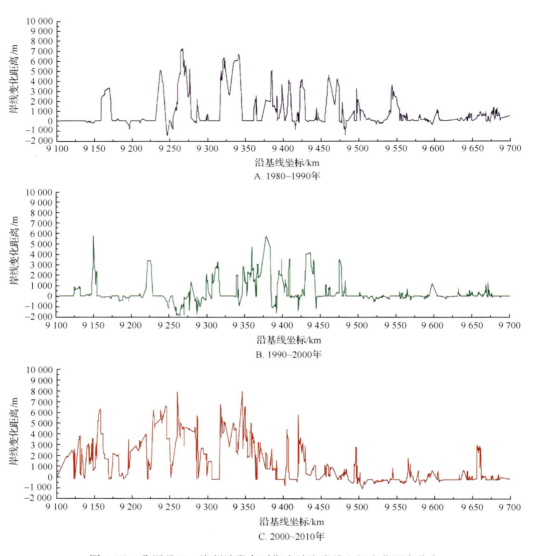

图 4.52 我国吕四—海州湾段各时期大陆海岸线空间变化距离分布

由此可见,30 年来,吕四—海州湾岸段因围填开发海岸,新增土地面积 1139.4km²,由于侵蚀海岸损失土地面积 6.6km²,陆地面积净增长 1132.8km²。海岸线空间变化仍以向海推进为主。海岸开发形式较为单一,早期主要为围堤养殖和围垦耕地,中期则以围堤养殖为主,且规模显著增加。同时,翻身河口至新生港段海岸侵蚀当引重视。

4.4.4 潍河口—滦河口段大陆海岸线时空变化分析

潍河口—滦河口段位于华北平原,南北为 $37°6′\sim39°36′N$,东西为 $117°28′\sim119°17′E$ 之间,沿基线坐标为 11 600~12 300km(图 4.53),濒临渤海,海岸底质类型包括粉沙淤泥质和砂砾质两种,粉沙淤泥质广泛分布,砂砾质海岸主要分布于滦河口。该岸段中的黄河三角洲是中国大河三角洲中海陆变迁最活跃的地区(庞家珍和张广泉,1992;叶庆华等,2007),由于黄河径流量逐年下降(马柱国,2005;许炯心和孙季,2003),在黄河口附近的两翼岸段均有不同程度的海岸侵蚀,且因来水量的减少,土地盐渍化严重。经实地调查,该岸段的北端,滦河口由于上游修筑水库、"引滦入津"及"引滦入唐"等工程影响,入海径流量骤减,河口来水来沙减少,甚至绝流,目前河口冲积扇淤积速度几近停滞,乃至蚀退,且海水倒灌影响显著,土地盐渍化范围不断扩大。

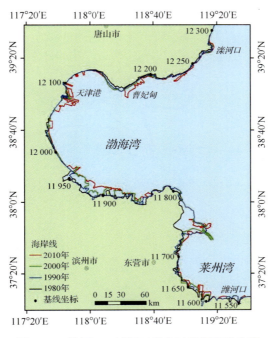

图 4.53　潍河口—滦河口段各时期海岸线位置

1. 潍河口—滦河口段海岸线历史变化概况

该岸段位于华北平原,海岸历史变迁受多层次的洪积、冲积扇、三角洲、海相沉积的组合和叠加(陈述彭,1990),数千年来岸线变化显著,如图 4.54 所示。

该岸段海岸线历史变迁区域性差异显著,大体可分为 3 个部分,第一部分为黄河口段;第二部分为渤海湾西海岸;第三部分为大清河口至滦河口段(滦河口三角洲)。

第一部分岸线变化主要发生在近代以来,受黄河来水来沙淤积作用影响,岸线大幅向海洋淤进,淤进的速度与距离黄河入海口的距离关系密切。

第二部分海岸变化主要受地质构造和海平面升降综合影响,该岸段沿岸陆地属于华北平原的东边缘,是新生代乃至第四纪的沉降区(庄振业等,1991)。

第三部分海岸线近代以来变化显著,主要受滦河来水来沙补给影响,海岸底质以砂砾质为主,滦河在 20 世纪初改道北上,在现今滦河口处入海。

2. 潍河口—滦河口海岸线 30 年时空变化分析

潍河口—滦河口 30 年岸线摆动区土地类型分布如图 4.57 所示,变化对比如图 4.55 所示,海岸线位置分布如图 4.53 所示,海岸线空间变化距离如图 4.56 所示,各时期不同类型海岸线长度及其所占比例如表 4.15 所示。

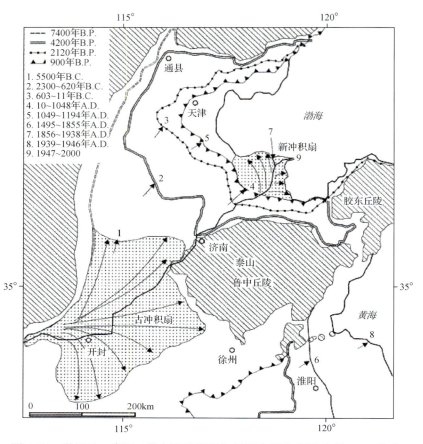

图 4.54　潍河口—滦河口段古海岸线历史变迁示意图(据陈述彭,1990 修改)

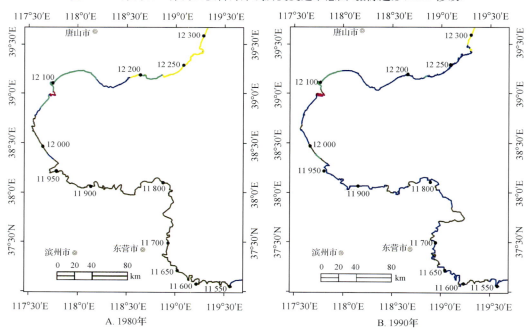

A. 1980年　　　　　　　　　　　　　B. 1990年

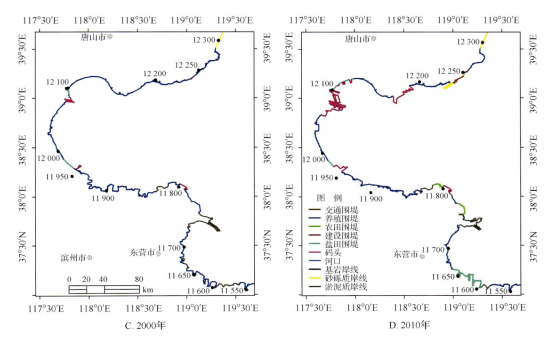

图 4.55　我国大陆海岸线潍河口—滦河口段各时期各海岸类型分布图

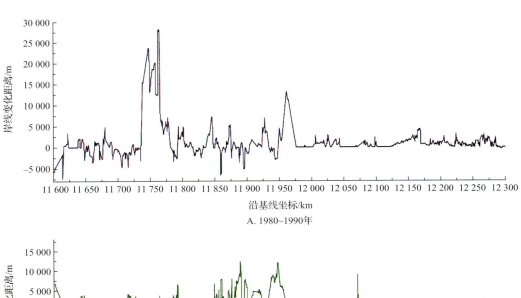

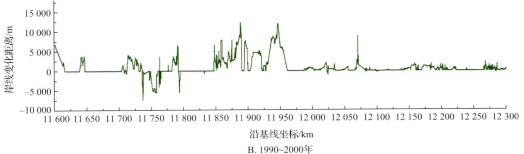

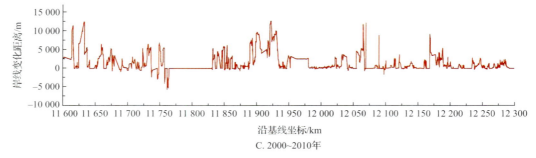

C. 2000~2010年

图 4.56 潍河口—滦河口段海岸线各时期空间变化距离分布

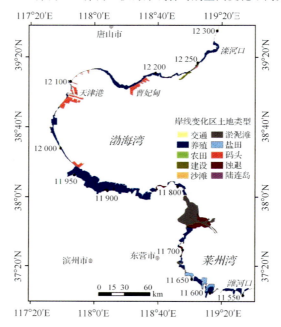

图 4.57 1980~2010 年潍河口—滦河口岸线摆动区土地类型

表 4.15 潍河口—滦河口段不同时期各海岸类型及所占比例统计表

海岸类型		岸线长度/km				所占比例/%			
		1980 年	1990 年	2000 年	2010 年	1980 年	1990 年	2000 年	2010 年
人工岸线	建设围堤		1.2	1.0	18.7	0.0	0.1	0.1	1.8
	码头岸线	19.8	26.1	69.4	281.0	2.8	3.3	7.5	26.7
	农田围堤				34.5	0.0	0.0	0.0	3.3
	盐田围堤	108.3	51.3	25.2	118.3	15.1	6.4	2.7	11.2
	养殖围堤	55.8	550.3	675.2	430.4	7.8	68.8	72.6	40.9
	小计	183.9	628.9	770.8	882.9	25.7	78.6	82.9	83.9
自然岸线	河口	6.5	6.5	6.4	12.3	0.9	0.8	0.7	1.2
	砂砾质岸线	84.5	16.9	9.0	30.5	11.8	2.1	1.0	2.9
	淤泥质岸线	442.7	147.5	144.3	127.3	61.7	18.4	15.5	12.1
	小计	533.7	170.9	159.7	170.1	74.4	21.3	17.2	16.2
	合计	717.6	799.8	930.5	1053	100.0	100.0	100.0	100.0

该岸段 1980 年、1990 年、2000 年及 2010 年各海岸线长度分别为 717.6km、799.8km、930.5km 和 1053km(表 4.15)。在海陆相互作用及人为开发活动因素综合影响下,30 年来海岸线长度增长幅度达 46.7%,该岸段海岸线长度动态变化显著高于其他各个岸段。该岸段海岸线长度动态变化显著原因主要来自三方面的影响,一方面,黄河口泥沙淤积,入海口不断向海延伸,使得岸线长度增加,近些年来,因黄河径流量的急剧减少,携带泥沙同比下降,入海口两翼出现岸线蚀退,也加速了岸线长度增长;另一方面,近些年来黄骅港的修建、天津港的扩建和曹妃甸码头的兴建,加速了海岸线长度的增长;第三方面即滦河口段,2000 年之前滦河口冲积扇淤积速度增长较快,岸线增长较快,2000～2010 年因滦河携带泥沙的下降,河口冲积扇淤积速度变缓,侵蚀作用加强,岸线增长速度变慢。潍河口—滦河口段海岸大规模开发始于 20 世纪 80 年代后期,1980 年人工岸线所占比例为 25.6%,1990 年上升至 78.6%,2010 年为 83.8%。

如图 4.58 所示,30 年来,该岸段受人类开发及海岸侵蚀综合影响,因海岸侵蚀损失土地 249.0km²,其中 1980～1990 年、1990～2000 年和 2000～2010 年分别损失 74.6km²、143.6km² 和 30.8km²;除去海岸侵蚀,人类开发活动及河口淤积综合影响下,陆地面积净增加 2250.8km²,其中 1980～1990 年,陆地面积净增加 813.6km²,其中淤泥滩(主要是黄河口)面积增量最大,为 493.7km²,占该时期土地净增加总面积的 60%,其次为围堤养殖,占 46.8%;1990～2000 年,该岸段土地面积变化 669.6km²,其中围堤养殖面积最大,为 502.3km²,占该时期土地变化面积的 75%,其次为淤泥滩;2000～2010 年,该区域土地面积净增加 767.5km²,其中面积增加最大的是围堤养殖,面积达 394.9km²,占该区域净增加土地面积的 51%,该时期围填海用于港口码头建设面积达 256.9km²,占该时期土地净增长面积的 33.5%。各时期岸线变化区新增土地类型及面积有着显著的时间异质性,该区域海岸侵蚀主要分布于黄河口的两翼,且中期海岸侵蚀幅度最大。

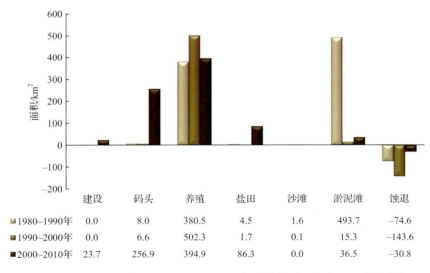

图 4.58　潍河口—滦河口段 1980～2010 年岸线摆动区间内土地类型分布

由此可见,该段早期主要因围垦、盐田及养殖使海岸线变化;中期围堤养殖是海岸变化的主要因素;后期引起岸线变化的因素呈多元化,码头建设和围堤养殖是岸线变化的主要影响因素,另一方面,因黄河泥沙补给减少,在河口两翼局部岸段海岸侵蚀作用强于淤积作用,同时,因岸上土地人为干扰强烈,而侵蚀损失土地均为重要的滨海湿地资源,海岸侵蚀给该区域湿地生态带来较大损害。

4.4.5 葫芦岛港—辽河口段大陆海岸线时空变化分析

该岸段位于辽河三角洲,南北为 40°42′N~40°59′N,东西为 120°54′E~122°9′E,海岸起止点位于基线坐标 12 550~12 800km(图 4.59)。南临渤海,海岸底质包括基岩、砂砾质和淤泥质 3 种类型,基岩岸线主要分布于锦州湾与青沟湾段,淤泥质海岸分布较广。

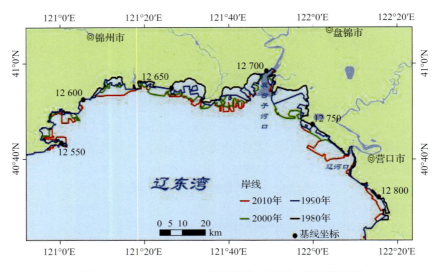

图 4.59 1980~2010 年葫芦岛港—辽河口海岸线位置

1. 葫芦岛—辽河口历史岸线变迁概况

该岸段海岸线历史变迁主要体现在双台子河口至辽河口区域,据《吕氏春秋》记载,汉唐间辽河水系构成较为单一,之后随着海岸线后退陆地延伸及河道的分合变迁,逐渐分离出大凌河、绕阳河、浑太河等几个水系。至辽代,据《契丹国志》卷 3 记载,辽河已西迁至营口县以西。到明初洪武五年,辽河在今新民东南分为两道,新道走辽中西侧;故道称"烂蒲河",为明朝中叶后蒲河下游,据《万历武功录》和《全辽志》记载,这次辽河主流西迁 8~12km。当今卫星遥感影像依旧可以看出在蒲河静安堡至大民屯以南,分布有许多月牙湖和沼泽,便是古蒲河汇入辽河的遗迹。明代辽河冲出辽中城西新道后,过长林子、古城子到营口(市)入海(潘桂娥,2005)。谌艳珍等(2010)基于陆地卫星影像、美国军用航空图和德国测绘的辽东湾地图,对近百年来辽河口岸线变迁进行了研究。辽东湾湾顶两侧受辽东和辽西山地丘陵限制,属于渤海凹陷的构成部分,长期以来以沉降运动为主,地面沉降、全球变化等自然因素共同作用下相对海平面升降及河口淤积是该区域海岸线历史变迁的驱动因素,该区海岸线历史变迁如图 4.60 所示。

图 4.60　辽东湾湾顶海岸线历史变迁图(陈吉余,1989)

2. 葫芦岛港—辽河口海岸线 30 年时空变化分析

各时期海岸线位置如图 4.59 所示,岸线摆动区土地类型分布如图 4.61 所示,各时期海岸线类型如图 4.62 所示,3 个时期岸线与基线空间距离如图 4.63 所示。1980 年、1990年、2000 年和 2010 年该岸段海岸线空间位置变化显著区域分布于双台子河口与辽河口。各时期不同海岸类型长度及所占比例如表 4.16 所示。

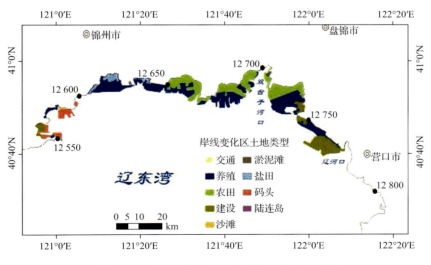

图 4.61　葫芦岛港—辽河口段摆动区土地类型

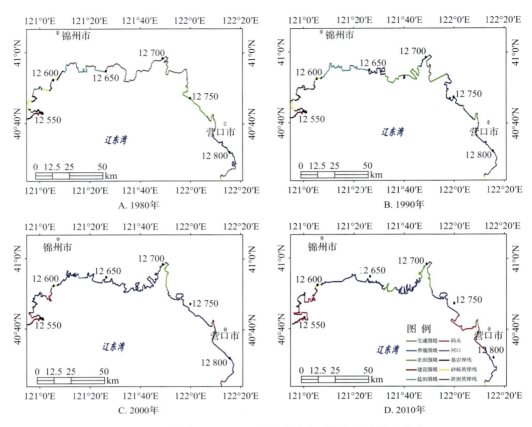

图 4.62　葫芦岛港—辽河口段海岸线各时期各海岸类型分布

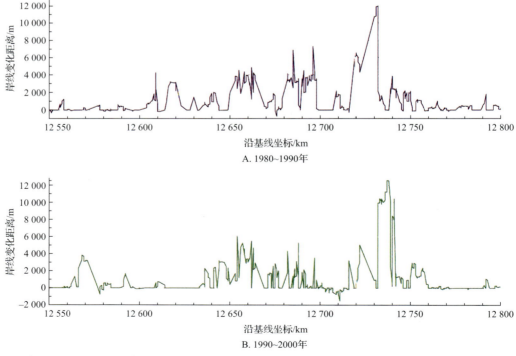

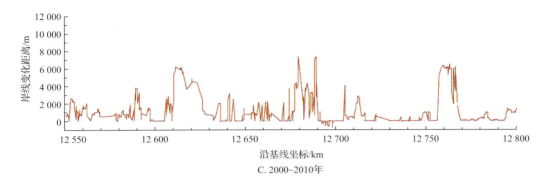

沿基线坐标/km

C. 2000~2010年

图 4.63　葫芦岛港—辽河口段各时期岸线位置变化

表 4.16　葫芦岛港—辽河口段不同时期各海岸类型及所占比例统计表

海岸类型		长度/km				比例/%			
		1980 年	1990 年	2000 年	2010 年	1980 年	1990 年	2000 年	2010 年
人工岸线	建设围堤		5.5	7.8	5.0	0.0	2.1	2.8	1.7
	码头岸线			15.1	70.9	0.0	0.0	5.3	24.1
	农田围堤	31.5	61.3	15.6	35.4	13.9	22.9	5.5	12.1
	盐田围堤	27.3	43.4	9.2		12.0	16.2	3.2	0.0
	养殖围堤	3.5	96.5	208.5	156.5	1.5	36.1	73.9	53.3
	小计	62.3	206.7	256.2	267.8	27.4	77.3	90.7	91.2
自然岸线	河口	3.6	3.6	3.6	1.9	1.6	1.3	1.3	0.7
	基岩岸线	30.8	20.7	14.5	10.2	13.6	7.7	5.2	3.5
	砂砾质岸线	16.8	12.7	4.2	4.1	7.4	4.7	1.5	1.4
	淤泥质岸线	113.3	23.7	3.8	9.8	50.0	8.9	1.3	3.3
	小计	164.5	60.7	26.1	26.0	72.6	22.6	9.3	8.9
	合计	226.8	267.4	282.3	293.8	100.0	100.0	100.0	100.0

该岸段 1980 年、1990 年、2000 年和 2010 年海岸线长度分别为 226.8km、267.4km、282.3km、和 293.8km（表 4.16），海岸线长度呈增加趋势。岸线变化除受河口泥沙淤积影响外，海岸开发是岸线向海岸推进的直接影响因素。30 年来，各海岸类型中，人工岸线由 1980 年的 27.5％上升到 2010 年的 91.2％。到 2010 年，基岩岸线仅余原来的 1/4，砂砾质岸线所占比例降至 1.4％，淤泥质岸线所占比例由原来的 50％降至 3.3％，是该岸段中缩减最为严重的一类。

3 个 10 年期间，陆地面积持续增加，前期新增土地 191.7km²，其中，围垦农田面积最大，为 137.7km²，占该岸段早期土地变化面积的 71.8％，盐田 22.2km²、养殖 7.0km²、淤泥滩 6.1km²；中期新增土地 164.6km²，其中，围堤养殖所占比例最大，为 150.5km²，占该时期增加土地面积的 91.4％，其次为建设用地围填海开发，面积达 9.2km²；后期新增土地 169.5km²，其中仍是养殖围堤面积最大，为 75.2km²，占后期增长土地面积的 44.4％，其次为建设用地 52.1km²，占 30.7％，码头 26.9km²，占 15.9％，农田 15.2km²，占 9％（图 4.64）。

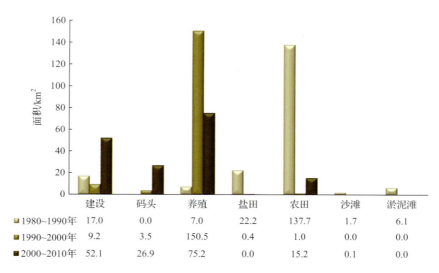

	建设	码头	养殖	盐田	农田	沙滩	淤泥滩
1980~1990年	17.0	0.0	7.0	22.2	137.7	1.7	6.1
1990~2000年	9.2	3.5	150.5	0.4	1.0	0.0	0.0
2000~2010年	52.1	26.9	75.2	0.0	15.2	0.1	0.0

图 4.64　1980~2010 年葫芦岛港—辽河口岸线改变区间土地类型分布

综上所述,葫芦岛港—辽河口段大陆海岸线变化影响因素有着显著的时间异质性,早期以围垦农田、盐田建造和城镇建设地为主要因素;中期以围堤养殖、城镇建设和码头建设为主要因素;后期围塘养殖仍是海岸开发的重要方式,城镇建设围填开发和码头建设所占比例显著增加。前、中与后 3 个时期海岸类型构成及土地变化面积均体现出该岸段海岸开发模式由早期的围垦农田开发,到中期的围塘养殖为主要开发方式,再到后期城镇建设围填海、养殖围堤和码头建设并重的海岸开发模式。

4.4.6　典型岸段 30 年空间利用比较

如前所述,可根据地质构造特征,将我国海岸带分为辽东半岛隆起段、辽河平原—华北平原沉降段、山东半岛隆起段、苏北—杭州湾沉降带及浙东—桂南隆起带。在大规模隆起带又分布有次级的沉降带,如珠江三角洲即为华南隆起带的次生沉降区,该区域相关研究表明在相当一段时间里,海平面将处于上升变化中(李平日,2011)。而前面所分析的珠江口、杭州湾—长江口、吕四—海州湾、潍河口—滦河口及葫芦岛港—辽河口 5 个岸线变化剧烈的岸段,均处于地质构造的沉降带。由此可见,我国大陆海岸线变化有着显著的区域特征和地理环境条件。

对我国大陆海岸时空变化规模、海岸开发方式时空分异特征及海岸开发方式变化研究,是实现海岸资源可持续利用的基本保障,也是适时调整海岸资源管理和规划方针的重要依据。

1. 典型岸段人工作用比较

珠江口、杭州湾—长江口、吕四—海州湾、潍河口—滦河口和葫芦岛港—辽河口 5 个岸段在历史上的变迁主要是地壳运动和冰期变化及地表过程等影响。30 年则以人工影响为主,其类型长度、构成比例均发生了显著的变化,人工岸线所占比例显著增长(表 4.17),至 2010 年,各段人工岸线所占比例均大于 82%,各岸段因岸线变化所致土地面积净增加量如表 4.18 所示。

表 4.17　典型岸段人工岸线所占比例变化统计表

岸段	1980 年	1990 年	2000 年	2010 年
珠江口段	43.5%	69.1%	82.8%	82.8%
杭州湾—长江口段	87.3%	86.6%	89.0%	96.1%
吕四—海州湾段	79.9%	76.3%	95.2%	96.8%
潍河口—滦河口段	25.6%	78.6%	82.8%	83.8%
葫芦岛港—辽河口	27.5%	77.3%	90.8%	91.2%

表 4.18　各时期典型岸段土地面积净增加量统计表

岸段	岸线变化致土地面积净增加量/km²			
	1980~1990 年	1990~2000 年	2000~2010 年	合计
珠江口段	233.9	144.7	112.6	491.1
杭州湾—长江口段	124.9	335.9	476.1	936.9
吕四—海州湾段	371.6	218.2	556.2	1146.0
潍河口—滦河口段	813.6	669.6	767.6	2250.8
葫芦岛港—辽河口	191.7	164.6	169.5	525.8
合计	1735.7	1533	2082	5350.6

可见,人工岸线的大量增加是所有岸段的共同特点,其中,杭州湾—长江口段人工岸线变化幅度最小,增长比例为 8.8%,葫芦岛港—辽河口人工岸线变化幅度最大,增长比例为 63.7%。在人为开发及河流淤积综合影响下,30 年来,5 个岸段因岸线变化使陆地面积净增加 5351km²,海岸侵蚀使土地损失 255.6km²,在沿不足 1/5 基线长度 5 个典型岸段基线长度累计 2700km,占基线总长度 14 024km 的 19.25% 的岸段,土地变化面积占我国大陆因岸线变化导致土地增加面积的 71.85%。

2. 典型岸段海岸利用比较

分析我国大陆沿岸的海岸线摆动区内土地类型及其变化,有助于探讨我国大陆海岸开发方式的转变特征。为此统计海岸线变化剧烈的珠江口、杭州湾—长江口、吕四—海州湾、潍河口—滦河口及葫芦岛港—辽河口 5 个岸段岸线摆动区土地类型。1980~1990年、1990~2000 年和 2000~2010 年 3 个时期岸线摆动区各土地类型面积如图 4.65~图 4.67 所示。

从上面 3 幅图可以看出,5 个典型岸段均处于凹陷区,其岸线摆动区内养殖所占比例各段均较大;农田面积在 1980~1990 年增加明显,之后呈减小趋势;码头与建设用地 3 个时期中以 2000~2010 年增加最为明显。各岸段不同时期所呈现出来的海岸变化类型,体现出我国海岸开发战略的转变。1980~2010 年,3 个时期相比,我国海岸开发由早期的围堤养殖向后期的城镇建设和远洋贸易开发方式转变,且这种转换方式南方早于北方。自南向北,我国大陆海岸线变化有着显著的时空异质性。

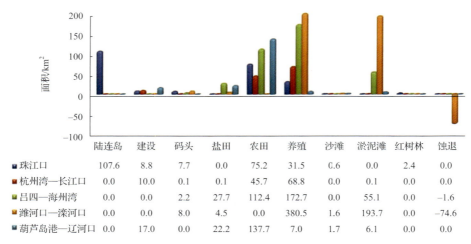

	陆连岛	建设	码头	盐田	农田	养殖	沙滩	淤泥滩	红树林	蚀退
■ 珠江口	107.6	8.8	7.7	0.0	75.2	31.5	6.6	0.0	2.4	0.0
■ 杭州湾—长江口	0.0	10.0	0.1	0.1	45.7	68.8	0.0	0.1	0.0	0.0
■ 吕四—海州湾	0.0	0.0	2.2	27.7	112.4	172.7	0.0	55.1	0.0	-1.6
■ 潍河口—滦河口	0.0	0.0	8.0	4.5	0.0	380.5	1.6	193.7	0.0	-74.6
■ 葫芦岛港—辽河口	0.0	17.0	0.0	22.2	137.7	7.0	1.7	6.1	0.0	0.0

图 4.65　1980～1990 年各段岸线摆动区内土地面积对比图

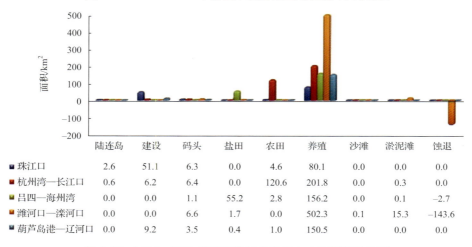

	陆连岛	建设	码头	盐田	农田	养殖	沙滩	淤泥滩	蚀退
■ 珠江口	2.6	51.1	6.3	0.0	4.6	80.1	0.0	0.0	0.0
■ 杭州湾—长江口	0.6	6.2	6.4	0.0	120.6	201.8	0.0	0.3	0.0
■ 吕四—海州湾	0.0	0.0	1.1	55.2	2.8	156.2	0.0	0.1	-2.7
■ 潍河口—滦河口	0.0	0.0	6.6	1.7	0.0	502.3	0.1	15.3	-143.6
■ 葫芦岛港—辽河口	0.0	9.2	3.5	0.4	1.0	150.5	0.0	0.0	0.0

图 4.66　1990～2000 年各段岸线摆动区内土地面积对比图

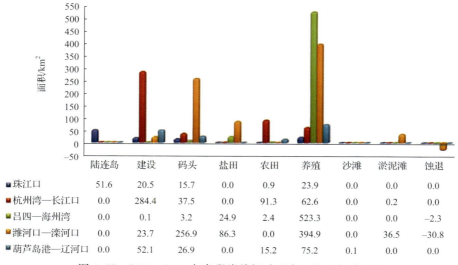

	陆连岛	建设	码头	盐田	农田	养殖	沙滩	淤泥滩	蚀退
■ 珠江口	51.6	20.5	15.7	0.0	0.9	23.9	0.0	0.0	0.0
■ 杭州湾—长江口	0.0	284.4	37.5	0.0	91.3	62.6	0.0	0.2	0.0
■ 吕四—海州湾	0.0	0.1	3.2	24.9	2.4	523.3	0.0	0.0	-2.3
■ 潍河口—滦河口	0.0	23.7	256.9	86.3	0.0	394.9	0.0	36.5	-30.8
■ 葫芦岛港—辽河口	0.0	52.1	26.9	0.0	15.2	75.2	0.1	0.0	0.0

图 4.67　2000～2010 年各段岸线摆动区内土地面积对比图

3. 典型岸段空间推进比较

海岸线平均变化距离能够综合反映岸线变化空间特征。如图 4.68 所示,在岸线变化的某一岸段,发生变化的 1980 年海岸线长度记为 $l_{1980(i)}$,1990 年岸线位置为红色线位置,其长度记为 $l_{1990(j)}$,1980~1990 年岸线变化致土地变化面积为 S_i,则该岸段岸线平均变化距离可近似记为 $D_i = S_i / l_{1980(i)}$,则该时期岸线平均变化距离可近似按式(4.10)计算;同理,1990~2000 年该岸段平均变化距离可近似用 $D_j = S_j / l_{1990(j)}$ 来计算。

$$\bar{D} = \sum_{i=1}^{n} S_i \bigg/ \sum_{i=1}^{n} l_i \tag{4.10}$$

式中,$\bar{D}$ 为海岸线平均向海推进距离;S_i 为第 i 个因海岸线变化而增加图斑的面积;l_i 为变化前海岸线长度;n 为海岸线的段数。

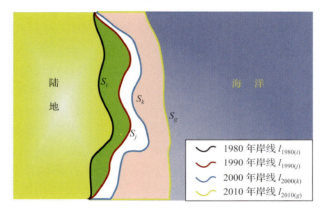

图 4.68　岸线平均推进距离示意图

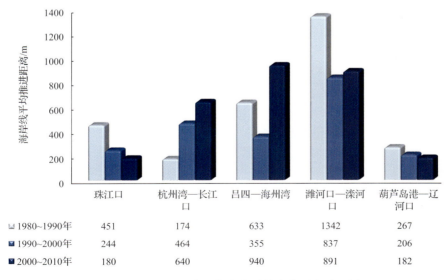

	珠江口	杭州湾—长江口	吕四—海州湾	潍河口—滦河口	葫芦岛港—辽河口
1980~1990年	451	174	633	1342	267
1990~2000年	244	464	355	837	206
2000~2010年	180	640	940	891	182

图 4.69　典型岸段各时期岸线平均变化距离对比图

由式(4.9)可计算出各岸段在 1980~1990 年、1990~2000 年及 2000~2010 年各岸

段海岸线向海平均推进的距离,如图 4.69 所示。5 个岸段中,早期岸线平均变化距离最大为 1342m,为滦河口—滦河口段,其次为吕四—海州湾段,再次为珠江口段;中期岸线平均变化距离最大为 837m,仍为滦河口—滦河口段,其次为杭州湾—长江口段;后期岸线变化最大的岸段为吕四—海州湾段,平均距离达 940m,其次为滦河口—滦河口段,再次为长江口段。

4. 海岸开发与生态服务

自然岸线与人工岸线此消彼长,岸线摆动区内土地类型及其所占比例变化证实,20 世纪 80 年代以来,我国沿海地区先后掀起大规模的围海造陆、围垦种植热潮,20 世纪 90 年代至 20 世纪末,围填海岸开发用于城镇建设的活动加剧;2000 年以后,用于城镇建设和港口码头建设的海岸开发方式并重进行。30 年来围堤海岸用于渔业养殖一直是我国海岸开发的主要方式。

我国大陆海岸线时空变化及岸线摆动区内土地类型变化表明,我国海岸开发方式自南向北在海岸开发方式上有着显著的时间异质性:1980~1990 年,珠江口率先开展大规模海岸开发,1990~2000 年,位于长江三角洲的杭州湾—长江口段掀起大规模海岸开发,2000 年以后,则掀起了环渤海开发。在时间上,继珠江三角洲沿海经济区和长江三角洲经济区之后,天津滨海新区、河北曹妃甸循环经济示范区、辽宁沿海经济带、黄河三角洲高效生态经济区等相继纳入国家发展的计划。由此可见我国海岸开发在今后一段时期内还将进一步加剧。海岸带区位优势吸引着更多的资金流向该区,势必驱动海岸的开发力度和规模,海岸开发往往以海岸资源自然属性为基础,进行人工围填开发。开发活动必定干扰近岸海洋流场,改变海岸地貌格局和底质分布,破坏局部海岸生态环境。例如,围堤使河道变窄降低河口泄洪能力,围填海湾破坏海湾生态环境,进一步导致滨海湿地退化;沿岸不合理开发地下水、采砂、采矿导致海水倒灌、岸线侵蚀等,带来重大经济损失。因此,海岸开发应遵循海岸资源可持续利用的原则,重视以下四方面工作。

1)强化经济预期与生态预期并重的海岸开发理念。海岸区域海陆相互作用强烈,在围填开发海岸的同时,为近岸生态系统预留空间,维持物种延续。海岸开发应循序渐进,人为开发能够改变原有近岸格局,但同时也能营造新的近岸环境,为近岸生态发展营造新的空间,进而拓展海岸开发的可持续性。

2)因地因时制宜,合理分配岸段的功能。我国海岸线漫长,南北跨越了热带、亚热带和暖温带 3 个气候带,地理环境复杂多样,将海岸功能区划与地理环境背景相结合,制定科学合理的海岸功能规划尤为重要。

3)推进遥感与地面结合的监管措施。我国根据海岸环境制定了相应的法规措施,但监管和执行的技术保障不够,从而导致违背乃至非法修改功能区划的海岸开发现象频发。

4)做好大规模围填海工程后效评估工作。经济发展驱动围填海需求,而围填海后效评估论证则是保障海岸资源可持续利用的前提。围填工程论证应本着海岸资源可持续利用的原则及后效的可控原则进行。

第5章　渤海岸线改变与湿地变迁

岸线空间位置的变化,特别是因人工因素改变,其最直接的也是最为极端的改变就是海陆性质的互易。这种互易与土地利用的性质相互联系,而不同的土地利用性质上,岸线的空间摆动,从海岸景观的角度,最为直接的联系则是湿地的空间景观改变。第4章针对中国大陆岸线的分形性质和岸线类型及长度的人工改变进行了量化分析,本章则主要从湿地角度,选取当前岸线变化最剧烈的渤海区域,探究岸线变迁与湿地景观改变的关系,为了保有经济区域概念,这里的渤海岸线包括了部分黄海岸线。

本章所使用的专题数据,除1985年数据仿自20世纪80年代海岸调查,其他各时期专题数据解译自TM影像。其中岸线的解译,在人工或基岩岸中直接采用水边线,在淤泥质岸段采用目视以植被线为界,在砂砾质海岸中以反射率从高到低突变处并参考植被线为准。数据来源不同和标准不同势必影响对比分析,特别是实地调查可获得岸线外的滩涂地,而仅靠遥感则难以获取这部分数据。由此本章各节中1985~1995年的近岸滩涂湿地变化主要由数据造成,不能反映实际情况。

结合环渤海地区实际和遥感识别能力,参考《湿地公约》,湿地分类见表5.1。考虑到水稻田的季节性,在本章中,人工湿地中不包括水稻田。为了研究湿地与其他地物类型的转移变化,这里将非湿地类型也进行了划分(表5.2)。盐田按土地利用类型属于城乡工矿用地,但也属于湿地分类中的人工湿地,本章以湿地研究为目的,故盐田不列入非湿地类型中的城乡工矿用地中,而列入人工湿地。1985年类别按对照表转化到统一体系。在湿地变化分析中,主要讨论岸域湿地变化,不讨论因岸线空间位置变化导致的海域减少。需要强调的是,1985年采用实地调查方式,后面几期数据采用遥感解译,因此在比较时存在明显数据带来的误差,但其所蕴含的规律仍然存在。这一点特别敬请读者辨识。与此同时,人工湿地也可能是由海域到建城区的中间过渡的一种表现形式,即围地。

表 5.1　研究区湿地分类系统及其含义

类型	特征及类型从属关系	1985 年分类系统的一致化归类
近岸湿地	植被盖度小于30%的河口及潮间带淤泥质和砂、砾石海滩	非养殖用滩涂地
河流湿地	包括永久性河流和河漫滩、季节性河流、河水泛滥淹没的河流两岸地势平坦地区	河流
湖泊湿地	包括常年淡水湖、咸水湖以及季节性淡水湖	水库中一部分、池塘中一部分
沼泽湿地	盖度100%以藓类植物为主的泥炭沼泽;盖度≥30%以草本植物为主的沼泽,包括芦苇、草甸等;由一年生和多年生盐生植物群落组成,水含盐量0.6%以上,植被盖度≥30%的盐沼,包括翅碱蓬草甸等	滨海草地(主要适用于黄河口)
人工湿地	以灌溉、水电、防洪等为目的的人工蓄水设施;水生动物养殖、盐田等面状设施和线状人工输水设施	养殖用滩涂地、海水养殖、水库中一部分、池塘中一部分

表 5.2　研究区主要非湿地类型分类系统及其含义

类型	特征	1985 年分类系统的一致化归类
农业用地	水田、旱田及果园等经济作物用地	耕地、园地
林地	各种有林地、疏林地、灌丛等	林地
城乡工矿用地	城镇、农村居民点、工矿仓储、计划建设用地	城乡工矿地、交通用地
未利用地	裸土地、裸岩石砾地、已开发待用地等	裸岩地、其他土地、荒山荒地

5.1　环渤海岸线及湿地变迁

本节从 1985～1995 年、1995～2000 年、2000～2006 年 3 个时期对环渤海海岸线及湿地进行变化分析,重点考察人工岸线与自然岸线的对比、变化和速率,以及发生岸线变动区域的空间分布和规模。湿地变化分析则从 1985 年、1995 年、2000 年、2006 年 4 个时期进行分析,重点是不同时期的湿地数量、变化量和变化率,以及空间格局。

本节研究结果将表明,渤海人工岸线逐年增长,自然岸线逐年缩短,海岸线整体缩短,海岸线整体趋向于向海域延伸,造成海域面积逐年退缩,海岸线变化的主要驱动力来源于港口码头以及工业园区的新建扩建,尤其是 2000 年之后岸线的变化最为显著;近岸湿地的面积整体呈增长趋势,但是主要增长的湿地类型为人工湿地,而新增人工湿地的增长是通过围填海形成的,围填海所形成的人工湿地随着工程的进行,多数会转为码头、工业区等建设用地,而以沼泽、河流、湖泊为主的自然湿地面积整体上呈减少趋势。如何在经济建设的同时保持岸域自然湿地是该区域应当考虑的重要问题。

5.1.1　渤海岸线变迁

利用 1985 年、1995 年、2000 年和 2006 年的土地利用及遥感影像数据可以获得 1985～2006 年渤海的岸线变迁情况,图 5.1 为各个时期整个渤海的岸线向海增长与向岸退缩情况。20 年间渤海岸线增长的区域由南向北主要有黄河口及两侧、天津滨海新区、曹妃甸沿岸以及辽东湾顶部盘锦市沿海区域。而岸线的退缩主要集中在黄河口两侧的局部地区以及盘锦沿海的凌海市和大洼县等局部地区。

根据分析结果表 5.3 可见,1985～1995 年沿岸面积有 1510.78km² 的增长,同时有 577.30km² 的减少;1995～2000 年陆地面积增长了 200.35km²,减少了 97.46km²;2000～2006 年陆地面积增长了 1451.48km²,减少了 95.74km²;变化速度最快的时期为 2000～2006 年,其面积增长速度达到 241.91km²/a,而减少速度也有 15.96km²/a;其次是 1985～1995 年,其增长速度也有 151.08km²/a,减少的速度为 57.73km²/a;1995～2000 年的岸线变化相对平缓,年均增长速度为 40.07km²/a,减少速度为 19.49km²/a。各个时期岸线发生变化的区域如图 5.1 所示。

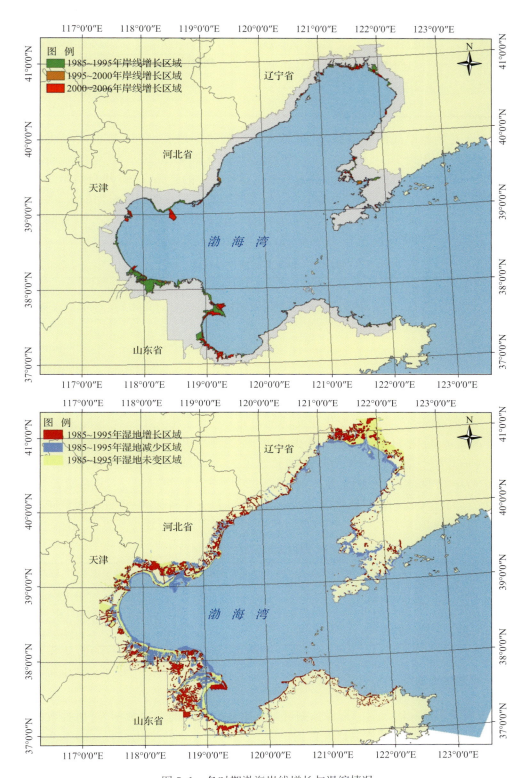

图 5.1　各时期渤海岸线增长与退缩情况

表 5.3　渤海岸线变迁程度及速度

时期	增加的面积/km²	增加的速度/(km²/a)	减少的面积/km²	减少的速度/(km²/a)
1985～1995 年	1510.78	151.08	577.30	57.73
1995～2000 年	200.35	40.07	97.46	19.49
2000～2006 年	1451.48	241.91	95.74	15.96

表 5.4 是渤海岸线的长度情况,可见人工岸线逐年增长,1985 年人工岸线长度为 737.54km,1995 年为 1674.04km,2000 年增长到 1844.38km, 2006 年为 1990.68km,共 增加 1253.14km。而自然岸线和岸线总长度呈逐年减少的趋势,1985 年自然岸线长度达 到了 3022.56km,占岸线总长度的 80%,到了 1995 年减少到 1966.21km,2000 年为 1750.21km,到了 2006 年只有 1353.69km,此时仅占岸线总长度的 40%。20 年间人工岸 线增长 1.7 倍,自然岸线损失近一半,岸线总长度缩减 11%。

表 5.4　渤海各时期岸线情况

时间	人工岸线长度 /km	人工岸线所占 比例/%	自然岸线长度 /km	自然岸线所占 比例/%	总长度 /km
1985 年	737.54	20	3022.56	80	3760.09
1995 年	1674.04	46	1966.21	54	3640.25
2000 年	1844.38	51	1750.21	49	3594.59
2006 年	1990.68	60	1353.69	40	3344.37

表 5.5 为渤海各时期岸线变化速度情况,1985～1995 年人工岸线增长速度最快,达 到 93.65km/a,同时自然岸线的减少速度也达到 105.64km/a,整体减少速度为 11.99km/a;1995～2000 年人工岸线的增长速度为 34.07km/a,自然岸线的减少速度为 43.2km/a,岸线整体减少速度为 9.13km/a;2000～2006 年人工岸线的增长速度为 24.38km/a,自然岸线的减少速度为 66.09km/a,与上一时期基本一致,岸线整体减少速 度为 41.71km/a。

表 5.5　渤海岸线长度的变化情况

时期	人工岸线速度/(km/a)	自然岸线速度/(km/a)	总变化速度/(km/a)
1985～1995 年	93.65	−105.64	−11.99
1995～2000 年	34.07	−43.2	−9.13
2000～2006 年	24.38	−66.09	−41.71

5.1.2　渤海湿地变化

利用多期土地利用及遥感影像数据可以提取研究区内的湿地数据,对所提取的湿地 数据进行空间叠加分析可获取研究区内的湿地随时间变化的变化过程。图 5.2、图 5.3 和图 5.4 为各个时期内湿地增加和减少的空间位置情况,表 5.6 为各个时期的湿地总面 积,表 5.7 为具体的湿地变化情况。

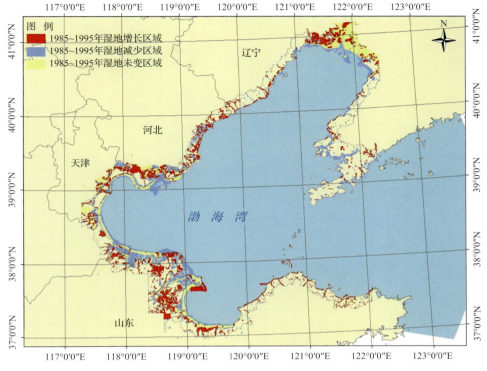

图 5.2　1985～1995 年渤海湿地变化情况

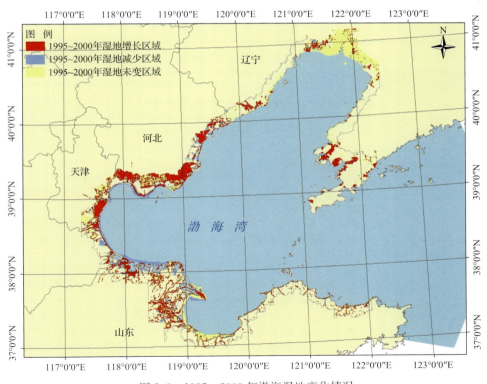

图 5.3　1995～2000 年渤海湿地变化情况

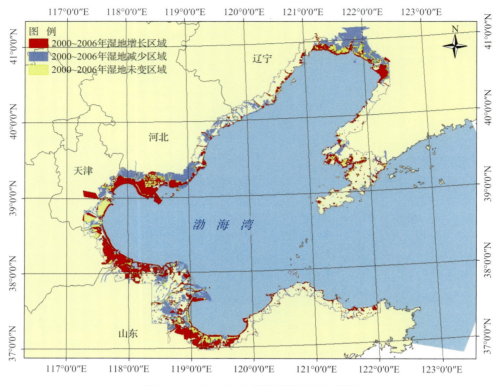

图 5.4 2000～2006 年渤海湿地变化情况

表 5.6 渤海研究区 4 个时期湿地面积

时间	1985 年	1995 年	2000 年	2006 年
研究区湿地面积/km²	10109.68	6668.03	7456.17	7374.24

表 5.7 4 个时期湿地面积变化情况

时期	未变化面积/km²	增加的面积/km²	减少的面积/km²	变化速率/(km²/a)
1985～1995 年	4331.39	2336.64	5778.29	−344.17
1995～2000 年	5355.06	2101.11	1312.96	157.63
2000～2006 年	2770.69	4603.55	4685.48	−13.66

由表 5.6 可见研究区内 1985 年因含岸线外近岸湿地,湿地总面积最大,达到 10109.68km²,其次是 2000 年,面积为 7456.17km²,再次为 2006 年的 7374.24km²,1995 年的湿地面积最小,仅为 6668.03km²。整体上,近 20 年湿地处于退化状态。

通过对湿地进行变化分析,由表 5.7 可以看出 1995～2000 年湿地呈整体增长状态,年增长率为 157.63km²/a。2000～2006 年的湿地呈整体退缩状态,年增长率达到 −13.66km²/a。

5.2 天津滨海新区

天津滨海新区位于天津市的东部临海地区,由天津港、天津经济技术开发区、天津保税区以及塘沽、汉沽、大港 3 个行政区和东丽、津南区的一部分组成。湿地是该地区的区域特色,保护和合理开发利用湿地,成为保护该地区生态环境与促进该地区经济持续发展的重要方面。

以下研究将表明,研究期间该区一直处于较快的变化状态,从海岸线的变化来看,2000 年后对海岸线的开发力度逐渐加大,2000~2006 年天津港、天津港保税区、天津经济技术开发区的岸线开发最为强烈,新增大面积围海用地,2006 年进入"十一五"后,天津港保税区及天津经济技术开发区初见规模,岸线的开发利用减缓,而天津港及大港区的开发力度有所提高。随着人为开发力度的加大,人工岸线长度逐年增长,增长速度由 1985~1995 年的 0.91km/a 增长到了 2006~2008 年的 46.17km/a;研究区内自然湿地资源总量相对稳定,保持在 260km^2 左右,人工湿地数量较大,新增人工湿地多为围填海形成,围成之后多转为其他用途。

5.2.1 天津新区岸线变迁

利用多期数据对天津新区海岸线的变迁进行定量分析,岸线的变迁直接造成沿岸陆地面积的变化,所以陆地面积的变化程度是岸线变迁的具体体现。根据分析结果表 5.8 可见,1985~1995 年沿岸面积有 40.82km^2 的增长,同时有 7.32km^2 的减少;1995~2000 年陆地面积增长了 8.07km^2,减少了 0.71km^2;2000~2006 年陆地面积增长了 70.85km^2,减少了 1.54km^2;而 2006~2008 年两年期间陆地面积增长了 90.97km^2,同时也有 8.41km^2 的减少,变化速度最快的时期为 2006~2008 年,其面积增长速度达到 45.48km^2/a,而减少速度也有 4.21km^2/a;其次是 2000~2006 年,其增长速度也有 11.81km^2/a,减少的速度只有 0.25km^2/a;另外两个时期的变化速度并不剧烈,1985~1995 年的年均增长速度为 4.08km^2/a,减少速度为 0.73km^2/a,而 1995~2000 年的年均增长速度为 1.61km^2/a,减少速度为 0.14km^2/a,这一时期的岸线退缩速度最为缓慢。各个时期岸线发生变化的区域如图 5.5 所示,各时期的岸线位置如图 5.6 所示。

表 5.8　天津新区岸线变迁程度及速度

时期	增加的面积/km^2	增加的速度/(km^2/a)	减少的面积/km^2	减少的速度/(km^2/a)
1985~1995 年	40.82	4.08	7.32	0.73
1995~2000 年	8.07	1.61	0.71	0.14
2000~2006 年	70.85	11.81	1.54	0.25
2006~2008 年	90.97	45.48	8.41	4.21

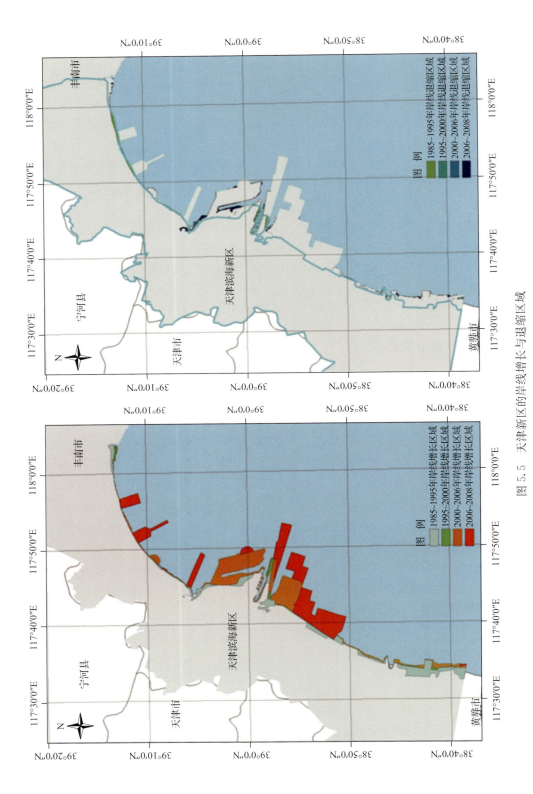

图 5.5 天津新区的岸线增长与退缩区域

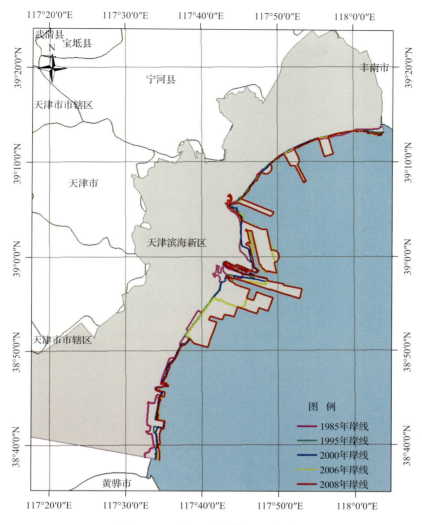

图 5.6　天津新区各时期的岸线位置

　　表 5.9 是天津新区岸线的长度情况,可见人工岸线逐年增长,1985 年研究区内无人工岸线,1995 年为 9.1km,占岸线总长度的 7%,2000 年增长到 87.5km,占岸线总长度的比例激增到 67%,2006 年人工岸线为 152.85km,2008 年达到了 245.18km,可以看出人工岸线经历了从无到有的变化过程,而且在 1995~2000 年和 2006~2008 年这两段时期岸线明显增加;而自然岸线呈逐年减少的趋势,1985 年全部为自然岸线,长度为 128.27km,到了 1995 年减少到 118.83km,2000 年为 43.17km,到了 2006 年只有 7.6km,而 2008 年剩下 3.5km,自然岸线严重退缩,共缩减 124.77km。岸线的总长度呈递增的变化趋势,特别是 2006~2008 年,总岸线长度由 160.45km 增长到了 248.68km,增长了 88.23km,整体上,岸线总长度增加了 93.9%。

表 5.9 天津新区各时期岸线情况

时间	人工岸线长度 /km	人工岸线所占 比例/%	自然岸线长度 /km	自然岸线所占 比例/%	总长度 /km
1985 年	0	0	128.27	100	128.27
1995 年	9.1	7	118.83	93	127.93
2000 年	87.5	67	43.17	33	130.67
2006 年	152.85	95	7.6	5	160.45
2008 年	245.18	99	3.5	1	248.68

表 5.10 为天津新区各时期岸线变化速度情况,1985~1995 年研究区内岸线变化程度最小,人工岸线增长速度仅为 0.91km/a,自然岸线的减少速度为 0.94km/a,整体减少速度为 0.03km/a;1995~2000 年人工岸线的增长速度为 15.68km/a,自然岸线的减少速度为 15.13km/a,岸线整体增长速度为 0.55km/a;2000~2006 年人工岸线的增长速度为 10.89km/a,自然岸线的减少速度为 5.93km/a,岸线整体增长速度为 4.96km/a;2006~2008 年人工岸线增长速度相对最快为 46.17km/a,而自然岸线由于基数很小,所以其减少速度仅为 2.05km/a,对应的岸线整体增长速度也达到了 44.12km/a。

表 5.10 天津新区岸线长度的变化情况

时期	人工岸线速度/(km/a)	自然岸线速度/(km/a)	总变化/(km/a)
1985~1995 年	0.91	−0.94	−0.03
1995~2000 年	15.68	−15.13	0.55
2000~2006 年	10.89	−5.93	4.96
2006~2008 年	46.17	−2.05	44.12

5.2.2 天津新区湿地的时空变化分析

天津滨海新区是国家重点开发区域,人为开发力度在短时间内集中,这里着重考察其 1985~2008 年的湿地变化,包括空间分布特点、数量变化、转移类别及数量等,以期对该区域湿地的变化过程有一个时空上的理解。

1. 湿地的空间分布及数量变化

由图 5.7 可见,天津滨海新区的湿地类型主要以人工湿地为主,且人工湿地面积呈现整体逐年增长趋势。1985 年研究区内有大面积的以滩涂为主的近岸湿地存在,1995 年之后因数据原因没有绘制,1995~2000 年湿地的空间分布上变化较小,而 2000~2009 年则有大面积的人工湿地向海域延伸,另外,研究区内存在少量河流湿地、湖泊湿地、沼泽湿地,其中,河流湿地较为稳定,而沼泽湿地和湖泊湿地呈现出此消彼长的趋势,1995~2009 年沼泽湿地呈现先减后增的趋势,相应的湖泊湿地呈先增后减的趋势。值得注意的是,部分人工围堤内的湿地将很快转化为建成区,如码头或城区。

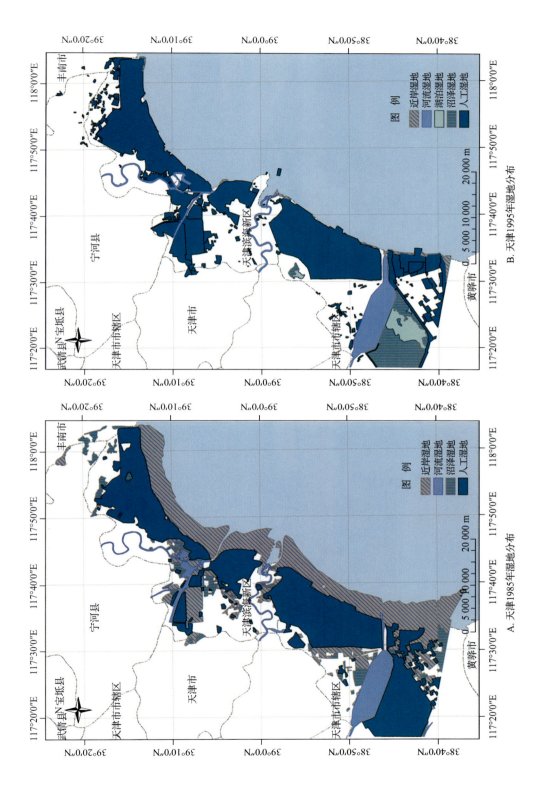

B. 天津1995年湿地分布

A. 天津1985年湿地分布

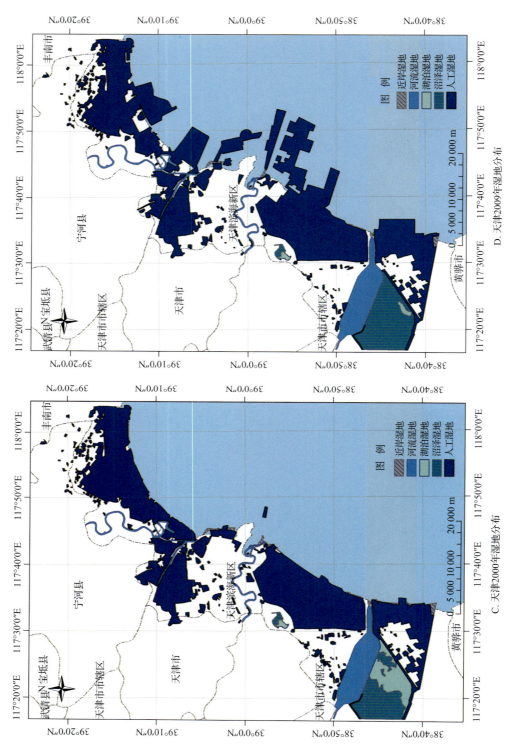

图 5.7 天津新区各时期湿地分布情况

由表 5.11 可见,1985 年的近岸湿地面积多达 501.23km²,因数据原因这里不与后三期数据作比较;河流湿地相对稳定,只是由 1985 年的 123.29km² 减少到 1995 年的 111.20km²,年均减少速度为 1.21km²/a,之后一直保持在 111km² 左右;湖泊湿地和沼泽湿地在 1985～1995 年均有所增长,增长速度分别为 3.77km²/a 和 0.82km²/a,1995 年后呈现此消彼长的趋势,其中,湖泊湿地 1995～2000 年增长了 13.82km²,而沼泽湿地则减少了 13.07km²,2000～2009 年湖泊湿地减少了 45.57km²,相应的沼泽湿地增加了 45.56km²;人工湿地在 2000 年前比较稳定,保持在 740km² 左右,而 2000～2009 年迅速增加到 916.80km²,年增长率达到 18.76km²/a;海域面积在本研究中只是划分研究区时随机包含在内的面积,所以只是用来体现由于围填海以及岸线侵蚀造成的海域面积的增减,而具体值并无实际意义,后面的各研究区中亦如此。天津新区的海域面积在 1985～1995 年由于数据问题,海域面积数值增加了 315.34km²,年均增加 31.53km²,而 2000 年之后由于人工湿地的增加,海域面积逐年减少,其中 2000～2009 年减少速度达到 27.83km²/a。非湿地土地利用类型中,城乡工矿用地的增长最为显著,它的变化也与湿地的变化密切相关,后面的转移矩阵中将做详细分析。图 5.8 和表 5.11 直观地表现了各时期不同湿地类型的数量变化及变化速度和趋势。

表 5.11　各时期天津滨海新区各湿地类型数量及变化速度

类型	湿地面积/km²				变化速度/(km²/a)		
	1985 年	1995 年	2000 年	2009 年	1985～1995 年	1995～2000 年	2000～2009 年
近岸湿地	501.23	12.76	11.99	5.89	−48.85	−0.15	−0.68
河流湿地	123.29	111.20	111.30	111.30	−1.21	0.02	0.00
湖泊湿地	0.00	37.69	51.51	5.94	3.77	2.76	−5.06
沼泽湿地	83.32	91.51	78.44	124.00	0.82	−2.61	5.06
人工湿地	734.55	749.25	747.97	916.80	1.47	−0.26	18.76
湿地总面积	1442.39	1002.41	1001.21	1163.93			
海域	584.67	900.01	889.83	639.38	31.53	−2.04	−27.83
农业用地	471.88	475.60	442.07	404.47	0.37	−6.71	−4.18
林地	0.95	4.27	5.04	4.90	0.33	0.15	−0.02
城乡工矿用地	87.10	229.23	273.37	400.90	14.21	8.83	14.17
未利用地	8.82	0.00	0.00	0.00	−0.88	0.00	0.00

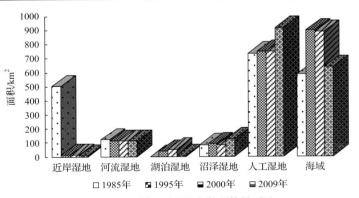

图 5.8　各时期不同湿地类型数量对比

表 5.11 和图 5.8 可见近岸湿地在 1985 年和 1995 年有很大差距,这主要是由数据原因造成。1995～2009 年的数据具备相同数据基础,具有比较意义。可以看出人工湿地一直占据湿地的主导地位,且 2000 年后有大面积增长的趋势,同时海域面积相应地减少。此外,1995～2000 年则各湿地类型的变化速度趋于缓和,没有较为剧烈的变化,而 2000～2009 年各湿地的变化速度的主要特点表现为人工湿地的快速增长和海域面积的快速退缩。应注意的是,这里的人工湿地可能是从海域转化为建成区的中间形态,即人工围堤内水域。

2. 转移矩阵分析

由表 5.12 可以看出,除数据原因,1985～1995 年有较大数量的近岸滩涂湿地转变为人工湿地、城乡工矿用地和农业用地,而转入近岸湿地的数量非常有限,甚至可以忽略;该时期河流湿地相对稳定,但是也有 18.50km² 转变为人工湿地,而河流湿地与农业用地互有转换,呈基本平衡;沼泽湿地数量较少,在此期间基本全部为转出,其中转为人工湿地 28.84km²,转为农业用地 38.68km²,转为城乡工矿用地 10.60km²;人工湿地与其他用地类型之间的转换较为频繁,其中转为沼泽湿地和城乡工矿用地的数量较大,分别为 90.98km² 和 48.16km²,而转入的人工湿地主要来源于近岸湿地和农业用地。由表可知,转入面积较大的湿地类型为人工湿地,而转出面积较大的类型为近岸湿地和人工湿地;非湿地类型中城乡工矿用地和农业用地的转入面积相对较大;整体上湿地的转出面积明显多于转入的面积,其中人工湿地的变动最为活跃。

表 5.12　1985～1995 年天津滨海新区湿地转移矩阵　（单位:km²）

	近岸湿地	河流湿地	湖泊湿地	沼泽湿地	人工湿地	农业用地	林地	城乡工矿	未利用地	海域
近岸湿地	10.15	2.42	0	0	92.27	44.50	0.54	47.67	0	306.25
河流湿地	0.01	90.88	0	0	18.50	6.37	0.48	7.53	0	0.15
湖泊湿地	0	0	0	0	0	0	0	0	0	0
沼泽湿地	1.75	1.24	0	0	28.84	38.68	2.64	10.60	0	0
人工湿地	0.04	3.20	37.69	90.98	534.87	17.73	0.17	48.16	0	5.57
农业用地	0	6.73	0	0.53	66.08	351.53	0.43	48.97	0	0
林地	0	0	0	0	0	0.95	0	0	0	0
城乡工矿	0.42	6.23	0	0	7.22	13.19	0	59.41	0	1.07
未利用地	0	0.02	0	0	0.77	2.63	0	4.96	0	0.49
海域	0.39	0.48	0	0	0.69	0	0	1.91	0	x

注:灰色区域为湿地与非湿地间转移,另外两个区域为湿地间或非湿地间的内部转移,下同。

由表 5.13 可见,1995～2000 年湿地与非湿地之间的转换比较轻微,主要为人工湿地与其他非湿地类型之间的转换,表现为人工湿地与农业用地和城乡工矿用地之间的转换,转出 43.63km²,而转入为 32.98km²,整体上湿地面积也略减少。湿地类型之间的转换主要表现为为数不多的近岸湿地转变为人工湿地,以及沼泽湿地转变为湖泊湿地。同时有 4.49km² 的海域转为近岸湿地,4.89km² 海域被利用为人工湿地。

表 5.13　1995～2000 年天津滨海新区湿地转移矩阵　　　　（单位：km²）

	近岸湿地	河流湿地	湖泊湿地	沼泽湿地	人工湿地	农业用地	林地	城乡工矿	未利用地	海域
近岸湿地	7.36	0.01	0	0	5.37	0	0	0	0	0.02
河流湿地	0	111.35	0	0	0	0	0	0	0	0
湖泊湿地	0	0	37.71	0	0	0	0	0	0	0
沼泽湿地	0	0	13.82	77.62	0	0	0	0	0	0
人工湿地	0	0	0	0	704.89	10.61	0.74	33.02	0	0.26
农业用地	0	0	0	0.8	25.73	431.23	0	17.93	0	0
林地	0	0	0	0	0	0	4.19	0	0	0
城乡工矿	0.01	0	0	0	7.25	0.24	0	221.4	0	0.26
未利用地	0	0	0	0	0	0	0	0	0	0
海域	4.49	0.08	0	0	4.89	0	0	1.14	0	x

　　由表 5.14 可知，2000～2009 年转出的湿地类型主要为人工湿地，其中有 60.46km² 转变为城乡工矿用地，3.42km² 转变为农业用地，而仅有不足 2km² 的非湿地类型向湿地转变，虽然湿地与非湿地类型之间的转换使得湿地面积大量缩减，但是由于围填海工程的加剧，有近 228km² 的海域面积转变为人工湿地，所以湿地面积整体上有近 164km² 的增长。从转移矩阵中可以看出，该时期的一个突出特点为人为开发力度加大，大面积的人工湿地、海域以及农业用地转变为城乡工矿用地，而湿地类型中的人工湿地面积也大幅增长。

表 5.14　2000～2009 年天津滨海新区湿地转移矩阵　　　　（单位：km²）

	近岸湿地	河流湿地	湖泊湿地	沼泽湿地	人工湿地	农业用地	林地	城乡工矿	未利用地	海域
近岸湿地	5.91	0	0	0	3.35	0	0	1.67	0	0.93
河流湿地	0	111.44	0	0	0	0	0	0	0	0
湖泊湿地	0	0	5.92	45.61	0	0	0	0	0	0
沼泽湿地	0	0	0	78.42	0	0	0	0	0	0
人工湿地	0	0	0	0	683.89	3.42	0	60.46	0	0.36
农业用地	0	0	0	0	0.26	398.97	0	42.85	0	0
林地	0	0	0	0	0	0	4.79	0.14	0	0
城乡工矿	0	0	0	0	1.28	1.92	0	270.03	0	0.26
未利用地	0	0	0	0	0	0	0	0	0	0
海域	0	0	0	0	227.98	0	0	24.1	0	x

3. 湿地重心空间变化

湿地的空间变化可以通过各时期湿地重心坐标的空间变化来反映。重心坐标计算模型如公式(5.1)和式(5.2)所示：

$$X_t = \sum_{i=1}^{n} (C_{ti} \times x_i) / \sum_{i=1}^{n} C_{ti} \tag{5.1}$$

$$Y_t = \sum_{i=1}^{n} (C_{ti} \times y_i) / \sum_{i=1}^{n} C_{ti} \tag{5.2}$$

式中，X_t、Y_t 表示第 t 年湿地重心坐标；C_{ti} 表示整个研究区中第 i 个小区域单元湿地的面积；x_i、y_i 表示第 i 个区域单元的几何中心坐标；n 表示研究区内小区域单元的数量。

湿地重心迁移在一定程度上反映了研究区内湿地空间格局的变化。在求出各年份研究区湿地重心坐标的基础上，采用欧氏距离公式便可得到湿地重心在不同时间尺度的迁移距离(m)和迁移方向(°)。迁移方向以正北方为 0°，顺时针旋转，得到天津滨海新区湿地重心变化如表 5.15 所示。其他研究区湿地重心空间变化研究与此同理。

表 5.15　天津滨海新区湿地重心迁移距离和方向

时期	距离/m	变化方向/(°)
1985～1995 年	2317.00	311.33
1995～2000 年	734.27	205.99
2000～2009 年	2128.50	110.06

由表 5.15 可以看出 1985～1995 年湿地的空间转移因数据原因不具有实际意义。1995～2000 年湿地重心有 734m 的迁移，方向大致平行于海岸线向西南；2000～2009 年湿地的迁移模式为"东南模式"，即大致垂直海岸线向海一侧，且迁移距离达到 2128m，这主要与该时期天津滨海新区的快速围填有直接关系，该时期研究区人工湿地新增 169km²，主要来源于围填海工程。

5.3　曹妃甸工业区

曹妃甸位于唐山南部沿海、渤海中心地带，原本是一列东北-西南走向的带状沙岛，为古滦河入海冲积而成，至今已有 5500 余年的历史。曹妃甸这个原来偏僻的小沙岛，现今是国家确定的首批循环经济试点园区。2009 年 3 月 14 日河北省唐山曹妃甸新区揭牌成立，新区辖曹妃甸工业区、南堡经济开发区、唐海县和曹妃甸新城。

以下研究将表明，2000 年以前该区为一列带状沙岛，岸线变化微弱，曹妃甸工业区从 2003 年正式建设，2006 年包括通岛公路、铁路、钢铁厂用地的吹填一期工程基本完成，所以 2000～2006 年岸线变化显著，岸线外移造陆速度达到 38.14km²/a(集中在 2003 年后，所以 2003～2006 年的速度应为 70km²/a 左右)。2006 年后唐山曹妃甸新区开发建设成为我国"十一五"期间全国最大的项目集群,其海域围填开发力度仍然很大,2006～2008年的陆域增长速度达到51.35km²/a。由于曹妃甸工业区的发展,研究区岸线长度逐年增长,人工岸线的增长速度在2006～2008年达到57.27km/a,而自然岸线逐年减少,到了2008年几乎全部被人工岸线取代。研究区内自然湿地数量较少,一定数量的沼泽湿地也随着人为开发利用而逐年减少,由1995年的32.38km²减少到2009年的11.89km²。以盐田为主的人工湿地同样占据研究区湿地的主体,盐田数量相对稳定,人工湿地的变化主要由曹妃甸工业区围海造陆工程所引发。随着工程的进行,围填海所形成的人工湿地将逐渐被工矿码头等用地所取代。

5.3.1 曹妃甸岸线变迁

结合图5.9～图5.11可以看出,1985～1995年海岸线均匀向外扩展,以自然淤积为主,1995～2000年海岸线变化主要发生在柳赞镇沿岸,以海水养殖功能为主,2000～2006年围海造陆现象比较突出,以通岛公路为轴线向海延伸,工业园区的建设初见规模。2006～2008年在原先向海延伸的基础上继续向东西两侧扩张。另外一方面,岸线的缩退情况极少,1985～2008年比较明显的变化发生在月坨岛向南一侧的沙岛上以及月坨岛向东一带的沿岸。总体上,曹妃甸岸线的变迁与其港口建设和工业园区的发展密不可分。

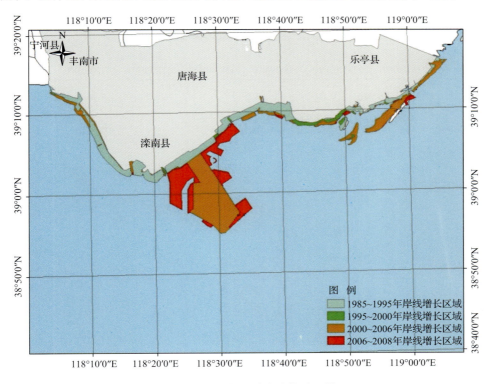

图5.9 曹妃甸岸线向海推进区域

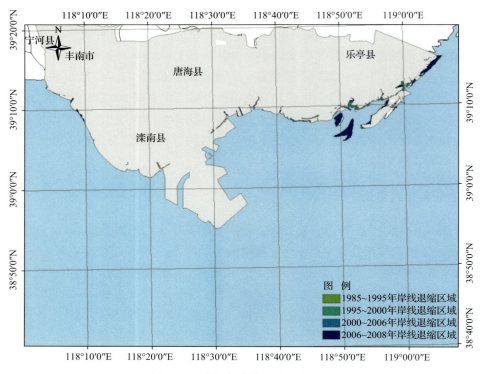

图 5.10 曹妃甸岸线向岸退缩区域

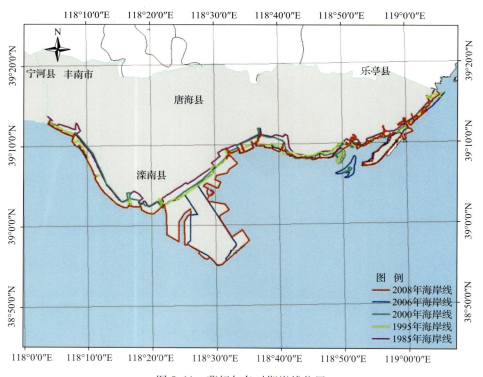

图 5.11 曹妃甸各时期岸线位置

利用多期数据对曹妃甸海岸线的变迁进行定量分析,根据分析结果表 5.16 可见:1985~1995 年沿岸面积有 124.44km² 的增长,同时有 1.06km² 的减少;1995~2000 年陆地面积增长了 13.35km²,减少了 4.85km²;2000~2006 年陆地面积增长了 228.81km²,减少了 2.67km²;而 2006~2008 年两年期间陆地面积增长了 102.70km²,同时也有 24.16km² 的减少,变化速度最快的时期为 2006~2008 年,其面积增长速度达到 51.35km²/a,而减少速度也有 12.08km²/a;其次是 2000~2006 年,其增长速度也有 38.14km²/a,减少的速度只有 0.45km²/a;另外两个时期的变化速度并不剧烈,1985~1995 年的年均增长速度为 12.44km²/a,减少速度为 0.11km²/a,而 1995~2000 年的年均增长速度为 2.67km²/a,减少速度为 0.97km²/a,这一时期的岸线退缩速度最为缓慢。整体变化规律与天津新区的岸线变化规律基本一致。各个时期岸线发生变化的区域如图 5.9、图 5.10 所示,各时期的岸线位置如图 5.11 所示。

表 5.16　曹妃甸岸线变迁程度及速度

时期	增加的面积/km²	增加的速度/(km²/a)	减少的面积/km²	减少的速度/(km²/a)
1985~1995 年	124.44	12.44	1.06	0.11
1995~2000 年	13.35	2.67	4.85	0.97
2000~2006 年	228.81	38.14	2.67	0.45
2006~2008 年	102.70	51.35	24.16	12.08

表 5.17 是曹妃甸岸线的长度情况,与天津新区相同,人工岸线逐年增长,1985 年研究区内人工岸线为 114.06km,1995 年为 143.75km,此时占岸线总长度的 95%,2000 年增长到 151.1km,2006 年为 181.89km,2008 年研究区内全部岸线均为人工岸线,达到了 296.42km;而自然岸线呈现波动变化,1985 年自然岸线长度为 25.35km,到了 1995 年减少到 7.28km,2000 年又增长到 13.28km,2006 年增长到 44.33km,而 2008 年自然岸线消失。可以看出,该区域自 20 世纪 80 年代以来人工岸线就占主导地位,后期人工岸线的增加相对于天津新区的增加量要小得多。此外,岸线的总长度呈总体递增的变化趋势,由 1985 年的 139.41km 增长到了 2008 年的 296.42km,增长了 157.01km。

表 5.17　曹妃甸各时期岸线情况

时间	人工岸线长度/km	人工岸线所占比例/%	自然岸线长度/km	自然岸线所占比例/%	总长度/km
1985 年	114.06	82	25.35	18	139.41
1995 年	143.75	95	7.28	5	151.03
2000 年	151.1	92	13.28	8	164.38
2006 年	181.89	80	44.33	20	226.22
2008 年	296.42	100	0	0	296.42

表 5.18 为曹妃甸各时期岸线变化速度情况,1995~2000 年研究区内岸线变化程度最小,人工岸线增长速度仅为 1.47km/a,自然岸线的增长速度为 1.2km/a,整体增长速度为 2.67km/a;1985~1995 年人工岸线的增长速度为 2.97km/a,自然岸线的减少速度为 1.81km/a,岸线整体增长速度为 1.16m/a;2000~2006 年人工岸线的增长速度为 5.13km/a,自然岸线的增长速度为 5.18km/a,岸线整体增长速度为 10.31km/a;2006~2008 年人工岸线增长速度相对最快,达到了 57.27km/a,比同期的天津新区岸线增长速

度还快 11.1km/a,同时自然岸线减少的速度也加快,速度为 22.17km/a,对应的岸线整体增长速度也达到了 35.1km/a。

表 5.18　曹妃甸岸线长度的变化情况

时期	人工岸线速度/(km/a)	自然岸线速度/(km/a)	总变化/(km/a)
1985~1995 年	2.97	−1.81	1.16
1995~2000 年	1.47	1.2	2.67
2000~2006 年	5.13	5.18	10.31
2006~2008 年	57.27	−22.17	35.1

5.3.2　曹妃甸湿地时空变化分析

曹妃甸自然形态上是一列沙岛所围成的浅滩区域,过去是一个完善的沙坝浅滩湿地。近几年成为国家重点开发区域,人为开发力度在短时间内高度集中。这里着重考察 1985~2008 年的湿地变化,包括空间分布特点、数量变化、转移类别及数量等,以期对该区域湿地的变化过程有一个时空上的理解。

1. 湿地的空间分布及数量变化

由图 5.12 可见,与天津滨海新区情况类似,1985 年曹妃甸同样存在大量的滨海湿地,1995 年以后各期因数据解译问题没有绘制。1995~2009 年人工湿地占所有湿地类型的主体,且 2000~2009 年人工湿地有大面积的向海延伸。1985 年沼泽湿地有较大面积的分布,达到 264.20km² (表 5.19),之后逐年退缩,2009 年则只有 11.89km² 的分布。各时期研究区内均无规模较大的湖泊湿地分布。

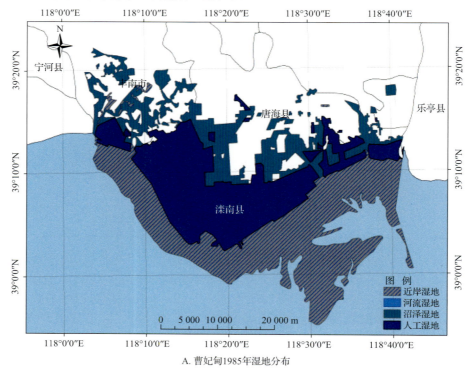

A. 曹妃甸1985年湿地分布

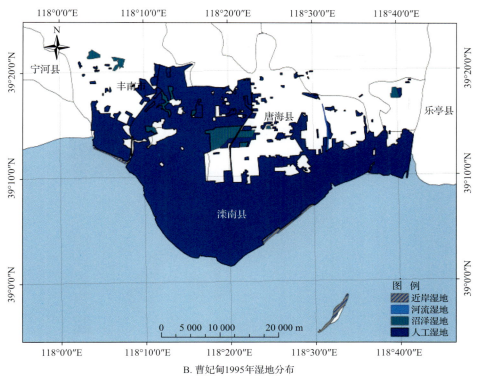

B. 曹妃甸1995年湿地分布

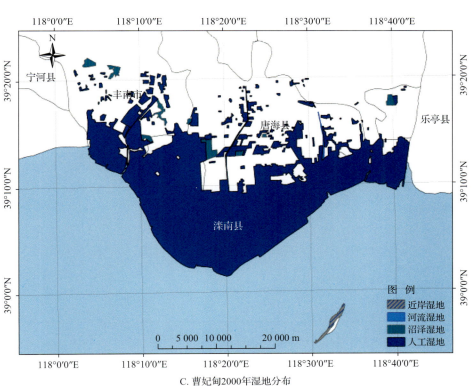

C. 曹妃甸2000年湿地分布

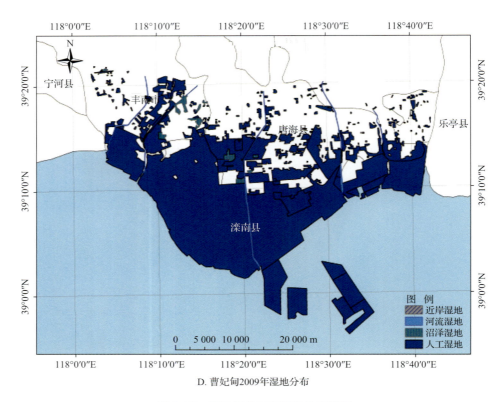

D. 曹妃甸2009年湿地分布

图 5.12 曹妃甸各时期湿地分布情况

表 5.19 各时期曹妃甸各湿地类型数量及变化速度

类型	湿地面积/km²				变化速度/(km²/a)		
	1985 年	1995 年	2000 年	2009 年	1985～1995 年	1995～2000 年	2000～2009 年
近岸湿地	532.10	10.70	4.18	0.00	−52.14	−1.30	−0.46
河流湿地	0.00	1.41	1.41	9.81	0.14	0.00	0.93
湖泊湿地	0.00	0.00	0.00	0.00	0.00	0.00	0.00
沼泽湿地	264.20	32.38	18.12	11.89	−23.18	−2.85	−0.69
人工湿地	428.89	792.42	712.63	843.77	36.35	−15.96	14.57
湿地总面积	1225.19	836.91	736.34	865.47			
海域	185.49	610.16	599.79	390.14	42.47	−2.07	−23.29
农业用地	516.21	432.29	543.52	465.81	−8.39	22.25	−8.63
林地	0.00	1.01	0.00	0.00	0.10	−0.20	0.00
城乡工矿	18.89	68.94	69.65	219.82	5.00	0.14	16.69
未利用地	3.51	0.00	0.00	8.04	−0.35	0.00	0.89

由表 5.19 可见,人工湿地大面积占据近岸湿地,同时,沼泽湿地退缩较为显著,从 1985 年的 264.20km²,逐年退缩到 2009 年的 11.89km²,1985～1995 年的退缩速度达到 23.18km²/a。人工湿地的规模在研究期内呈波动变化(图 5.13),其中 1985～1995 年以

$36.35km^2/a$ 的速度增长,而 $1995\sim2000$ 年则以 $15.96km^2/a$ 的速度退缩,$2000\sim2009$ 年又以 $14.57km^2/a$ 的速度增长,总面积也由 1985 年的 $428.89km^2$ 增长到 $843.77km^2$。海域面积直接受近岸湿地和人工湿地面积的变化影响,$1985\sim1995$ 年由于大量近岸湿地的减少,海域面积以 $42.47km^2/a$ 的速度增长,而 $2000\sim2009$ 年由于人工湿地向海域的延伸,海域面积又以 $23.29km^2/a$ 的速度减少。

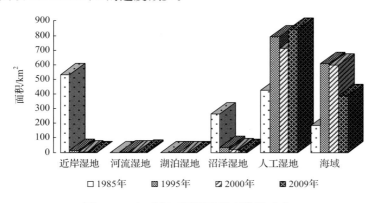

图 5.13　各时期不同湿地类型数量对比

图 5.13 可以更加直观地看出各湿地类型在不同时期的数量变化情况,除近岸湿地减小含有数据原因外,最为明显的变化表现为沼泽湿地从 $1985\sim1995$ 年的大量减少,另外人工湿地整体性增长以及海域在 1995 年之后的趋势性减少同样明显。

2. 转移矩阵分析

由表 5.20 可以看出曹妃甸 $1985\sim1995$ 年湿地类型之间的转换最多的是近岸湿地转换为人工湿地,面积多达 $92.51km^2$,而沼泽湿地向人工湿地的转出更为显著,面积达到 $148.38km^2$;主要的转出湿地类型为近岸湿地、沼泽湿地和人工湿地,沼泽湿地主要转出为农业用地和城乡工矿用地,面积分别为 $83.71km^2$ 和 $9.61km^2$,人工湿地的转出数量相

表 5.20　1985～1995 年曹妃甸湿地转移矩阵　　　　　　（单位:km^2）

	近岸湿地	河流湿地	湖泊湿地	沼泽湿地	人工湿地	农业用地	林地	城乡工矿	未利用地	海域
近岸湿地	10.60	0.00	0.00	0.00	92.51	3.53	0.00	0.55	0.00	424.86
河流湿地	0.00	0.00	0.00	0.00	0.00	0.00	0.00	0.00	0.00	0.00
湖泊湿地	0.00	0.00	0.00	0.00	0.00	0.00	0.00	0.00	0.00	0.00
沼泽湿地	0.00	0.78	0.00	22.03	148.38	83.71	0.00	9.61	0.00	0.00
人工湿地	0.00	0.22	0.00	1.64	407.25	15.11	0.34	4.07	0.00	0.00
农业用地	0.00	0.43	0.00	8.77	139.31	321.24	0.65	45.77	0.00	0.00
林地	0.00	0.00	0.00	0.00	0.00	0.00	0.00	0.00	0.00	0.00
城乡工矿	0.00	0.00	0.00	0.21	2.07	8.07	0.05	8.29	0.00	0.00
未利用地	0.00	0.00	0.00	0.00	2.38	0.64	0.00	0.49	0.00	0.00
海域	0.11	0.00	0.00	0.00	0.00	0.00	0.00	0.00	0.00	x

对较小,主要转出为农业用地 15.11km²,城乡工矿用地 4.07km²;湿地的转入主要来源于农业用地,仅新增人工湿地就有 139.31km² 来源于农业用地,另外也有少量的未利用地和城乡工矿用地转变为人工湿地;非湿地类型的转换主要表现为农业用地向城乡工矿用地的转换。

1995～2000 年的湿地之间转变非常轻微(表 5.21),仅有 6.36km² 的近岸湿地转变为人工湿地,而其他湿地类型之间基本没有发生转换;湿地的转出主要为人工湿地和沼泽湿地转变为农业用地,面积分别为 116.89km² 和 11.33km²;湿地的转入主要来源于农业用地向人工湿地的转入和海域向人工湿地的转入,面积分别为 16.65km² 和 10.64km²;非湿地类型之间的转换同样很少。

表 5.21　1995～2000 年曹妃甸湿地转移矩阵　（单位:km²）

	近岸湿地	河流湿地	湖泊湿地	沼泽湿地	人工湿地	农业用地	林地	城乡工矿	未利用地	海域
近岸湿地	4.16	0.00	0.00	0.00	6.36	0.00	0.00	0.00	0.00	0.19
河流湿地	0.00	1.43	0.00	0.00	0.00	0.00	0.00	0.00	0.00	0.00
湖泊湿地	0.00	0.00	0.00	0.00	0.00	0.00	0.00	0.00	0.00	0.00
沼泽湿地	0.00	0.00	0.00	18.14	3.02	11.33	0.00	0.16	0.00	0.00
人工湿地	0.00	0.00	0.00	0.00	674.44	116.89	0.00	0.53	0.00	0.04
农业用地	0.00	0.00	0.00	0.00	16.65	415.41	0.00	0.24	0.00	0.00
林地	0.00	0.00	0.00	0.00	1.04	0.00	0.00	0.00	0.00	0.00
城乡工矿	0.00	0.00	0.00	0.00	0.00	0.07	0.00	68.71	0.00	0.00
未利用地	0.00	0.00	0.00	0.00	0.00	0.00	0.00	0.00	0.00	0.00
海域	0.00	0.00	0.00	0.00	10.64	0.00	0.00	0.00	0.00	x

2000～2009 年曹妃甸湿地类型之间的转换数量很少(表 5.22),主要为 5.51km² 的沼泽湿地转为人工湿地;湿地的转出主要来源于沼泽湿地和人工湿地,其中沼泽湿地有 8.51km² 转变为农业用地,而人工湿地有 18.64km² 转变为农业用地,26.58km² 转变为城乡工矿用地。除此之外还有 3.42km² 的近岸湿地转变为城乡工矿用地;主要的湿地转入类型为人工湿地,有 80.58km² 的农业用地和 96.89km² 的海域转变为人工湿地;在非湿地类型之间的主要的转出类型为农业用地和海域,而主要的转入类型为城乡工矿用地。整体来看,曹妃甸与天津新区有一个共同特点,即 2000 年后围填海工程力度加大,大面积的海域被人工湿地和城乡工矿用地所取代。

表 5.22　2000～2009 年曹妃甸湿地转移矩阵　（单位:km²）

	近岸湿地	河流湿地	湖泊湿地	沼泽湿地	人工湿地	农业用地	林地	城乡工矿	未利用地	海域
近岸湿地	0.00	0.00	0.00	0.00	0.74	0.00	0.00	3.42	0.00	0.00
河流湿地	0.00	1.01	0.00	0.00	0.25	0.17	0.00	0.00	0.00	0.00
湖泊湿地	0.00	0.00	0.00	0.00	0.00	0.00	0.00	0.00	0.00	0.00
沼泽湿地	0.00	0.00	0.00	3.76	5.51	8.51	0.00	0.36	0.00	0.00
人工湿地	0.00	6.29	0.00	1.37	658.97	18.64	0.00	26.58	0.00	0.30

	近岸湿地	河流湿地	湖泊湿地	沼泽湿地	人工湿地	农业用地	林地	城乡工矿	未利用地	海域
农业用地	0.00	2.42	0.00	6.79	80.58	437.58	0.00	16.33	0.00	0.00
林地	0.00	0.00	0.00	0.00	0.00	0.00	0.00	0.00	0.00	0.00
城乡工矿	0.00	0.00	0.00	0.00	0.44	0.95	0.00	68.25	0.00	0.00
未利用地	0.00	0.00	0.00	0.00	0.00	0.00	0.00	0.00	0.00	0.00
海域	0.00	0.00	0.00	0.00	96.89	0.00	0.00	105.02	8.07	x

3. 湿地重心空间变化

表 5.23 中,1985~1995 年因数据原因,重心变化不具实际意义,而 1995 年以后湿地重心呈明显的规律性变化,即"东南模式",由腹地指向曹妃甸方向,其中 1995~2000 年的迁移距离为 2011m,2000~2009 年迁移距离为 1574m,但是两个时期的重心迁移机制完全不同,由湿地分布图及统计表可知,1995~2000 年的重心东南迁移主要是由于陆域湿地的减少造成的,而 2000~2009 年的湿地迁移是由于围填海工程使得人工湿地增加造成的,但两个时期均表明人工开发由岸及海。

表 5.23 曹妃甸工业区湿地重心迁移距离和方向

时期	距离/m	变化方向/(°)
1985~1995 年	6000.64	330.45
1995~2000 年	2010.63	155.53
2000~2009 年	1573.99	144.41

5.4 锦州湾工业区

由锦州港和葫芦岛港环绕而成的锦州湾是辽东湾西岸一个半封闭的浅水海湾,湾口两岬角分别位于 40°43′12″N,121°01′16″E 和 40°47′22″N,121°04′45″E,湾口朝向东南,面积 150km²,岸线长 61.5km。南岸地势略高,有海拔大约 211m 的虎达山和海拔 163m 的马鞍山,西岸为低山丘陵,海拔低于 100m,北岸地势低平,属于低地平原区,东侧则与辽东湾海水相通。锦州湾是东北的西部门户,区位优势突出。它地处连接关内外的咽喉要道,在距离 200km 的最佳协作配套半径内,南迎京津冀城市群,北接辽宁中部城市群,正处于华北、东北经济圈的交会点。

以下研究将表明,1995~2000 年主要的海岸线开发集中在锦州港一侧,有大约 2km² 的新围填海域,2000~2006 年的岸线开发利用几乎是全方位的,除了锦州港一侧新围大量海域外,位于湾顶的北港工业园区、五里河入海口靠近葫芦岛港一侧均有大量新围填陆域生成(图5.14),2000~2006 年由于围填海新增陆域面积达到27km²,增长速度达到

3.38km²/a,围填海工程也使得人工岸线长度逐年增长,由 1985 年的 7.6km 增长到了 2006 年的 60.9km,自然岸线则由 70.5km 退缩到仅剩 17.9km。2000 年以前湾内湿地比较稳定,主要为人工湿地,主要集中分布在紧邻锦州港的湾内侧以及现在的北港工业园区。2000 年后随开发力度加大,尤其"十一五"提出的"五点一线"发展战略,锦州湾的湿地变化明显,2009 年北港工业园区已取代了原有的人工湿地,锦州港相邻的大量人工湿地也被城乡工矿用地所取代,转移矩阵分析显示这一时期有 14.9km² 的人工湿地被城乡工矿用地所取代,同时又有较大数量的新增围填海湿地形成,故人工湿地在数量上变化微弱。

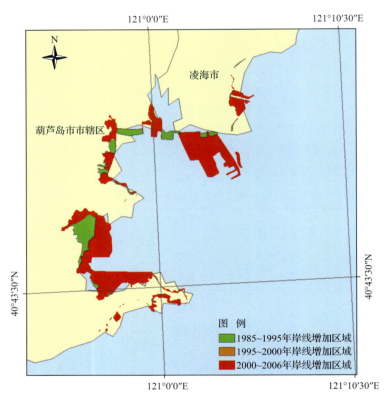

图 5.14　锦州湾各时期岸线向海推进情况

5.4.1　锦州湾岸线变迁

结合图 5.14 至图 5.16 可以看出,锦州湾岸线向海推进的时期主要是在 2000～2006 年,其次为 1985～1995 年,1995～2000 年变化最小。向陆蚀退的时期基本集中在 1985～1995 年,其他两个阶段变化不明显。整体上,造陆比较明显的区域分别位于锦州经济技术开发区的天王路向东延伸的区域和笔架山向西一侧沿岸、葫芦岛市龙港区北侧营盘村和牛营子村一带海岸以及原北港镇沿岸。

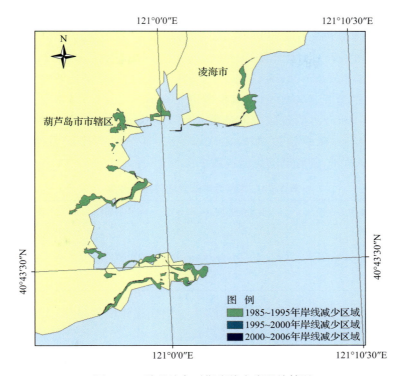

图 5.15　锦州湾各时期岸线向岸退缩情况

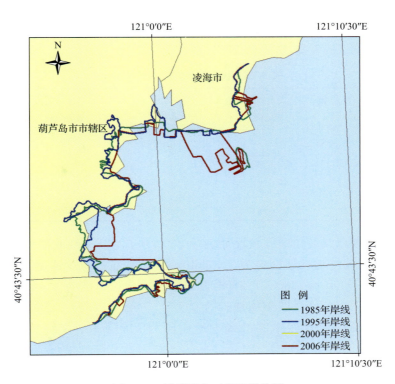

图 5.16　锦州湾各时期岸线位置

对锦州湾因岸线变迁造成的陆域面积变化进行定量分析,由表 5.24 可见锦州湾在研究期内岸线变化比较微弱,1985~1995 年沿岸面积只有 6.07km^2 的增长,同时有 10.82km^2 的减少;1995~2000 年陆地面积增长仅为 0.007km^2,减少 0.006km^2;2000~2006 年陆地面积增长了 27.04km^2,减少了 0.66km^2;变化速度最快的时期为 2000~2006 年,其面积增长速度为 3.38km^2/a,而减少速度只有 0.08km^2/a;其次是 1985~1995 年,其增长速度为 0.61km^2/a,但是减少的速度达到 1.08km^2/a;1995~2000 年的年均增长速度为 0.0014km^2/a,减少速度为 0.0012km^2/a。各个时期岸线发生变化的区域如图 5.14 和图 5.15 所示,各时期的岸线位置如图 5.16 所示。

表 5.24 锦州湾岸线变迁程度及速度

时期	增加的面积/km^2	增加的速度/(km^2/a)	减少的面积/km^2	减少的速度/(km^2/a)
1985~1995 年	6.07	0.61	10.82	1.08
1995~2000 年	0.007	0.0014	0.006	0.0012
2000~2006 年	27.04	3.38	0.66	0.08

锦州湾岸线的长度情况如表 5.25 所示,人工岸线逐年增长,1985 年研究区内人工岸线为 7.60km,1995 年为 41.78km,占岸线总长度的 49%,2000 年增长到 50.34km,2006 年为 60.88km,此时占岸线总长度的 77%;自然岸线呈逐年递减变化趋势,1985 年自然岸线长度为 70.54km,到了 1995 年减少到 43.27km,2000 年又减少到 34.70km,2006 年仅为 17.88km,此时占岸线总长度的 23%。岸线的总长度变化微弱,1985 年为 78.14km,1995 年为 85.05km,2000 年为 85.04km,2006 年为 78.76km。整体上,人工岸线增长与自然岸线缩减基本保持平衡,岸线总长度仅增加 0.62km。

表 5.25 锦州湾各时期岸线情况

时间	人工岸线长度/km	人工岸线所占比例/%	自然岸线长度/km	自然岸线所占比例/%	总长度/km
1985 年	7.60	10	70.54	90	78.14
1995 年	41.78	49	43.27	51	85.05
2000 年	50.34	59	34.70	41	85.04
2006 年	60.88	77	17.88	23	78.76

锦州湾各时期岸线变化速度情况如表 5.26 所示,2000~2006 年研究区内岸线变化速度最小,人工岸线增长速度仅为 1.32km/a,自然岸线的减少速度为 2.10km/a,整体减少速度为 0.78km/a;1985~1995 年人工岸线的增长速度为 3.42km/a,自然岸线的减少速度为 2.73km/a,岸线整体增长速度为 0.69km/a;1995~2000 年人工岸线的增长速度为 1.71km/a,自然岸线的减少速度同为 1.71km/a,岸线整体减少速度为 0.00km/a。

表 5.26 锦州湾岸线长度的变化情况

时期	人工岸线速度/(km/a)	自然岸线速度/(km/a)	总变化/(km/a)
1985~1995 年	3.42	−2.73	0.69
1995~2000 年	1.71	−1.71	−0.00
2000~2006 年	1.32	−2.10	−0.78

5.4.2 锦州湾湿地时空变化

锦州湾在 20 世纪 80 年代尚处于较低开发强度中,具有一定的自然形态,近岸湿地以自然浅滩为主。随人工开发的积累,开始以呈现人工景观为主。以下着重考察 1985~2009 年的湿地变化,包括空间分布特点、数量变化、转移类别及数量等,以期对该区域湿地的变化过程有一个时空上的理解。

1. 湿地的空间分布及数量变化

从图 5.17 各湿地类型的空间分布上可见,除 1985~1995 年因数据造成近岸湿地在 1995 年无法绘制,1995 年之后人工湿地在持续显著增长。另外 1985~1995 年沼泽湿地的退缩及人工湿地的增长也较为显著。从空间位置上看,研究区内 1985 年人工湿地主要分布在锦州湾北部,1995 年葫芦岛市开发建设脚步加快,锦州湾南部有大面积的人工湿地出现,而 2000 年出现近岸湿地淤积的情况,其他类型湿地均没有明显变化,2009 年锦州湾北部人工湿地向海延伸,南部地区的部分人工湿地消失,被建设用地所取代。湿地整体上处于缩减状态。

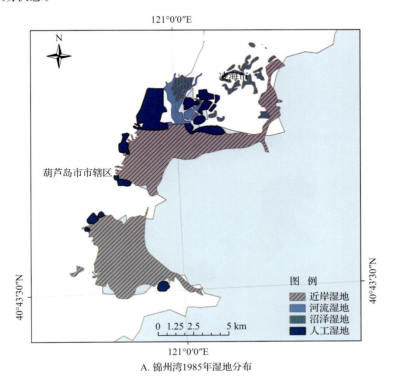

A. 锦州湾1985年湿地分布

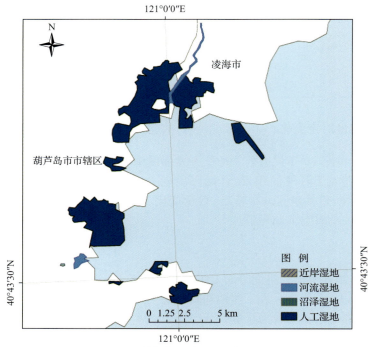

B. 锦州湾1995年湿地分布

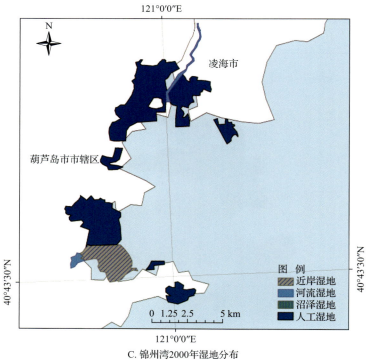

C. 锦州湾2000年湿地分布

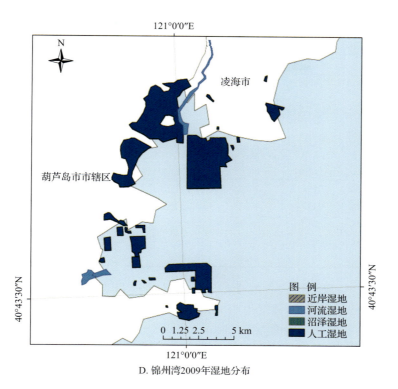

121°0′0″E

凌海市

葫芦岛市市辖区

40°43′30″N

40°43′30″N

图　例
近岸湿地
河流湿地
沼泽湿地
人工湿地

0　1.25　2.5　　　5 km

121°0′0″E

D. 锦州湾2009年湿地分布

图 5.17　各时期湿地分布情况

由图 5.18 和表 5.27 各时期锦州湾各湿地类型数量及变化速度可见,锦州湾各时期近岸湿地的变动最为显著,河流湿地和湖泊湿地规模较少,变动也较为微弱;沼泽湿地1985 年有 4.46km² 的分布,1995 年以后消失;人工湿地呈持续增长趋势,其中 1985～1995 年增幅较大,增加面积 21.26km²,其他时期增幅较为平缓,到 2009 年人工湿地面积达 33.94km²;而海域面积面积从 2000 年开始呈持续减少的趋势。

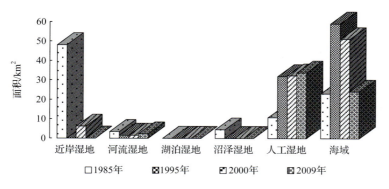

图 5.18　各时期不同湿地类型数量对比

表 5.27　各时期锦州湾各湿地类型数量及变化速度

类型	湿地面积/km²				变化速度/(km²/a)		
	1985 年	1995 年	2000 年	2009 年	1985～1995 年	1995～2000 年	2000～2009 年
近岸湿地	48.10	0.00	6.19	0.00	−4.81	1.24	−0.69
河流湿地	3.41	1.57	1.57	2.28	−0.18	0.00	0.08
湖泊湿地	0.00	0.04	0.00	0.00	0.00	−0.01	0.00
沼泽湿地	4.46	0.00	0.00	0.00	−0.45	0.00	0.00
人工湿地	10.74	32.00	32.41	33.94	2.13	0.08	0.17
湿地总面积	66.71	33.61	40.17	36.22			
海域	143.12	179.16	171.24	144.21	3.60	−1.58	−3.00
农业用地	175.52	114.40	112.54	105.53	−6.11	−0.37	−0.78
林地	14.26	26.96	26.96	25.62	1.27	0.00	−0.15
城乡工矿	18.82	69.04	72.28	111.60	5.02	0.65	4.37
未利用地	5.08	0.00	0.00	0.00	−0.51	0.00	0.00

由表 5.27 可见,研究区内各时期湿地的变化速度最为显著的特点表现为 1985～1995 年人工湿地的快速增长,速度为 2.13km²/a;而 2000 年后海域面积呈现加速减少的趋势,1995～2000 年的减少速度为 1.58km²/a,2000～2009 年为 3km²/a。无论湿地规模还是变化速度锦州湾均小于天津和曹妃甸两个研究区。

2. 转移矩阵分析

相对于天津和曹妃甸研究区,锦州湾研究区的面积较小,湿地的转变规模也相对较小,由表 5.28 可见,1985～1995 年存在 2.28km² 的河流湿地转变为人工湿地,沼泽湿地转变为人工湿地的面积为 0.63km²。湿地与非湿地间的转移相对于湿地内部的转换规模要小得多,从转出情况看,只有大约 3km² 的近海岸湿地、不到 4km² 的沼泽湿地以及不到 2km² 的人工湿地转变为农业用地和城乡工矿用地;湿地的转入也主要集中在人工湿地类型,主要来源为农业用地和海域,分别为 5.9km² 和 2.38km²,其他的湿地转入规模都很小。非湿地类型之间的转换主要表现为城乡工矿用地的转入,主要来源于农业用地,转换面积多达 43.78km²。

表 5.28　1985～1995 年锦州湾湿地转移矩阵　　　　　　（单位:km²）

	近岸湿地	河流湿地	湖泊湿地	沼泽湿地	人工湿地	农业用地	林地	城乡工矿	未利用地	海域
近岸湿地	0.00	0.00	0.00	0.00	11.22	1.14	0.14	1.99	0.00	33.63
河流湿地	0.00	0.42	0.00	0.00	2.28	0.05	0.07	0.19	0.00	0.39
湖泊湿地	0.00	0.00	0.00	0.00	0.00	0.00	0.00	0.00	0.00	0.00
沼泽湿地	0.00	0.04	0.00	0.00	0.63	2.26	0.00	1.57	0.00	0.00
人工湿地	0.00	0.00	0.00	0.00	8.69	0.38	0.04	1.50	0.00	0.19
农业用地	0.00	1.12	0.07	0.00	5.90	105.28	18.79	43.78	0.00	0.67
林地	0.00	0.00	0.00	0.00	0.23	4.79	6.81	2.17	0.00	0.18
城乡工矿	0.00	0.00	0.00	0.00	0.13	0.31	1.00	16.78	0.00	0.57
未利用地	0.00	0.00	0.00	0.00	0.53	0.18	0.20	0.83	0.00	3.30
海域	0.00	0.00	0.00	0.00	2.38	0.00	0.00	0.20	0.00	x

表 5.29 表明，1995～2000 年整体上湿地类型之间以及湿地与非湿地之间的转换都比较轻微，湿地类型之间几乎没有转换发生，而湿地的转出也仅限于 1.80km^2 的人工湿地转换为城乡工矿用地，除此之外没有较大规模的湿地转出；在湿地的转入中最为显著的为 6.15km^2 的海域转变为近岸湿地，另外还有 1.28km^2 的海域转变为人工湿地，以及 0.93km^2 的农业用地转变为人工湿地，其他的类型转变基本较少；非湿地类型的转变中，仅有 0.98km^2 的农业用地和 0.51km^2 的海域转变为城乡工矿用地，没有其他用地类型之间的转变。

表 5.29　　1995～2000 年锦州湾湿地转移矩阵　　　　（单位：km^2）

	近岸湿地	河流湿地	湖泊湿地	沼泽湿地	人工湿地	农业用地	林地	城乡工矿	未利用地	海域
近岸湿地	0.00	0.00	0.00	0.00	0.00	0.00	0.00	0.00	0.00	0.00
河流湿地	0.00	1.58	0.00	0.00	0.00	0.00	0.00	0.00	0.00	0.00
湖泊湿地	0.00	0.00	0.00	0.00	0.00	0.05	0.00	0.02	0.00	0.00
沼泽湿地	0.00	0.00	0.00	0.00	0.00	0.00	0.00	0.00	0.00	0.00
人工湿地	0.04	0.00	0.00	0.00	30.13	0.03	0.00	1.80	0.00	0.00
农业用地	0.00	0.00	0.00	0.00	0.93	112.47	0.00	0.98	0.00	0.00
林地	0.00	0.00	0.00	0.00	0.00	0.00	27.03	0.00	0.00	0.00
城乡工矿	0.00	0.00	0.00	0.00	0.02	0.00	0.00	68.98	0.00	0.00
未利用地	0.00	0.00	0.00	0.00	0.00	0.00	0.00	0.00	0.00	0.00
海域	6.15	0.00	0.00	0.00	1.28	0.00	0.00	0.51	0.00	x

表 5.30 表明，2000～2009 年研究区中湿地和非湿地的类型转变比较单一，最为突出的特点为人工湿地和城乡工矿用地成为最显著的转入类型，而人工湿地的转入来源为海域，转入面积为 18.07km^2，城乡工矿用地最主要转入来源为近岸湿地、人工湿地、农业用地以及海域，其中人工湿地的转入面积最大，达到 14.93km^2，海域的转入面积为 9.7km^2，农业用地转入 9.33km^2，近岸湿地转入 4.26km^2。

表 5.30　　2000～2009 年锦州湾湿地转移矩阵　　　　（单位：km^2）

	近岸湿地	河流湿地	湖泊湿地	沼泽湿地	人工湿地	农业用地	林地	城乡工矿	未利用地	海域
近岸湿地	0.00	0.36	0.00	0.00	0.12	0.00	0.00	4.26	0.00	1.45
河流湿地	0.00	1.54	0.00	0.00	0.04	0.00	0.00	0.00	0.00	0.00
湖泊湿地	0.00	0.00	0.00	0.00	0.00	0.00	0.00	0.00	0.00	0.00
沼泽湿地	0.00	0.00	0.00	0.00	0.00	0.00	0.00	0.00	0.00	0.00
人工湿地	0.00	0.00	0.00	0.00	15.53	1.90	0.00	14.93	0.00	0.00
农业用地	0.00	0.00	0.00	0.00	0.15	103.04	0.00	9.33	0.00	0.02
林地	0.00	0.00	0.00	0.00	0.00	0.00	25.68	1.35	0.00	0.00
城乡工矿	0.00	0.00	0.00	0.00	0.08	0.21	0.00	71.99	0.00	0.01
未利用地	0.00	0.00	0.00	0.00	0.00	0.00	0.00	0.00	0.00	0.00
海域	0.00	0.35	0.00	0.00	18.07	0.48	0.00	9.70	0.00	x

3. 湿地重心空间变化

由表 5.31 可知,1995～2000 年湿地的重心呈"南偏西的迁移模式",迁移距离为
1100m,由于锦州湾有一个比较凸出的湾底,故整个海湾呈 M 形,由湿地分布图可见 2000
年在湾底的南部新增大面积的近岸湿地,而其他区域的湿地变化较小,故引起湿地的"南
偏西的迁移模式";而 2000～2009 年湾顶部岬角一侧有大面积新围人工湿地,而湾底南半
部分的部分人工湿地已经开发为工矿用地,即使南部岬角内侧有小部分新围人工湿地,但
对湿地重心的"东北迁移模式"影响不大,迁移距离为 2086m。

表 5.31　锦州湾湿地重心迁移距离和方向

时期	距离/m	变化方向/(°)
1985～1995 年	893.00	310.50
1995～2000 年	1100.24	210.29
2000～2009 年	2085.73	65.04

5.5　营口工业区

营口开发区位于辽东湾东北部偏南,在营口主城区南部,与主城区相接,是一个规
划建设的大型临港生态产业区,1992 年经国务院批准设立为国家级经济技术开发区。
该区岸线较为平直,以下研究将表明,2000 年以前岸线的变化很少,营口工业区作为
"十一五""五点一线"战略的重要组成部分,2000～2006 年岸线变化主要集中在鲅鱼圈
港及两侧,新增陆域面积达到 20.29km²,增长速度达到 2.5km²/a。人工岸线逐年增
长,自然岸线逐年减少。营口研究区内自然湿地数量很少且较为稳定,人工湿地呈逐
年增长的趋势,2000 年以后增长速度较快,达到 1km²/a。从转移矩阵分析中可以看
出,营口工业区最为显著的变化为 2000～2009 年城乡工矿用地增长速度较快,主要来
源于农林用地。

5.5.1　营口工业区岸线变迁

结合图 5.19～图 5.21 可以看出,该区域海岸线向海推进的程度大于向陆蚀退的
程度,海岸线向海的推进的过程中,2000～2006 年最为剧烈,其次为 1985～1995 年,
1995～2000 年几乎未发生变化,向陆蚀退的时期基本集中在 1985～1995 年,其他两个
阶段变化不明显。从空间位置上看,岸线的增长主要出现在北海渔业村至号房村
一带。

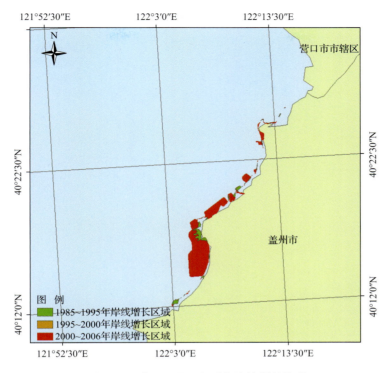

图 5.19 营口工业区各时期岸线增长情况

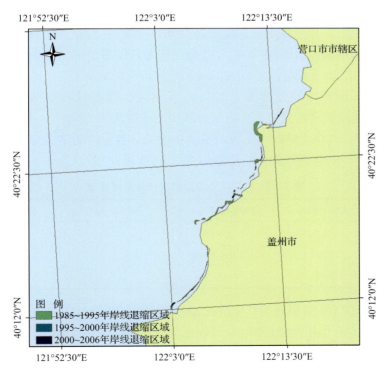

图 5.20 营口工业区各时期岸线退缩情况

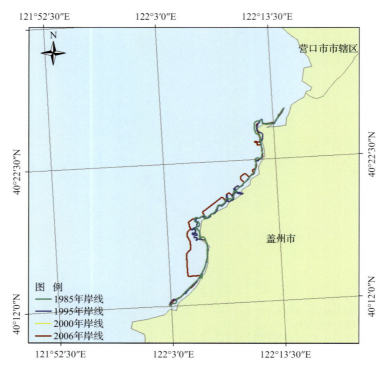

图 5.21　营口工业区各时期岸线位置

对营口工业区因岸线变迁而造成的陆域面积变化进行定量分析,根据分析结果表5.32 可见,1985～2000 年岸线变化比较微弱,1985～1995 年沿岸面积只有 2.38km² 的增长,同时有 2.8km² 的减少;1995～2000 年陆地面积增长仅为 0.000 17km²,没有退缩的岸线;2000～2006 年陆地面积增长了 20.29km²,减少了 0.603km²;变化速度最快的时期为2000～2006 年,其面积增长速度为 2.53km²/a,而减少速度只有 0.075km²/a;其次是1985～1995 年,其增长速度为 0.238km²/a,减少的速度为 0.28km²/a;1995～2000 年的年均增长速度仅为 0.000 034km²/a,没有减少的面积。各个时期岸线发生变化的区域如图 5.19、图 5.20 所示,各时期的岸线位置如图 5.21 所示。

表 5.32　营口工业区岸线变迁程度及速度

时期	增加的面积/km²	增加的速度/(km²/a)	减少的面积/km²	减少的速度/(km²/a)
1985～1995 年	2.38	0.238	2.8	0.28
1995～2000 年	0.000 17	0.000 034	0	0
2000～2006 年	20.29	2.53	0.603	0.075

表 5.33 是营口工业区岸线的长度情况,人工岸线逐年增长,1985 年研究区内无人工岸线,1995 年与 2000 年相同增长到 23.57km,2006 年为 33.02km,此时占岸线总长度的72%,可见人工岸线经历了从无到有的转变;自然岸线呈逐年递减变化趋势,1985 年自然

岸线长度为 43.83km,到了 1995 年和 2000 年减少到 26.54km,2006 年仅为 12.86km,自然岸线共减少 30.97km,占岸线总长度的比例由最初的百分百降至 2006 年的 28%。岸线的总长度变化相对较小,1985 年为 43.83km,1995 年和 2000 年为 50.11km,2006 年为 45.88km,岸线的总长度增加 2.05km。

表 5.33 营口工业区各时期岸线情况

时间	人工岸线长度 /km	人工岸线所占 比例/%	自然岸线长度 /km	自然岸线所占 比例/%	总长度 /km
1985 年	0	0	43.83	100	43.83
1995 年	23.57	47	26.54	53	50.11
2000 年	23.57	47	26.54	53	50.11
2006 年	33.02	72	12.86	28	45.88

表 5.34 为营口工业区各时期岸线变化速度情况,1995～2000 年研究区岸线没有发生变化,1985～1995 年人工岸线的增长速度为 2.36km/a,自然岸线的减少速度为 1.73km/a,岸线整体增长速度为 0.63km/a;2000～2006 年人工岸线的增长速度为 1.18km/a,自然岸线的缩减速度同为 2.28km/a,岸线整体缩减速度为 1.10km/a。

表 5.34 营口工业区岸线长度的变化情况

时期	人工岸线变化速度/(km/a)	自然岸线变化速度/(km/a)	总变化速度/(km/a)
1985～1995 年	2.36	−1.73	0.63
1995～2000 年	0	0	0
2000～2006 年	1.18	−2.28	−1.10

5.5.2 营口工业区湿地的时空变化分析

营口工业区所在海岸,海湾发育并不突出,岸线较为平直,其湿地在 1985 年前,主要是近岸自然湿地。近几年人为开发力度在短时间内高度集中。以下着重考察 1985～2009 年的湿地变化,包括空间分布特点、数量变化、转移类别及数量等,以期对该区域湿地的变化过程有一个时空上的理解。

1. 湿地的空间分布及数量变化

由图 5.22 可见,营口工业区在研究期内湿地数量较少,由表 5.35 可知研究区内 1985 年湿地总量为 21.49km²,其中以近岸湿地为主,面积为 17.42km²,此时人工湿地仅为 0.47km²;1995 年和 2000 年湿地总量基本保持在 22km² 左右,河流湿地面积为 7.44km²,人工湿地变为该区域的主要湿地类型,面积约 15km²;2009 年湿地总面积增长到 32.28km²,其中人工湿地增加到 24.72km²,其余湿地均未发生变化。综上,该区河流、湖泊、沼泽湿地数量较少,变化也较小。

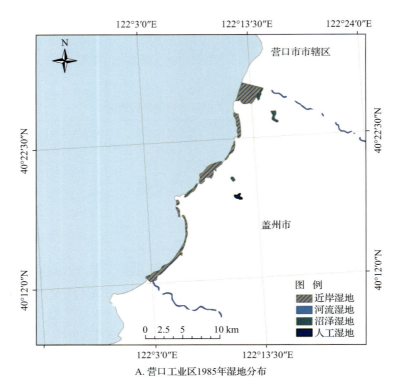

A. 营口工业区1985年湿地分布

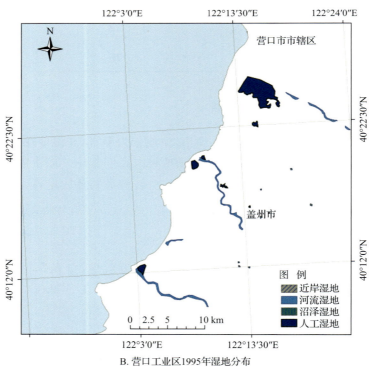

B. 营口工业区1995年湿地分布

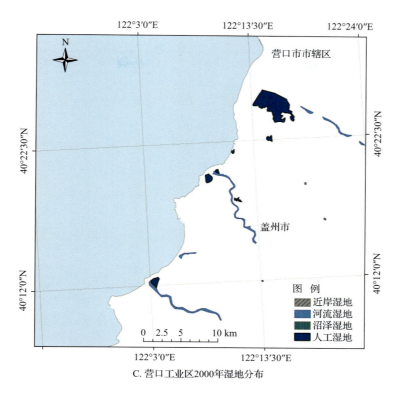

C.营口工业区2000年湿地分布

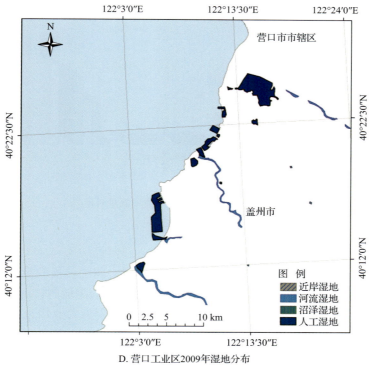

D.营口工业区2009年湿地分布

图5.22　各时期营口工业区湿地分布情况

表 5.35   各时期营口工业区各湿地类型数量及变化速度

类型	湿地面积/km²				变化速度/(km²/a)		
	1985 年	1995 年	2000 年	2009 年	1985~1995 年	1995~2000 年	2000~2009 年
近岸湿地	17.42	0.00	0.00	0.00	−1.74	0.00	0.00
河流湿地	2.13	7.44	7.44	7.44	0.53	0.00	0.00
湖泊湿地	0.00	0.27	0.13	0.13	0.03	−0.03	0.00
沼泽湿地	1.47	0.00	0.00	0.00	−0.15	0.00	0.00
人工湿地	0.47	14.79	14.87	24.72	1.43	0.02	1.09
湿地总面积	21.49	22.50	22.44	32.29			
海域	29.81	46.67	46.55	22.12	1.69	−0.03	−2.71
农业用地	365.18	176.22	176.27	164.25	−18.90	0.01	−1.33
林地	44.93	154.90	155.04	146.12	11.00	0.03	−0.99
城乡工矿	4.53	68.98	68.98	104.48	6.44	0.00	3.95
未利用地	3.16	0.00	0.00	0.00	−0.32	0.00	0.00

图 5.23 对不同湿地类型在不同时期的变化表现得更为直观,除近岸湿地因数据问题不具比较意义外,1985~1995 年河流湿地有增长趋势,增长速度为 0.53km²/a,之后基本保持稳定。人工湿地与海域在数量上呈现此消彼长的变化趋势,人工湿地增长得越快,海域减少得也越快,在 2000~2009 年变化得最为剧烈。

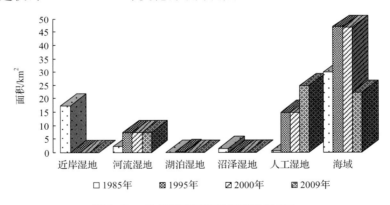

图 5.23   各时期不同湿地类型数量对比

2. 转移矩阵分析

表 5.36 表明,营口工业区 1985~1995 年湿地类型之间的转换较少,没有面积 1km² 以上的类型转换;湿地的转出也存在同样的情况,近岸湿地向海域的转出与两期数据的来源不一致有关;湿地的转入相对来说要剧烈得多,主要表现为农业用地向人工湿地的转入,面积为 11.75km²,而农业用地与河流湿地之间的转入转出则应该与数据时相有关;非湿地类型的转换最为突出的表现为 60.66km² 的农业用地转换为城乡工矿用地。

表 5.36　1985～1995 年营口工业区湿地转移矩阵　　　　　（单位：km²）

类型	近岸湿地	河流湿地	湖泊湿地	沼泽湿地	人工湿地	农业用地	林地	城乡工矿	未利用地	海域
近岸湿地	0	0.2	0	0	0.93	0.41	0.01	0.91	0	14.92
河流湿地	0	0.96	0	0	0.27	0.96	0	0.05	0	0
湖泊湿地	0	0	0	0	0	0	0	0	0	0
沼泽湿地	0	0.08	0	0	0.8	0.2	0.37	0	0	0.01
人工湿地	0	0	0	0	0.24	0.26	0	0	0	0
农业用地	0	5.25	0.17	0	11.75	169.06	117.27	60.66	0	0.92
林地	0	0.89	0.08	0	0.22	4.92	36.79	1.62	0	0.25
城乡工矿	0	0.04	0	0	0.03	0.24	0.08	4.16	0	0.03
未利用地	0	0.01	0	0	0.53	0.23	0.34	0.97	0	1.05
海域	0	0	0	0	0	0	0.01	0.56	0	x

表 5.37 表明，与前面几个研究区类似，1995～2000 年研究区的湿地相对稳定，无论湿地类型之间还是湿地与非湿地之间的类型转换都非常微弱，湿地总面积稳定，仅有 0.05km² 的人工湿地转变为农业用地，同时有 0.13km² 的海域被围筑为人工湿地。

表 5.37　1995～2000 年营口工业区湿地转移矩阵　　　　　（单位：km²）

类型	近岸湿地	河流湿地	湖泊湿地	沼泽湿地	人工湿地	农业用地	林地	城乡工矿	未利用地	海域
近岸湿地	0	0	0	0	0	0	0	0	0	0
河流湿地	0	7.43	0	0	0	0	0	0	0	0
湖泊湿地	0	0	0.12	0	0	0	0	0.13	0	0
沼泽湿地	0	0	0	0	0	0	0	0	0	0
人工湿地	0	0	0	0	14.72	0.05	0	0	0	0
农业用地	0	0	0	0	0	176.28	0	0	0	0
林地	0	0	0	0	0	0	154.87	0	0	0
城乡工矿	0	0	0	0	0	0	0	68.93	0	0
未利用地	0	0	0	0	0	0	0	0	0	0
海域	0	0	0	0	0.13	0	0	0	0	x

表 5.38 表明，整体上，2000～2009 年研究区的湿地面积有 10km² 左右的增长，主要来源于海域的围填，农业用地和城乡工矿用地转为人工湿地的面积分别为 0.57km² 和 0.21km²，同时有 0.76km² 的人工湿地转变为农业用地和城乡工矿用地；而非湿地类型之间的转换相对剧烈，主要的转入类型为城乡工矿用地，转出类型为农业用地和林地，面积分别为 11.89km² 和 9.4km²。

表 5.38 2000～2009 年营口工业区湿地转移矩阵 （单位：km^2）

类型	近岸湿地	河流湿地	湖泊湿地	沼泽湿地	人工湿地	农业用地	林地	城乡工矿	未利用地	海域
近岸湿地	0	0	0	0	0	0	0	0	0	0
河流湿地	0	7.43	0	0	0	0	0	0	0	0
湖泊湿地	0	0	0.12	0	0	0	0	0	0	0
沼泽湿地	0	0	0	0	0	0	0	0	0	0
人工湿地	0	0	0	0	14.09	0.6	0	0.16	0	0
农业用地	0	0	0	0	0.57	163.56	0.31	11.89	0	0
林地	0	0	0	0	0	0	145.6	9.4	0	0
城乡工矿	0	0	0	0	0.21	0.08	0.18	68.41	0	0.05
未利用地	0	0	0	0	0	0	0	0	0	0
海域	0	0	0	0	10.03	0	0.03	14.51	0	x

3. 湿地重心空间变化

由湿地分布图可知，营口工业区的岸线基本呈东北—西南走向，由表 5.39 可知，除 1985～1995 年因数据不具分析意义外，2000～2009 年的湿地重心迁移较为剧烈，直线迁移距离为 3202.86m，方向为"西南迁移模式"，这与研究区湿地基数较小有直接关系，2000 年研究区仅有湿地 $22km^2$，而 2000～2009 年人工湿地净增 $10km^2$，且主要为鲅鱼圈港的围海工程。1995～2000 年研究区内的湿地变化基本很少，迁移方向为北偏西，迁移距离也只有 102.84m。

表 5.39 营口工业区湿地重心迁移距离和方向

时期	距离/m	变化方向/(°)
1985～1995 年	4053.87	82.06
1995～2000 年	102.84	346.50
2000～2009 年	3202.86	237.09

5.6 长兴岛工业区

长兴岛位于中国辽东半岛中西部，大连瓦房店市西侧，原四面环渤海，仅一桥与陆地相连，为长江以北第一大岛。全岛东西长 30km，南北宽 11km，面积 $252.5km^2$，环岛岸线 91.6km。岛上地势呈丘陵地貌特点，西部较高，中东部较低，平均海拔 55m，最高山峰塔山 328.7m。长兴岛有着优良的深水岸线资源、土地资源和独特的区位优势，是理想的临港产业特别是重大装备制造业转移的承接地。

以下研究将表明,作为"十一五""五点一线"战略的重要组成部分,长兴岛在 2000 年后发生了较为剧烈的变化,岸线变化主要体现在岛的南侧港口及两侧区域以及东北角的养殖区域,湿地分析表明,由于港口码头以及工业园区的建设,大量的人工湿地、农林用地以及近海海域转变为城乡工矿用地,2009 年城乡工矿用地面积达到了 66km² ,远远多于 2000 年的 20km² 。同时新围填海域面积也达到 17.68km² ,造陆过程明显。

5.6.1 长兴岛岸线变迁

结合图 5.24~图 5.26 可以看出,对于岸线向海推进过程,1985~1995 年岸线变化主要发生在长兴岛东部区域靠近大陆一侧的沿岸,1995~2000 年岸线无明显变化,仅莲花泡水库北部存在小面积的变化,2000~2006 年变化最突出的两大区域分别为长兴岛北部的仙浴湾镇沿岸和南部的葫芦山湾两岸。对于岸线向岸退缩过程,1985~1995 年岸线变化主要在长兴岛西部向海一侧从鲍肚咀沿岸直至长兴岛南部葫芦山咀,但蚀退面积较小,其次为 2000~2006 年,主要在李家屯、王家窝铺至老头沟、腊木沟至西坡以及孙家屯沿岸,蚀退面积同样较小,1995~2000 年岸线无明显蚀退现象。

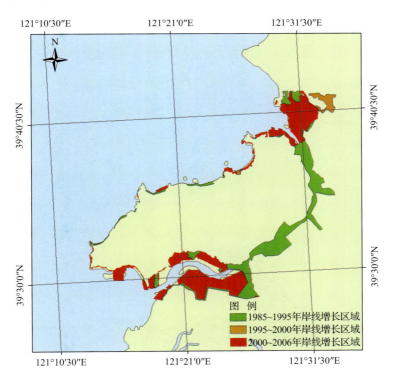

图 5.24　长兴岛工业区各时期岸线增长情况

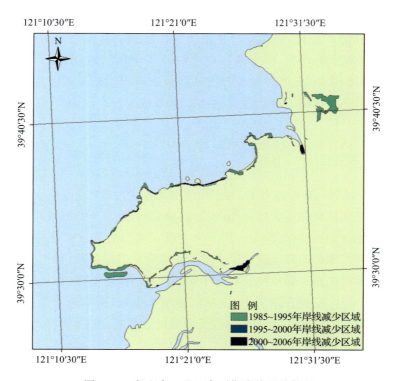

图 5.25　长兴岛工业区各时期岸线退缩情况

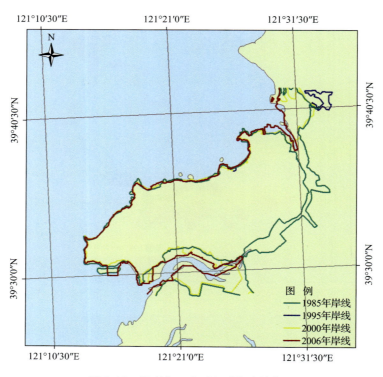

图 5.26　长兴岛工业区各时期岸线位置

对长兴岛工业区因岸线变迁而造成的陆域面积变化进行定量分析,由表5.40可见1995～2000年岸线变化最为微弱,增长面积只有3.67km²,同时只有0.000 40km²的减少;1985～1995年陆地面积增长为35.8km²,减少的面积为11.65km²;2000～2006年陆地面积增长了46.49km²,只减少了3.19km²;变化速度最快的时期为2000～2006年,其面积增长速度为7.75km²/a,而减少速度只有0.53km²/a;其次是1985～1995年,其增长速度为3.58km²/a,减少的速度为1.17km²/a。各个时期岸线发生变化的区域如图5.24和图5.25所示,各时期的岸线位置如图5.26所示。

表5.40　长兴岛工业区岸线变迁程度及速度

时期	增加的面积/km²	增加的速度/(km²/a)	减少的面积/km²	减少的速度/(km²/a)
1985～1995年	35.8	3.58	11.65	1.17
1995～2000年	3.67	0.73	0.000 40	0.000 08
2000～2006年	46.49	7.75	3.19	0.53

表5.41是长兴岛工业区岸线的长度情况,1985年研究区人工岸线为14km,自然岸线为150.15km;1995年人工岸线最长,为78.53km,自然岸线为48.9km;2000年人工岸线长度为64.93km,自然岸线为49.02km;2006年人工岸线增长到71.57km,比2000年略有增长,自然岸线为34.14km,相比2000年略有减少,此时自然岸线占岸线总长度的32%;岸线的总长度逐年减少,1985年为164.15km,1995年为127.43km,2000年为113.95km,2006年为105.71km。

表5.41　长兴岛工业区各时期岸线情况

时间	人工岸线长度/km	人工岸线所占比例/%	自然岸线长度/km	自然岸线所占比例/%	总长度/km
1985年	14	9	150.15	91	164.15
1995年	78.53	62	48.9	38	127.43
2000年	64.93	57	49.02	43	113.95
2006年	71.57	68	34.14	32	105.71

表5.42为长兴岛工业区各时期岸线变化速度情况,1985～1995年人工岸线增长速度最快,达到6.45km/a,同时自然岸线的退缩也最快,减少速度达到10.13km/a,2000～2006年的岸线变化速度最为缓慢,人工岸线以0.83km/a的速度增加,同时自然岸线也以1.86km/a的速度减少;1995～2000年人工岸线以2.72km/a的速度减少,而自然岸线以0.024km/a的速度增加。

表5.42　长兴岛工业区岸线长度的变化情况

时期	人工岸线变化速度/(km/a)	自然岸线变化速度/(km/a)	总变化速度/(km/a)
1985～1995年	6.45	−10.13	−3.67
1995～2000年	−2.72	0.024	−2.70
2000～2006年	0.83	−1.86	−1.03

5.6.2 长兴岛湿地时空变化分析

长兴岛在 1985 年时，主要是以一个自然岛的形态存在，岛陆间主要是潮汐浅滩。近几年人为开发力度在短时间内高度集中，当前长兴岛已和陆地连接成半岛。以下着重考察 1985～2008 年的湿地变化，包括空间分布特点、数量变化、转移类别及数量等，以期对该区域湿地的变化过程有一个时空上的理解。

1. 湿地的空间分布及数量变化

由图 5.27 中可见，长兴岛各时期湿地均主要分布在岛的东侧和南侧沿岸以及对岸的陆域沿海部分，1985 年有大量近岸湿地分布，1995 年以后已经几乎转变为人工湿地，1995 年之后长兴岛沿岸主要以人工湿地为主，也有河流湿地和湖泊湿地分布，且较为稳定。人工湿地不同时期具有不同变化，主要表现为 1995 年相对于 1985 年有大面积的增长，以及 2009 年相对于 2000 年在长兴岛东北部有大面积增加以及岛屿正南部有一定数量的减少。

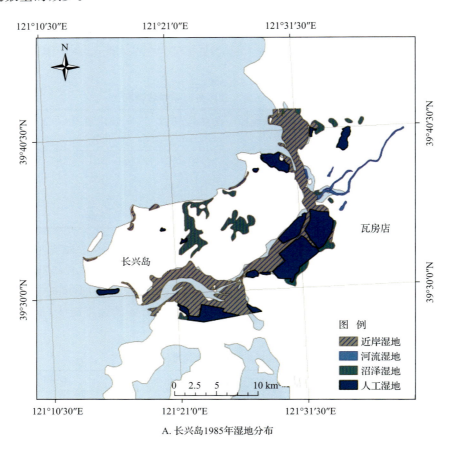

图 例
近岸湿地
河流湿地
沼泽湿地
人工湿地

A. 长兴岛1985年湿地分布

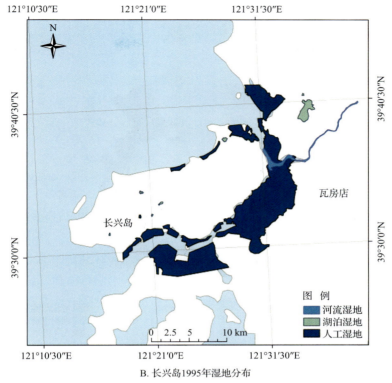

B. 长兴岛1995年湿地分布

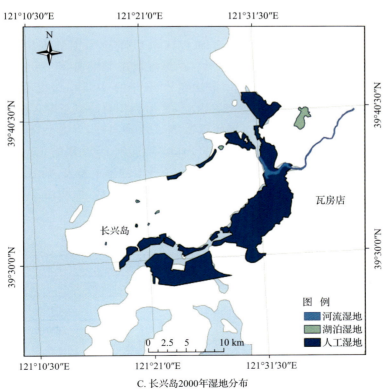

C. 长兴岛2000年湿地分布

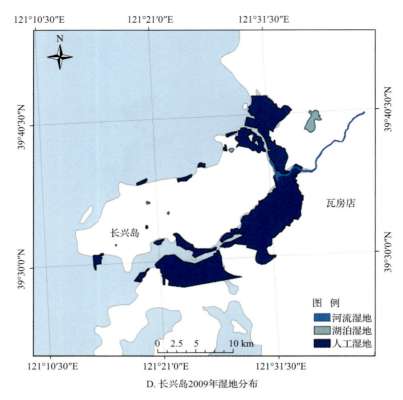

D. 长兴岛2009年湿地分布

图 5.27　各时期湿地分布情况

　　由图 5.27 和表 5.43 可见,1985 年研究区内以滩涂为主的近岸湿地面积达到81km²,1995 年之后大部分被人工湿地代替。河流湿地在 1995 年和 2000 年略有上升,基本保持稳定,面积由 1985 年的 3.91km² 增加到 2009 年的 3.95km²,仅增加了 0.04km²。1985 年未发现湖泊湿地,1995 年增至 3.91km²,之后面积有略微下降。沼泽湿地与近岸湿地存在相似的情况,1985 年沼泽湿地面积为 24.19km²,1995 年之后全部消失。人工湿地呈现出递增的趋势,面积由 1985 年的 49.24km² 增加到 2009 年的 131.66km²,增加面积 82.42km²,增加了 1.7 倍。综上,近岸湿地和沼泽湿地基本消失,湖泊湿地经历了从无到有的过程,河流湿地基本保持不变,湿地总体呈现下降趋势,面积由 158.33km² 减小到139.34km²,总面积缩减 18.99km²。

表 5.43　各时期长兴岛各湿地类型数量及变化速度

类型	湿地面积/km²				变化速度/(km²/a)		
	1985 年	1995 年	2000 年	2009 年	1985～1995 年	1995～2000 年	2000～2009 年
近岸湿地	81.00	0.00	0.00	0.00	−8.10	0.00	0.00
河流湿地	3.91	4.39	4.39	3.95	0.05	0.00	−0.05
湖泊湿地	0.00	3.91	3.86	3.73	0.39	−0.01	−0.01
沼泽湿地	24.19	0.00	0.00	0.00	−2.42	0.00	0.00
人工湿地	49.24	117.64	118.79	131.66	6.84	0.23	1.43

类型	湿地面积/km²				变化速度/(km²/a)		
	1985 年	1995 年	2000 年	2009 年	1985~1995 年	1995~2000 年	2000~2009 年
湿地总面积	158.34	125.95	127.04	139.34			
海域	256.11	283.23	282.84	262.20	2.71	−0.08	−2.29
农业用地	304.35	268.32	267.65	234.30	−3.60	−0.13	−3.71
林地	68.72	103.62	103.62	99.36	3.49	0.00	−0.47
城乡工矿	1.21	19.99	19.95	65.92	1.88	−0.01	5.11
未利用地	12.44	0.00	0.00	0.00	−1.24	0.00	0.00

由图 5.28 中可以明显看出近岸湿地在 1985~1995 年的大量减少,以及人工湿地的大量增加,由表 5.43 可知,这一时期近岸湿地减少了 81km²,而人工湿地增加了 68.4km²,同时海域面积也有 27.12km² 的增长。1995~2009 年近岸湿地、河流湿地、湖泊湿地、沼泽湿地的数量及空间格局均比较稳定,没有变化或者仅有很小的变化。这一时期的湿地变化主要体现在人工湿地的持续增长同时海域面积相应减少。各湿地类型的变化速度表现为两头强烈中间平缓的特点,其中,1985~1995 年湖泊湿地、海域、人工湿地均以不同的速度增长,而沼泽湿地和近岸湿地也以不同的速度减少,1995~2000 年各湿地类型几乎没有发生变化,而 2000~2009 年人工湿地继续增长,而海域面积则以稍大于人工湿地增长的速度退缩。1995~2000 年人工湿地的增长速度为 0.23km²/a,而 2000~2009 年其增长速度则增加到 1.43km²/a,而海域同时期的减少速度分别为 0.08km²/a 和 2.29km²/a。

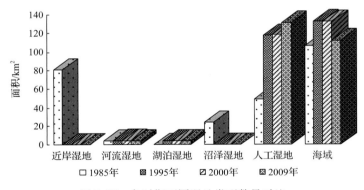

图 5.28　各时期不同湿地类型数量对比

2. 转移矩阵分析

长兴岛在 1985~1995 年表现为近岸湿地大量退缩,主要转换为人工湿地(表 5.44),面积为 52.99km²,而湿地类型内部转换较少,仅有面积为 1.79km² 的近岸湿地转变为河流湿地,面积为 2.75km² 的人工湿地转变为湖泊湿地;湿地与非湿地间的转移比湿地间的转移明显,湿地的转出主要表现为沼泽湿地转为农业用地,面积为 17.59km²,湿地的转入表现为农业用地转换为人工湿地,面积为 12.69km²,而非湿地类型间的变动主要是农业用地有 17.31km² 转变为城乡工矿用地。这一期间湿地面积有约 32km² 的退缩。

表 5.44　　1985~1995 年长兴岛湿地转移矩阵　　（单位：km²）

类型	近岸湿地	河流湿地	湖泊湿地	沼泽湿地	人工湿地	农业用地	林地	城乡工矿	未利用地	海域
近岸湿地	0.00	1.79	0.00	0.00	52.99	2.40	0.85	0.56	0.00	22.50
河流湿地	0.00	1.42	0.00	0.00	0.48	1.92	0.00	0.02	0.00	0.00
湖泊湿地	0.00	0.00	0.00	0.00	0.00	0.00	0.00	0.00	0.00	0.00
沼泽湿地	0.00	0.06	0.00	0.00	3.90	17.59	2.38	0.23	0.00	0.00
人工湿地	0.00	0.00	2.75	0.00	43.08	1.01	0.72	0.03	0.00	1.57
农业用地	0.00	0.89	1.12	0.00	12.69	207.91	63.33	17.31	0.00	1.04
林地	0.00	0.08	0.06	0.00	1.08	30.83	35.85	0.56	0.00	0.49
城乡工矿	0.00	0.00	0.00	0.00	0.01	0.31	0.00	0.90	0.00	0.00
未利用地	0.00	0.06	0.00	0.00	1.94	5.82	0.24	0.22	0.00	4.05
海域	0.00	0.00	0.00	0.00	1.38	0.61	0.25	0.01	0.00	x

1995~2000 年长兴岛湿地及非湿地类型同样较为稳定,湿地类型之间几乎没有类型转换(表 5.45),而湿地的转出也仅有 0.06km² 的湖泊湿地转为农业用地,湿地的转入也仅表现为 0.75km² 的农业用地转为人工湿地以及 0.41km² 的海域被围垦为人工湿地。而非湿地类型之间同样没有类型转换发生。

表 5.45　　1995~2000 年长兴岛湿地转移矩阵　　（单位：km²）

类型	近岸湿地	河流湿地	湖泊湿地	沼泽湿地	人工湿地	农业用地	林地	城乡工矿	未利用地	海域
近岸湿地	0.00	0.00	0.00	0.00	0.00	0.00	0.00	0.00	0.00	0.00
河流湿地	0.00	4.32	0.00	0.00	0.00	0.00	0.00	0.00	0.00	0.00
湖泊湿地	0.00	0.00	3.87	0.00	0.00	0.06	0.00	0.00	0.00	0.00
沼泽湿地	0.00	0.00	0.00	0.00	0.00	0.00	0.00	0.00	0.00	0.00
人工湿地	0.00	0.00	0.00	0.00	117.53	0.00	0.01	0.00	0.00	0.00
农业用地	0.00	0.00	0.00	0.00	0.75	267.65	0.00	0.00	0.00	0.00
林地	0.00	0.00	0.00	0.00	0.00	0.00	103.61	0.00	0.00	0.00
城乡工矿	0.00	0.00	0.00	0.00	0.05	0.00	0.00	19.79	0.00	0.00
未利用地	0.00	0.00	0.00	0.00	0.00	0.00	0.00	0.00	0.00	0.00
海域	0.00	0.00	0.00	0.00	0.41	0.00	0.00	0.00	0.00	x

2000~2009 年长兴岛与其他研究区有较大的共同点,即围填海活动使得人工湿地面积大量增加,海域面积减缩(表 5.46),以及人工湿地、农业用地等大量转变为城乡工矿用地,其中围填海使得人工湿地面积增加 17.68km²,而人工湿地有 6.34km² 转变为城乡工矿用地。总体上,该时期研究区湿地面积增加 12km² 左右。

表 5.46　2000～2009 年长兴岛湿地转移矩阵　　　　（单位:km²）

类型	近岸湿地	河流湿地	湖泊湿地	沼泽湿地	人工湿地	农业用地	林地	城乡工矿	未利用地	海域
近岸湿地	0.00	0.00	0.00	0.00	0.00	0.00	0.00	0.00	0.00	0.00
河流湿地	0.00	3.85	0.00	0.00	0.47	0.00	0.00	0.00	0.00	0.00
湖泊湿地	0.00	0.00	3.74	0.00	0.00	0.05	0.01	0.06	0.00	0.00
沼泽湿地	0.00	0.00	0.00	0.00	0.00	0.00	0.00	0.00	0.00	0.00
人工湿地	0.00	0.02	0.00	0.00	111.50	0.05	0.00	6.34	0.00	0.83
农业用地	0.00	0.00	0.02	0.00	1.85	233.63	0.17	31.99	0.00	0.05
林地	0.00	0.00	0.00	0.00	0.01	0.40	99.24	3.96	0.00	0.00
城乡工矿	0.00	0.00	0.00	0.00	0.00	0.18	0.01	19.61	0.00	0.00
未利用地	0.00	0.00	0.00	0.00	0.00	0.00	0.00	0.00	0.00	0.00
海域	0.00	0.00	0.00	0.00	17.68	0.00	0.00	3.82	0.00	x

3. 湿地重心空间变化

长兴岛的海陆方位与营口工业区比较相似,只是地形相对更为复杂一些。分析表 5.47 可知,除 1985～1995 年不具有分析意义外,1995～2000 年湿地的重心变化不明显,呈"西南模式",迁移距离仅为 108m;2000～2009 年湿地的迁移距离为 775m,但是与其他研究区有所不同的是其迁移方向并非指向海岸线的方向,而是几乎平行于海岸线,呈"北向模式",主要是由于 2000 年长兴岛南侧的大量人工湿地在 2009 年已经被开发为工矿用地,导致南部湿地的减少,重心北移。

表 5.47　长兴岛工业区湿地重心迁移距离和方向

时期	距离/m	变化方向/(°)
1985～1995 年	1 915.25	99.31
1995～2000 年	107.70	248.20
2000～2009 年	775.13	6.59

5.7　黄　河　口

黄河三角洲位于渤海湾南岸和莱州湾西岸,是暖温带最完整、最年轻的湿地生态系统,属于新生湿地生态系。该新生湿地是中国也是世界上最大的新生湿地,在全球滨海新生湿地中具有典型意义。分析该区域内湿地的现状及其生态特征,对维护区域生态平衡、保护生物多样性以及促进社会经济发展等均具有重要意义。

该区岸线和湿地的变化比较复杂,不但人为干扰强度大,自然作用同样强烈,历史上黄河决口改道多达 50 余次,尾闾不断摆动,目前三角洲形成的两个入海口分别为 1976 年黄河清水沟人工改道和 1996 年清 8 断面人工改道的结果。以下研究将表明,在 1996 年以前的河口沉积以入海口为轴呈箭头状向海域延伸,改道以后老黄河口由于海水侵蚀作用,岸线逐年退缩,而新黄河口两侧岸线则逐年向海里呈箭头状延伸,这一沉积和侵蚀作用使得 1995～2000 年陆地面积增加 21km²,同时也减少 47km²。2000～2006 年侵蚀作用逐渐减弱,侵蚀掉的老黄河口面积与新黄河口沉积新增面积基本达到平衡。黄河口人工岸线较少,河口两侧侵蚀、沉积作用非常强烈;湿地以近岸湿地和沼泽湿地为主,随着时间的推移,人工湿地数量逐年增加,而近岸湿地和沼泽湿地呈逐年减少的态势,减少的沼泽湿地主要被人工湿地及农业用地所取代。以沼泽湿地和河流湿地为主的黄河口自然湿地整体呈逐年减少的趋势。

5.7.1　黄河口岸线变迁

结合图 5.29～图 5.31 可以看出,岸线的增长非常明显,尤其以 1985～1995 年这段时期剧烈,整个三角洲沿岸均有增加,1995～2000 年岸线的增长主要发生在清 8 叉口附近,2000～2006 年岸线增长继续表现在新沙嘴处不断向海淤进,同时两侧沿岸略有增加。对于岸线的退缩区域基本集中在老沙嘴,时间上在 1995 年以后有明显变化。可以看出,黄河三角洲岸线在 1985～2006 年这段时期整体上受淤积作用大于侵蚀作用,岸线的变化主要先发生在沙嘴一带,随淤积量的增加辐射到两侧沿岸,沙嘴的形态在该时期经历了凸出—延长—分裂的历史变迁。

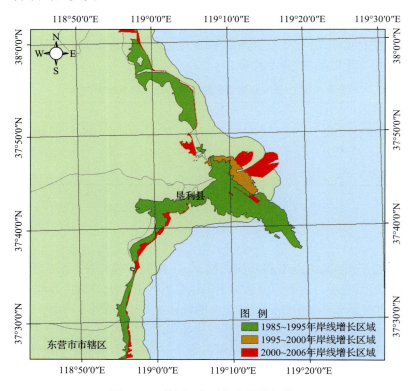

图 5.29　黄河口各时期岸线增长情况

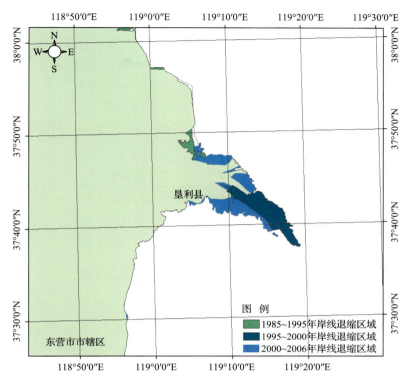

图 5.30　黄河口各时期岸线退缩情况

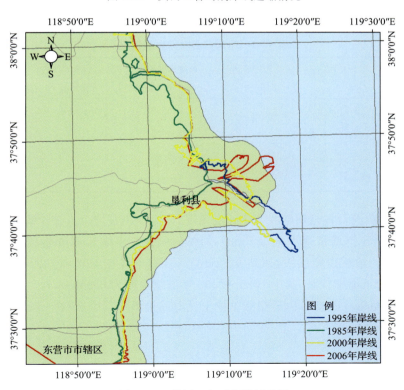

图 5.31　黄河口各时期岸线位置

对黄河口因岸线变迁而造成的陆域面积变化进行定量分析,由表 5.48 可见 1995～2000 年土地增长最少,增长面积只有 20.93km²,而有 46.64km² 的减少;1985～1995 年陆地面积增加为 234.35km²,减少的面积仅为 11.55km²;2000～2006 年陆地面积增加了 46.07km²,减少了 52.9km²;其面积增加速度为 7.68km²/a,而减少速度为 8.8km²/a;1985～1995 年,增长速度最快,达到 23.43km²/a,减少的速度为 1.16km²/a,3 个时期中最慢。各个时期岸线发生变化的区域如图 5.29 和图 5.30 所示,各时期的岸线位置如图 5.31 所示。

表 5.48　黄河口岸线变迁程度及速度

时期	增加的面积/km²	增加的速度/(km²/a)	减少的面积/km²	减少的速度/(km²/a)
1985～1995 年	234.35	23.43	11.55	1.16
1995～2000 年	20.93	4.19	46.64	9.33
2000～2006 年	46.07	7.68	52.9	8.8

表 5.49 是黄河口研究区岸线的长度情况,1985 年研究区没有人工岸线,自然岸线为 138.2km,1995 年人工岸线增加到 26km,自然岸线增长为 153.72km,2000 年人工岸线有 3km 的增长,自然岸线有所缩短,为 148.95km;2006 年人工岸线为 55.82km,自然岸线为 110.43km,此时自然岸线占岸线总长度的 66%;岸线的总长度 1985 年为 138.2km,1995 年为 179.72km,2000 年为 177.95km,2006 年为 166.25km,1985～2006 年总体增长 28.05km,增加了 20.3%。

表 5.49　黄河口各时期岸线情况

时间	人工岸线长度/km	人工岸线所占比例/%	自然岸线长度/km	自然岸线所占比例/%	总长度/km
1985 年	0	0	138.20	100	138.20
1995 年	26	14	153.72	86	179.72
2000 年	29	16	148.95	84	177.95
2006 年	55.82	34	110.43	66	166.25

表 5.50 为黄河口各时期岸线变化速度情况,研究期内黄河口人工岸线一直处于增长状态,1985～1995 年增长速度为 2.6km/a,1995～2000 年增长速度略缓,为 0.6km/a,2000～2006 年的增长速度最快,达到 4.47km/a;自然岸线在 1985～1995 年处于增长状态,1995 年后处于退缩状态,其中 1995～2000 年退缩速度为 0.96km/a,2000～2006 年退缩速度为 6.6km/a。1995 年以后岸线整体上呈退缩趋势。其中 2000～2006 年退缩速度最快,为 2.13km/a。

表 5.50　黄河口岸线长度的变化情况

时期	人工岸线速度/(km/a)	自然岸线速度/(km/a)	总变化/(km/a)
1985～1995 年	2.6	1.55	4.15
1995～2000 年	0.6	−0.96	−0.36
2000～2006 年	4.47	−6.6	−2.13

5.7.2　黄河口湿地的时空变化分析

黄河口的湿地在 1985 年以自然湿地为主,而今除最新形成的浅滩外,基本上为人工湿地。以下着重考察 1985～2009 年间的湿地变化,包括空间分布特点、数量变化、转移类别及数量等,以期对该区域湿地的变化过程有一个时空上的理解。

1. 湿地的空间分布及数量变化

相对于其他几个区域,黄河口地区具有一定的特殊性,其他区域湿地的分布及动态变化主要受到人类活动的控制,而黄河口不但人为干扰比较强烈,自然改造作用同样显著,由图 5.32 可见,由于黄河泥沙的沉积作用,每个时期新增一定数量的近岸湿地分布,主要分布在黄河口两侧,但是呈增长减少的趋势,而人工湿地则呈逐年增长的趋势,在 1985 年仅有零星的人工湿地分布,到了 2009 年人工湿地的规模已经在各湿地类型中处于主要位置。图中同样可见黄河口改道对近岸湿地和河流湿地格局和数量的影响。

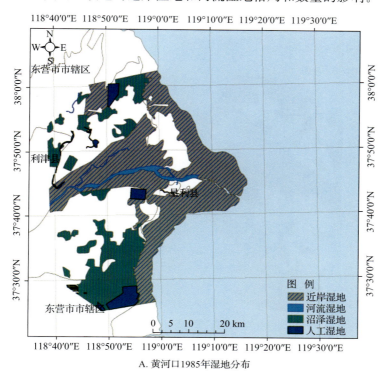

A. 黄河口 1985 年湿地分布

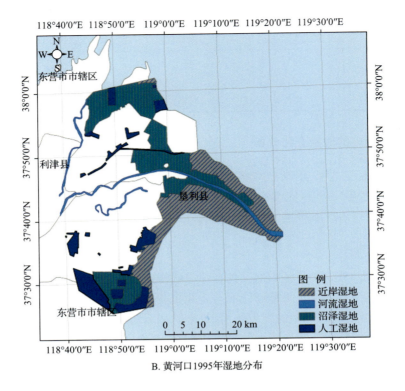

B. 黄河口1995年湿地分布

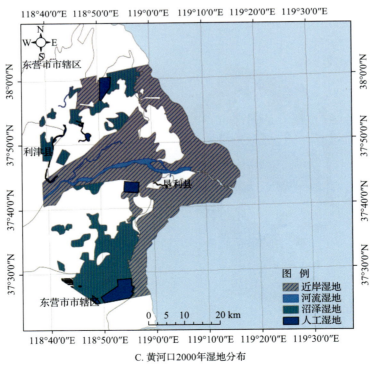

C. 黄河口2000年湿地分布

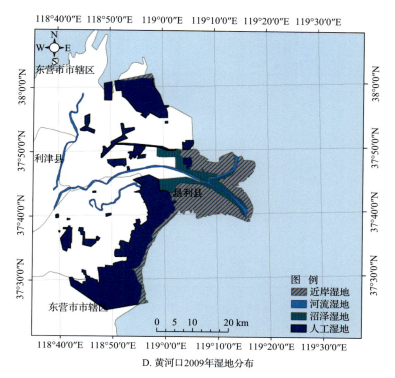

D. 黄河口2009年湿地分布

图5.32 各时期湿地分布情况

图5.33中明显可见近岸湿地逐年减少的趋势,由表5.51可知,除1985~1995年近岸湿地面积数值因数据问题不具有比较意义外,1995年近岸湿地到2009年存在缩减趋势。河流湿地虽然也有所变化,但是变化很小;沼泽湿地在1995年的发育面积最大,达458.38km²,2000年部分沼泽湿地消失,余304.67km²,2006年骤减至98.52km²,20年间沼泽湿地缩减了76.18%;人工湿地保持强劲的上升趋势,4个时期的面积依次为76.55km²、195.05km²、298.78km²和561.46km²,每个间隔年基本成倍增长,与1985年的人工湿地面积相比,2006年增长了6倍之多;湿地总面积缩减了33%。在变化率方面,沼泽湿地1995~2000年和2000~2009年两个时期的减少速度分别为30.74km²/a和22.91km²/a;人工湿地逐年增长,且呈加速增长的趋势,3个时期的增长速度分别为11.85km²/a,20.75km²/a和29.19km²/a。

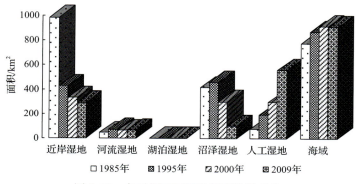

图5.33 各时期不同湿地类型数量对比

表 5.51　各时期黄河口各湿地类型数量及变化速度

类型	湿地面积/km²				变化速度/(km²/a)		
	1985 年	1995 年	2000 年	2009 年	1985～1995 年	1995～2000 年	2000～2009 年
近岸湿地	984.65	424.50	330.14	292.75	−56.02	−18.87	−4.15
河流湿地	42.45	68.64	61.88	63.48	2.62	−1.35	0.18
湖泊湿地	0.00	0.00	0.00	0.00	0.00	0.00	0.00
沼泽湿地	413.63	458.38	304.67	98.52	4.48	−30.74	−22.91
人工湿地	76.55	195.05	298.78	561.46	11.85	20.75	29.19
湿地总面积	1517.28	1146.57	995.47	1016.21			
海域	1773.33	1870.04	1918.34	1912.17	9.67	9.66	−0.69
农业用地	437.02	1012.01	1114.81	1123.04	57.50	20.56	0.91
林地	30.87	0.00	0.00	0.00	−3.09	0.00	0.00
城乡工矿	149.25	128.40	128.40	105.59	−2.09	0.00	−2.53
未利用地	249.30	0.00	0.00	0.00	−24.93	0.00	0.00

　　由图 5.33 可见不同湿地在不同时期的变化趋势有别于其他几个区域,黄河口地区研究期内人工湿地以面积增加为主,而沼泽湿地和近岸湿地则以面积退缩为主,河流及湖泊湿地较为稳定。

2. 转移矩阵分析

　　相对于其他研究区,黄河口具有其特殊性,湿地类型及湿地与非湿地类型间的动态变化较为强烈(表 5.52),湿地类型之间的转换不仅表现在近岸湿地转换为河流湿地、沼泽湿地以及人工湿地,面积分别为 23.26km²、193.02km² 和 26.35km²,另外沼泽湿地转出主要为人工湿地和近岸湿地,面积分别为 81.63km² 和 46km²。湿地的转出最为突出的表现为 253.31km² 的近岸湿地、158.39km² 的沼泽湿地、22.16km² 的河流湿地和 15.47km² 的人工湿地转变为农业用地,同时也有 46.65km² 的近岸湿地转变为城乡工矿用地;湿地类型的转入主要有 18.14km² 的农业用地和 37.59km² 的未利用地转变为人工湿地,以及 106.7km² 的海域变为近岸湿地;在非湿地类型间的转换主要有 9.42km² 的农业用地转变为城乡工矿用地。与其他研究区一样,在 1985～1995 年这一时期由于不同的数据来源,转移矩阵中存在干扰信息,如大面积的城乡工矿用地向各种湿地类型的转入等,在此不做叙述。

表 5.52　　1985～1995 年黄河口湿地转移矩阵　　　　　　　　（单位:km²）

类型	近岸湿地	河流湿地	湖泊湿地	沼泽湿地	人工湿地	农业用地	林地	城乡工矿	未利用地	海域
近岸湿地	217.65	23.26	0	193.02	26.35	253.31	0	46.65	0	224.32
河流湿地	0.32	9.71	0	10.3	0	22.16	0	0	0	0
湖泊湿地	0	0	0	0	0	0	0	0	0	0
沼泽湿地	46	2.44	0	120.51	81.63	158.39	0	4.81	0	0.0
人工湿地	2.38	2.61	0	25.22	28.54	15.47	0	2.62	0	0

类型	近岸湿地	河流湿地	湖泊湿地	沼泽湿地	人工湿地	农业用地	林地	城乡工矿	未利用地	海域
农业用地	0	13.37	0	13.64	18.14	381.9	0	9.42	0	0
林地	0	0	0	7.74	1.31	21.87	0	0	0	0
城乡工矿	36.3	2.96	0	49.95	1.41	0	0	58.56	0	0.09
未利用地	15.06	0	0	30.74	37.59	158.56	0	6.34	0	0.85
海域	106.7	14.59	0	7.38	0	0	0	0	0	x

与其他研究区相比,黄河口在 1995～2000 年这一时期的湿地动态变化较为强烈(表 5.53),其中湿地类型之间的变化主要表现为近岸湿地向沼泽湿地和人工湿地的转变,面积分别为 22.41km² 和 33.86km²,另外也有 28.98km² 的沼泽湿地转变为人工湿地;湿地的主要转出类型为近岸湿地和沼泽湿地,其中沼泽湿地转变为农业用地 145.91km²,而近岸湿地也有 64.93km² 转变为海域,同时也有 7.54km² 的河流湿地转变为了海域,这与这一时期黄河口的改道有着直接的联系;湿地的转入主要来源于农业用地,有 41.29km² 的农业用地转变为人工湿地,而由于沉积作用使得新转入的近岸湿地有 22.13km² 来源于海域;非湿地类型之间的变动基本维持原状,没有较大规模的类型转换发生。

表 5.53　1995～2000 年黄河口湿地转移矩阵　　（单位:km²）

类型	近岸湿地	河流湿地	湖泊湿地	沼泽湿地	人工湿地	农业用地	林地	城乡工矿	未利用地	海域
近岸湿地	298.2	2.56	0	22.41	33.86	2.45	0	0	0	64.93
河流湿地	0.18	56.71	0	4.51	0	0	0	0	0	7.54
湖泊湿地	0	0	0	0	0	0	0	0	0	0
沼泽湿地	9.72	0.84	0	273.05	28.98	145.91	0	0	0	0
人工湿地	0	0	0	0.35	194.3	0.32	0	0	0	0
农业用地	0.02	0	0	4.35	41.29	966	0	0	0	0
林地	0	0	0	0	0	0	0	0	0	0
城乡工矿	0	0	0	0	0	0	0	128.4	0	0
未利用地	0	0	0	0	0	0	0	0	0	0
海域	22.13	1.91	0	0.1	0	0	0	0	0	x

2000～2009 年黄河口与其他区域湿地变化的明显不同之处为该时期没有较大规模的围堤形成新人工湿地。湿地的转入主要表现为农业用地和城乡工矿用地转入人工湿地(表 5.54),面积分别为 75.38km² 和 20.85km²;湿地的转出主要为沼泽湿地和人工湿地转为农业用地,面积分别为 53.55km² 和 37.66km²,另外有 32.04km² 的近岸湿地转变为海域;湿地类型之间的转换也主要为其他湿地类型转变为人工湿地,其中沼泽湿地转为人工湿地 145.71km²,近岸湿地转为人工湿地约 60km²;非湿地类型之间的转换在这一时期同样较少。

表 5.54　　2000～2009 年黄河口湿地转移矩阵　　　　　　　　（单位：km²）

	近岸湿地	河流湿地	湖泊湿地	沼泽湿地	人工湿地	农业用地	林地	城乡工矿	未利用地	海域
近岸湿地	234.52	3.15	0	1.03	59.51	0	0	0	0	32.04
河流湿地	2.99	55.74	0	1.04	0.01	0.02	0	0	0	2.22
湖泊湿地	0	0	0	0	0	0	0	0	0	0
沼泽湿地	15.16	2.63	0	84.77	145.71	53.55	0	1.6	0	1.35
人工湿地	0.63	0	0	0.22	259.76	37.66	0	0.16	0	0
农业用地	0	0	0	11.42	75.38	1 027.88	0	0	0	0
林地	0	0	0	0	0	0	0	0	0	0
城乡工矿	0	0	0	0	20.85	3.81	0	103.74	0	0
未利用地	0	0	0	0	0	0	0	0	0	0
海域	39.59	2.24	0	0	0.01	0	0	0	0	x

3. 湿地重心空间变化

黄河口大体上呈箭头状指向东，由表 5.55 可见，尽管存在 1995 年部分近岸滩涂未解译的情况，由于黄河口近岸堆积明显，呈现指向黄河口的"东偏南模式"，迁移距离达到 4352m；由于 1995～2000 年黄河口改道，老黄河口滩涂有所退缩，同时黄河口南部向陆一侧人工湿地有部分增长，使得这一时期湿地重心呈"西南模式"，迁移距离为 2241m；2000～2009 年由于新黄河口经过沉积，形成了较大数量的近岸湿地，而其他区域的湿地变化较为分散，且数量不大，故该时期湿地重心呈现"东偏北模式"，迁移距离为 1527m。

表 5.55　黄河口湿地重心迁移距离和方向

时期	距离/m	变化方向/(°)
1985～1995 年	4 351.80	112.00
1995～2000 年	2 240.68	222.20
2000～2009 年	1 527.32	77.14

第三篇　海岸带遥感评估模型

经明察和昭析,为海岸带评估奠定了数据和感性认识,进而可构建海岸带遥感评估模型,以评价人类在这一特殊空间范围内开发利用的累积、改变、速度和力量,反映人类活动对自然的扰动及所产生的实际偏差。本篇力图推动海岸带遥感评估从整体评价走向空间评价,从数学模型走向物理模型,从利用状态评价走向开发作用力积累过程的评价,从单一生态系统功能评价到岸带区域综合生态功能评价,从时空匀质假设的生态价值评价到关注时空异质的生态服务评价。本篇包含 3 章。第 6 章和第 7 章分别从空间状态、时间跃变和改变状态的人类作用力角度,将物理概念和模型引入海岸带开发强度评估中;第 8 章则从海岸利用景观的生态系统价值角度对海岸带开发利用的服务能力、压力和未来发展进行评估。

通过遥远的卫星观察海岸带,通过岸线和湿地的表征来分析海岸带,最终目的在于从机理上评估海岸带的开发利用状况和提供生态服务的能力,准确评定海岸带开发利用的可持续性,借用苏洵的"事有必至,理有固然",名本篇为理然篇。

第6章 海岸利用适宜性和向量差强度评价

海岸带地区海陆相互作用强烈,人类对其干扰也相对内陆地区更为剧烈,每年都有大量的自然岸带被开发利用,同时随着城市化进程的加快部分耕地、林地以及滩涂、沼泽等用地类型逐渐被港口、住宅、开发区等能带来更大经济效益的用地类型所取代。这种人为因素造成岸带利用属性的改变程度可以理解为海岸利用强度,而对于改变程度的量化描述方法被称为岸带利用强度评价。岸带利用强度评价方法不一,可以借鉴土地利用相关研究方法进行,也可采用单位面积投入的资金、产业或人口进行评价,或采用其单位面积的投入或产出等来评价。本章则从以人类对海岸利用的布局和选址的经验为知识系统,以人类活动对海岸自然生态系统的改变方向或力的大小来进行评价。具体实现上,利用各土地利用类型与高程、坡度、坡向、土壤因素的空间叠加,根据土地利用类型与评价因素等级的组合的频繁度,确定不同土地利用类型在不同组合评价因素中的适宜度来进行适宜性评价,采用原有属性向量与改变后属性向量的差来评价岸带利用强度。

6.1 海岸利用强度适宜度模型

海岸利用适宜度,是指海岸土地适宜于某种开发利用形式的程度。一般针对特定海岸利用类型,选取利用的相关背景指标,通过定量计算,进而定性表示海岸适宜性好坏的一种相对等级概念。相关背景指标可以包括社会经济、自然资源和生态环境等多方面条件,这里则主要以开发利用方式与岸带自然地理环境的冲突大小为出发点来评价海岸利用强度的问题。研究中选取了对海岸利用布局影响最为强烈的土壤、海拔、坡度、坡向4种自然因素作为评价因素。

6.1.1 基本原理

自古以来人类在对如何进行海岸的合理利用方面就总结了大量的经验,在科学技术尚不发达的年代,人类已经知道在依山傍海、风景宜人的地方居住,在靠近河流湖泊、地势平坦的地方耕种,在山势陡峭、易守难攻的岬角建立军事要塞。随科学技术发展和数据获取能力的提高,人们可以根据经济和生态效益目的,综合权衡地形、土壤、水源、气候、交通等多种因素,进行海岸的开发和利用。

历史长期形成的海岸利用景观格局是人类智慧与岸带自然资源结合的产物,如此可以把岸带利用现状抽象为凝结了人类知识和经验的知识系统,从中提取岸带适宜性规则或知识。考虑到地形因素和土壤类型对岸带利用的空间布局有着重要的影响,所以在人类经验和直觉下,岸带利用与这些因素具有了强空间耦合关系。以下提取该耦合关系为适宜性评价的规则或知识,进而完成岸带利用适宜性评价。

首先,根据不同利用类型与土壤坡度、坡向和高程等环境条件因素的空间叠加频繁程度,获取每种土地利用类型在各种环境条件评价因素的相对适宜程度,根据岸带利用对不同地形因素的敏感度为该种空间组合加权并计算总适宜度指数。具体实现流程如图 6.1 所示。这里敏感度是指每种利用类型的选址对某种环境条件因素的依赖程度。如果某种利用类型主要分布在一种或少数几种环境条件因素分级下，那么这种利用类型对该环境条件因素分级的敏感度就高，如果该利用类型在每种环境条件因素分级中都有分布且比较均匀，那么它的敏感度就低。值得注意的是，评价可以根据应用目的和数据基础选取不同的条件因素。

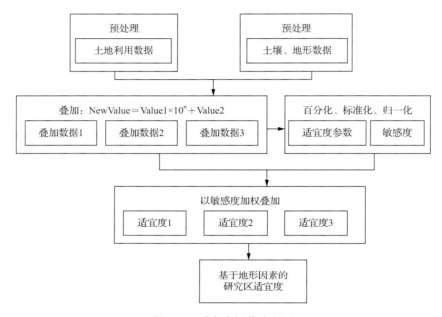

图 6.1　适宜度评价流程图

6.1.2　环境条件分级

这里的环境条件包括影响利用类型的气候、地质、地貌、水文等条件。受数据限制，本研究应用的环境条件因素主要来自地形数据，即 DEM 数据及其生成的坡度和坡向数据。为了建立各条件因素与利用类型的关联关系，首先要对高程、坡度和坡向进行针对应用目标和区域特点的分级。以下结合具体情况进行分级，需要注意的是，不同研究区和不同研究目的，可以采用不同的分级方案。

1. 高程分级

高程分级根据评价区域海拔情况、地形起伏情况和研究目的进行分级。本研究以试验区粤东海岸带地区为例，主要由三角洲平原、丘陵以及低山、中山构成。研究区范围内最高点为海拔 935m，经过对 DEM 数据进行多次分级试验，最终的分级情况如表 6.1 所示，为了在叠加分析中更直观体现数据的高程情况，分别以每个级别上界为该级别进行赋值，分别为 0、50、150、300、935。这样的分级可以使各级别所占面积呈现递减趋势，更加符合该地区地貌类型的客观分布规律。由表 6.2 可见，海拔 0～50m 的面积占了研究区的 70% 以上，后面的 3 个级别的面积逐级递减，而 0m 以下选作为一个级别更加符合海岸带地区的特殊区位情况。

表 6.1 环境条件数据的分级

数据	级数	第一级	第二级	第三级	第四级	第五级
高程/m	5	≤0	0~50	50~150	150~300	>300
坡度/(°)	5	≤2	2~6	6~15	15~25	>25
坡向/(°)	5	平坦	北	东	南	西
		0	0~45/315~360	45~135	135~225	225~315

表 6.2 研究区高程分级面积分布

分级范围/m	编码	面积/hm²	百分比/%
≤0	0	48 274.56	7.17
0~50	50	475 128.19	70.53
50~150	150	87 985.75	13.06
150~300	300	45 826.25	6.80
>300	935	16 442.44	2.44
总值	—	673 657.19	100.00

2. 坡度分级

对于坡度分级国内外有不同的分级方法,一般根据当地的地貌状况进行适当的坡度分级。2005 年福建省土地利用更新调查中采用的坡度分级共分为 5 级,分别为≤2°、2°~6°、6°~15°、15°~25°、>25°(温秀萍,2007)。2006 年度全国土地变更调查实施方案中坡度分级为≤15°、15°~25°、>25° 3 级,而起伏较大的山地地区土地利用研究中的坡度分级一般采用的分级为≤3°、3°~6°、6°~15°、15°~25°、25°~35°、>35°(黎景良等,2007)。

考虑到研究区中分布的地貌类型情况,并利用不同分类情况进行试验,发现福建省土地利用更新调查中采用的分级情况比较适合粤东地区的土地利用研究,故采用了≤2°、2°~6°、6°~15°、15°~25°、>25°这 5 个坡度分级。为了在叠加分析中更直观体现坡度分级情况,同样以该级别上界对分级数据进行赋值,分别为 2、6、15、25、72。其中 2°是农业灌溉适宜坡度临界值,而 6°和 15°是土壤侵蚀强度的两个临界值,25°为我国法定规定退耕还林的临界坡度。研究区土地面积在不同坡度分级中的分布情况见表 6.3。根据面积分布情况可见,粤东海岸带≤2°的土地面积占主导地位,达到研究区总面积的 58.84%,而>25°的面积最少,仅为 5.87%,其他三个级别中的面积分布较为平均,最大相差不到 5 个百分点。

表 6.3 研究区坡度分级中的面积分布表

分级范围	编码	面积/hm²	百分比/%
≤2°	2	396 367.81	58.84
2°~6°	6	61 539.88	9.13
6°~15°	15	83 702.19	12.42
15°~25°	25	92 496.25	13.73
>25°	72	39 552.06	5.87
总值	—	673 658.19	100

3. 坡向分级

坡向分级中一般采用 4 方向或 8 方向两种分级方法。根据研究目的可以适当选择。通常如果研究对象对方向的选择比较敏感，可以采用 8 方向分级，而若研究对象对方向不那么敏感，则一般采用东、南、西、北 4 方向分级。本研究区土地利用中大部分地物类型主要对阴坡、阳坡和半阳坡 3 种坡向敏感，而对于更细致的坡向划分并没有很强的要求，故采用 4 方向分级的方法，正北方为起始方向，顺时针旋转。平地（0°）、北坡（315°～45°）、东坡（45°～135°）、南坡（135°～225°）、西坡（225°～315°）分别用 0、1、3、5、7 来编码，分级情况见表 6.4。

表 6.4　研究区坡向分级中的面积分布表

分级情况	面积分布/hm²	面积百分比/%
0（平）	97 974.5	14.54
1（北）	127 522.12	18.93
3（东）	147 011.25	21.82
5（南）	165 834.43	24.62
7（西）	135 316.87	20.09
总值	673 659.17	100

6.1.3　模型分解

环境条件分级后，将建立不同环境条件与利用类型的联系，探究同一环境因子不同级别中各利用类型所占比例，比例越高表明越适宜，同样，对于同一利用类型探究不同环境因子的不同级别的比例，比例越高表明两者越适宜。故此，模型分为叠加分析、标准化处理、面积百分化、环境因子权值获取和综合适宜度评价 5 步。

1. 叠加分析

把 1995 年、2000 年、2005 年 3 期土地利用数据分别与高程分级数据、坡度分级数据、坡向分级数据和土壤栅格化数据进行空间叠加，叠加过程如图 6.2 所示。由于 GRID 数据只有一个 Value 字段可以进行运算和分析，因此叠加分析后也只存在一个属性字段，为了包含两种数据信息，叠加分析中采用 $Value = Value1 \times 10^n + Value2$ 来生成新数据的 Value 值。n 为地形数据 Value2 的位数。新值中第 n 位以前的值表示土地利用类型 Value1，后 n 位表示地形数据类型 Value2。比如 2°以下坡度（value 值为 2）上的耕地（value 值为 11），其新数据 Value 为"1102"，又如在高程 300m 以上（value 值为 935）叠加耕地（value 值为 11），则编码为"11935"。可以把生成的新数据以表的形式导出以便进行统计运算。

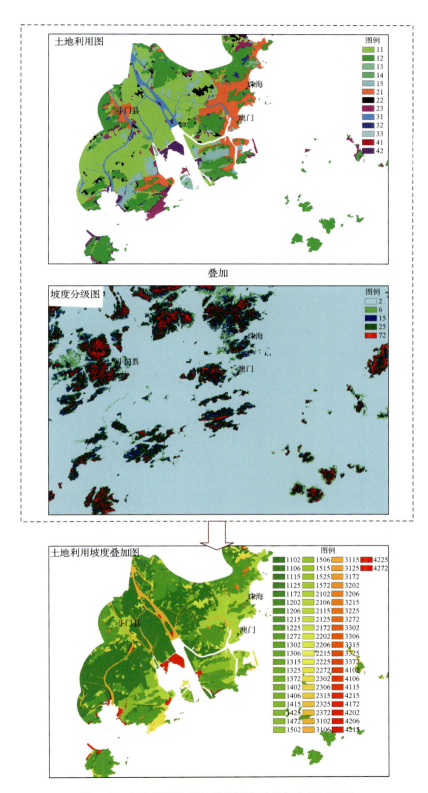

图 6.2 土地利用数据与评价因素的叠加分析过程图

通过新生成的栅格数据可以统计得到叠加后每一新类型的栅格数量,每个栅格代表实地面积为$(25 \times 25) m^2$。以2005年土地利用与坡度因素的叠加为例,所导出的统计数据如表6.5所示。每一个叠加数据可以表示为$m \times n$的矩阵形式,如矩阵式(6.1)所示,m为土地利用的分类数,n为某一地形和土壤数据的分类数,A_{ij}为第i类土地利用与第j级地形叠加后的面积。表6.5可以表示为13行5列的矩阵。

$$A = \begin{bmatrix} A_{11} A_{12} \cdots A_{1n} \\ A_{21} A_{22} \cdots A_{2n} \\ \cdots\cdots\cdots\cdots \\ A_{m1} A_{m2} \cdots A_{mn} \end{bmatrix} \tag{6.1}$$

表 6.5　土地利用与坡度数据叠加面积分布表(栅格数)

类型	2°	6°	15°	25°	72°	Total(i)
耕地	1 365 076	203 558	67 133	10 523	1 237	1 647 527
园地	174 468	207 936	692 270	1 005 080	458 526	2 538 280
林地	803 307	55 163	49 545	18 888	5 105	932 008
灌丛草地	271 929	189 539	356 944	371 415	146 556	1 336 383
养殖	1 581 647	46 907	10 961	1 705	315	1 641 535
城镇用地	514 705	85 815	33 975	7 942	1 377	643 814
农村居民点	229 832	38 780	15 904	3 592	420	288 528
其他建筑用地	532 911	90 090	54 862	23 107	5 253	706 223
河渠	656 827	13 978	2 502	404	150	673 861
水库	31 613	10 729	8 175	2 456	359	53 332
湖泊坑塘	18 436	6 518	4 432	1 213	578	31 177
陆域未利用地	85 187	30 110	40 479	31 553	11 666	198 995
滨海未利用地	75 947	5 515	2 053	2 062	1 291	86 868
Total(j)	6 341 885	984 638	1 339 235	1 479 940	632 833	10 778 531
百分比(P_j)	58.83	9.14	12.43	13.73	5.87	100

2. 标准化处理

标准化处理主要包括数据同趋化处理和无量纲化处理两个方面。由于研究区中不同地形因素面积有一定的差别,如小于2°坡度面积为$(6\ 341\ 885 \times 25 \times 25) m^2$,占了整个研究区面积的58%以上,而25°以上坡度面积仅为$(632\ 833 \times 25 \times 25) m^2$,不到研究区面积的6%。这种情况下,直接以面积多寡来衡量土地利用在该地形因素下的适宜程度是不合适的,必须对数据进行处理,计算在各地形条件下所占面积相同时,各土地利用类型的面积分布情况,目的是使数据具有可比性。虽然与传统的标准化中无量纲处理方法有所不同,但是目的是一致的,也是标准化处理的另一种形式,具体过程如下:

$$\bar{A}_{ij} = \frac{A_{ij}}{P_j} \tag{6.2}$$

$$P_j = \frac{\sum\limits_{i=1}^{m} A_{ij}}{\sum\limits_{i=1}^{m}\sum\limits_{j=1}^{n} A_{ij}} \times 100 \qquad (6.3)$$

标准化公式(6.2)中，$\bar{A}_{ij}$ 为标准化后第 i 行 j 列的标准化值，公式(6.3)中 P_j 为第 j 级地形因素占总面积的百分比。表 6.6 为对表 6.5 进行标准化处理后的结果。

表 6.6　叠加数据标准化结果表

类型	2°	6°	15°	25°	72°	Total(i)
耕地	23 200.58	22 283.31	5 403.06	766.42	210.73	51 864.11
园地	2 965.23	22 762.56	55 715.90	73 203.20	78 113.46	232 760.35
林地	13 652.86	6 038.64	3 987.53	1 375.67	869.68	25 924.38
灌丛草地	4 621.66	20 748.66	28 727.89	27 051.35	24 966.95	106 116.50
养殖	26 881.39	5 134.87	882.17	124.18	53.66	33 076.27
城镇用地	8 747.83	9 394.09	2 734.41	578.44	234.58	21 689.35
农村居民点	3 906.18	4 245.21	1 280.00	261.62	71.55	9 764.56
其他建筑用地	9 057.26	9 862.07	4 415.45	1 682.96	894.89	25 912.63
河渠	11 163.31	1 530.16	201.37	29.42	25.55	12 949.82
水库	537.29	1 174.49	657.95	178.88	61.16	2 609.77
湖泊坑塘	313.33	713.52	356.70	88.35	98.47	1 570.37
陆域未利用地	1 447.82	3 296.11	3 257.87	2 298.11	1 987.39	12 287.30
滨海未利用地	1 290.78	603.72	165.23	150.18	219.93	2 429.85
Total(j)	107 785.5	107 787.5	107 785.5	107 788.8	107 808	

3. 面积百分化

这里的百分化与通常所说的归一化处理是相似的，只不过百分化是把所有数值转化到 0~100 而不是 0~1。之所以进行百分化处理是因为各种类型组合后的面积大小差异较大，百分化处理可以减少保留小数位，便于直观体现各种组合的面积对比情况。

数据叠加后由土地利用类型和地形分级组成的新类型所具有的适宜程度差别主要体现在面积矩阵的行方向上，即体现在该土地利用类型在不同地形分级中的分布情况。另外在列方向上，即在同一地形分级中不同土地利用类型所占有的面积比例，也在一定程度上体现了不同土地利用类型在不同地形分级下的适宜情况，所以利用两种面积百分化处理后的优势度加权平均值来表达每种土地利用类型与地形分级组合的适宜度。由于已经对原始面积数据进行了标准化处理，所以列方向上面积总和相同，列方向百分化后的数据只是对原有数据的同级缩放，不同行的大小关系不受影响。两种百分化数据从不同角度表达了各种组合的适宜程度，所以可用二者的加权平均值作为最终的适宜度结果。具体过程如下：

对标准化后矩阵分别统计同一行和同一列的总值，再分别利用行总值和列总值进行百分化处理，百分化过程通过公式(6.4)和公式(6.5)完成：

$$a_{ij} = \frac{\bar{A}_{ij}}{T_i} = \begin{bmatrix} a_{11} a_{12} \cdots a_{1n} \\ a_{21} a_{22} \cdots a_{2n} \\ \cdots\cdots\cdots\cdots \\ a_{m1} a_{m2} \cdots a_{mn} \end{bmatrix} \tag{6.4}$$

$$b_{ij} = \frac{\bar{A}_{ij}}{T_j} = \begin{bmatrix} b_{11} b_{12} \cdots b_{1n} \\ b_{21} b_{22} \cdots b_{2n} \\ \cdots\cdots\cdots\cdots \\ b_{m1} b_{m2} \cdots b_{mn} \end{bmatrix} \tag{6.5}$$

式中，a_{ij} 为根据土地利用面积百分化处理后的面积矩阵中第 i 行 j 列的值；b_{ij} 为根据地形因素分级面积百分化处理后的面积矩阵中第 i 行 j 列的值，$T_i = \sum\limits_{j=1}^{m} \bar{A}_{ij}$，$T_j = \sum\limits_{i=1}^{n} \bar{A}_{ij}$ 分别是标准化后矩阵的行总值与列总值。表 6.7、表 6.8 分别为对表 6.6 进行列百分化处理之后的结果。

表 6.7　单一土地利用类型在各地形因素下的百分比表

类型	2°	6°	15°	25°	72°
耕地	44.73	42.96	10.42	1.48	0.41
园地	1.27	9.78	23.94	31.45	33.56
林地	52.66	23.29	15.38	5.31	3.35
灌丛草地	4.36	19.55	27.07	25.49	23.53
养殖	81.27	15.52	2.67	0.38	0.16
城镇用地	40.33	43.31	12.61	2.67	1.08
农村居民点	40.00	43.48	13.11	2.68	0.73
其他建筑用地	34.95	38.06	17.04	6.49	3.45
河渠	86.20	11.82	1.55	0.23	0.20
水库	20.59	45.00	25.21	6.85	2.34
湖泊坑塘	19.96	45.45	22.72	5.63	6.27
陆域未利用地	11.78	26.83	26.51	18.70	16.17
滨海未利用地	53.12	24.85	6.80	6.18	9.05

表 6.8　单一地形分级下各土地利用类型的百分比表

类型	2°	6°	15°	25°	72°
耕地	21.52	20.67	5.01	0.71	0.20
园地	2.75	21.12	51.69	67.91	72.47
林地	12.67	5.60	3.70	1.28	0.81
灌丛草地	4.29	19.25	26.65	25.10	23.16
养殖	24.94	4.76	0.82	0.12	0.05
城镇用地	8.12	8.72	2.54	0.54	0.22

类型	2°	6°	15°	25°	72°
农村居民点	3.62	3.94	1.19	0.24	0.07
其他建筑用地	8.40	9.15	4.10	1.56	0.83
河渠	10.36	1.42	0.19	0.03	0.02
水库	0.50	1.09	0.61	0.17	0.06
湖泊坑塘	0.29	0.66	0.33	0.08	0.09
陆域未利用地	1.34	3.06	3.02	2.13	1.84
滨海未利用地	1.20	0.56	0.15	0.14	0.20

4. 地形因素权值获取

最终的土地利用与地形分级组合的适宜度是通过对百分化矩阵 a_{ij} 和 b_{ij} 进行加权平均得到的,过程通过公式(6.6)完成。

$$C_{ij} = \frac{a_{ij} \times \text{Roundup}(\frac{a_{ij}}{10}, 0) + b_{ij} \times \text{Roundup}(\frac{b_{ij}}{10}, 0)}{\text{Roundup}(\frac{a_{ij}}{10}, 0) + \text{Roundup}(\frac{b_{ij}}{10}, 0)} \qquad (6.6)$$

式中, C_{ij} 为最终的结果矩阵中的 i 类土地利用相对于 j 种地形分级的适宜度; $\text{Roundup}(\frac{a_{ij}}{10}, 0)$ 是一个对 $\frac{a_{ij}}{10}$ 向上取整的函数,保留 0 位小数,在此作为权值。表 6.9 为取整后的各土地利用在坡度因素下的适宜度表。

表 6.9　2005 年土地利用对于坡度因素的适宜度表

类型	2°	6°	15°	25°	72°	STDEV
耕地	36	35	9	1	0	18
园地	2	18	42	55	60	25
林地	43	19	11	3	2	17
灌丛草地	4	19	27	25	23	9
养殖	67	12	2	0	0	29
城镇用地	35	38	9	2	1	18
农村居民点	34	37	9	1	0	18
其他建筑用地	30	32	13	4	2	14
河渠	72	8	1	0	0	32
水库	16	38	19	4	1	15
湖泊坑塘	13	38	17	3	3	14
陆域未利用地	8	21	21	13	11	6
滨海未利用地	46	19	3	3	5	18

通过上面的处理过程得到的是土地利用在坡度因素下的适宜度情况,对于其他因素下的土地利用整体适宜度要分别计算。由于土地利用在不同地形因素下的适宜程度有所

不同,土地利用对不同地形因素的敏感度强弱有所不同。例如,土地利用对高程的敏感度要远远大于对坡向的敏感度。敏感度表达的是土地利用对评价因素各分级的选择性强弱程度,可以通过单一适宜度的整体均方差来体现,如果敏感度强,其均方差就大,反之则小。所以要对单一适宜度结果分别计算矩阵行方向的整体均方差,以及所有均方差的均值,在计算整体适宜度的时候利用归一化处理后的均值整体均方差作为相应单一适宜度的权重指数 k_r。

$$\sigma_i = \sqrt{\frac{\sum_{j=1}^{n}(C_{ij} - \bar{C}_{ij})^2}{n}} \qquad (6.7)$$

$$k_r = \frac{\sum_{i=1}^{m}\sigma_i}{m} \qquad (6.8)$$

式(6.7)中,σ_i 为第 i 类土地利用在各评价因素分级中的整体均方差;式(6.8)中,k_r 为土地利用在第 r 种评价因素的各分级中的整体均方差均值,用作土地利用在该因素下的综合适宜度权重。

5. 综合适宜度评价

经过前面的处理过程,得到了各种土地利用类型与单一评价因素进行叠加的适宜度。如表 6.9 表示为土地利用在坡度因素下的适宜度。STDEV 为每一类土地利用类型在各级评价因素中适宜度的整体均方差。如果某土地利用类型对该类评价因素敏感度高,那么它的 STDEV 就会比较大,反之则小。所有用地类型在某评价因素中的适宜度均方差的平均值 k_r 就代表了土地利用类型对该种评价因素的敏感程度,那么进行归一化处理后的 K_r 便可以用来作为求综合适宜度时各评价因素适宜度权重。归一化处理见公式(6.9):

$$K_r = \frac{k_r}{\sum_{r=1}^{l} k_r} \qquad (6.9)$$

式中,K_r 为对 k_r 进行归一化处理后的权重;r 为第 r 种评价因素。

综合适宜度的具体实现过程是:按照上面过程得到单一因素下土地利用适宜度表;利用 ArcGIS 中 Spatial Analyst 模块中 Reclassify 工具重新对各种叠加组合情况赋值;得到单一因素下的土地利用适宜度的栅格数据,用 GRID(r) 表示。r 表示评价因素的个数。再利用归一化处理后的权重 K_r 与相应的适宜度赋值后的栅格数据相乘求和便获得土地利用在各评价因素下的综合适宜度,如公式(6.10)所示。

$$F = \sum_{r=1}^{l} K_r \times \text{GRID}(r) \qquad (6.10)$$

式中,F 为综合适宜度;r 为评价因素个数;K_r 为第 r 个因素归一化后的权重值;GRID(r) 为第 r 个因素下的重新赋值的土地利用适宜度。

6.2 海岸利用适宜性评价

本节的适宜性评价目的在于探究当前的利用状态距离其自然属性或前期有多远,从而通过适宜性的度量来探测开发利用的强度。由此首先要选取环境条件因子,本节以对土地利用格局影响力较大的土壤、海拔、坡度以及坡向 4 种因素作为土地利用适宜度的评价因素,通过叠加分析,根据面积分布情况获取每种土地利用类型对每种因素不同分级的敏感程度,进而根据每种土地利用类型在不同的因素组合条件下的适宜度评价结果进行空间可视化,并分区统计。

6.2.1 多源多期数据一致化

事实上,任何一次地学数据集成和分析都可能面临多源多时期数据的统一问题,主要涉及空间坐标系的统一、时空分辨率的统一、分类体系的统一或调整。可通过查看元数据或数据说明等分析处理,通常也需要将各期数据进行空间叠加,以发现各期之间的关联关系,从而进行一致化处理。

本实例研究采用土地利用数据 3 期,其中 1995 年和 2000 年为依 TM 影像解译的 1:10 万矢量数据,2005 年为依 SPOT5 影像解译的 1:5 万数据;土壤数据是由 20 世纪 80 年代海岸带调查的土壤专题图转注而来。主要的预处理包括分类体系和空间精度的一致化处理、细小斑块的重新归类、相邻同类斑块的合并以及矢量数据栅格化处理。

1. 多源土地利用数据差异

3 期数据,即 1995 年、2000 年和 2005 年,前两期 1:10 万比例尺,最后一期 1:5 万比例尺;两期 1:10 万比例尺的数据均来源于 TM/ETM 遥感数据的解译,采用同一分类系统,1:5 万比例尺数据源于 SPOT5 遥感影像,分类系统相对更为详细。由于这些数据的来源不同,所以数据之间存在不一致性,这些差异主要包括两点:

1) 空间精度不一致:不同期的土地利用数据来源于不同分辨率的遥感影像,影像精度对影像判读精度、边界识别等会产生不同的影响;由于土地利用数据并非按照同一比例尺生成,所以地图要素选取标准有所不同,1:10 万比例尺数据整体上斑块较大,边界较为粗糙;同时不同分辨率遥感影像的校正精度不一致,导致生成的矢量数据空间精度不一致。

2) 土地利用分类系统不一致:两种来源的数据的用途和成图比例尺不同,所以分类体系存在一定的差异。2005 年的数据是针对海岸带调查所作,共有 47 个三级分类,而 1:10 万的数据采用全国土地利用分类,共有 25 个二级分类(只有水田和旱地有三级分类),相比之下,前者多了一些海岸带特色的利用类型(如养殖、园地、已围待用地等);两种土地利用的分类系统分别见表 6.10 和表 6.11。

表 6.10 1:10万土地利用分类系统及说明表

一级类型		二级类型		三级类型		含义
编号	名称	编号	名称	编号	名称	
1	耕地	—	—			种植农作物的土地,包括熟耕地、新开荒地、休闲地、轮歇地、草田轮作地;以种植农作物为主的农果、农桑、农林用地;耕种3年以上的滩地和滩涂
		11	水田	111	山地水田	是指有水源保证和灌溉设施,在一般年景能正常灌溉,用以种植水稻、莲藕等水生农作物的耕地,包括实行水稻和旱地作物轮种的耕地
				112	丘陵水田	
				113	平原水田	
				114	25°坡度水田	
		12	旱地	121	山地旱地	是指无灌溉水源及设施,靠天然降水生长作物的耕地;有水源和浇灌设施,在一般年景下能正常灌溉的旱作物耕地;以种菜为主的耕地,正常轮作的休闲地和轮歇地
				122	丘陵旱地	
				123	平原旱地	
				124	25°坡度旱地	
2	林地	—	—			生长乔木、灌木、竹类以及沿海红树林地等林业用地
		21	有林地			郁闭度>30%的天然林和人工林。包括用材林、经济林、防护林等成片林地
		22	灌木林			郁闭度>40%、高度在2m以下的矮林地和灌丛林地
		23	疏林地			疏林地(郁闭度为10%~30%)
		24	其他林地			未成林造林地、迹地、苗圃及各类园地(果园、桑园、茶园、热作林园地等)
3	草地	—	—			以生长草本植物为主,覆盖度在5%以上的各类草地,包括以牧为主的灌丛草地和郁闭度在10%以下的疏林草地
		31	高覆盖度草地			覆盖度>50%的天然草地、改良草地和割草地。此类草地一般水分条件较好,草被生长茂密
		32	中覆盖度草地			覆盖度为20%~50%的天然草地和改良草地,此类草地一般水分不足,草被较稀疏
		33	低覆盖度草地			覆盖度为5%~20%的天然草地。此类草地水分缺乏,草被稀疏,牧业利用条件差
4	水域	—	—			天然陆地水域和水利设施用地
		41	河渠			天然形成或人工开挖的河流及主干渠常年水位以下的土地,人工渠包括堤岸
		42	湖泊			天然形成的积水区常年水位以下的土地
		43	水库坑塘			人工修建的蓄水区常年水位以下的土地

一级类型		二级类型		三级类型		含义
编号	名称	编号	名称	编号	名称	
4	水域	44	永久性冰川雪地			常年被冰川和积雪覆盖的土地
		45	滩涂			沿海大潮高潮位与低潮位之间的潮侵地带
		46	滩地			河、湖水域平水期水位与洪水期水位之间的土地
5	城乡工矿、居民地	—				城乡居民点及县镇以外的工矿、交通等用地
		51	城镇用地			大、中、小城市及县镇以上建成区用地
		52	农村居民点			农村居民点
		53	其他建设用地			独立于城镇以外的厂矿、大型工业区、油田、盐场、采石场等用地,交通道路、机场及特殊用地
6	未利用土地	—	—			目前还未利用的土地,包括难利用的土地
		61	沙地			地表为沙覆盖,植被覆盖度在 5% 以下的土地,包括沙漠,不包括水系中的沙滩
		62	戈壁			地表以碎砾石为主,植被覆盖度在 5% 以下的土地
		63	盐碱地			地表盐碱聚集,植被稀少,只能生长耐盐碱植物的土地
		64	沼泽地			地势平坦低洼,排水不畅,长期潮湿,季节性积水或常积水,表层生长湿生植物的土地
		65	裸土地			地表土质覆盖,植被覆盖度在 5% 以下的土地
		66	裸岩石砾地			地表为岩石或石砾,其覆盖面积 >5% 以下的土地
		67	其他			其他未利用土地,包括高寒荒漠、苔原等

资料来源:刘纪远,1996。

表 6.11 1∶5 万土地利用分类系统及说明表

一级分类	二级分类	三级分类	编码	类别说明
农业用地	耕地	水田	6111	有水源保证和灌溉设施,在一般年景能正常灌溉,用以种植水稻、莲藕等水生农作物的耕地,包括实行水稻和旱地作物轮种的耕地
		旱地	6112	无灌溉水源及设施,靠天然降水生长作物的耕地;有水源和灌溉设施,在一般年景下能正常灌溉的旱作物耕地;以种菜为主的耕地;正常轮作的休闲地和轮歇地
	园地	果园	6121	以种植水果为主的园地。包括香蕉园、甘蔗园、龙眼荔枝园等
		桑园	6122	以种植桑树为主的园地
		茶园	6123	种植茶叶为主的园地
		苗圃	6124	包括苗圃、花圃、草圃(人工草皮)等
		其他园地	6125	种植橡胶、可可、咖啡、油棕、胡椒、药材等其他作物的园地

一级分类	二级分类	三级分类	编码	类别说明
农业用地	林地	有林地	6131	郁闭度＞30％的天然林和人工林。包括有林地、经济林、防护林等成片林地
		疏林地	6132	郁闭度10％～30％的稀疏林地
		灌丛林地	6133	郁闭度＞40％、高度在2m以下的矮林地和灌丛林地
		未成林造林地	6134	种植时间短，未成林的人工林地
		迹地	6135	森林采伐、火烧后5年内未更新的土地
	草地	天然草地	6141	生长天然草本植物，未经人工改良，用于放牧或割草的草地
		人工草地	6142	用于畜牧业，人工种植的牧草地
	其他农用地	养殖水域	6151	海面或者河口地区常见的网箱养殖，主要特点是未经围垦，一般出现在海岸线以外的近岸水域
		塘池水面	6152	人工修建的集中连片的池塘
		养殖水面	6153	采用围垦方法养殖水产的水面，在海岸线以内
		农田水利用地	6154	人工修筑的渠系、渠道等
		基塘	6155	水塘及包围水塘的小地块。包括桑(桑树)基鱼塘、蔗(甘蔗)基鱼塘、果(水果)基鱼塘等类型
		其他农业用地	6156	晒谷场等上述未包含的农业用地
建筑用地		工矿仓储用地	6220	各种厂矿企业、盐田、砂石厂、仓库等占用地
	公共建筑及设施用地	公共建筑用地	6231	公共基础设施用地、机关团体用地、医疗卫生用地等建筑用地
		瞻仰景观休闲用地	6232	城市内公园，小区内大片绿地、休闲、景观绿地等
		教育及文体用地	6233	学校、体育馆、高尔夫球场等
	住宅用地	城镇单一住宅	6251	城镇内单一住宅小区、别墅区
		城镇混合住宅	6252	城镇内住宅与其他建筑混合，边界难以确定
		农村居民点	6253	城镇以外，乡村与零散农户的居民点用地
	交通运输用地	铁路用地	6261	铁路路基及两侧辅助建筑物
		公路用地	6262	公路路面及两侧林带、排水沟等用地
		民用机场	6263	民用机场范围内的用地
		海滨大道	6264	沿海滨的等级较高的道路及其绿化带
		河港码头	6265	沿海商港、渔港、专用码头等所属范围的用地
	水利设施用地	水库水面	6271	人工修建的蓄水区常年水位以下的土地
		水工建筑用地	6272	堤坝、城市排水沟等

一级分类	二级分类	三级分类	编码	类别说明
建筑用地	其他建筑用地	特殊用地	6281	军事、涉外、宗教、监教、墓葬等特殊用地
		已围待用地	6284	沿海已经圈定但尚未确定用途的水面
		其他建筑用地	6283	类别难以确定或在建中但类别尚无法确定的建筑用地
未利用地	未利用土地	荒草地	6311	树木郁闭度小于10%，表层为土质，生长杂草，不包括沼泽地和裸土地
		沼泽地	6313	地势平坦低注、排水不畅、长期潮湿、季节性积水或常年积水，地层生长湿生植被的土地
		沙地	6314	地表为沙覆盖、植被覆盖在5%以下的土地，包括沙漠，不包括河湖及海岸的沙滩
		裸土地	6315	地表土质覆盖、植被覆盖在5%以下的土地
		裸岩石砾地	6316	地表裸露岩石覆盖，植被覆盖在5%以下的土地
		其他未利用地	6317	类别难以确定的未利用土地
	其他土地	河流水面	6321	天然形成和人工开挖的河流常年水位以下的土地
		湖泊坑塘水面	6322	天然形成的积水区常年水位以下的土地
		苇地	6323	生长芦苇等植被的湿地
		河湖滩涂	6324	水域平水期水位与洪水期水位之间的土地
		未利用海滩	6325	未开发的海边砾石及沙泥质滩地，包括红树林滩

分类系统的不一致会导致数据缺乏可比性，故须对不同分类系统的异同点进行分析，根据研究需要对不同分类系统进行统一处理，并依据统一后的分类系统对数据进行重新分类；空间精度的不一致会使研究结果缺乏可信度，所以，必须在不同空间精度数据之间建立起较好的空间拟合关系，使空间同名点可以精确对应，并依据统一后的分类系统和成图比例尺的要素取舍要求进行适当的制图综合处理。

2. 分类系统一致化处理

要想科学合理地进行分类系统一致化处理，必须首先进行系统的分析，深入了解不同分类系统的异同点，然后才能发现一致化处理中的难点，找出科学合理的解决方案。从前面的分类表可以看出：①1∶10万数据中耕地和草地的划分更为详细，根据统一到第二级分类，则可以简单归并；②在建设用地上，1∶5万数据更为详细，特别是1∶5万分类系统中有面状交通要素类，而1∶10万分类系统中把交通要素归结到了城乡、工矿、居民地类别中。若简单将1∶5万中狭长形的面状交通要素类简单归结或赋予某一类，会对整体的面积及斑块的完整性产生影响。③1∶5万数据存在养殖水面、基塘等具有海岸带特色的分类，而前两期没有这些海岸带特色类别。

针对②，从地表覆被的角度讲，交通用地应当归结到建设用地类型中，但是由于交通要素通常贯穿性很强，简单的归结到某一类会对整体的面积及斑块的完整性产生影响。对这样的地物类型可以进行分段归类处理。首先，生成覆盖研究区范围宽度适当的网格（本节采用 80m×80m 网格），然后提取出所有交通要素，再利用网格进行切割，再用切割后的交通要素替代原来的连续交通要素，使用 Eliminate 工具把交通要素归并到相邻的地物中。这样不但保证了斑块的面积精度，而且没有破坏斑块的完整性和拓扑关系（由于斑块周长有所增加，如果进行景观格局评价会略有影响）。

　　针对③，为了突出海岸带特色，需要在统一后的分类系统中有养殖一类，那么就要在 1∶10 万数据中生成养殖一类。首先利用遥感影像与矢量数据进行叠加分析，从中找到实地养殖水域类型与矢量数据中的类型匹配关系。本研究中利用 1999 年和 2000 年的 TM 数据与 1∶10 万比例尺数据进行叠加发现几乎所有的养殖水域用地都归到水库坑塘和滩涂类别中。如图 6.3 所示为 1999 年 8 月 19 日的珠江口岸段 TM(122044-19990819) 影像与 1∶10 万土地利用数据的叠加。

图 6.3　1∶10 万数据中水面养殖的提取图

图中高亮显示的区域为 1∶10 万数据中的水库坑塘以及滩涂、滩地类，根据影像光谱及纹理特征可以判读绝大部分的水库坑塘可以归为养殖水面，且这种现象在研究区内普遍存在。这种问题主要因分类系统所致。根据这一特点，考虑到研究区内水库类别比较稳定且数量较少，滩涂、滩地类在 1∶10 万数据中也较少能够达到选取标准。首先把两期 1∶10 万数据中的水库坑塘和滩涂、滩地类全部重新归类到养殖水面，然后根据遥感影像以及 1∶5 万数据，把错误划分的水库和真正的滩涂、滩地类别重新提取归类

　　由此，根据两个分类系统的共同特点可以把统一的分类系统分为农林用地、建筑用地、水域和未利用土地 4 个一级分类。在此基础上，又把农林用地分为耕地、林地、园地、

灌丛草地、养殖 5 个二级类;把建筑用地分为城镇建设用地、农村居民点和其他建设用地 3 个二级分类;把水域分为河渠、水库和湖泊坑塘 3 个二级分类;未利用土地分为陆域未利用地和滨海未利用地 2 个二级分类。

对于耕地、林地、园地、农村居民点这 4 种用地类型相对比较容易归类,两期数据在这 4 种类型上的分类也比较相似,根据两期分类系统中对分类的描述即可正确归类。

对于灌丛草地,考虑到灌丛林地与天然草地在生长区域、植被特点、生态功能上的相似性,以及两种地物类型在遥感影像上的相似性,把两种分类系统中的各种草地和灌丛林地统一归为灌丛草地类。

对于养殖,1:10 万数据中的养殖来源于水库坑塘和滩涂、滩地类,1:5 万数据中的养殖根据对分类的定义来源于养殖水面、塘池水面和基塘。

对于城镇建筑用地,1:10 万数据中有城镇用地类,可以直接归类。而 1:5 万数据中的城镇单一住宅、城镇混合住宅、公共建筑用地、瞻仰景观休闲用地、教育及文体用地等类别实际上是在城镇用地的基础上的进一步细化。归类过程中把所有城镇范围内的这些用地类型统一归并到城镇建设用地中。

对于其他建筑用地,1:10 万数据中有此类,在 1:5 万数据中把城镇范围之外的工矿仓储用地、公共建筑用地、瞻仰景观休闲用地、教育及文体用地、特殊用地、其他建筑用地等提取并归并到此类。

对于水域类别比较容易理解,可以直接根据定义进行归类。

对于未利用土地,根据未利用土地的属性和空间分布情况,把具有海岸带特色的未利用土地,如滩涂、滩地、已围待用地归为滨海未利用地,其他未利用土地归为陆域未利用地,由于研究区内的苇地通常都分布于河口处,所以把苇地归到滨海未利用地中。

根据所制定的分类系统一致化处理的步骤,最终建立的统一分类系统及与两期分类系统的对照情况见表 6.12。

表 6.12 统一后的土地利用分类系统表

一级分类	二级分类	分类代码	对应 1:10 万类别及代码	对应 1:5 万类别及代码
农林用地	耕地	11	水田(11),旱地(12)	水田(6111),旱地(6112),其他农业用地(6156)
	林地	12	有林地(21),疏林地(23)	有林地(6121),疏林地(6123),未成林造林地(6134)
	园地	13	其他林地(24)	果园(6121),桑园(6122),茶园(6123),其他园地(6125),苗圃(6124)
	灌丛草地	14	灌木林(22),高覆盖草地(31),中覆盖草地(32),低覆盖草地(33)	灌丛林地(6133),迹地(6135),天然草地(6141),人工草地(6142),荒草地(6311)
	养殖	15	水库坑塘中一部分(43),部分滩涂(45)和滩地(46)	养殖水域(6151),池塘水面(6152),养殖水面(6153),基塘(6155)

一级分类	二级分类	分类代码	对应1∶10万类别及代码	对应1∶5万类别及代码
建筑用地	城镇用地	21	城镇用地(51)	城镇单一住宅(6251),城镇混合住宅(6252),城镇范围内的工矿仓储用地(6220),海滨大道(6264),河港码头(6265),公共建筑用地(6231),瞻仰景观休闲用地(6232),教育及文体用地(6233),水工建筑用地(6272),特殊用地(6281),其他建筑用地(6283)
	农村居民点	22	农村居民点(52)	农村居民点(6253)
	其他建筑用地	23	其他建筑用地(53)	位于城镇范围以外的工矿仓储用地(6220),海滨大道(6264),河港码头(6265),民用机场(6263),公共建筑用地(6231),瞻仰景观休闲用地(6232),教育及文体用地(6233),特殊用地(6281),其他建筑用地(6283),水工建筑用地(6272)
水域	河渠	31	河渠(41)	河流水面(6321),农田水利用地(6154)
	水库	32	部分水库坑塘(43)	水库水面(6271)
	湖泊坑塘	33	湖泊(42)	湖泊坑塘水面(6322)
未利用地	陆域未利用地	41	沙地(61),盐碱地(63),沼泽地(64),裸土地(65),裸岩石砾地(66),其他(67)	沼泽地(6313),沙地(6314),裸土地(6315),裸岩石砾地(6316),其他未利用地(6317)
	滨海未利用地	42	部分滩涂(45),部分滩地(46)	苇地(6323),河湖滩涂(6324),未利用海滩(6325),已围待用地(6284)

3. 几何定位精度统一

由于1∶5万比例尺的土地利用数据来源于SPOT5影像,而且从影像的校正、融合等预处理到矢量化的过程都是按照周密的流程完成的,所以在数据的空间精度上可以得到保证。两期1∶10万土地利用数据来源一致,二者的空间精度基本一致,因由TM/ETM数据数字化而来,空间精度要小于1∶5万的数据。为了提高1∶10万数据的几何定位精度,使其与1∶5万数据相一致,必须采取向上看齐的原则,以1∶5万数据为依据,利用数据上的特征点对后者进行几何校正。

具体地,利用ArcGIS工具条中的Spatial Adjustment工具,选取Rubber Sheeting方法,并在Options里面进行相关设置。控制点对的选取原则:①尽量均匀分布于整个研究区,且控制点数量要充足(本研究选取549个控制点);②选取终年不变或变化微弱的地物作为控制点,如选取未变化的岸线拐角、岛屿的未变化岬角、各类堤坝拐角等;③岛屿和半岛通常在两边对称选点;④边界重叠较好的区域也须选点,避免被其他区域干扰。

由于 1995 年与 2000 年的数据有较好的空间一致关系,所以在利用 2005 年的数据校正 2000 年数据之后,把选取的控制点保存成控制点文本文件,在校正 1995 年数据时候可直接导入控制点。

校正结果如图 6.4 所示。随机选取岸段上的 4 个区域,有色彩填充的区域为校准前的 2000 年数据,红线为 2005 年数据边界,黄线为校正后的 2000 年数据边界,可以看出,校正前的两期数据叠置效果不理想,不仅存在空间位置的平移误差,而且还有旋转和缩放误差。校正后 2000 年数据有了较大的变化,各个位置基本与 2005 年数据都保持了较好的空间重叠关系。

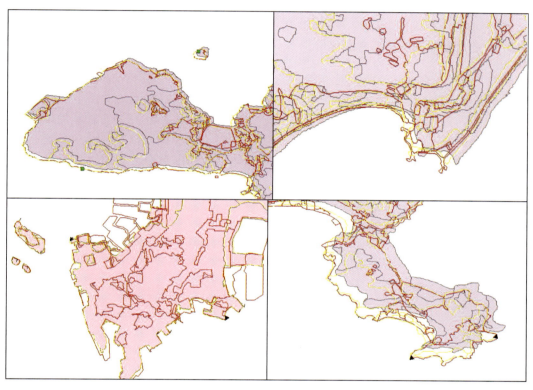

图 6.4　几何校正效果图

彩色区域为校准前的 2000 年数据,红线为 2005 年数据,黄线为校正后的 2000 年数据

4. 图斑粗细统一

由于要素提取的精度要求不同,2005 年数据明显优于其他两期数据,如果直接进行对比分析,会由于数据比例尺的不一致性而影响研究结论的科学性。对于要素选取标准的一致化处理要采取向下看齐的原则,本研究将 1∶5 万的 2005 年数据精度适当降低,使之与 1∶10 万的 1995 年、2000 年数据的要素选取标准一致。

大比例尺地图综合处理为小比例尺地图,主要涉及细碎与零散分布图斑的处理、线条概化处理、图斑面积的控制等技术问题。面积较小、分布零散的图斑往往会损失掉,如零散的农村居民点等(刘明亮等,2001)。研究区 1∶10 万土地利用数据中,各种土地利用类型在图上最小图斑的面积为 2mm²（实际地物面积为 20 000m²），斑块宽度最小为 1mm（实际地物宽度为 100m）。参照此编制规范，结合 3 期数据在分类与精度方面的具体差异，确定 2005 年土地利用数据缩编的标准：

1）达不到 1∶10 万上图标准、分布又非常零散的图斑直接归并到相邻的较大图斑中；

2）达不到 1∶10 万上图标准，但是分布非常集中的同类型图斑簇合并为一个或几个较大的图斑；

3）对于形状接近线状的地类，如公路、水渠等，如果宽度小于 100m 则利用网格切割后归入相邻斑块。

6.2.2 各时期岸带利用适宜度评价

以下针对粤东地区 3 期数据，利用适宜度模型评价不同区域相对于本底条件的开发强度。需要注意的是，这里的适宜度评价方法是针对传统适宜度评价方法主观确定适宜等级的局限，以人类对土地利用的布局和选址的经验为知识系统，指导土地利用现状的适宜度评价。利用各土地利用类型与高程、坡度、坡向和土壤因素的空间叠加，根据土地利用类型与评价因素等级的组合的频繁度，确定不同土地利用类型在不同组合评价因素中的适宜度情况。

1. 1995 年单一要素适宜度评价

1995 年土地利用与研究区坡度、坡向、高程 3 种地形因素及土壤因素按前述步骤处理，得到单一因素适宜度分别见表 6.13 至表 6.16。

表 6.13 1995 年土地利用在坡度地形因素下的适宜度情况表

类型	2°	6°	15°	25°	72°	STDEV
耕地	46.74	35.20	14.61	4.20	1.61	19.76
园地	1.75	17.94	44.42	59.35	66.04	27.39
林地	13.99	12.57	17.24	16.49	13.31	2.04
灌丛草地	6.34	22.05	23.36	20.26	15.79	6.89
养殖	70.23	8.80	1.45	0.30	0.55	30.37
城镇用地	26.44	35.65	10.86	4.05	3.47	14.33
农村居民点	34.63	30.50	10.15	2.98	1.76	15.52
其他建筑用地	29.15	25.17	11.87	4.96	4.29	11.50
河渠	80.07	7.00	0.80	0.14	0.06	35.03
水库	18.63	34.88	16.83	4.33	1.44	13.32
湖泊坑塘	28.52	27.98	17.20	2.90	0.38	13.37
陆域未利用地	22.64	36.28	16.09	2.11	0.74	14.84
滨海未利用地	55.59	17.09	4.11	2.23	2.36	22.83

表 6.14　1995 年土地利用在坡向地形因素下的适宜度情况表

类型	0	1	3	5	7	STDEV
耕地	38.91	26.55	29.34	27.27	24.85	5.57
园地	1.76	30.75	24.91	24.98	27.51	11.55
林地	10.08	17.86	18.49	13.85	13.52	3.46
灌丛草地	5.11	19.31	17.91	18.89	17.86	6.01
养殖	26.09	11.24	12.21	14.11	17.86	6.03
城镇用地	4.59	12.92	17.69	23.74	19.48	7.31
农村居民点	16.28	13.49	14.11	16.26	17.33	1.62
其他建筑用地	28.22	10.69	12.42	12.15	11.90	7.38
河渠	54.68	5.78	4.68	6.21	5.44	21.99
水库	37.47	10.23	10.79	9.79	4.89	12.98
湖泊坑塘	40.78	3.98	10.28	9.86	8.75	14.78
陆域未利用地	11.38	16.28	15.98	16.30	13.02	2.26
滨海未利用地	22.47	10.77	17.99	12.91	13.70	4.67

表 6.15　1995 年土地利用在高程地形因素下的适宜度情况表

类型	0m	50m	150m	300m	935m	STDEV
耕地	19.33	59.67	5.51	0.64	0.06	25.07
园地	3.02	8.45	59.40	67.03	71.03	33.23
林地	9.51	18.48	20.98	16.08	10.24	5.05
灌丛草地	3.31	13.94	28.12	21.20	16.49	9.19
养殖	40.61	45.96	0.24	0.06	0.00	23.73
城镇用地	15.82	55.66	8.31	2.54	0.29	22.69
农村居民点	13.51	65.72	3.57	0.29	0.00	27.99
其他建筑用地	40.42	34.85	7.28	0.35	0.00	19.54
河渠	68.12	12.69	0.00	0.00	0.00	29.56
水库	0.30	34.87	29.52	8.22	4.36	15.65
湖泊坑塘	0.00	49.40	26.64	4.56	0.00	21.63
陆域未利用地	50.17	19.33	8.51	1.88	0.00	20.56
滨海未利用地	76.07	5.70	0.42	0.05	0.00	33.42

表 6.16　1995 年土地利用在土壤因素下的适宜度情况表

类型	赤红壤	水稻土	潮土	滨海风沙土	滨海盐土	STDEV
耕地	13.51	46.58	50.73	27.20	12.13	18.05
园地	64.83	6.46	3.83	6.23	6.74	26.42
林地	8.71	7.83	5.27	52.06	5.20	20.32
灌丛草地	24.04	4.08	3.89	46.53	4.11	18.88
养殖	0.85	27.62	6.36	4.83	36.61	15.85

类型	赤红壤	水稻土	潮土	滨海风沙土	滨海盐土	STDEV
城镇用地	8.86	11.72	44.64	1.84	11.96	16.63
农村居民点	8.86	28.28	8.13	22.84	10.23	9.26
其他建筑用地	11.03	19.83	0.33	12.24	35.15	12.90
河渠	1.11	15.02	5.39	3.20	54.83	22.40
水库	78.79	4.68	1.24	0.02	0.41	34.58
湖泊坑塘	22.23	4.36	2.58	45.87	1.58	19.05
陆域未利用地	4.43	1.59	9.96	48.67	12.57	19.07
滨海未利用地	1.31	2.43	3.91	9.09	63.92	26.88

2. 2000 年单一要素适宜度评价

2000 年土地利用与研究区坡度、坡向、高程 3 种地形因素及土壤因素按前述处理,得到单一因素适宜度分别见表 6.17 至表 6.20。

表 6.17 2000 年土地利用在坡度地形因素下的适宜度情况表

类型	2°	6°	15°	25°	72°	STDEV
耕地	44.66	33.78	14.16	4.06	1.53	18.89
园地	1.65	17.25	43.49	58.72	64.74	27.03
林地	16.25	12.06	16.81	16.76	13.28	2.21
灌丛草地	6.10	21.40	23.14	20.32	15.65	6.86
养殖	70.90	8.31	1.62	0.44	0.58	30.66
城镇用地	25.95	30.16	12.68	5.27	3.75	11.99
农村居民点	36.21	28.98	10.13	3.21	1.86	15.61
其他建筑用地	28.95	22.78	13.43	5.62	4.14	10.76
河渠	79.52	7.47	0.78	0.13	0.06	34.76
水库	17.67	34.44	17.69	4.60	1.51	13.06
湖泊坑塘	36.53	28.13	11.78	1.45	0.25	16.17
陆域未利用地	20.91	34.32	15.23	2.10	3.74	13.24
滨海未利用地	47.71	21.13	4.63	2.40	2.49	19.54

表 6.18 2000 年土地利用在坡向地形因素下的适宜度情况表

类型	0	1	3	5	7	STDEV
耕地	37.23	23.61	27.74	24.82	23.27	5.81
园地	1.66	30.43	24.48	24.71	27.17	11.45
林地	10.59	17.44	18.10	13.84	13.87	3.06
灌丛草地	5.13	18.82	17.83	18.74	17.62	5.89
养殖	26.14	11.76	12.63	13.06	17.50	5.98
城镇用地	6.13	16.81	18.18	22.28	18.99	6.12

类型	0	1	3	5	7	STDEV
农村居民点	14.02	13.77	14.49	16.89	17.95	1.88
其他建筑用地	26.84	11.85	13.05	12.75	12.15	6.45
河渠	54.47	5.75	4.89	6.15	5.62	21.86
水库	36.79	10.68	10.64	9.67	6.82	12.33
湖泊坑塘	2.91	0.34	0.83	0.59	0.57	1.06
陆域未利用地	11.23	16.17	16.22	16.83	12.58	2.52
滨海未利用地	17.10	10.58	19.01	15.93	13.61	3.26

表 6.19　2000 年土地利用在高程地形因素下的适宜度情况表

类型	0m	50m	150m	300m	935m	STDEV
耕地	22.76	55.61	5.51	0.64	0.06	23.51
园地	2.51	8.10	58.67	67.11	71.20	33.42
林地	10.88	18.06	20.12	16.62	9.67	4.57
灌丛草地	2.95	13.47	28.15	21.30	16.67	9.37
养殖	50.37	33.06	0.26	0.04	0.00	23.60
城镇用地	37.81	37.64	7.70	1.47	0.15	19.18
农村居民点	12.03	67.61	3.75	0.26	0.00	28.86
其他建筑用地	47.79	29.54	5.16	0.23	0.00	21.30
河渠	66.56	13.71	0.00	0.00	0.00	28.85
水库	0.25	35.80	29.07	8.01	4.28	15.89
湖泊坑塘	0.00	50.52	22.40	7.58	0.00	21.31
陆域未利用地	46.09	19.97	10.58	2.29	0.00	18.67
滨海未利用地	74.33	5.54	0.43	0.07	0.00	32.65

表 6.20　2000 年土地利用在土壤因素下的适宜度情况表

类型	赤红壤	水稻土	潮土	滨海风沙土	滨海盐土	STDEV
耕地	12.44	43.75	47.77	26.84	14.30	16.32
园地	65.34	6.36	3.04	6.29	6.01	26.83
林地	8.46	8.06	5.14	50.39	8.09	19.25
灌丛草地	23.99	3.96	2.60	47.09	3.87	19.37
养殖	0.97	27.10	3.37	4.20	44.77	19.20
城镇用地	10.15	12.73	42.68	4.44	13.87	14.93
农村居民点	8.32	30.59	11.16	19.92	9.10	9.46
其他建筑用地	9.99	14.39	0.91	7.47	43.53	16.54
河渠	1.13	17.18	8.15	3.21	51.71	20.75
水库	77.63	5.02	1.19	0.02	0.78	33.99
湖泊坑塘	21.28	3.17	2.96	50.36	0.38	21.13
陆域未利用地	4.70	1.61	10.02	48.94	11.89	19.18
滨海未利用地	1.45	3.43	1.94	17.31	54.88	22.81

3. 2005 年单一要素适宜度评价

2005 年土地利用与研究区坡度、坡向、高程 3 种地形因素及土壤因素按前述处理，得到单一因素适宜度分别见表 6.21 至表 6.24。

表 6.21　2005 年土地利用在坡度地形因素下的适宜度情况表

类型	2°	6°	15°	25°	72°	STDEV
耕地	36.03	34.61	8.62	1.09	0.30	17.82
园地	2.01	18.28	42.44	54.65	59.50	24.54
林地	42.67	18.87	11.49	3.29	2.08	16.54
灌丛草地	4.32	19.40	26.86	25.29	23.35	9.12
养殖	67.19	11.94	1.74	0.25	0.11	28.90
城镇用地	34.96	37.55	9.25	1.60	0.65	18.09
农村居民点	33.94	36.89	9.13	1.46	0.40	17.74
其他建筑用地	29.64	32.28	12.73	4.03	2.14	14.12
河渠	72.41	8.35	0.87	0.13	0.11	31.52
水库	15.57	37.68	19.06	3.51	1.20	14.60
湖泊坑塘	13.40	37.98	17.12	2.85	3.18	14.34
陆域未利用地	8.30	20.88	20.64	13.18	11.40	5.65
滨海未利用地	45.71	18.77	3.48	3.16	4.63	18.29

表 6.22　2005 年土地利用在坡向地形因素下的适宜度情况表

类型	0	1	3	5	7	STDEV
耕地	23.46	15.29	18.75	17.26	14.57	3.53
园地	1.27	29.34	24.29	24.60	26.38	11.31
林地	25.59	14.55	15.22	13.16	13.17	5.25
灌丛草地	4.93	20.38	18.73	19.94	19.47	6.60
养殖	29.27	14.20	16.00	14.02	16.76	6.38
城镇用地	8.24	13.20	17.63	22.15	19.25	5.46
农村居民点	18.73	12.48	13.77	13.91	14.01	2.40
其他建筑用地	12.31	15.16	16.64	18.54	18.40	2.58
河渠	44.81	8.39	8.38	8.68	8.32	16.26
水库	34.83	11.43	12.70	9.65	4.33	11.76
湖泊坑塘	19.44	12.33	15.50	11.94	11.76	3.31
陆域未利用地	3.93	18.74	16.33	18.32	18.24	6.32
滨海未利用地	16.70	10.08	16.62	18.14	11.88	3.49

表 6.23　2005 年土地利用在高程地形因素下的适宜度情况表

类型	0m	50m	150m	300m	935m	STDEV
耕地	2.47	75.46	2.28	0.28	0.11	33.19
园地	2.06	8.72	52.88	61.15	72.16	31.87
林地	23.13	47.49	5.10	1.55	0.17	20.12
灌丛草地	3.45	10.05	33.64	21.46	11.86	11.74
养殖	61.33	23.57	0.04	0.00	0.00	26.81
城镇用地	5.42	76.76	3.12	0.04	0.00	33.45
农村居民点	4.19	80.35	1.52	0.04	0.05	35.33
其他建筑用地	37.87	39.45	5.42	0.55	0.18	20.17
河渠	62.77	18.32	0.00	0.01	0.00	27.20
水库	0.24	33.45	27.84	8.56	8.13	14.23
湖泊坑塘	22.46	24.47	13.21	4.07	7.97	8.89
陆域未利用地	12.06	11.39	25.23	20.51	10.23	6.62
滨海未利用地	82.58	4.33	0.86	0.00	0.00	36.40

表 6.24　2005 年土地利用在土壤因素下的适宜度情况表

类型	赤红壤	水稻土	潮土	滨海风沙土	滨海盐土	STDEV
耕地	8.83	27.96	12.48	39.40	2.48	15.10
园地	56.99	5.75	3.23	20.10	5.24	22.67
林地	3.98	21.75	40.65	3.76	12.51	15.38
灌丛草地	38.15	5.66	3.44	28.22	5.41	15.94
养殖	1.77	21.91	16.90	8.58	45.76	16.84
城镇用地	6.98	18.45	41.14	6.06	5.65	15.21
农村居民点	8.00	27.41	12.46	27.29	2.82	11.26
其他建筑用地	8.72	18.48	24.82	11.23	18.36	6.42
河渠	1.17	19.74	9.52	2.63	45.82	18.33
水库	78.72	4.43	1.28	0.05	0.65	34.53
湖泊坑塘	24.60	7.18	10.95	17.03	13.26	6.63
陆域未利用地	18.02	7.03	8.60	31.90	10.98	10.19
滨海未利用地	2.23	3.74	3.03	13.31	56.11	23.04

4. 各期综合适宜度评价结果

前文对土地利用在土壤及地形因素下的适宜度评价方法做了介绍,利用该方法分别对 1995 年、2000 年和 2005 年的土地利用在土壤及坡度、坡向和高程 3 种地形因素下的适宜度进行了计算。表6.25为3个时期土地利用在各评价因素下的适宜度均方差均值及对其归一化处理后获得的适宜度权重。通过加权计算,分别得到了3期适宜度栅格数据,值域范围为1~66。

表6.25 各期土地利用在评价因素下的综合适宜度权值表

评价因素	1995年		2000年		2005年	
	平均STDEV	归一化的权重	平均STDEV	归一化的权重	平均STDEV	归一化的权重
坡度	17.48	0.26	16.98	0.26	17.79	0.28
高程	22.10	0.32	21.63	0.33	23.54	0.37
坡向	8.12	0.12	6.74	0.10	6.51	0.10
土壤	20.02	0.30	19.98	0.31	16.27	0.25

为了进行适宜度的定性研究,需对数据进行分级定性处理,这里将适宜度分为5个级。由于前面每种评价因素都分为5个分级,所以对于百分化数据平均值应为20。故将适宜度值域为15~25定义为临界适宜、15以下为不适宜、25~35为中等适宜、35~45为比较适宜、大于45为非常适宜,如表6.26所示。依据表6.26对适宜度数据重新进行分类,得到适宜度图,如图6.5~图6.7所示。不同适宜度级别所占面积如表6.27所示。

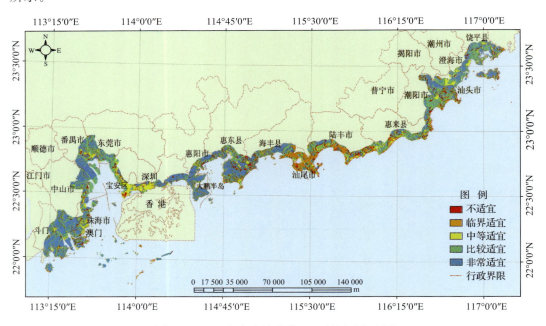

图6.5 1995年粤东海岸带土地利用适宜度图

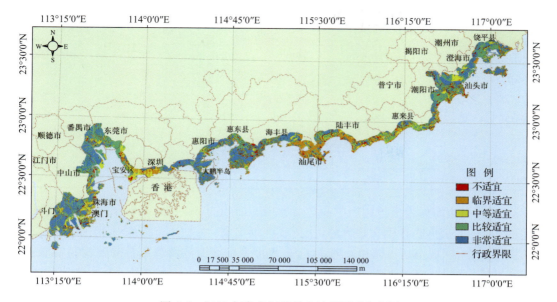

图 6.6　2000 年粤东海岸带土地利用适宜度图

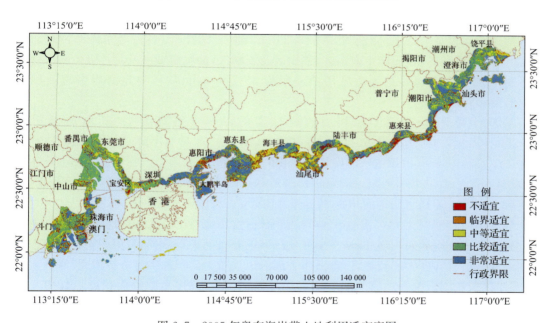

图 6.7　2005 年粤东海岸带土地利用适宜度图

表 6.26　综合适宜度分级及值域范围表

适宜度编码	1	2	3	4	5
适宜度含义	不适宜	临界适宜	中等适宜	比较适宜	非常适宜
值域范围	<15	15～25	25～35	35～45	>45

表 6.27 综合适宜度分级面积表(面积单位为 25m 分辨率的栅格个数)

等级	1995 年		2000 年		2005 年	
	面积	百分比/%	面积	百分比/%	面积	百分比/%
不适宜	587 863	5.6	624 149	5.9	669 234	6.2
临界适宜	1 240 352	11.9	1 589 593	15.1	1 000 423	9.3
中等适宜	1 287 177	12.4	1 503 599	14.3	2 653 244	24.6
比较适宜	2 671 714	25.7	2 611 701	24.8	2 852 233	26.5
非常适宜	4 598 398	44.3	4 196 147	39.9	3 596 517	33.4
总计	10 385 504	100	10 525 189	100	10 771 651	100

1995 年粤东海岸带土地利用中非常适宜用地面积为 287 399.88hm²,占该区域海岸带总面积的 44.3%,占地面积最大的,从行政区划上看,主要分布在珠海市、中山市与番禺市交界沿岸、深圳市盐田区和大鹏新区、惠州市惠阳区西侧及惠东县巽寮湾和铁涌镇、海丰县联安镇一带、榕江入海两岸、澄海市莲上镇一带及汕头市南澳县。其次为比较适宜用地,面积为 166 982.13hm²,占粤东海岸带总面积的 25.7%,分布区域集中在中山市南朗镇及马鞍村、广州市南沙区新垦镇、东莞与深圳交界一带沿岸、汕尾陆丰市甲子港、惠来县古杭水库、汕头潮阳区及潮州市饶平县。再次土地利用居于中等适宜和临界适宜两个等级的用地面积基本持平,分别为 80 448.56hm² 和 77 522hm²,各占粤东海岸带总面积的 12.4% 和 11.9%,在深圳市南山区、福田区及罗湖区,汕尾市城区及其县级市陆丰这两个区域相对集中。该时期不适宜用地面积为 36 741.44hm²,占粤东海岸带总面积的 5.6%,分布较零散。

2000 年粤东海岸带土地利用的适宜度仍以非常适宜为主,其用地面积为 262 259.19hm²,占粤东海岸带总面积的 39.9%,比 1995 年略有下降。其次,比较适宜面积为 163 231.31hm²,占该区域海岸带总面积的 24.8%,位列第二。临界适宜和中等适宜用地比较相近,各占海岸带总面积的 15.1% 和 14.3%,面积分别为 99 349.56hm² 和 93 974.94hm²。不适宜用地面积为 39 009.31hm²,占海岸带总面积的 5.9%。这一时期的土地利用适宜度相比 1995 年主要体现在非常适宜用地及比较适宜用地面积减少,中等适宜和临界适宜用地面积增加,从主要变化区域的分布上来看,东莞与深圳交界一带土地利用由非常适宜转变为比较适宜,珠海市香洲区出现较大面积的中等适宜用地,深圳宝安区、福田区及罗湖区中等适宜与临界适宜用地面积扩大,汕尾市临界面积增加且向西扩展,惠来县比较适宜用地面积减小,中等适宜面积增加,汕头市与澄海市交界一带中等适宜用地面积增加。

2005 年粤东海岸带土地利用适宜度发生明显变化,非常适宜用地面积比 1995 年下降约 11%,面积为 224 782.31hm²,占海岸带总面积的 33.4%,分布比较广泛的岸段集中在深圳盐田区至惠州市惠东县一带,海丰县、陆丰市西侧、榕江入海两岸及汕头市南澳县等区域分布相对零散。其次土地利用适宜度居于比较适宜这一等级的用地面积仍然分布较广,其面积为 178 264.56hm²,占粤东海岸带总面积的 26.5%,从图上不难发现,从珠海斗门区至深圳罗湖区沿岸土地利用几乎被比较适宜用地覆盖,另外陆丰市甲子港、潮阳市、澄海市及饶平县沿岸比较适宜用地均有所扩展。再次该时期中等适宜用地占比相对

1995 年上升约 12%,比较适宜用地面积略小,占粤东海岸带总面积的 24.6%,面积为 165 827.75hm²,相比上两个时期海丰县沿岸中等适宜用地增加较为突出,陆丰市沿岸土地利用由临界适宜转变为中等适宜,饶平县南坑水库一带中等适宜用地面积扩大。此外,临界适宜和不适宜用地面积占比均不足 10%,面积分别为 62 526.44hm² 和41 827.125hm²,分布相对零散。

为了进一步研究粤东海岸带基于土壤及地形因素下的适宜度分布的空间差异情况,根据粤东海岸带地形特点把粤东海岸带分为珠江口岸段、中间岸段以及东部岸段 3 个部分。珠江口岸段西起黄茅海,东至深圳与惠阳两市交界的大鹏半岛东部。东部岸段以韩江口为中心,东至饶平以东的粤闽边界,西至陆丰与惠来的交界;中部岸段是以汕尾为中心的两个河口岸段的中间部分。两个河口岸段的辐射范围基本在河口岬角两侧 50km 左右。图 6.8 至图 6.16 为适宜度的分区显示。

1995 年珠江口岸段土地利用适宜度以非常适宜用地为主,占该岸段的 53%,面积为 148 709.3hm²,其次为比较适宜用地,面积为 69 276.88hm²,占该岸段的 24.7%,两者分布区域较广泛,中等适宜用地面积为 37 475.75hm²,占 13.4%,主要集中在珠海香洲湾至澳门交界一带沿岸及唐家湾镇沿岸、广州南沙区黄阁镇一带,深圳宝安区、南山区、福田区及罗湖区面积较大且连片分布。临界适宜和不适宜用地面积分别为 13 966.63hm² 和11 067hm²,各占该岸段面积的 5% 和 4%,分布相对零散,比较集中区域位于中山市南朗镇上栏村沿岸、深圳南山区大小南山一带。

1995 年中部岸段非常适宜用地面积最大,占该岸段的 35.4%,面积为 70 602.19hm²;其次土地利用临界适宜和比较适宜的用地面积基本相当,分别为 47 790.25hm² 和 43 896.63hm²,占该岸段的 24% 和 22%;中等适宜用地面积为 21 774hm²,占中部岸段总面积的 11%;不适宜用地面积为 15 491.25hm²,占该岸段面积的 7.8%。从分布上看,以赤岸水为界,西侧岸段土地利用以非常适宜为主,东侧岸段土地利用以临界适宜为主,比较适宜用地集中在惠东县范和港沿岸、海丰县梅陇镇、碣石湾及甲子湾一带。与珠海口岸段相比,中部岸段土地利用中临界适宜用地面积明显较多。

1995 年东部岸段非常适宜和比较适宜用地面积分别为 69 702.38hm² 和54 185.44hm²,各占该岸段的 40.7% 和 31.7%,中等适宜用地面积为 21 216.06hm²,占该岸段的 12.4%,临界适宜和不适宜用地面积分别为 15 775hm² 和 10 281.75hm²,各占该岸段面积的 9% 和 6%。从土地利用适宜度分布上看,非常适宜和比较适宜用地在该岸段分布比较均匀,中等适宜度在汕头市潮阳区河溪镇、牛田洋东岸及澄海区六合北关比较集中,临界适宜用地除惠来县溪西镇一带较集中外,多分布于沿岸向海一段,尤以靖海港、海门湾、塘边湾及广澳湾突出,不适宜用地相对分散且面积较小。

2000 年珠江口岸段非常适宜用地面积为 131 088.7hm²,占该岸段的 45.7%,尤以珠海斗门区、中山市、广州番禺区及深圳盐田区和大鹏新区分布广泛。比较适宜用地,面积为 71 185.88hm²,占该岸段的 24.8%,在狮子洋两岸、东莞沿岸及深圳宝安区向海一侧分布比较集中。中等适宜用地面积为 44 472.31hm²,占珠江口岸段总面积的 15.5%,主要分布在珠海香洲区,深圳南山区、福田区和罗湖区。临界适宜和不适宜用地面积分别为 28 037.19hm² 和 11 874.38hm²,各占该岸段面积的 9.8% 和 4.1%。

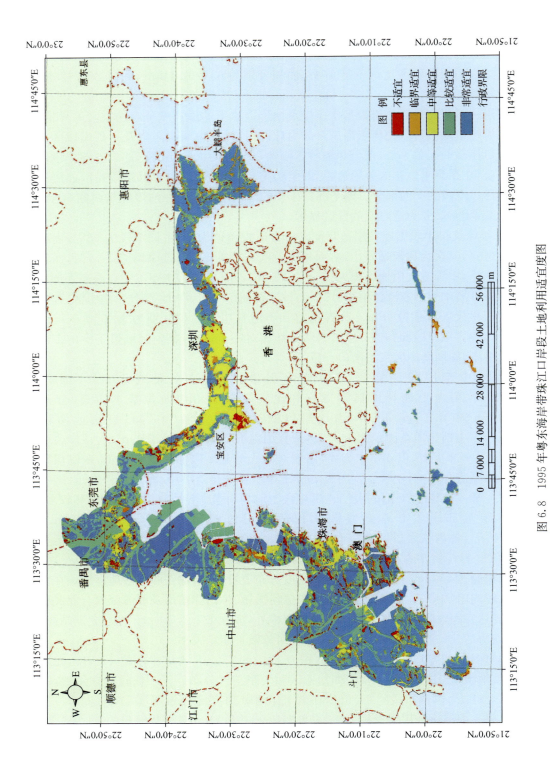

图 6.8 1995 年粤东海岸带珠江口岸段土地利用适宜程度图

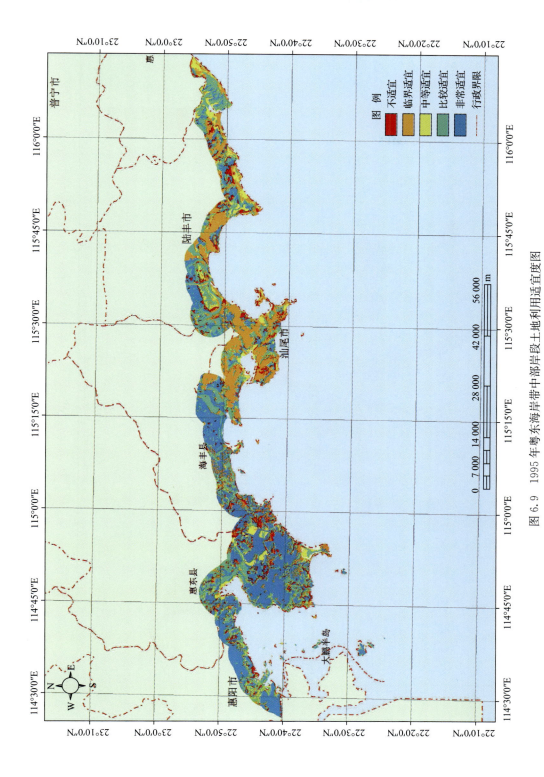

图 6.9　1995 年粤东海岸带中部岸段土地利用适宜度图

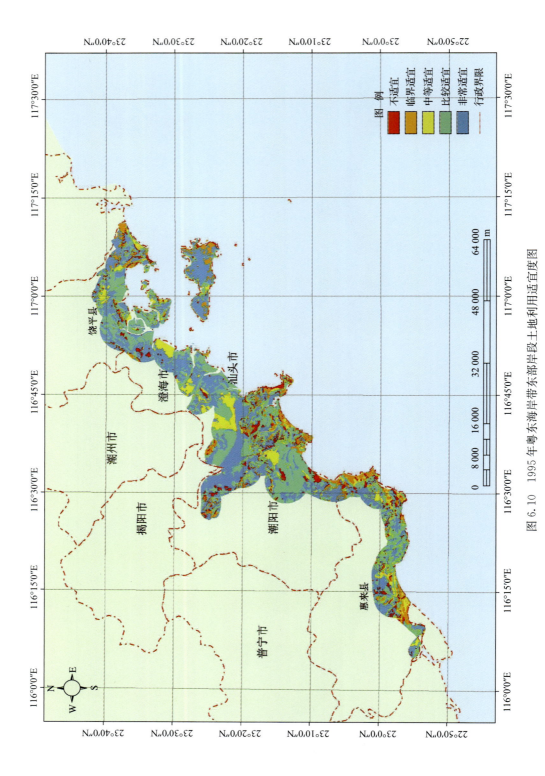

图 6.10　1995 年粤东海岸带东部岸段土地利用适宜度图

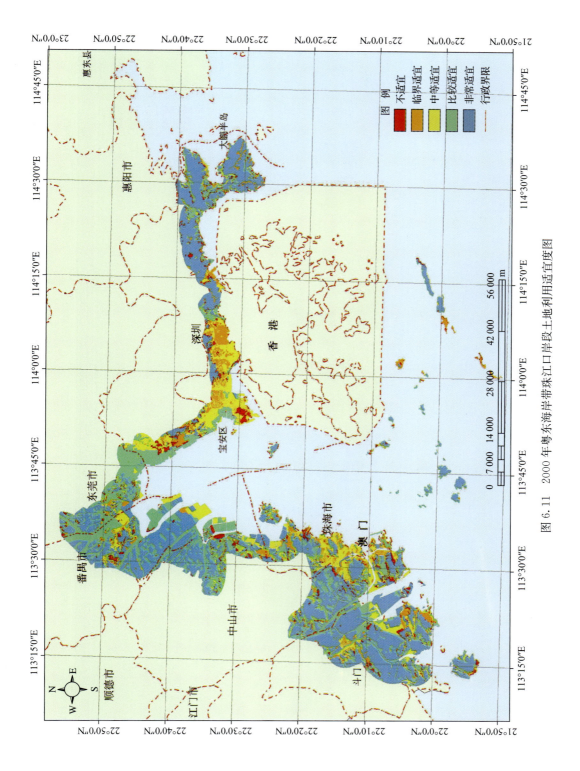

图 6.11 2000 年粤东海岸带珠江口岸段土地利用适宜度图

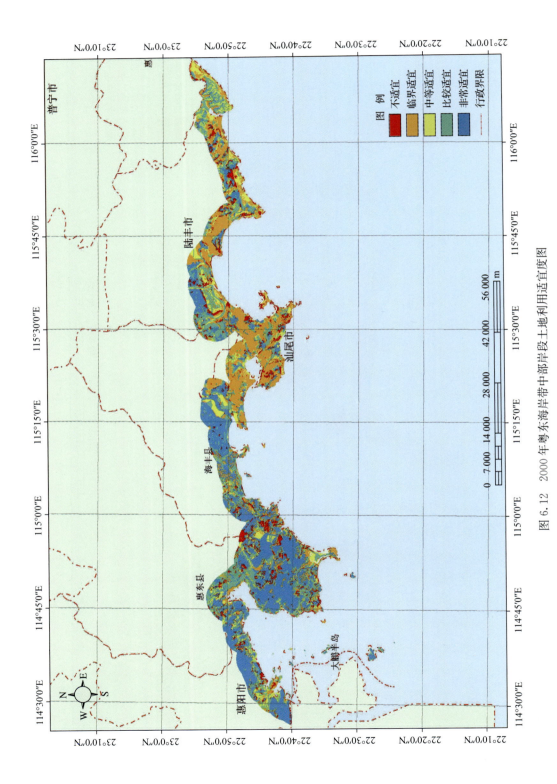

图 6.12 2000 年粤东海岸带中部岸段土地利用适宜度图

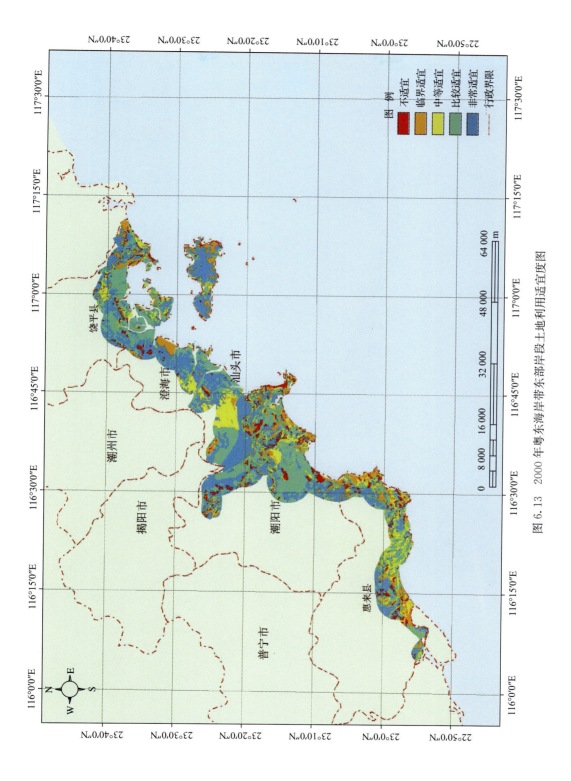

图 6.13 2000 年粤东海岸带东部岸段土地利用适宜度图

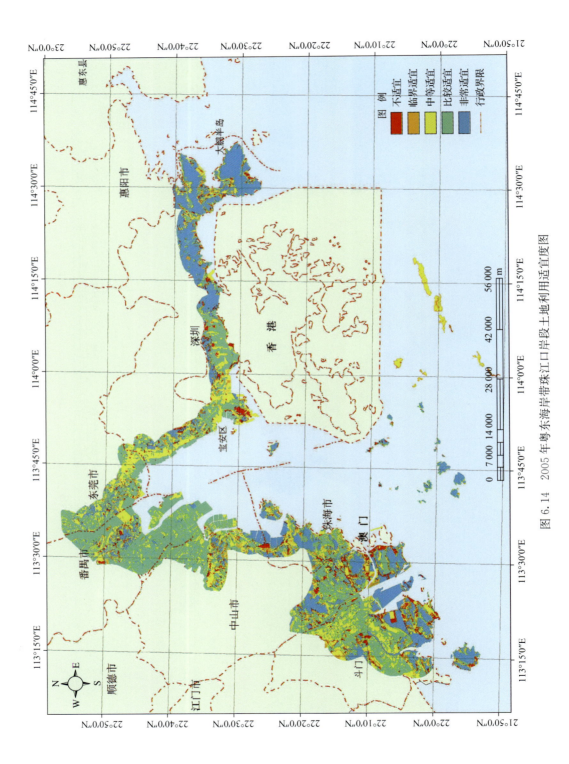

图 6.14 2005 年粤东海岸带珠江口岸段土地利用适宜度图

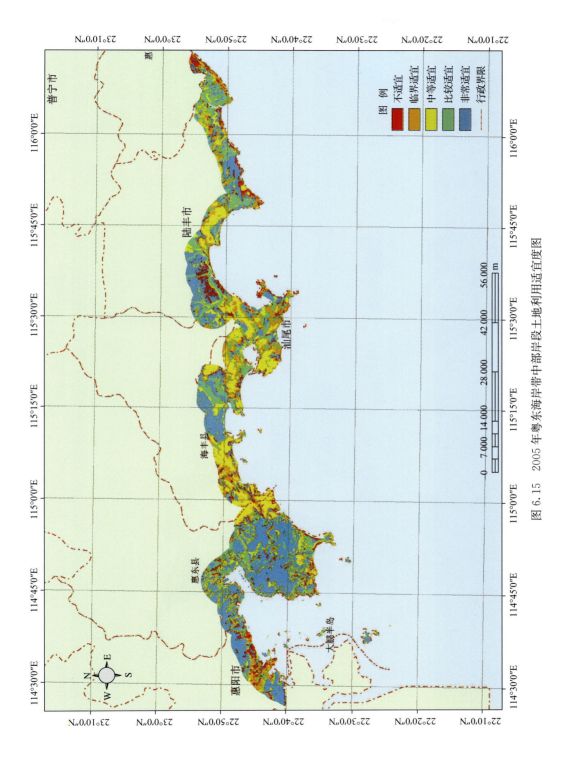

图 6.15 2005 年粤东海岸带中部岸段土地利用适宜度图

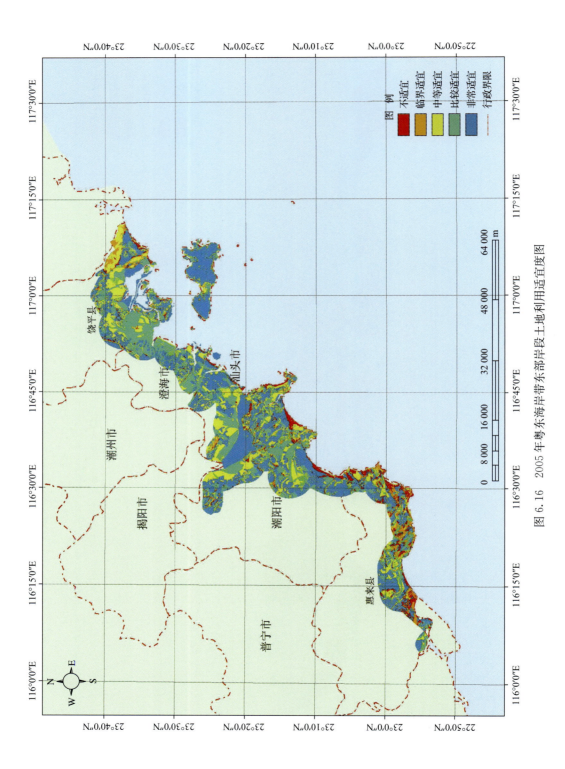

图 6.16　2005 年粤东海岸带东部岸段土地利用适宜度图

2000 年中部岸段土地利用主要为非常适宜用地和临界适宜用地,面积分别为 67 125.88hm² 和 51 206.75hm²,各占该岸段的 33.6% 和 25.6%。其次比较适宜和中等适宜用地面积分别为 39 584hm² 和 25 537.63hm²,各占该岸段的 19.8% 和 12.8%。不适宜用地面积为 16 441.19hm²,占该岸段面积的 8.2%。从分布位置上看,与 1995 年类似以赤岸水为界,西侧岸段土地利用以非常适宜为主,东侧岸段土地利用以临界适宜为主;比较适宜用地在惠东县范和港附近莲蓬村、长排村至田洋村一带,汕尾市赤坑镇与陆丰市碣石湾交界附近区域包括上英镇、潭西镇、河西镇和河东镇一带以及陆丰市东侧甲子港沿岸包括东港镇、甲子镇及甲东镇一带这三个区域的岸段比较集中;中等适宜相对分散,在海丰县赤岸水两岸包括西岸大港村至河浦村一带及东岸辰洲村、长沙中村一带,陆丰市乌坎港及陂洋镇一带分布较多;该时期不适宜用地面积有所上升,除海丰县及陆丰市东港镇、甲子镇及甲东镇一带不适宜用地较少外,其他岸段均有分布。

2000 年东部岸段土地利用主要为非常适宜用地和比较适宜用地,面积分别为 64 038.13hm² 和 52 460.38hm²,各占该岸段的 37.4% 和 30.6%,中等适宜和临界适宜用地面积分别为 23 963.88hm² 和 20 103.56hm²,各占该岸段的 14% 和 11.7%。不适宜用地面积为 10 693.06hm²,占该岸段面积的 6.2%。从各行政单元土地利用适宜性的分布情况上来看,惠来县比较适宜和中等适宜用地占地面积较大,在惠来县西侧南海乡、东埔农场及隆江镇一带和东侧靖海港包括四石村至北炮台一带及港寮湾沿岸包括坂美村、杭美村一带临界适宜用地较多;汕头市沿岸以非常适宜和比较适宜用地为主,中等适宜用地集中在潮阳区河溪镇附近以及澄海区新溪镇、外砂镇、莲下镇及莲上镇一带,临界适宜用地集中在潮阳区塘边湾、濠江区广澳湾以及澄海区金兴、六合北关一带,不适宜用地主要分布在潮南区海门港及濠江区后港至莲鞍一带;潮州市饶平县以比较适宜用地为主,中等适宜用地集中在联饶镇附近,临界适宜用地集中在东风埭及大埕湾。

2005 年珠江口岸段土地利用主要为比较适宜用地,占该岸段的 34.7%,面积为 102 151.4hm²,其次非常适宜用地和中等适宜用地基本持平,面积分别为 79 762.44hm² 和 77 446.31hm²,各占该岸段总面积的 27.1% 和 26.3%,再次临界适宜和不适宜用地面积分别为 18 925.44hm² 和 15 762.44hm²,各占该岸段面积的 6.4% 和 5.4%。从分布位置上看,非常适宜用地主要集中在珠海市金湾区及深圳市盐田区和大鹏新区。比较适宜用地分布较广,由珠江斗门区至深圳罗湖区均以该等级为主要用地类型,中等适宜用地分布多呈斑块状或条带状,在斗门区、中山市东升镇和南朗镇一带、东莞市沿岸以及深圳宝安区和南山区分布面积较大,此外,不适宜用地在珠江香洲区的南屏镇和横琴镇以及深圳宝安区的赤湾附近比较突出。

2005 年中部岸段以非常适宜用地为主,占该岸段的 34.8%,面积为 70 472hm²,其次为中等适宜用地,面积为 49 073.19hm²,占该岸段的 24.2%,再次比较适宜和临界适宜用地占地面积比较相近,面积分别为 34 734.81hm² 和 31 732.19hm²,各占该岸段的 17.1% 和 15.7%,不适宜用地面积为 16 615.25hm²,占该岸段总面积的 8.2%。从分布位置上看,非常适宜用地主要集中在惠州市惠阳区金鸡岭、东心见至蕉子园一带、惠阳区与惠东县交界处、惠东县、汕尾市海丰县梅陇镇及联安镇一带、陆丰市西南镇、大安镇及八万镇一带及南塘镇附近;比较适宜用地主要在赤岸水两岸、螺河、乌坎港、乌泥港、浅澳港、湖东港及甲子港等区域比较集中;中等适宜用地在惠东县与海丰县交界一带、海丰县小漠港至红海湾一带、汕尾城区及其与海丰县、陆丰市交汇地带、陆丰市碣石湾一带比较突出;此外,不适宜用地分布较少,位置较突出的区域在惠阳市沿下李屋—姚婆田—澳头镇向海一带及石下灶、岩前村附近,陆丰市东海镇、霞博村至滴水村沿岸及最东部的山前至湖东一带。

2005 年东部岸段土地利用各适宜度等级中非常适宜用地占地面积最大,面积为74 538.13hm²,占该岸段的 42.2%,其次比较适宜和中等适宜用地基本持平,面积分别为41 378.5hm² 和 39 308.44hm²,各占该岸段的 23.4% 和 22.3%,另外临界适宜和不适宜用地面积分别为 11 866.69hm² 和 9449.44hm²,各占该岸段总面积的 6.7% 和 5.4%。从分布位置上看,非常适宜、比较适宜和中等适宜用地占了该岸段的大部分区域,临界适宜和不适宜用地在汕头濠江区广澳湾以西的岸段分布较为突出,主要集中在惠来县南海乡和东埔农场一带、神泉镇至周田镇一带、靖海港及汕头潮南区的海门湾附近。

6.2.3 结果分析

根据所划分的 3 个岸段进行适宜度的分区统计可得到表 6.28。可以看出由于海陆相互作用和人工围填海的影响,3 个区域的土地利用总面积在不同时期略有变化,呈逐年递增的趋势。而不同区域的适宜度组成也存在很多异同之处。

表 6.28　3 个时期不同区域各适宜度类型的面积比重

时间	等级	珠江口岸段		中段岸带		东部岸段	
		面积/hm²	所占比例/%	面积/hm²	所占比例/%	面积/hm²	所占比例/%
1995 年	不适宜	11 067	3.95	15 491.25	7.76	10 281.75	6.01
	临界适宜	13 966.63	4.98	47 790.25	23.95	15 775	9.22
	中等适宜	37 475.75	13.36	21 774	10.91	21 216.06	12.40
	比较适宜	69 276.88	24.70	43 896.63	22.00	54 185.44	31.66
	非常适宜	148 709.3	53.02	70 602.19	35.38	69 702.38	40.72
	总值	280 495.6	100	199 554.3	100	171 160.6	100
2000 年	不适宜	11 874.38	4.14	16 441.19	8.22	10 693.06	6.24
	临界适宜	28 037.19	9.78	51 206.75	25.62	20 103.56	11.74
	中等适宜	44 472.31	15.51	25 537.63	12.78	23 963.88	13.99
	比较适宜	71 185.88	24.83	39 584	19.80	52 460.38	30.63
	非常适宜	131 088.7	45.73	67 125.88	33.58	64 038.13	37.39
	总值	286 658.5	100	199 895.4	100	171 259	100
2005 年	不适宜	15 762.44	5.36	16 615.25	8.20	9 449.44	5.35
	临界适宜	18 925.44	6.44	31 732.19	15.66	11 866.69	6.72
	中等适宜	77 446.31	26.34	49 073.19	24.22	39 308.44	22.27
	比较适宜	102 151.4	34.74	34 734.81	17.14	41 378.5	23.44
	非常适宜	79 762.44	27.13	70 472	34.78	74 538.13	42.22
	总值	294 048.03	100	202 627.4	100	176 541.2	100

1. 不同岸段的适宜度结构差异

如图 6.17 所示,1995 年珠江口岸段各适宜度土地利用面积随适宜度的增加呈递增趋势,其中不适宜用地面积与临界适宜用地面积之和小于区域面积的 10%,而非常适宜用地面积占了整个区域面积的 53%。以韩江为核心的东部岸段与珠江口岸段在各适宜度土地的面积分布上有很强的相似之处,都是呈逐级递增趋势,但是增幅没有珠江口岸段剧烈,非常适宜用地面积比例小于珠江口岸段,只有 41%,其他级别用地面积比例与珠江

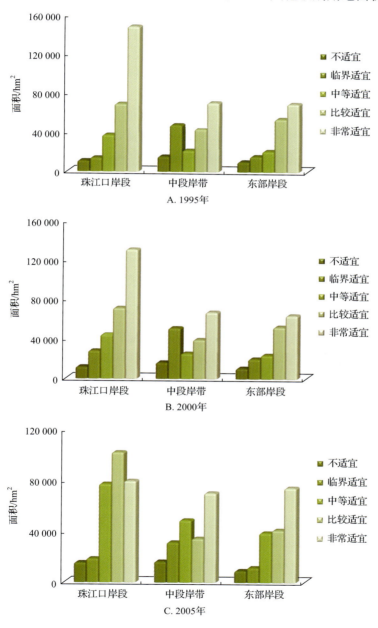

图 6.17　不同岸段适宜度面积构成图

口持平或有小幅提升。而中部岸段明显与两个河口岸段有不同之处,其各适宜度用地面积变化没有规律,非常适宜用地面积比例小于河口岸段,仅占该岸段总面积的35%,而不适宜面积与临界适宜面积比例明显大于两个河口岸段,占了区域面积的32%,而两个河口岸段的不适宜面积与临界适宜面积之和仅为9%和15%。较大的临界适宜面积比例是中部岸段土地适宜度分布的一个重要特点。

2000年与1995年各区域的不同适宜度用地面积所占比例的大小顺序一致,只是每种适宜度土地面积大小略有变化。其中珠江口岸段的非常适宜类型面积下降了7个百分点,而不适宜、临界适宜和中等适宜类型面积都略有增长。而中部岸段和东部岸段比较适宜和非常适宜类型面积略微减少,而不适宜、临界适宜与中等适宜用地面积稍稍增加,总体变化很小。中间岸段的临界适宜用地面积比例较大,同样是其与河口岸段的重要区别。

2005年珠江口岸段面积最大的适宜度类型为比较适宜,占了该区面积的35%,其次是中等适宜和非常适宜,分别为26%和27%,而不适宜和临界适宜之和不到12%;东部岸段虽然非常适宜类型面积与珠江口岸段基本持平,但是非常适宜与比较适宜用地面积之和明显低于珠江口岸段的两者之和,其他3种适宜度面积也基本一致;中部岸段与两个河口岸段的明显差异在于还是不适宜和临界适宜两个类型比例较大,之和达到了24%,而两个河口岸段的这两种适宜度用地面积比例仅为11%和12%。另外,3个区域的中等适宜度基本一致,而中部岸段的比较适宜和非常适宜面积比例要明显小于两个河口岸段。

2. 不同时期的适宜度结构差异

通过比较同一岸段不同时期的适宜度可以看出,珠江口岸段1995年与2000年整体上非常相似,2005年的各适宜度用地面积比例与前两者差异较大,三者的不适宜与临界适宜用地面积差异不大,两种适宜度面积比例之和都在10%左右。主要的差异体现在中等及以上适宜度用地面积的分布上,1995年和2000年中等适宜、比较适宜与非常适宜用地面积比例呈递增趋势,而2005年的中等适宜用地面积明显增加,达到了26%,而前面两年只有13%和16%,但是2005年的非常适宜用地面积却只有27%,远远小于1995年的53%和2000年的46%,可见2000年后珠江口海岸带的土地利用类型发生了较大规模的转变,而相互转变的各种类型对土壤及地形条件的选择也有较强的相似性。

中部岸段1995年与2000年各适宜度面积比例也变化很小,每种适宜度的变化都小于3%,2005年的不适宜(8.2%)与非常适宜(35%)用地面积比例与1995年和2000年基本一致,而临界适宜用地面积比例相对减少了10%左右,中等适宜用地面积增加了10%左右,比较适宜用地面积比例也略有增加。

东部岸段2000年相对于1995年变化较小,不适宜用地面积比例基本没有变化,保持在6%左右,临界适宜用地面积和中等适宜用地面积分别有3%和2%的增长,而比较适宜和非常适宜面积分别有1%和4%的下降,总体上变化很小。2005年相对1995年在不适宜、临界适宜和非常适宜用地面积比例上变化较小,主要的变化体现为中等适宜用地面积比例有10%左右的增长,同时,比较适宜用地面积比例有10%左右的下降。

总体来说,1995年和2000年同一岸段的适宜度分布情况比较相似,只有微小变化。而2005年的各适宜度用地面积比例相对前两年变化较大,其中珠江口岸段2005年的非常适宜用地面积比例相对减少较多,减少部分都转变为中等适宜和比较适宜用地。中部岸段和东部岸段的适宜度结构变化主要体现在中等适宜与比较适宜用地上,非常适宜和不适宜用地面积变化较小。

6.3　海岸利用强度向量差模型

如何量化海岸开发利用的程度,是海岸带研究的基本问题之一。目前,较多地参考了土地利用/土地覆盖变化(LUCC)研究领域的一些评价方法,主要有土地利用变化量模型和土地利用变化程度模型,偏重于数量比较,同时评价计算结果是用一个数值反映整个区域的平均状况。在海岸地区,我们认为,开发利用强度是数量与质量的共同体现,同时希望评价能针对区域中每个开发利用类型的每个斑块,或者说能充分利用地理信息的空间评价优势,更多地反映区域中不同空间不同类型对空间作用的强度。另外,本节还基于一个重要观点,即同一种利用类型在不同的自然环境条件中,其利用强度不同。

不同的土地利用类型对土地的利用强度有所不同,要想得到二者的强度差异有多大,就必须找出土地利用类型之间的不同之处。我们可以把这些不同归结为土地利用的属性差异,各种土地利用类型从不同的角度考虑都可以对其进行定位分析,如从生态环境保护的角度来讲,林地优于瞻仰景观用地、瞻仰景观用地优于耕地、耕地优于城镇住宅、城镇住宅用地优于工矿仓储用地,等等;从开发成本角度来讲,通常是工矿仓储用地大于城镇住宅用地、城镇住宅用地大于瞻仰景观用地、瞻仰景观用地大于耕地、耕地大于林地,等等;从创造经济价值角度来讲,通常工矿仓储用地最大,耕地次之,林地的成材周期较长,排在耕地之后,瞻仰景观用地和城镇住宅用地虽然属于消费品但也间接创造经济价值,依次排在后面。总之,从不同的角度来考虑,土地利用类型之间都存在一定的差别,这些可以对土地利用类型进行区别的不同视角可以看作土地利用的不同属性。如果辅助专家打分等定量分析,对不同土地利用类型在不同属性上进行定量分析,就可以在土地利用类型发生变化的时候,通过变化前后的两种用地类型在不同属性上的量值差异来衡量土地利用总体变化强度。本节构建的面向土地利用类型的土地开发利用强度评价模型,评价结果不但可以进行区域统计分析,而且其面向类型的特点使评价结果具体到了空间细部,更适合空间可视化表达。

由于土地利用类型从不同视角可以看作存在不同的属性,根据欧氏空间距离的思想,可以建立一个土地利用多维属性空间,把能够体现土地利用类型之间差异的各种属性作为属性空间中的维,选择 n 种属性便可以建立一个 n 维空间。根据各土地利用类型对某种属性的强弱进行定量分析,并在属性空间中进行定位。当某一区域土地利用类型发生了转变,便可以通过变化前后两种土地利用类型在对应的属性空间中的距离来表达这种用地类型转变对应的土地开发强度。根据这一原理构建了多维向量模型见公式(6.11)。

$$\mathrm{EI} = \frac{\sqrt{\sum_{i=1}^{n} k_i \left(x_{t_2 i} - x_{t_1 i}\right)^2}}{t_2 - t_1} \tag{6.11}$$

式中,EI 为土地开发利用强度;$x_{t_1 i}$、$x_{t_2 i}$ 为研究初期和末期土地利用类型在第 i 维属性空间中的定位坐标,取值范围(0,1);i 为所定义的属性空间的维数,最小为 1;k_i 表示第 i 维属性的权重系数,用来表示土地利用类型发生变化时不同属性的影响程度;t_1、t_2 分别为研究初期和末期的时间,一般以年为单位。

6.3.1 属性空间的确定

虽然"空间"不是一个实体存在,但每个人都有自己"空间"的理解,直观地把空间看作一个三维,并根据人类所建立的坐标系统在不同维度上进行空间度量和定位。根据"空间"的这种特性,人类也把"空间"的概念引入到了其他的应用中,如在色彩研究中引入"空间"的概念,利用 RGB 或 HIS 等参数建立三维色彩空间(杨静和陈昭炯,2007)。同样,我们在研究中也可以对具备维度特性的事物利用空间来进行表达和度量,而且可以突破三维空间的局限,根据研究对象的特点,建立多维空间。

由于土地利用本身具有多重属性,我们可以根据研究的需要,把所选取的每种属性看作一维,从而建立一个土地利用多维属性空间。再根据土地利用类型在不同属性上的差异,利用专家打分等方法对其进行属性空间中的定位。由于三维以上的空间很难用图形直观地表示,这里仅以三维属性空间为例进行属性空间的说明,如图 6.18 所示。所建立的三维属性空间是一个立方体,长(a)宽(b)高(c)3 个边的长度不一定相等,边的长短与土地利用对该边代表属性的敏感度有关,根据土地利用类型在属性空间中取值范围规定为 0~1,可知最大边长≤1,即立方体内两点最大距离为 $\sqrt{3}$。当 $a=b=c$ 时,说明土地利用对各属性的敏感度相同,属性空间为正立方体;当 $a>b=c$ 时,说明土地利用对 a 属性最敏感,对 b 和 c 的敏感度相等但小于 a;当 $a\neq b\neq c$ 时,则说明土地利用对每种属性的敏感度各不相同。更多维的属性空间同此。同理,在 n 维属性空间中两点的最大距离为 $\sqrt{n}$。

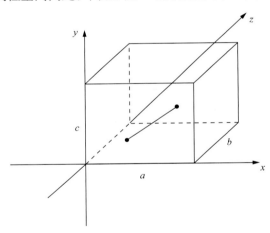

图 6.18 属性空间示意图

土地开发利用强度所代表的意义与属性空间的选取有关,如果选取的属性空间主题只有一个,那么所得到的强度就是土地利用变化对这种属性的改变强度;如果选取的属性空间各维代表不同主题,如既有自然属性又有社会经济属性,根据这样的属性空间来评价所得到的强度表达的是一个综合指标,是土地利用发生变化时每种属性的改变强度的综合体现。

6.3.2 属性空间维的选取

在适宜度评价中,每种土地利用在各种评价因素下有不同的适宜度分布规律。在开发强度研究中可以把这种分布规律看作土地利用的一种属性,这样,不同因素下的适宜度便分别可以作为强度评价中的属性维。那么,根据 3 种地形因素和土壤因素下的土地利用适宜度情况就可以建立一个衡量土地开发利用强度的四维空间。每种土地利用类型对应某一因素分级的适宜度可以在该坐标轴上进行定位。这样,每种土地利用类型对应的各种因素分级就可以在四维空间上确定一个点,当土地利用发生变化时,评价因素作为底质并没有发生变化,而两种土地利用类型在同样底质下在四维空间上所确定的两点距离可以反映土地利用类型在这样的因素组合条件下发生变化所要施加的强度。由于本研究中是以适宜度为属性空间,所表达的强度即为土地利用适宜度的变化强度。

6.3.3 模型参数的获取

根据模型参数的定义,首先要把岸带土地利用在各种因素下的适宜度值进行标准化处理,把所有数值统一到(0,1)内。由于岸带土地利用共有 13 类,每种评价因素都分为 5级,所以土地利用对应各评价因素的适宜度可以表示为如公式(6.12)所示的 13 行 5 列的矩阵 A,式中,A_{ij} 表示第 i 种土地利用类型在某因素第 j 级下的适宜度值。标准化公式为公式(6.13)。

$$A = \begin{bmatrix} A_{11} A_{12} \cdots A_{1j} \\ A_{21} A_{22} \cdots A_{2j} \\ \cdots\cdots\cdots\cdots \\ A_{i1} A_{i2} \cdots A_{ij} \end{bmatrix} \qquad (6.12)$$

$$a_{ij} = A_{ij}/\mathrm{Max}A_{ij} \qquad (6.13)$$

标准化处理后得到矩阵如式(6.14)所示,a 为该属性维中的坐标值。

$$a = \begin{bmatrix} a_{11} a_{12} \cdots a_{1j} \\ a_{21} a_{22} \cdots a_{2j} \\ \cdots\cdots\cdots\cdots \\ a_{i1} a_{i2} \cdots a_{ij} \end{bmatrix} \qquad (6.14)$$

另外由于适宜度的整体标准差 STDEV 是土地利用类型对评价因素敏感程度的体现,用标准化处理后的 STDEV 作为相应属性空间的权重,权重的大小直接决定了该属性维对强度评价的贡献大小。权重计算方法与适宜度标准化类似如公式(6.15)所示,k_i 为权重,S_i 为各评价因素中适宜度标准差,表 6.29 为标准化处理后的各评价因素对土地开发利用强度评价的权重值。

$$k_i = S_i/\mathrm{Max}S_i \qquad (6.15)$$

表 6.29 各属性维权重表

评价因素	1995 年		2000 年		2005 年	
	平均 STDEV	权重 S	平均 STDEV	权重 S	平均 STDEV	权重 S
坡度	17.48	0.79	16.98	0.79	17.79	0.76
高程	22.10	1.00	21.63	1.00	23.54	1.00
坡向	8.12	0.37	6.74	0.31	6.51	0.28
土壤	20.02	0.91	19.98	0.92	16.27	0.69

6.4　海岸利用强度向量差评价

以下根据前面建立的海岸开发利用强度评价模型,确立海岸利用的属性空间。并根据岸段的特点,把粤东海岸带划分为 3 个岸段进行土地利用强度评价,为了考察海岸作用,沿岸划定等宽度的缓冲区,进而从岸带的横向和纵向进行开发强度比较。以下分析结果将表明,河口岸段与没有大河口分布的岸段差别较大,河口岸段的土地开发强度最大区为 1km 缓冲区以内,向内陆逐渐减小,这种趋势在 4km 以内比较明显;中部岸段整体土地开发强度小于河口岸段,且缓冲区分析中,海岸作用条带规律性变化不明显。

6.4.1　缓冲区分析

本节首先对整个研究区进行缓冲区分析,意在了解不同缓冲区内土地利用类型的分布特点,在此基础进一步探索开发利用强度的纵向变化规律,图 6.19 为缓冲区的局部示意图。这里将缓冲区划分为五带进行讨论,以 1km 为间隔宽度建立缓冲区,规定距海岸线 1km 以内的区域为第一带,1~2km 为第二带,以此类推。

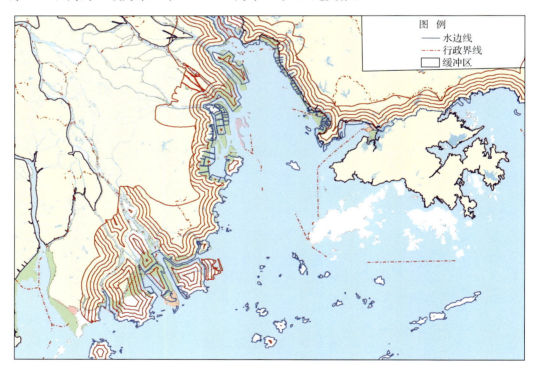

图 6.19　缓冲区分析示意图(间隔 1km)

分别对珠江口岸段、中部岸段和东部岸段进行缓冲区分析,可以看出不同时期各岸段在不同缓冲带内土地利用格局存在较大差异。具体土地利用类型面积统计如表 6.30 至表 6.32 所示。

表6.30 珠江口岸段各缓冲带不同类型用地面积

（单位：hm²）

带	时间	耕地	园地	林地	草地	养殖	城镇用地	农村居民点	其他建筑用地	河渠	水库	湖泊	陆域未利用地	滨海未利用地
1	1995年	27 044	1 419	22 144	2 322	7 484	6 097	2 753	2 141	10 461	7	10	819	11 705
	2000年	28 012	1 981	23 203	1 871	9 652	11 838	3 051	5 941	11 448	21	0	908	4 611
	2005年	1 933	13 671	21 360	7 572	25 143	5 386	1 479	10 710	13 282	39	383	2 805	3 120
2	1995年	18 295	735	19 097	758	3 251	5 919	1 383	896	1 838	266	20	14	2 796
	2000年	16 193	863	18 520	394	4 635	8 402	1 737	2 427	1 839	272	0	14	543
	2005年	1 148	8 199	18 144	2 161	9 030	5 774	1 161	5 698	2 859	322	180	1 099	299
3	1995年	13 406	585	16 117	638	1 748	4 750	1 132	714	575	474	75	0	1 190
	2000年	11 280	608	15 717	544	3 206	6 634	1 403	935	583	510	0	0	51
	2005年	890	5 610	15 391	1 282	4 858	4 542	863	4 521	1 266	526	170	1 051	101
4	1995年	11 524	591	11 298	731	946	3 627	770	451	512	265	14	0	658
	2000年	9 524	547	10 767	331	1 754	5 780	1 248	685	521	273	0	0	12
	2005年	720	5 332	10 200	1 254	2 471	3 564	847	4 524	1 028	330	96	804	58
5	1995年	31 928	1 050	12 622	660	2 650	3 203	2 388	990	1 993	185	61	0	254
	2000年	24 282	886	12 556	182	4 566	6 471	5 791	1 162	1 993	213	0	0	0
	2005年	2 028	15 566	11 939	1 677	5 208	6 347	1 763	7 921	3 373	229	236	1 359	412

表 6.31 中部岸段各缓冲带不同类型用地面积

（单位：hm²）

带	时间	耕地	园地	林地	草地	养殖	城镇用地	农村居民点	其他建筑用地	河渠	水库	湖泊	陆域未利用地	滨海未利用地
1	1995 年	8 491	1 287	10 866	13 261	249	646	1 867	4 239	3 558	53	229	1 367	3 044
	2000 年	8 385	1 287	10 267	12 995	276	1 110	1 857	4 986	3 558	53	217	1 367	3 163
	2005 年	7 921	853	9 869	13 169	8 078	1 191	1 512	1 896	3 180	81	153	2 076	251
2	1995 年	11 068	1 202	9 688	8 890	230	244	1 422	1 912	1 346	164	41	633	607
	2000 年	10 922	1 237	9 569	8 737	238	532	1 422	2 006	1 365	167	30	633	587
	2005 年	9 997	1 273	6 722	11 553	3 075	891	1 140	695	1 389	238	98	463	19
3	1995 年	9 695	1 251	10 146	8 608	198	12	941	674	524	314	59	355	598
	2000 年	9 690	1 251	10 124	8 569	206	27	941	725	525	324	42	355	596
	2005 年	8 796	1 597	6 756	11 334	1 919	383	683	459	598	374	97	405	12
4	1995 年	8 460	1 040	9 738	6 209	117	20	723	330	290	201	71	95	704
	2000 年	8 460	1 048	9 730	6 200	111	20	723	339	290	203	75	95	704
	2005 年	6 873	1 113	7 189	9 080	1 437	185	645	361	418	270	131	294	2
5	1995 年	16 761	1 377	18 056	8 437	2 054	131	1 194	441	787	363	38	67	3 767
	2000 年	16 761	1 537	17 896	8 437	2 068	131	1 194	441	787	358	30	67	3 767
	2005 年	15 253	1 528	13 544	13 245	5 209	245	1 347	297	1 758	407	165	364	112

表6.32 韩江口岸段各缓冲带不同类型用地面积

（单位:hm²）

带	时间	耕地	园地	林地	草地	养殖	城镇用地	农村居民点	其他建筑用地	河渠	水库	湖泊	陆域未利用地	滨海未利用地
1	1995年	10 683	1 118	8 169	6 630	6 720	1 196	1 832	1 641	4 033	26	35	463	5 194
	2000年	9 826	1 118	8 124	6 707	7 586	1 218	1 832	1 738	3 998	26	44	463	5 100
	2005年	6 682	480	11 657	4 524	12 825	1 840	1 299	2 394	5 779	31	31	567	780
2	1995年	11 601	771	6 370	3 535	4 028	1 317	1 325	1 045	1 538	64	69	371	149
	2000年	10 776	771	6 370	3 535	4 837	1 317	1 335	1 057	1 556	64	57	371	130
	2005年	7 857	807	8 361	2 576	6 667	1 528	1 118	1 029	2 232	81	93	343	97
3	1995年	11 029	613	4 188	2 387	2 658	1 258	1 587	840	461	87	17	238	57
	2000年	10 949	613	4 188	2 387	2 727	1 258	1 587	840	461	87	20	238	57
	2005年	7 482	774	6 172	1 664	4 863	1 796	1 095	524	915	95	34	260	51
4	1995年	10 549	448	2 193	1 611	2 388	1 325	1 882	569	470	85	18	115	12
	2000年	10 530	448	2 193	1 611	2 386	1 338	1 882	569	470	85	19	115	12
	2005年	8 262	649	3 472	1 154	3 697	1 813	1 087	702	697	97	20	105	17
5	1995年	21 591	1 248	4 669	2 090	6 853	3 319	4 954	1 277	939	230	39	8	144
	2000年	21 534	1 244	4 669	2 090	6 853	3 356	4 961	1 281	920	230	39	8	144
	2005年	17 119	806	7 858	1 278	8 116	4 751	1 997	2 399	2 373	217	66	467	96

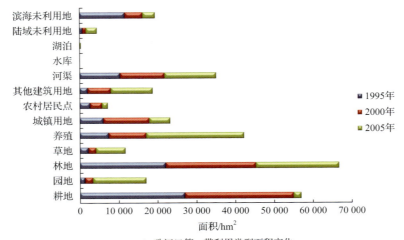

A. 珠江口第一带利用类型面积变化

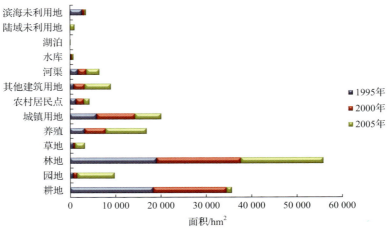

B. 珠江口第二带利用类型面积变化

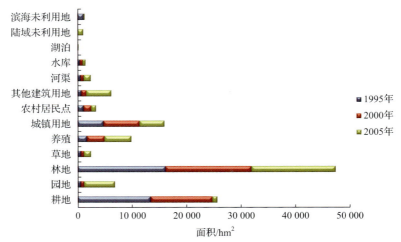

C. 珠江口第三带利用类型面积变化

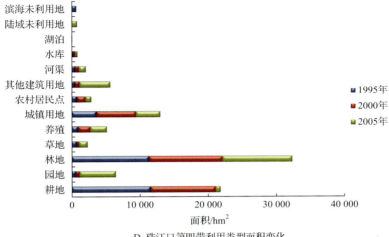

D. 珠江口第四带利用类型面积变化

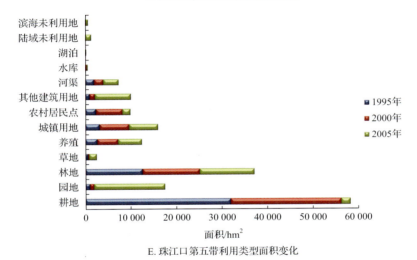

E. 珠江口第五带利用类型面积变化

图 6.20　1995～2005 年珠江口岸段各缓冲带内土地利用变化

　　根据 1995 年、2000 年和 2005 年各缓冲带内土地利用面积的统计表 6.30 和图 6.20,可以看出 1995～2000 年土地利用变化较小,到 2005 年各利用类型出现比较明显的变化,另两岸段均有此特点。对于珠江口岸段,第一带缓冲区内在 2000 年之前土地利用以耕地、林地为主,滨海未利用地、河渠、养殖及城镇用地次之的利用格局,到 2005 年,耕地利用面积骤减,面积仅占 2%,园地、养殖用地增加比较明显,此时该缓冲带土地类型转变为以林地、养殖为主,园地、河渠及其他建筑用地次之的利用格局。第二带缓冲区土地利用在 2000 年前以耕地、林地为主,城镇用地次之,2005 年耕地面积大幅下降,转变为以林地为主要类型,园地、养殖次之,城镇用地和其他建筑用地再次之的用地格局。第三带缓冲区在 2000 年前林地占有面积最大,其次为耕地,城镇用地与养殖用地并重且面积略小于耕地,到 2005 年该区域转变为以林地为主,园地、养殖、城镇用地及其他建筑用地并重的土地利用格局。第四带缓冲区在 2000 年前以耕地、林地为主,城镇用地次之,2005 年土地利用转变为以林地为主,园地、城镇用地、其他建筑用地次之的用地格局。第五带缓冲区在 2000 年前,耕地最多,其次为林地、养殖、城镇用地及农村居民点,到 2005 年土地利用格局转变为以园地、林地为主要利用类型,养殖、城镇用地、其他建筑用地次之。总体上,珠江口岸段各缓冲带的共同特点为 2000 年以前土地利用类型多以耕地、林地为主,到 2005 年耕地严重缩减,园地、养殖、城镇用地、其他建筑用地上升较快,各缓冲带土地利用基本以林地为主,园地、养殖次之的用地格局。另外,各缓冲带的差异在于,到 2005 年,林地在中间三带的占比要明显大于第一带和第五带,园地在第五带的占地面积远大于其他 4 个缓冲带,养殖用地、河渠在第一带的占比均大于其余各带。

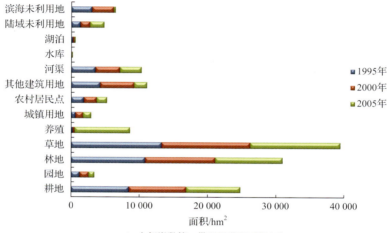

A. 中部岸段第一带利用类型面积变化

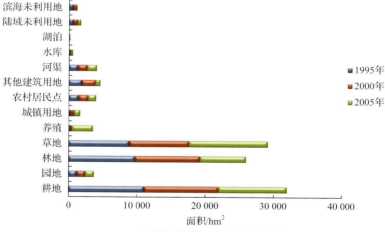

B. 中部岸段第二带利用类型面积变化

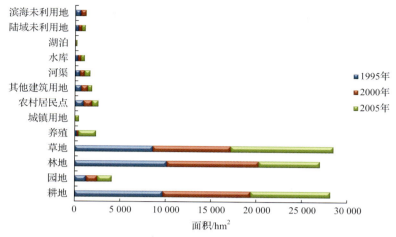

C. 中部岸段第三带利用类型面积变化

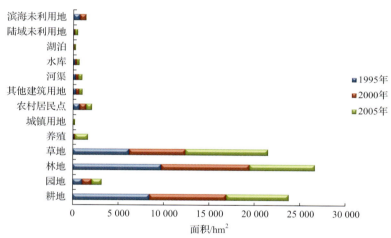

D. 中部岸段第四带利用类型面积变化

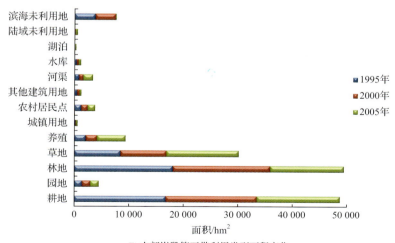

E. 中部岸段第五带利用类型面积变化

图 6.21 1995～2005 年中部岸段各缓冲带内土地利用变化

根据 1995 年、2000 年和 2005 年各缓冲带内土地利用面积的统计表 6.31 和图 6.21，对于中部岸段，第一带缓冲区在 2000 年之前以草地、林地和耕地为主要土地利用类型，2005 年养殖用地大量增加，基本与耕地持平，利用类型转变为以草地为主，林、耕、养并重的土地利用格局，可以发现，此时滨海未利用地明显下降。第二带缓冲区在 2000 年前主要土地利用类型与第一带相同，其他建筑用地、城镇及农村居民点占有量在 5% 左右，其余利用类型较少，2005 年草地和养殖用地增加比较明显，土地利用转变为以耕地、草地为主，林地次之，养殖用地再次之的格局。第三带、第四带以及第五带缓冲区的土地利用格局与第二带相类似，但所占比例和各时期的变化幅度有所差别，另外园地在第二带至第五带始终保持一定比例。总体上，中部岸段的土地利用呈现的特点相对明了，除第一带缓冲区以外，其他缓冲带土地利用结构基本相同，仅在各利用类型所占比例有所差别。此外，各缓冲区的差别在于，到 2005 年，草地在中间三带分布比较广泛，第一带和第五带较小，耕地在第一带的土地所占比例明显小于其余四带，林地在后两带的分布面积较前三带突出，养殖、陆域未利用地及其他建筑用地在第一带的土地所占比例明显大于其余四带。

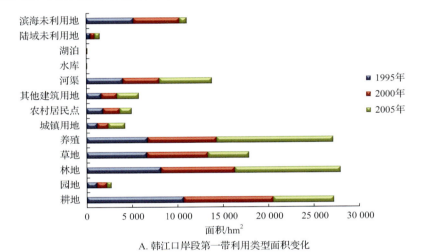

A. 韩江口岸段第一带利用类型面积变化

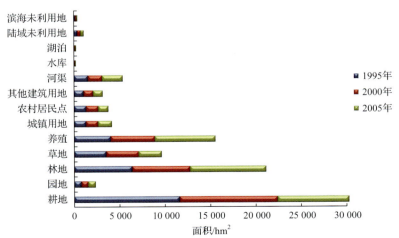

B. 韩江口岸段第二带利用类型面积变化

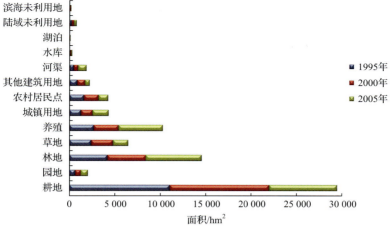

C. 韩江口岸段第三带利用类型面积变化

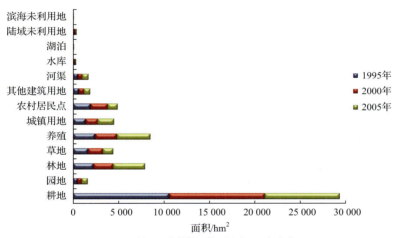

D. 韩江口岸段第四带利用类型面积变化

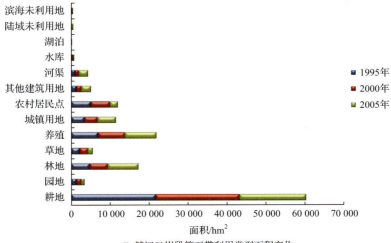

E. 韩江口岸段第五带利用类型面积变化

图 6.22　1995～2005 年韩江口岸段各缓冲带内土地利用变化

由 1995 年、2000 年和 2005 年各缓冲带内土地利用面积的统计表 6.32 和图 6.22 可知,对于韩江口岸段,第一带缓冲区在 2000 年前耕地面积最大,其次林地、草地、养殖并重,另外滨海未利用地及河渠也占一定比例,到 2005 年利用格局转变为林地、养殖为主,耕地、草地及河渠次之,可以看出此时滨海未利用地明显下降。第二带缓冲区在 2000 年之前主要利用类型同样为耕地,林地、养殖、草地次之,2005 年土地利用转变为以耕地、林地、养殖并重的用地格局。第三带缓冲区土地利用格局与第二带相似,仅在用地所占比例上存在一定差异。第四带缓冲区在 2000 年之前土地利用以耕地为主,林、草、养、城、农利用类型基本持平,2005 年土地利用结构稍有改变,但仍以耕地为主,林地、养殖次之,城镇用地所占比例位列其后。第五带缓冲区土地利用在 2000 年之前以耕地为主,养殖用地次之,再次为农村居民点与林地,到 2005 年土地利用格局与第四带基本相似。总体上,韩江口岸段的 5 个缓冲带均以耕地为主要用地类型,林地、草地、养殖用地、建设用地并重。差别在于耕地面积在第四带最大,其余各带呈现由第一带向第五带递增的规律,到 2005 年林地在前三带的用地所占比例大于后两带,养殖用地、河渠在第一带最大,城镇用地所占比例由第一带至第五带依次递增。

6.4.2　向量差模型评价

根据欧氏空间中两点间的距离公式可知,以 1 为边长的 n 维空间中两点间的最大距离为 $\sqrt{n}$,本研究中的 n 为 4,所以在所建立的空间中最大距离为 2。利用评价模型[公式 (6.10)]对 1995 年、2000 年和 2005 年土地利用适宜度数据分别进行运算,得到 1995~2000 年和 2000~2005 年的研究区土地开发利用变化对土壤及地形因素下适宜度的改变强度情况。

1. 评价结果

1995~2000 年珠江口岸段、中部岸段及东部岸段的土地利用向量差评价结果分别如图 6.23、图 6.24 和图 6.25 所示。3 个岸段的土地开发利用变化对土壤及地形因素下适宜度的改变强度均以弱开发为主,区别在于珠江口岸段较弱、中等和较强这 3 个等级的占地面积比其他两个岸段要大,这些区域主要集中在珠江金湾区的三灶镇、中山市民众镇及南朗镇、广州市万顷沙镇及新垦镇和深圳福田区的南部。中部岸段仅在惠阳区的澳头港存在小面积的中度开发用地。

2000~2005 年珠江口岸段、中部岸段及东部岸段的土地利用向量差评价结果分别如图 6.26、图 6.27 和图 6.28 所示。该时期 3 个岸段的土地开发利用变化对土壤及地形因素下适宜度的改变强度均以弱开发和较弱开发为主,相比上一时期的开发强度有明显的提高。其中,珠江口岸段在深圳南山区以西的岸段以较弱开发为主,东侧岸段以弱开发为主,较强开发主要集中在珠海白蕉镇、唐家湾镇、中山市马鞍村的南部、东莞沿岸及深圳宝安区向海一侧的区域;中部岸段除在惠东县与海丰县交界一带、赤岸水两岸较弱开发明显比其他区域突出外,大部分区域弱开发与较弱开发的分布比较均匀,较强开发的区域比珠江口岸段要小,主要集中在惠东县范和港、赤岸水东岸、汕尾城区白沙湖及陆丰市甲东镇附近;东部岸段的土地开发利用变化对土壤及地形因素下适宜度的改变强度特点比较明显,除绝大多数的土地以弱开发和较弱开发为主外,较强开发的区域主要集中在柘林湾一带。

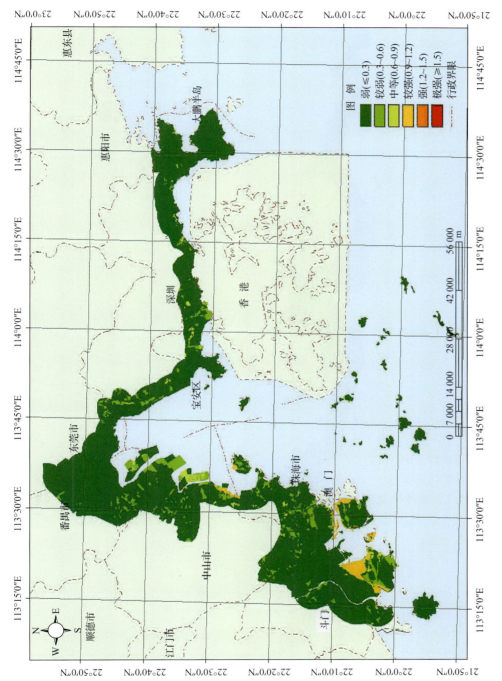

图 6.23 1995～2000 年珠江口岸段土地开发利用强度图

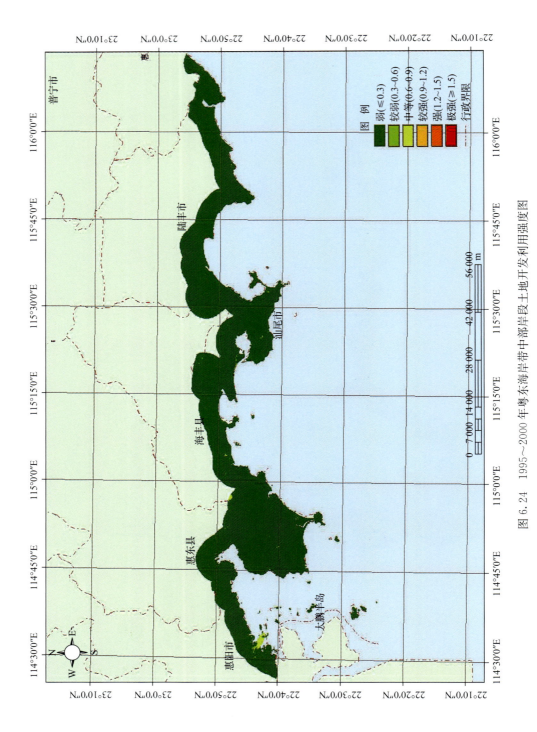

图 6.24 1995～2000 年粤东海岸带中部岸段土地开发利用强度图

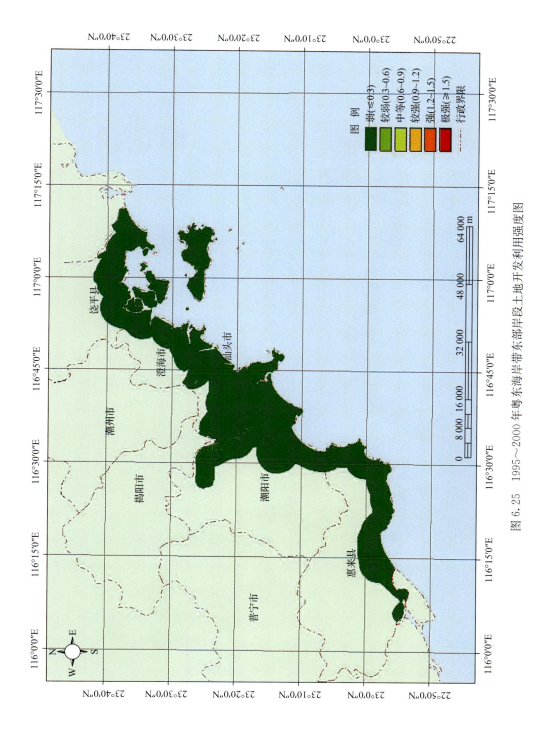

图 6.25 1995～2000 年粤东海岸带东部岸段土地开发利用强度图

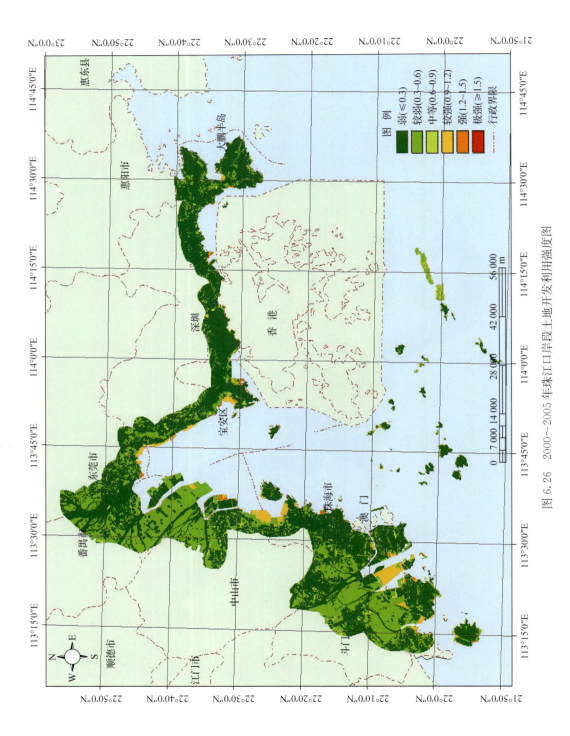

图 6.26 2000～2005 年珠江口岸段土地开发利用强度图

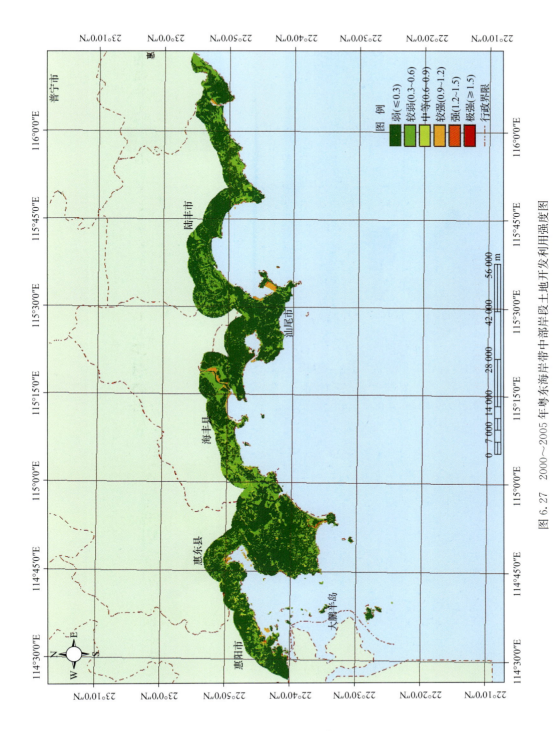

图 6.27 2000~2005 年粤东海岸带中部岸段土地开发利用强度图

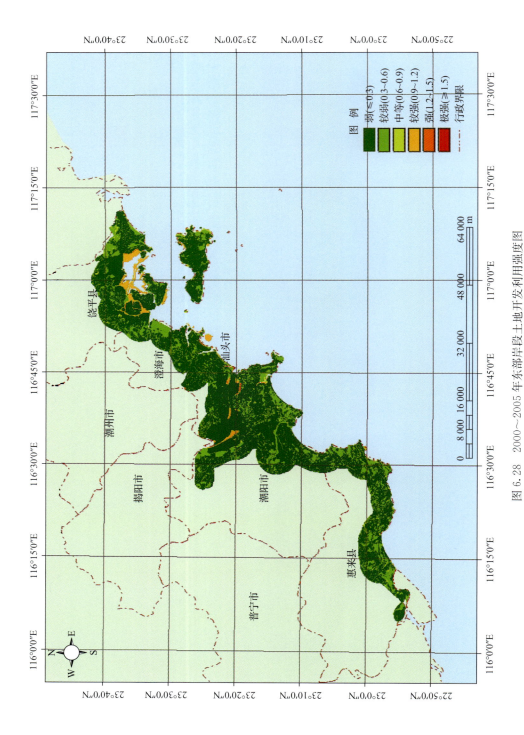

图 6.28 2000～2005 年东部岸段土地开发利用强度图

图 例
弱(≤0.3)
较弱(0.3~0.6)
中等(0.6~0.9)
较强(0.9~1.2)
强(1.2~1.5)
极强(≥1.5)
行政界限

由评价结果图可以看出,研究区1995～2000年与2000～2005年这两个5年间的土地开发利用强度的整体差异比较明显,1995～2000年的开发强度整体上小于2000～2005年的开发强度,前者以弱开发强度为主,而且没有极强开发土地;而后者主要以较弱和弱开发强度为主体,但存在强开发用地和极强度开发用地。

2. 1995～2000年土地开发利用强度

根据表6.33可以看出,相对于1995年而言,2000年的土地开发强度小于0.3的面积占了全区的94.99%,反映了这5年期间研究区的土地利用整体上变化微弱,整体开发强度较小。

表6.33 1995～2000年开发强度分级及对应面积分布情况表

等级	强度定性	值域	面积/hm²	面积所占比例/%
1	弱	≤0.3	614 541.7	94.99
2	较弱	0.3～0.6	20 556.69	3.177
3	中等	0.6～0.9	5 722.375	0.884
4	较强	0.9～1.2	5 833.563	0.901
5	强	1.2～1.5	266.25	0.041

从图6.29上看,整个研究区第一带缓冲区内的平均开发强度最大,为0.1905,其次第二带缓冲区,开发强度为0.1869;第三带缓冲区的土地开发强度在纵向上最小,而第四带缓冲区的土地开发强度稍大于第五带的土地开发强度,分别位列第三位、第四位。可以看出,土地利用开发强度在第三带发生跳跃,其他缓冲带呈现出距岸越近土地利用开发强度越大的规律。

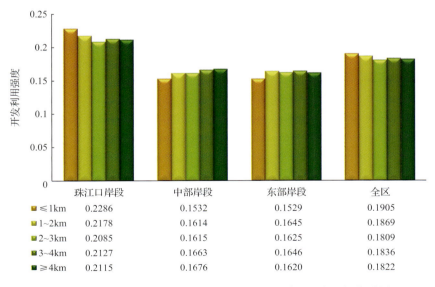

	珠江口岸段	中部岸段	东部岸段	全区
≤1km	0.2286	0.1532	0.1529	0.1905
1～2km	0.2178	0.1614	0.1645	0.1869
2～3km	0.2085	0.1615	0.1625	0.1809
3～4km	0.2127	0.1663	0.1646	0.1836
≥4km	0.2115	0.1676	0.1620	0.1822

图6.29 1995～2000年粤东海岸带土地开发利用强度空间分异图

以由东向西划分的 3 个岸段分区来看,珠江口岸段的土地开发利用平均强度明显大于中部岸段和韩江口岸段,5 个缓冲区范围内的土地开发利用平均强度都大于 0.2,其中 1km 缓冲区内的平均开发强度最大,达到 0.2286,各缓冲区的土地开发利用平均强度大小顺序与全区基本一致,除第三带平均开发利用强度最小以外,其他 4 个区域的土地平均开发利用强度随着距海岸线的距离的增大而减小。中部岸段与东部岸段的平均土地开发利用强度都远远小于珠江口岸段,其中,中部岸段比较特殊,其土地开发利用强度在第一带内最小,仅为 0.1532,而且随着距离海岸线越远,其土地开发强度逐渐增加,开发强度最大的区域为第五带。韩江口岸段与中部岸段有个共同特点,就是第一带内的土地开发利用强度最小,不同之处是,其他缓冲区的土地开发利用强度大小没有随着距离海岸线的远近呈规律性变化,第二带和第四带内的土地开发利用强度稍大,其他两个区域略小。

3. 2000~2005 年土地开发利用强度

表 6.34 为 2000~2005 年研究区不同土地开发利用强度所占有的面积情况,可以看出这 5 年与上一个 5 年有明显的不同,主要表现在较弱开发强度土地面积有大幅的增长,同时弱开发强度用地面积大幅减少,二者之和占了整个区域的 92.47%,占主导地位。中等以上强度用地面积占了全区的 7.53%,其中强、极强开发强度的用地面积较少,约为全区的 0.73%,而中等开发强度面积占了 3.88%,较强开发用地占了 2.9%。

表 6.34 2000~2005 年开发强度分级及对应面积分布情况表

等级	强度定性	值域	面积/hm²	面积所占比例/%
1	弱	≤0.3	432 942.8	64.28
2	较弱	0.3~0.6	189 899.8	28.19
3	中等	0.6~0.9	26 154.94	3.88
4	较强	0.9~1.2	19 554.81	2.90
5	强	1.2~1.5	4 627	0.68
6	极强	≥1.5	385.1875	0.057

从土地开发利用强度的空间分布情况看(图 6.30),2000~2005 年的土地开发利用强度要明显大于 1995~2000 年,从全区的纵向开发强度可以看出,第一带内的土地开发利用强度最大,平均开发强度达到了 0.2838;其次是第五带,强度为 0.1897;第三带的土地开发强度大于第四带,但二者都小于第二带的土地开发强度。

从岸段分区的缓冲区分析来看,珠江口岸段第一带的土地开发利用强度明显大于其他几个区域,达到了 0.2907,其次是第五带,开发强度为 0.2347,以下依次为第二带、第四带、第三带,整体上呈 U 字形分布;中部岸段同样是 1km 缓冲区的开发强度最大,其次是第二带,强度为 0.1782,第三带为 0.177 排在第三位,第四带为 0.1637,小于第五带的 0.1725;韩江口岸段与中部岸段的开发强度大小分布顺序比较相似,开发强度最大区域处于第一带,达到了 0.2726,其次是第二带,以下依次为第三带、第五带和第四带。

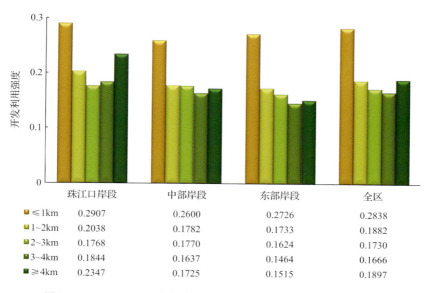

	珠江口岸段	中部岸段	东部岸段	全区
≤1km	0.2907	0.2600	0.2726	0.2838
1~2km	0.2038	0.1782	0.1733	0.1882
2~3km	0.1768	0.1770	0.1624	0.1730
3~4km	0.1844	0.1637	0.1464	0.1666
≥4km	0.2347	0.1725	0.1515	0.1897

图 6.30 2000～2005 年粤东海岸带土地开发利用强度空间分异图

6.4.3 结果分析

由评价结果可以得出,研究区土地开发利用强度的时空分布特点主要有:①1995～2000 年的土地开发强度在整体上小于 2000～2005 年,且前者的各缓冲区之间的强度差异较小,而后者的差异较大,主要体现在第一缓冲带的开发强度明显大于其他缓冲带;②珠江口岸段的土地开发利用强度在两个时期都大于其他两个岸段;③2000～2005 年各缓冲带的强度在前三带中呈逐渐减弱的规律性变化,而在第五带的强度相对第四带有所增强。

根据强度评价结果和各用地类型的面积时空分布可以看出,利用多维向量模型得到的区域土地开发利用强度大小与土地利用类型的改变数量、改变前后的土地利用类型差异有着密切关系。

图 6.31 表示各用地类型变化量所占研究区总面积的百分比,可见 1995～2000 年的各土地利用类型之间的转化比较微弱,主要体现在耕地和滨海未利用地的减少、养殖和建设用地的增加,其中耕地面积减少了 15 000hm²,占全区面积的 2.72%,滨海未利用地减少了 11 399hm²,占全区的 1.78%,城镇等建设用地面积增加了 28 152hm²,占全区面积的 4.06%,养殖面积增加了 9 524hm²,占全区的 1.34%。另外,可以统计出 1995～2000 年研究区内用地类型发生变化的土地面积占了全区的 5.58%。

相比较之下,2000～2005 年的土地利用动态变化要剧烈得多,主要表现在耕地面积显著减少,滨海未利用地面积也小幅减少,相应的养殖和园地面积大幅提高,而建设用地整体上变动微弱。其中,耕地面积减少了 104 164hm²,占全区面积的 15.81%,滨海未利用地减少了 14 049hm²,占全区面积的 2.12%,而园地面积增加了 42 820hm²,养殖面积增加了 51 497hm²,分别占全区面积的 6.34% 和 7.57%。这一时期内发生变化的面积占整个研究区的 22.39%。

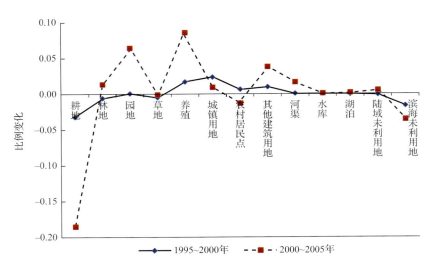

图 6.31 研究区两个时期各用地类型所占比例的变化情况对比图

由此可见,土地利用类型发生变化的数量和变化前后的类型决定了区域相对土地开发利用强度的大小。表 6.35 至表 6.37 为各岸段不同用地类型面积所占缓冲区面积比例的变化情况。

图 6.32 至图 6.34 是根据表 6.35 至表 6.37 所生成的曲线图,正方向为增加的面积,负方向表示减少的面积。通过图可以更直观地看出,1995~2000 年各岸段缓冲区中土地利用变化数量相对 2000~2005 年要平缓很多,相应地,前者的各岸段土地开发利用强度整体上小于后者。同时,两个时期珠江口岸段的土地利用变化相对于同期其他两个岸段更为剧烈,相应地,该岸段的整体开发利用强度也大于同期其他两个岸段。

根据各缓冲区中各类用地的面积变化情况不难发现,其缓冲区的土地开发利用强度大小与耕地减少的比例大小,以及转为其他用地类型和分配比例有着密切关系。以 2000~2005 年珠江口岸段为例,由图 6.32 可以看出,第五带的耕地减少比例最大,达到了该缓冲带总面积的 38.3%,但是由于园地的面积同时增加了总面积的 25.29%,而其主要来源于所减少的耕地面积,同时其建设用地的面积也有 4.5% 的增加,所以第五带的总体开发利用强度较大,仅次于第一带,排在第二位。第一带虽然耕地的减少面积比例为 25.51%,与其他 3 个带基本一致,但是该带中的开发利用强度较高的养殖类型面积比例有较大的增加,达到了 14.11%,而其主要来源与耕地的减少相关,而且滨海未利用地及林地面积也有一定程度的减少,同时围填海使得陆地面积有所增加,所以第一带的土地开发利用强度远远大于其他缓冲带。第二带中园地的增长比例略大于第一带,但养殖用地的面积增长却小于第一带,只有 7.8% 比例的增长,大于第三带的 4.1% 和第四带的 2.34%,所以该带的土地开发利用强度排在第三位。第四带的养殖用地面积增长虽然略小于第三带,但是该带中的建设用地有 4.08% 的增长,大于第三带的 2.53%,所以该带的整体开发强度略大于第三带,排在第四位,而第三带整体开发利用强度在珠江口岸段最小。同样,其他岸段各缓冲区内土地开发利用强度的大小也直接由土地利用变化前后的类型和相应的变化数量来决定。

表 6.35　1995~2005 年珠江口岸段各用地类型面积所占缓冲区面积的比例变化

（单位：%）

类型	第一带		第二带		第三带		第四带		第五带		整体	
	1995~2000年	2000~2005年	1995~2000年	2000~2005年	1995~2000年	2000~2005年	1995~2000年	2000~2005年	1995~2000年	2000~2005年	1995~2000年	2000~2005年
耕地	-1.3	-25.5	-4.1	-27.0	-5.2	-25.0	-6.4	-28.0	-13.3	-38.3	-5.6	-28.6
园地	0.4	10.9	0.2	13.1	0.1	12.2	-0.2	15.3	-0.3	25.3	0.1	14.8
林地	-0.8	-2.6	-1.4	-0.8	-1.0	-0.4	-1.8	-1.6	-0.2	-1.1	-1.1	-1.6
草地	-0.6	5.3	-0.7	3.2	-0.2	1.8	-1.3	3.0	-0.8	2.6	-0.7	3.6
养殖	1.5	14.1	2.4	7.8	3.5	4.1	2.6	2.3	3.3	1.1	2.5	7.7
城镇用地	5.1	-6.5	4.3	-4.8	4.5	-4.9	6.8	-7.0	5.6	-0.2	5.1	-4.8
农村居民点	0.1	-1.6	0.6	-1.0	0.7	-1.3	1.5	-1.3	5.9	-6.9	1.6	-2.5
其他建筑用地	3.5	4.2	2.7	5.8	0.5	8.8	0.7	12.3	0.3	11.6	2.0	7.5
河渠	0.1	1.3	0.0	1.8	0.0	1.7	0.0	1.6	0.0	2.4	0.2	1.8
水库	0.0	0.0	0.0	0.1	0.1	0.1	0.0	0.2	0.1	0.0	0.0	0.1
湖泊	0.0	0.4	0.0	0.3	-0.2	0.4	-0.1	0.3	-0.1	0.4	-0.1	0.4
陆域未利用地	0.0	1.7	0.0	1.9	0.0	2.6	0.0	2.6	0.0	2.3	0.0	2.1
滨海未利用地	-7.9	-1.6	-4.1	-0.4	-2.8	0.1	-2.1	0.2	-0.4	0.7	-4.1	-0.4

表 6.36　1995～2005 年中部岸段各用地类型面积所占缓冲区面积的比例变化

（单位:%）

类型	第一带		第二带		第三带		第四带		第五带		整体	
	1995～2000年	2000～2005年	1995～2000年	2000～2005年	1995～2000年	2000～2005年	1995～2000年	2000～2005年	1995～2000年	2000～2005年	1995～2000年	2000～2005年
耕地	-0.3	-1.2	-0.4	-2.6	0.0	-2.7	0.0	-5.7	0.0	-2.8	-0.2	-2.8
河地	0.0	-0.9	0.1	0.1	0.0	1.0	0.0	0.2	0.3	0.0	0.1	0.0
林地	-1.4	-1.1	-0.3	-7.7	-0.1	-10.1	0.0	-9.1	-0.3	-8.1	-0.5	-6.8
草地	-0.7	0.0	-0.4	7.4	-0.1	8.3	0.0	10.3	0.0	9.0	-0.3	6.5
养殖	0.1	15.5	0.0	7.6	0.0	5.1	0.0	4.7	0.0	5.9	0.0	8.3
城镇用地	0.9	0.1	0.8	1.0	0.0	1.1	0.0	0.6	0.0	0.2	0.4	0.5
农村居民点	-0.1	-0.7	0.0	-0.8	0.0	-0.8	0.0	-0.3	0.0	0.3	0.0	-0.4
其他建筑用地	1.5	-6.3	0.3	-3.5	0.2	-0.8	0.0	0.1	0.0	-0.3	0.4	-2.4
河渠	-0.1	-0.9	0.1	0.1	0.0	0.2	0.0	0.5	0.0	1.8	0.0	0.4
水库	0.0	0.1	0.0	0.2	0.0	0.2	0.0	0.2	0.0	0.1	0.0	0.1
湖泊	0.0	-0.1	0.0	0.2	-0.1	0.2	0.0	0.2	0.0	0.3	0.0	0.1
陆域未利用地	0.0	1.4	0.0	-0.5	0.0	0.2	0.0	0.7	0.0	0.6	0.0	0.5
滨海未利用地	0.20	-5.89	-0.05	-1.52	0.00	-1.75	0.00	-2.51	0.00	-6.84	0.04	-4.17

表6.37 1995～2005年韩江口岸段各用地类型面积所占缓冲区面积的比例变化

（单位:%）

类型	第一带		第二带		第三带		第四带		第五带		整体	
	1995～2000年	2000～2005年	1995～2000年	2000～2005年	1995～2000年	2000～2005年	1995～2000年	2000～2005年	1995～2000年	2000～2005年	1995～2000年	2000～2005年
耕地	-1.8	-6.9	-2.6	-9.5	-0.3	-14.0	-0.1	-10.7	-0.1	-9.5	-1.1	-9.7
园地	0.0	-1.4	0.0	0.1	0.0	0.6	0.0	0.9	0.0	-0.9	0.0	-0.4
林地	-0.1	6.8	0.0	5.7	0.0	7.5	0.0	5.8	0.0	6.7	0.0	6.6
草地	0.2	-4.8	0.0	-3.1	0.0	-2.9	0.0	-2.1	0.0	-1.7	0.1	-3.0
养殖	1.8	10.4	2.5	5.3	0.3	8.2	0.0	6.0	0.0	2.6	1.0	6.5
城镇用地	0.1	1.2	0.0	0.6	0.0	2.0	0.1	2.2	0.1	2.9	0.0	1.8
农村居民点	0.0	-1.2	0.0	-0.7	0.0	-2.0	0.0	-3.7	0.0	-6.3	0.0	-2.9
其他建筑用地	0.2	1.3	0.0	-0.2	0.0	-1.3	0.0	0.6	0.0	2.3	0.1	0.8
河渠	-0.1	3.5	0.1	2.0	0.0	1.7	0.0	1.0	0.0	3.1	0.0	2.5
水库	0.0	0.0	0.0	0.1	0.0	0.0	0.0	0.1	0.0	0.0	0.0	0.0
湖泊	0.0	0.0	0.0	0.1	0.0	0.1	0.0	0.1	0.0	0.1	0.0	0.0
陆域未利用地	0.0	0.2	0.0	-0.1	0.0	0.1	0.0	-0.1	0.0	1.0	0.0	0.3
滨海未利用地	-0.2	-9.1	-0.1	-0.1	0.0	0.0	0.0	0.0	0.0	-0.1	-0.1	-2.5

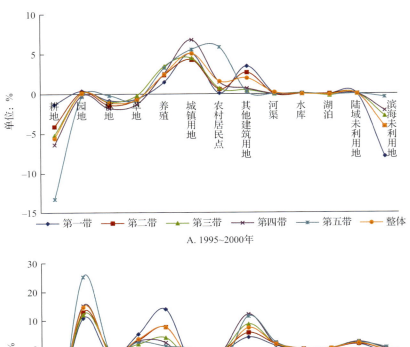

图 6.32 珠江口岸段两个时期各用地类型面积比例变化缓冲区分析图

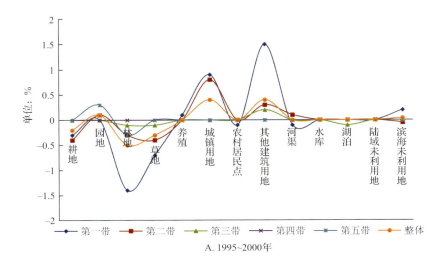

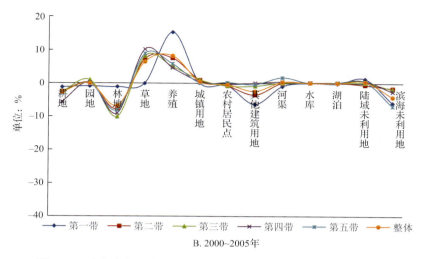

图 6.33 中部岸段两个时期各用地类型面积比例变化缓冲区分析图

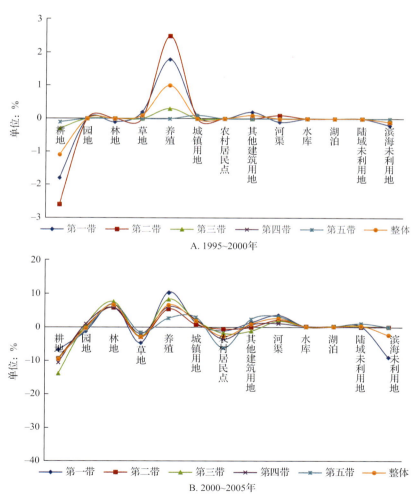

图 6.34 韩江口岸段两个时期各用地类型面积比例变化缓冲区分析图

通过 2000～2005 年土地开发利用强度的缓冲区分析和各缓冲带用地类型的动态变化对比可以发现,这 5 年中粤东海岸带尤其是河口岸段的土地开发利用强度由海及陆呈一定的规律性变化,即通常由于人类活动的强烈干扰,第一带的土地开发利用强度最大,主要的人类干扰有新增养殖用地、港口码头建设、围海造田、新兴旅游区开发等。而这些活动随着与海岸距离的增加而逐渐减弱,这种趋势在距离海岸 3km 以内表现比较明显,第五带中通常由于耕地所占比例较大,而这一特定时期内耕地减少非常剧烈,造成了这一带中的土地开发利用强度大于第四带,而第四带处于过渡地带,其土地开发利用强度的大小通常为全区最小。

与 2000～2005 年相比,1995～2000 年土地利用变化最大特点表现为整体变化量小,尤其是耕地的变化量只有 15 001hm² 的减少,仅为 2000～2005 年减少量的 1/7,这使得其土地动态度远远小于 2000～2005 年。另外,由于所评价的土地开发利用强度是以土地利用在土壤及地形因素基础上的适宜度为属性空间而得出的,所以,除了发生变化的土地类型和数量对强度评价结果产生影响外,发生变化的土地类型所处的地形及土壤条件对结果同样存在一定的影响。这克服了土地开发利用强度仅根据土地利用类型变化的数量来评价,而更深入地考虑了具体的土壤及地形条件。

6.5 传统方法与向量差模型的比较分析

本节主要考察本章提出的向量差强度评价模型与传统方法的共性。参考的传统模型是与土地开发利用强度评价关系最为密切的土地利用程度模型和土地利用综合动态度模型。比较方法为分别利用缓冲区进行评价,进而比较 3 种模型的结果相关性及差异性。

6.5.1 传统土地利用格局与过程评价模型

有关土地利用过程评价的多种模型在第 1 章中进行了综述。根据前文对土地开发利用强度的缓冲区分析及对土地开发利用强度的理解,影响土地开发利用强度大小的主要因素有两个,一个是单位时间内土地利用变化的规模,即有多少面积的土地利用类型发生了改变;另一个就是土地利用类型转变的平均强烈程度,即发生转变类型之间的差异程度。根据各模型指标的意义和研究目的,发现与土地开发利用强度最为密切的是土地利用动态度模型和土地利用程度变化模型。土地利用动态度模型是研究单位时间内发生类型转换的土地利用面积与总面积的比值关系,即土地利用的变化规模大小;土地利用程度变化模型研究整体上土地被利用的综合水平。两个模型的具体内容如下:

1. 综合土地利用动态度模型

$$LC = \left[\frac{\sum_{i=1}^{n} \Delta LU_{i-j}}{2\sum_{i=1}^{n} LU_i} \right] \times \frac{1}{T} \times 100\% \tag{6.16}$$

式中，LU_i 为检测起始时间第 i 类土地类型的面积；$\Delta \mathrm{LU}_{i-j}$ 为检测时间内第 i 类土地利用地类型转为非 i 类土地利用类型面积的绝对值；n 为土地利用类型种类数目；T 为检测时间长度，这里设 T 为年，所以 LC 表示研究区土地利用年变化率。

2. 土地利用程度变化模型

1）土地利用程度变化量：

$$\Delta L_{b-a} = L_b - L_a = \left\{ \left(\sum_{i=1}^{n} A_i \times C_{ib} \right) - \left(\sum_{i=1}^{n} A_i \times C_{ki} \right) \right\} \times 100 \qquad (6.17)$$

2）土地利用程度变化率：

$$R = \frac{\sum\limits_{i=1}^{n} (A_i \times C_{ib}) - \sum\limits_{i=1}^{n} (A_i \times C_{ki})}{\sum\limits_{i=1}^{n} A_i \times C_{ia}} \qquad (6.18)$$

式中，L_b 和 L_a 分别为 b 时间和 a 时间的区域土地利用程度综合指数；R 为土地利用程度变化率；A_i 为第 i 级土地利用程度分级指数；C_{ib} 和 C_{ia} 为 b 时间和 a 时间第 i 级土地利用程度面积百分比。若 $\Delta L_{b-a} > 0$ 或 $R > 0$，则该区域土地利用处于发展期，否则处于调整期或衰退期。分级指数是将土地利用程度按照土地自然综合体在社会因素影响下的自然平衡状态进行分级，并赋予分级指数（刘纪远，1992）。本研究根据研究区的土地利用情况确立的分级指数如表 6.38 所示。

表 6.38 土地利用分级赋值表

级别	类型	分级指数
未利用土地级	未利用土地	1
林地、草地、水域用地级	林地、灌丛草地、河流等水域	2
耕地级	耕地、园地、养殖	3
城镇群落用地级	城镇用地、农村居民点、其他建筑用地	4

6.5.2 传统评价结果与分析

为了研究海岸带土地利用的纵向变化规律，对评价结果进行了缓冲区分析，各模型的缓冲区划分范围相同，如图 6.19 所示。利用土地利用动态度模型和土地利用程度变化模型对各时期用地类型（表 6.39）进行了缓冲区分析，结果如表 6.40 所示。

表 6.39 研究区各用地类型不同时期的面积 （单位：hm²）

用地类型	1995 年	2000 年	2005 年
耕地	222 277.53	204 264.06	102 973.59
林地	165 360.21	163 892.32	178 637.63
园地	14 735.50	15 438.39	58 260.82
草地	66 776.79	64 591.05	67 780.99
养殖	43 909.35	56 161.44	102 576.63

用地类型	1995 年	2000 年	2005 年
城镇用地	33 065.18	49 432.51	40 237.14
农村居民点	26 152.01	30 963.11	18 033.79
其他建筑用地	18 162.18	25 144.04	44 129.86
河渠	30 142.82	31 133.03	42 111.71
水库	2 784.76	2 885.38	3 336.85
湖泊	710.97	572.88	1 949.68
陆域未利用地	4 538.44	4 023.86	8 205.20
海域未利用地	28 642.16	18 053.07	5 428.95
总计	657 257.90	666 555.14	673 662.84

表 6.40 土地利用综合动态度及土地利用程度变化指数表

缓冲带	1995～2000 年			2000～2005 年		
	土地利用程度变化量	土地利用程度变化率	综合土地利用动态度/%	土地利用程度变化量	土地利用程度变化率	综合土地利用动态度/%
第一带	14.496 6	0.058 7	0.94	−6.023 7	−0.023 0	5.05
第二带	8.210 0	0.031 2	0.85	−9.804 5	−0.036 2	4.93
第三带	5.276 3	0.020 1	0.52	−9.708 9	−0.036 3	4.88
第四带	6.318 2	0.023 7	0.58	−10.545 8	−0.038 7	5.00
第五带	5.155 9	0.018 8	0.65	−7.002 0	−0.025 1	5.39
总计	8.518 4	0.032 6	0.74	−8.129 8	−0.030 1	5.08

1. 不同时段土地利用动态度对比

虽然两个时段的土地利用动态度在缓冲区分析中有相似的走势,但数值上 2000～2005 年要比 1995～2000 年高出很多,说明 2000 年以后研究区的土地利用动态度整体上有较大提升。根据不同时期各类型用地面积统计,造成两期数据动态度差别巨大的主因是耕地面积在研究期间内一直呈减少趋势,尤其是 2000 年之后耕地面积大幅度减少,由 2000 年的 204 264hm^2 减少到 2005 年的 102 973hm^2。而耕地在 2000 年前占有很大比例,当这部分用地类型发生转变时,必然造成土地利用动态度的提高。

2. 不同区域土地利用动态度对比

1995～2000 年全区的土地利用动态度为 0.74%,其中第一带的土地利用综合动态度达到 0.94%,为全区最高,其次为第二带的 0.85%,第三带为全区最小的 0.52%,第四带稍高于第三带为 0.58%,第五带高于第四带为 0.65%。由图 6.35 可以看出 5 个带中土地利用综合动态度的先降后升的走势。

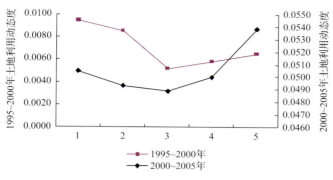

图 6.35　各缓冲区土地利用动态度图

由图 6.35 可见,2000～2005 年与 1995～2000 年的土地利用动态度有相同的走势,都是由第一带开始先下降,第三带为谷底,之后抬升。不同的是,2000～2005 年的土地利用综合动态度最大值出现在第五带,动态度达到 5.39%,第一带为 5.05%排在第二位,第四带值为 5%排名第三,再次为第二带,第三带仍然是全区最低,动态度为 4.88%。

总体而言,海岸线 1km 范围的土地利用综合动态度普遍较高,1～2km 动态度略小于1km 范围,而 3～4km 的土地利用动态度最小,4km 以外的土地利用动态度又有明显的提高。分析其原因,海岸线 2km 范围内受新修筑围填海、开垦养殖、新建港口码头、旅游区等影响,土地的变更相对比较频繁,尤其在 1km 范围内更为显著;而 2～3km 区域不适合前面的土地利用形式,而且通常该区域土壤质量受海洋影响,耕地比例较小,林地比例较大,所以土地利用动态度较小;而 3km 之外,随着耕地比例的增加,土地利用动态度又逐渐增强。

两个时段不同缓冲区的土地利用综合动态度所呈现的特点可以归结为两方面原因,第一,沿岸地带的土地利用方式比较多样,对人类活动有强烈的吸引力,促使该地区的土地开发或改造比较频繁;第二,研究时段内,研究区内部耕地面积大幅减少,对耕地比例较大的区域的土地利用动态度影响较大。

3. 土地利用程度变化量和变化率

土地利用程度变化量和变化率评价结果可以看出无论是 1995～2000 年还是 2000～2005 年都是第一带数值最大,而且前 3 个带基本都呈递减变化,不同的是,1995～2000 年的第四带高于相邻两带,而 2000～2005 年是第五带明显高于第二、第三、第四带,仅小于第一带,如表 6.40、图 6.36 和图 6.37 所示。

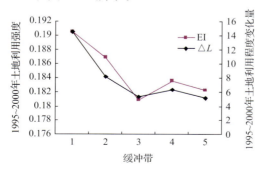

图 6.36　1995～2000 年土地利用程度与土地利用强度的分区变化曲线图

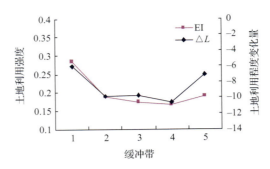

图 6.37　2000～2005 年土地利用程度与土地利用强度的分区变化曲线图

两个时段土地利用程度变化量最大的差别是,1995～2000 年每带都为正值,而 2000～2005 年每带都为负值,按照模型的定义,可以解释为 1995～2000 年研究区土地利用正处在发展期,而 2000 年以后逐渐进入了调整期。根据土地利用各类型面积的变化情况分析,主要原因是耕地面积大幅减少,大部分耕地转变为分级指数较低的林地和坑塘水池等水域。另外,由于遥感解译精度的差异没有完全消除,使得 2005 年的陆域未利用地的面积相对于 2000 年也有小幅的提高,对结果也有一定的影响。

6.5.3　传统模型与向量差模型的比较

土地开发利用强度是对土地利用动态变化过程的一种描述,在概念上不等同于土地利用程度和土地利用动态度,但是它们之间却有着紧密的联系。表 6.41 为两个时期研究区各缓冲区内的 3 种评价指标值。直接从表格中很难发现各组数字之间存在的关系,但是由表格所生成的图 6.36～图 6.43 中就比较直观地体现出了三者之间所存在一定的共性。

表 6.41　土地开发利用强度与土地利用程度变化量和土地利用动态度对照表

缓冲带	1995～2000 年			2000～2005 年		
	EI	ΔL	LC	EI	ΔL	LC
第一带	0.1905	14.4966	0.94	0.2838	−6.0237	5.05
第二带	0.1869	8.2100	0.85	0.1882	−9.8045	4.93
第三带	0.1809	5.2763	0.52	0.1730	−9.7089	4.88
第四带	0.1836	6.3182	0.58	0.1666	−10.5458	5.00
第五带	0.1822	5.1559	0.65	0.1897	−7.0020	5.39

注:EI 为土地开发利用强度;ΔL 为土地利用程度变化量;LC 为土地利用动态度。

图 6.36～图 6.39 显示的是不同缓冲区土地开发利用强度与土地利用程度变化量之间的关系。可见,两个时期的土地开发利用强度与土地利用程度变化量在各个缓冲区中的排序基本一致,存在较强的共性,其中 1995～2000 年二者的共性更为显著,相关系数高达 0.9063。而 2000～2005 年二者的相关性相对较差,相关系数为 0.6676。

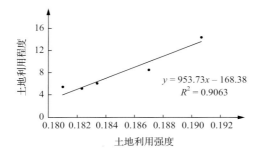

图 6.38 1995～2000 年土地利用程度与土地利用强度的分区线性相关图

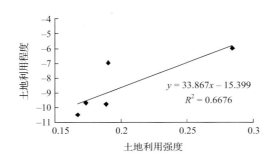

图 6.39 2000～2005 年土地利用程度与土地利用强度的分区线性相关图

图 6.40～图 6.43 显示的是不同缓冲区土地开发利用强度与土地利用综合动态度之间的关系。可见,1995～2000 年土地开发利用强度与动态度的相关性仍然很强,二者的相关系数高达 0.9077。由图 6.43 可以看出,2000～2005 年的土地利用强度与土地利用动态度在 3km 缓冲区内可以保持良好的相关性,而第四带和第五带中二者的相关性有很强地减弱,虽然第五带相对于第四带二者数值都有所增加,但是土地利用综合动态度的增长势头要比土地开发利用强度强烈得多。前 3 个带中二者的相关系数可以达到 0.9736,但是如果加上第四带,二者的相关系数骤减到 0.4948,如果统计 5 个区域,二者的相关系数只有 0.0118。

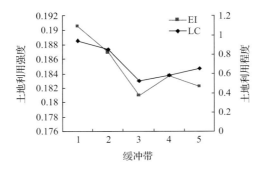

图 6.40 1995～2000 年土地利用动态度与土地利用强度的分区变化曲线图

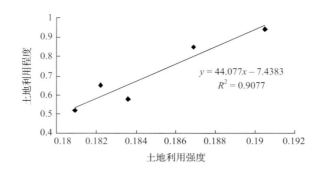

图 6.41 1995～2000 年土地利用动态度与土地利用强度的分区线性相关图

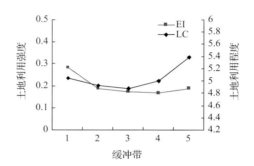

图 6.42 2000～2005 年土地利用动态度与土地利用强度的分区变化曲线图

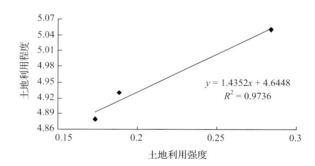

图 6.43 2000～2005 年土地利用动态度与土地利用强度的分区线性相关图

　　研究区内 1995～2000 年的土地开发利用强度与土地利用程度和土地利用综合动态度的相关性比较明显,而 2000～2005 年的土地开发利用强度与二者在海岸带 3～4km 保持较好的线性相关性,而 4km 以外区域对土地开发利用强度与动态度不能完全保持一致,主要体现在土地开发利用强度的增长速度远远小于两种评价指标的增长速度。

　　根据模型参数可以看出,土地利用综合动态度模型评价的是单位时间内土地利用变化的规模,即有多少面积的土地利用类型发生了改变;土地利用程度变化模型评价的是土地利用类型转变的平均强烈程度,即发生转变类型之间的差异程度。土地开发利用强度不仅体现在土地的开发利用的规模上,而且也体现在发生转变的土地利用类型的级别差异上。土地利用程度与土地利用动态度在一定程度上反映了土地开发利用强度的大小,是土地开发利用强度评价的两个必要条件。但是二者不能等同于土地开发利用强度,如不同类型之间相同面积的土地发生转变,其利用程度或利用动态度可以相同,但其投入强度是不同的,土地属性的改变强度也是不同的。当然高强度的土地开发利用强度必然伴随着高土地利用程度和高土地利用动态度。二者缺少一个都无法发生高强度土地开发利用。

另外,土地开发利用强度评价模型不但是面向研究区的,而且是面向类型的和深入空间分布的,所以对评价结果不但可以统计分析,而且可以面向类型和空间分布的可视化表达;而另外两种模型只是面向研究区整体的,评价结果是对全区域土地利用过程特点的描述,不适合于进行空间可视化表达。

第7章 海岸开发强度冲量模型

第6章从"存在即有合理性"出发对利用的适宜性作出评价,并根据当前利用的属性向量与本底或前期属性向量差来评价海岸利用强度,或理解为强调一种状态到另一种状态的向量距离来衡量利用强度,在物理学上借鉴的是动量概念。这里的状态是指岸带的形态、结构和功能等。

若将状态看成是外力作用或外力在时间上的累积作用的结果,则在海岸带开发利用评价中,还可以从作用力或其累积的角度评价海岸开发利用强度,也就是探究从一种状态到下一状态所需要付出的力的总量来衡量海岸利用的强度,这样能从驱动力的物理量上对海岸带开发投入的过程进行解释或分析。力在时间上的作用,在物理学上则是冲量的概念。为了和力对应,本章有时使用开发一词来替代利用一词,但其实质意义并无区别。在应用实例上第6章偏重在整个岸段,本章则主要以相对独立的海湾为例来说明评价模型。所选海湾为在成因、形态和利用方式上具有比较意义的大亚湾和柘林湾。

7.1 利用强度冲量模型

这里的利用强度是指达到某一状态所需要使用的力,这个强度与时间密切相关,也就是从一种状态到下一状态的转变,若转变所花费时间不同,则认为强度不同。因此,本节比较"程度"和"强度"显得更为容易,即程度是利用所达到的状态,是对利用的层次的表述,强度则是指驱动状态跃变的作用力大小,是投入力量的程度。由此,可以定义海岸利用强度为在某个时间范围内单位海岸区域功能面积上各种开发利用累积变化的加权总量,其形式化的描述如公式(7.1)所示:

$$EI = \alpha_1 f_1(x) + \alpha_2 f_2(y) + \alpha_3 f_3(z) + \cdots \qquad (7.1)$$

式中,EI 为海岸利用强度;$x, y, z, \cdots$ 分别为各个开发利用要素;$f_1(x), f_2(y), f_3(z), \cdots$ 分别为海岸利用强度与开发要素累积变化的关系;$\alpha_1, \alpha_2, \alpha_3, \cdots$ 分别为加权系数。

7.1.1 冲量模型构建

秉承第6章的思想,开发利用强度是空间概念,其强度是在空间中或不同岸带中相互比较的结果,相同的海岸利用方式或转变,对于不同的环境条件岸带,其强度不同,同一岸带,同一利用方式或转变,在海域、潮间带和陆域上的强度亦有所区别。由此,开发强度具有时间上的可度量性和空间上的可比较性。强度在时间上受到开发的规模、深度和频度的影响,在空间上受到不同部位的自然条件和地理环境的影响。

1. 冲量与动量定理

在物理学中,力 F 与作用时间 t 的积 Ft 称为冲量(I),如公式(7.2)所示,表示物体在力的作用下经历一段时间积累的物理量。

$$I = F \cdot t \qquad\qquad (7.2)$$

根据作用于物体的力的特点,冲量的计算分以下几种情况:

恒力的冲量:直接根据定义式计算,即用恒力 F 乘以其作用时间 Δt 而得。

方向恒定的变力的冲量:若力 F 的方向恒定,而大小随时间变化而变化,如图 7.1 所示,则该力在时间 $\Delta t = t_2 - t_1$ 内的冲量大小在数值上就等于 图 7.1 中阴影部分的面积。

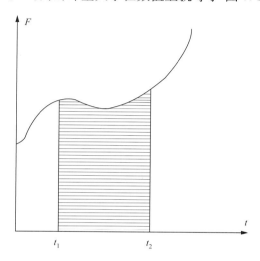

图 7.1　方向恒定的变力的冲量

一般变力的冲量:通常是借助动量定理来计算的。

合力的冲量:几个力的合力的冲量计算,既可以先算出各个分力($F_1, F_2, \cdots, F_n$)的冲量后再求矢量和,又可先算各个分力($\sum F$)的合力再算合力的冲量,即

$$I = F_1 \cdot \Delta t + F_2 \cdot \Delta t + \cdots + F_n \cdot \Delta t = \sum F \cdot \Delta t$$

如前所述,冲量是表示物体在力的作用下经历一段时间积累的物理量,是过程量。冲量概念的引入,可以把力与力的作用时间联系起来,研究力在一段时间内的累积作用效果,从而便于研究力在不同时间过程中的效果。

物理学中的动量定理(7.3)是指物体所受合外力的冲量等于物体动量的变化,即

$$I = \sum F \cdot \Delta t = mv' - mv = \Delta p \qquad\qquad (7.3)$$

式中,$\sum F$ 为研究对象以外的物体施加给研究对象的力的矢量和;m 为研究对象的质量;v' 为研究对象的末速度;v 为研究对象的初始速度;Δp 为物体动量的变化量。

动量是状态量,它与某一时刻相关;冲量是过程量,是力对时间的累积效应,它与某一段时间相关。动量定理给出了冲量(过程量)和动量变化(状态量)间的互求关系,从而搭建起了累积量和状态量之间相互转换的平台。

2. 冲量模型的构建

自然界的各种资源是人类赖以生存的基础,人类的进步与对这些资源的开发和利用是密不可分的。岸带的资源和区位优势使其承载了各种类型和强度的开发利用活动,如

城镇建设、港口建设、污水排放、养殖等,在这些人为所施加的"推力"作用下,经过一定时间,岸带的形态、内部结构和开发利用状态等都会有所改变,如图 7.2 所示。虽然这些变化可能部分为内部的沉积和侵蚀作用所致,但若内部海陆相互作用相对较弱,而研究的时间范围又足够短,那么岸带的形态、内部结构及开发利用状态的变化均可视为人类开发利用活动所致。或者,对于中国经济飞速发展时期的近几十年或相当长的时期,大部分海岸区域,人类作用带来的改变远大于自然作用的改变。

T₁时刻海湾开发利用状态　　　　　　　　　　　　T₂时刻海湾开发利用状态

图 7.2　海湾开发利用过程示意图

　　故此,岸带的开发利用过程可视为人类活动对岸带各开发要素的累积作用过程,其累积效应即为各组成结构要素开发利用状态的改变。根据冲量模型的原理,如式(7.2)和式(7.3)所示,如果将人类对海岸的开发利用活动视为施加在岸带功能面积上的推力,将岸带在一定的时间范围 Δt 内开发利用状态的累积过程视为人类活动(推力)在岸带上的作用力的冲量大小 I,那么根据压强与作用力的关系式[式 (7.4)]和动量定理[式(7.3)]即可推出式(7.5),岸带的开发强度 $\sum P$,即为单位时间单位功能性面积上岸带空间资源利用状态的变化率 $\left(\dfrac{x_2-x_1}{x}\times\dfrac{1}{\Delta t}\right)$ 的加权总量,如式(7.6)所示。而对于岸带而言,质量 m 可以理解为某种开发利用类型的权重,如式(7.7)所示,m 随着开发利用类型的变化而变化。将式(7.7)代入式(7.6),得到岸带开发强度的最终通用式(7.8)。

$$\sum F = \sum P \cdot \sum S \tag{7.4}$$

$$\sum P = \frac{I}{\sum S \cdot \Delta t} = \frac{\Delta p}{\sum S \cdot \Delta t} \tag{7.5}$$

$$\Delta p = m \cdot \frac{x_2-x_1}{x} \times \frac{1}{\Delta t} \tag{7.6}$$

$$m_i = \lambda_i \tag{7.7}$$

$$\sum P = \frac{\sum\limits_{i=1}^{N}\lambda_i}{\sum S \cdot \Delta t} \times \frac{x_2-x_1}{x} \tag{7.8}$$

式 (7.4)～式(7.8)中,$\sum F$ 为人类对岸带施加的各种推力的合力大小;$\sum P$ 为总的开发强度的大小;$\sum S$ 为岸带承受推力的总面积;x_1,x_2 分别为研究初期和末期岸带的利用状态;I 为人类活动对岸带开发利用的过程累积量,即冲量大小;Δp 为岸带状态变化的"动量";Δt 为开发利用活动所持续的时间,即研究时间范围;λ_i 为第 i 开发利用类型的权重大小;N 为总的开发利用类型数目。

3. 岸带结构的体现

公式(7.8)给出了岸带开发强度模型的通用式,由于岸带内部结构的复杂性和差异性,及研究目的的多样性,模型的具体应用形式可有所差异,如岸带的不同空间结构要素、岸带的不同开发利用方式等。

结合岸带中的海岸线和岸带空间面域,岸带各结构要素及整个岸带的开发强度可用式(7.9)至式(7.11)来表达。

$$P_{岸线} = \frac{\sum_{i=1}^{N} \lambda_{岸线 i}}{\sum L_{岸线 i} \cdot \Delta t} \times \frac{L_{岸线 t2} - L_{岸线 t1}}{L_{岸线 t1} \cdot \Delta t} \tag{7.9}$$

$$P_k = \frac{\sum_{i=1}^{N} \lambda_{ki}}{\sum S_k \cdot \Delta t} \times \frac{x_2 - x_1}{x} \tag{7.10}$$

$$P = \alpha_1 \cdot P_{系统形态} + \alpha_2 \cdot P_{岸线} + \alpha_3 \cdot P_{陆域} + \alpha_4 \cdot P_{潮间带} + \alpha_5 \cdot P_{海域} \tag{7.11}$$

式中,P 为岸带的整体开发强度;P_k 为岸带面域结构要素 k 的开发强度,k 可以为岸带的系统形态、陆域、潮间带和海域;S_k 为岸带某结构要素的面积;$P_{岸线}$ 为海岸线的开发强度;$L_{岸线}$ 为岸线的长度;N 为第 k 个结构要素的空间特征参数个数;λ_{ki} 为第 i 个参数的权重;$\lambda_{岸线 i}$ 为第 i 种岸线类型的权重;$\alpha_1, \alpha_2, \alpha_3 \cdots$ 分别为加权系数;x_1, x_2 分别为研究初期和末期的利用状态。

7.1.2 岸带结构分层评价

岸带开发强度的分层评价是指对岸带的各结构要素开发强度的评价。岸带的各空间组成要素主要可以选取海岸线、近岸陆域、潮间带滩涂和近岸海域 4 个结构要素。各个结构要素都是一个特殊的空间子系统,其自然和社会属性各异,开发利用的功能和方式也存在很大的差别,虽然评价的总体流程大体相同,但因各组成的自然属性各异,评价的具体指标和指标的权重有所不同。综合评价则包括渐进式指标体系的建立、基于灰色关联分析的权重确定和基于冲量模型的评价 3 部分。指标体系建立过程中,先对压力、脆弱性、状态 3 个系统层次的近岸陆域、潮间带滩涂和近岸海域的指标进行粗选和筛选,从而确定指标体系。

1. 评价流程

基于岸带结构的分层评价流程如图 7.3 所示,首先根据评价的目标和评价要素的结构特征(自然属性和开发利用因子),粗选出主要的评价指标,再通过专家问卷调查的方法,最终确定指标,之后将所确定的指标进行标准化处理,以消除各个指标量纲间的差异,再对归一化的指标采用灰色关联分析和专家打分相结合的方法确定其权重,通过评价要素的开发强度模型对其开发强度进行评价。

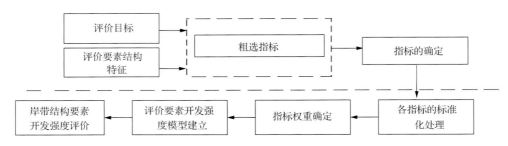

图 7.3　基于岸带结构的岸带分层评价流程

2. 指标选择

根据对岸带开发强度的定义和开发强度的冲量模型,可将开发强度理解为单位时间(通常是每年)单位功能性岸带上各结构要素状态变化率的加权总和。为了消除各结构要素指标间量纲的差异,引入了"状态"指标的概念,所谓状态指标是指各结构要素中某一个监测指标的长度或面积在整个结构要素中所占的比例,如淤泥质岸线长度在整个海岸线中所占的比例,岩滩面积占整个滩涂面积的比例等,同时为避免指标间含义的相互重叠,引入了一些对变化监测指标进行综合描述的指标。开发强度指标是指状态指标在某个时间范围内的变化量,3 种类型的指标间存在依次渐进的关系,如图 7.4 所示。

图 7.4　由变化监测指标到开发强度指标的渐进关系

（1）陆域开发强度指标

陆域的开发强度评价是对近岸陆域部分开发利用状况的评定。陆域开发利用的变化,主要源于城镇化的发展。随着城镇化进程的加快,人口不断向沿海和城镇集聚,大量农田林地被圈占,荒山、荒地也逐渐被开发,而相应的,建筑用地的面积则在不断扩展,故此,可将人口和陆域土地利用状态的变化视为开发利用活动下的状态。而近岸陆域的利用状态变化主要反映在各种土地利用类型及其面积的变化上,可选择人口密度、农用地比率、建筑用地比率、植被覆盖率、水域面积比率和未利用地比率作为陆域开发利用状态的评价指标。而根据开发强度的定义,其中,农用地比率,建筑用地比率分别表示农用地和建筑用地在所有陆域土地中所占的比例。未利用地是指荒山、荒地、裸岩石砾地等未被开发利用的土地。植被覆盖率主要是指林地和草地的覆盖率。因此,选取这 6 个状态指标在某个时间范围内的变化量为陆域开发强度指标,即人口密度变化率 $\Delta x_{人口密度}$、农用地比率变化量 $\Delta x_{农用地比率}$、建筑用地比率变化量 $\Delta x_{建筑用地比率}$、植被覆被率变化量 $\Delta x_{植被覆盖率}$、水域比率变化量 $\Delta x_{水域面积比率}$ 和未利用地比率变化量 $\Delta x_{未利用地比率}$,用数学模型式(7.12)来表达如下:

$$P_{陆域} = f(\Delta x_{人口密度}, \Delta x_{农用地比率}, \Delta x_{建筑用地比率}, \Delta x_{植被覆盖率}, \Delta x_{水域面积比率}, \Delta x_{未利用地比率})$$

$$(7.12)$$

（2）潮间带滩涂开发强度指标

滩涂的状态指标和开发强度指标从滩涂的自然属性、利用因子以及滩涂动力环境的变化 3 个方面来考虑,其可选取的指标很多,可视评估目的来定。这里为使指标尽量全面地反映岸带的开发强度,又使指标间尽量相互独立,对自然属性指标进一步提炼,提出潮间带滩涂的已开发利用率和可开发利用率两个指标,两个指标值的计算方法如下:

可开发利用率＝(淤泥质滩面积＋岩滩面积＋砂砾质滩涂面积)／滩涂总面积;

已开发利用率＝(滩涂总面积－未利用滩涂面积)／滩涂总面积

之所以给出上面计算方法,是基于以下考虑:在红树林滩、淤泥质滩、砂砾质滩、海岸沙堤或沙地、岩滩这几种主要的滩涂类型中,海岸沙地是已经利用的类型;水深大于 5m 的岩滩由于较为稳定,适宜建设港口和码头;淤泥质滩适宜进行养殖开发,同时也是围海造田的主要场所;沙滩则可以被开发为旅游区。而红树林滩属于受保护的滩涂类型。

动力环境指标主要是指潮差,若对于海湾则要考虑纳潮量。海湾纳潮量是低潮到高潮海湾所能容纳海水的数量,通常是年平均值。这里的潮差和纳潮量的大小直接反映了该海域海水交换能力或抗污染能力的大小。纳潮量的变化,尤其是保持潮差不变的几个时段平均纳潮量变化,直接影响到海湾的潮流特性,关系到海湾潮汐汊道的盛衰,影响到港区航道的维持,还可能破坏水动力条件与海湾形态之间的动态平衡(郑全安和吴隆业,1992)。

对于滩涂利用因子的状态指标则可直接从反映滩涂利用变化的指标中提取,即建筑用地面积比率、港口码头比率、盐田面积比率、农用地面积比率、林草地面积比率、未利用海滩面积比率。因此,潮间带滩涂的开发强度指标有:可开发利用率变化量 $\Delta x_{可开发利用比率}$、已开发利用率变化量 $\Delta x_{已开发利用比率}$、盐田比率变化量 $\Delta x_{盐田比率}$、养殖比率变化量 $\Delta x_{养殖比率}$、农用地面积比率变化量 $\Delta x_{农用地比率}$、林草地面积比率变化量 $\Delta x_{林草地比率}$、建筑用地面积比率变化量 $\Delta x_{建筑比率}$、港口码头比率变化量 $\Delta x_{港口工程比率}$、未利用海滩面积比率变化量 $\Delta x_{未利用海滩比率}$、潮差变化量 $\Delta x_{潮差}$ 和纳潮量变化量 $\Delta x_{纳潮量}$。用数学函数表达如式(7.13)所示:

$$P_{潮间带} = f(\Delta x_{可开发利用比率}, \Delta x_{已开发利用比率}, \Delta x_{林草地比率}, \Delta x_{养殖比率}, \Delta x_{建筑比率}, \\ \Delta x_{港口工程比率}, \Delta x_{未利用海滩比率}, \Delta x_{盐田比率}, \Delta x_{潮差}, \Delta x_{纳潮量}) \quad (7.13)$$

（3）海岸线开发强度指标

与潮间带滩涂的研究方法和分析思路类似,对于海岸线的状态指标同样定义了两个量,岸线的可开发利用率和岸线的已开发利用率,两个量的定义如下:

岸线的利用率＝(岸线总长－自然岸线)／总长;

岸线的可开发利用率＝(沙质岸线＋淤泥质岸线＋5m 以下等深线基岩岸线＋人工岸线)／总岸线;

按照与潮间带滩涂指标选择方法类似的思路,最终所确定的海岸线的开发强度指标有:岸线的可利用率变化量、岸线的已利用率变化量、养殖岸线比率变化量、住宅岸线比率变化量、港口岸线比率变化量和工业岸线比率变化量,数学公式表达(7.14)如下:

$$P_{海岸线} = f(\Delta x_{可利用率}, \Delta x_{已利用率}, \Delta x_{住宅比率}, \Delta x_{养殖比率}, \Delta x_{工业比率}, \Delta x_{港口比率}) \quad (7.14)$$

（4）海域开发强度指标

结合海域的变化监测指标,提出海域部分的状态指标,即养殖海域比率、港口水运设施比率、平均海表面温度、平均悬浮泥沙浓度和平均叶绿素浓度的含量。其中,海水养殖主要是浅海的网箱养殖和挂养,港口水运设施包括航运区、泊位。

针对水环境指标,评价水环境优劣的参数较多,可以根据区域和评价目的选取,若结合国家海域区划或控制目标等可将参量综合为水质标准等。这里对水环境的评价采用半定量的方法,选择海表面温度的变化(ΔT)、悬浮物质浓度的变化(ΔSS)及叶绿素浓度(Chl. a)3类作为水环境参数,各类参数的取值范围参考国家的水环境标准及研究区域水环境的特点,如表7.1所示。

表 7.1　海域水环境级别

水环境参数	一类	二类	三类	四类	五类
ΔT	≤2	≤2	≤4	≤4	>4
ΔSS	≤10	≤10	≤100	≤150	>150
Chl. a	≤3	≤5	≤12	≤30	>30

因此,海域部分的开发强度指标即为上述几个状态指标的变化率。数学公式表达式(7.15)如下:

$$P_{海域} = f(\Delta x_{养殖海域}, \Delta x_{港口水域}, \Delta x_{平均海表面温度}, \Delta x_{平均悬浮物质浓度}, \Delta x_{平均叶绿素含量}) \quad (7.15)$$

3. 权重确定

对于只有一层指标的结构要素开发强度指标权重,其确定主要依据各结构要素的自然属性,同时参考专家的意见。表7.2和表7.3分别为陆域和海岸线开发强度指标权重。

表 7.2　陆域开发强度级别及权重

陆域利用指标	人口密度变化率	农用地比率变化	建筑用地比率变化	植被覆盖率变化	未利用地比率变化	水域比率变化
权重	0.2	0.15	0.25	0.25	0.1	0.05

表 7.3　海岸线开发强度指标权重

指标内容	已利用率变化	可利用率变化	养殖比率变化	港口比率变化	工业比率变化	住宅比率变化
权重	0.15	0.1	0.1	0.25	0.2	0.2

而对于具有两层或两层以上指标的开发强度指标权重,其确定采用层次分析法,具体步骤如下:①确定系统的总目标,建立开发强度指标的递阶结构,如对潮间带滩涂建立以开发利用状态、自然属性和动力环境及其指标的两层递阶结构。②确定递阶结构中相邻层次元素间相关程度。通过构造比较判断矩阵及矩阵运算的数学方法,确定对于上一层次的某个元素而言,本层次中与其相关元素的重要性排序——相对权值。③计算各层元素对系统目标的合成权重,进行总排序,以确定递阶结构图中最底层各个元素在总目标中的重要程度。④根据分析计算的结果,考虑相应的决策。

潮间带滩涂开发强度的指标体系涉及3个方面的影响因素及10个具体指标,海域的开发强度指标涉及两方面的影响因素及5个具体指标,这里采用层次分析法确定其权重。最终的潮间带滩涂和海域开发强度指标的权重值如表7.4和表7.5所示。

表 7.4　潮间带滩涂开发强度指标及权值表

目标层	准则层	方案层
潮间带滩涂 开发强度	开发利用指标 (0.4)	养殖比率变化(0.15)
		林地比率变化(0.05)
		盐田比率变化(0.1)
		港口工程比率变化(0.25)
		工业比率变化(0.25)
		旅游区比率变化(0.2)
	自然属性指标 (0.4)	已开发利用率变化(0.5)
		可开发利用率变化(0.5)
	动力环境状态指标 (0.2)	潮差变化率(0.5)
		纳潮量变化率(0.5)

表 7.5　海域开发强度指标及权重

目标层	准则层	方案层
海域开发强度	开发利用指标 (0.7)	网箱养殖比率变化(0.4)
		港口水域比率变化(0.6)
	水环境指标 (0.3)	ΔT 变化率(0.4)
		ΔSS 变化率(0.2)
		Chl. a 变化率(0.4)

7.1.3　强度综合评价

这里的海岸开发强度综合评价是基于岸带的海岸线-陆域-潮间带-海域轴面结构的基础上,对整个海岸开发强度的评价。其综合评价过程分指标选择、权重确定和综合评价 3 个步骤。首先,对压力、脆弱性、状态 3 个系统层次的近岸陆域、潮间带滩涂和近岸海域的指标要素进行粗选,并利用多源数据和轴面信息的综合提取技术对指标进行量化/半定量化处理,再利用特尔斐法进一步筛选,从而确定最终的指标体系。之后利用灰色关联分析,确定各个指标的权重大小顺序,并结合专家打分法确定各指标的权重。最后,利用开发强度冲量模型对研究时间范围内的岸带开发强度进行综合评价。

1. 评价流程

海岸开发强度评价,最为核心的内容是指标的选择、指标的量化、指标权重的确定和评价模型的构建 4 个部分。整个评价的框架体系如图 7.5 所示,首先确定评价因子,即从哪几个方面进行评价,接着选择各评价因子的指标,再对所选指标进行量化/半定量化处理,对于不能或很难进行量化的指标,要寻找与之具有较强相关性的可量化的指标代替,并对量化后的指标进行标准化处理,以消除各个指标量纲间的差异,再对归一化的指标采用灰色关联分析和专家打分相结合的方法确定其权重,用相应的评价模型对开发强度进行综合的评价。

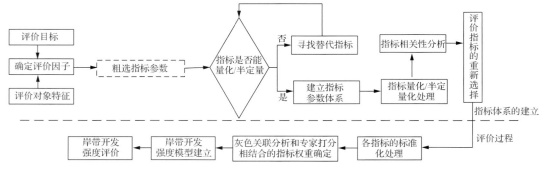

图 7.5　海岸开发强度评价框架体系

2. 指标体系的建立

(1) 指标选取过程

采用 PVS(压力-脆弱性-状态)的框架结构构建海岸开发强度的指标体系。所谓压力是指受人类活动影响的自然或人为要素,如人口密度的增加、港口吞吐能力的变化等,其范围包括近岸陆域、潮间带滩涂和近岸海域部分;脆弱性是指在海陆相互作用过程中所表现的易损性或敏感性,是海岸的固有属性(Bidone and Lacerda,2004;Andrew et al.,2006;黄鹄等,2005),如淤泥质海岸易被开发为养殖场或盐田;状态是指海岸系统自身的各组成要素的状态,包括水质、生境等。对于海岸这一系统而言,其开发利用的过程即为海岸在承受一定的人类压力活动下,由于自身各组成要素的脆弱性而表现出不同的状态。

本节将压力、脆弱性和状态分别视为评价的 3 个因子(系统层次),每一层因子按照海岸空间形态结构和特点,划分为陆域、潮间带滩涂和海域 3 类要素,每类要素分别对应不同的指标。其过程如图 7.6 所示,首先确定压力系统的各个要素层次(陆域、潮间带滩涂和海域),再确定各个要素层的压力指标,分析所选压力指标是否可进行量化/半定量化描述及其量化方法,对较难或不能进行量化的指标,选择与之关联性较强的可以量化的指标进行替代;按照同样的思路依次选择脆弱性评价因子和状态评价因子的指标。

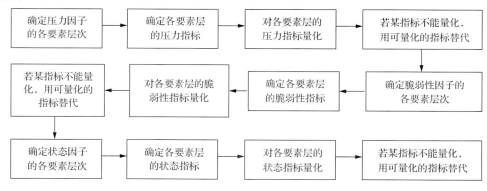

图 7.6　基于 PVS 的指标选取过程

（2）指标体系的建立

基于海岸空间形态结构的开发强度指标的选取为海岸综合开发强度指标体系的建立提供了参考依据。而指标选取的具体实施过程,参考基于 PVS 的指标选取方法。

对于陆域部分而言,工农业生产和城镇化的发展都对海岸这一自然系统产生了很大影响,因此,分别选择建筑用地的比率、农用地比率和人口密度作为陆域压力指标。而人类对潮间带的影响主要体现在围垦、港口工程建设、盐业生产、养殖和旅游业上,因此,选择围垦造田面积、港口工程面积、盐田面积、养殖面积和旅游区面积作为潮间带的压力指标。海域部分所受人类的压力主要来自于海上航运和养殖,所选择的指标包括海水养殖产量、浅海养殖面积、港口码头面积和泊位数目。

海岸的脆弱性主要体现在海岸线、滩涂、海域的固有形态特征上。这些要素在自然和人为共同作用下变化都较大。沙质岸线、淤泥质岸线均属于侵蚀后退型海岸,较不稳定,同样的,淤泥质滩涂和砂砾质滩涂也亦有大量的泥沙淤积,且较容易被改造利用,生态极为脆弱。虽然海水具有一定的自净能力,但当大量污染物排入时,其生态平衡也极易被打破。赤潮是对海水环境状况和海水本身自净能力的一种度量,赤潮发生的频率高低及其所影响的范围可以反映海区水体的状况和受到破坏或不利影响的承受能力。此外,海岸中的海湾开敞度、潮汐范围和年淤积率反映了海岸带的动力脆弱性。

对于状态指标,这里选择了陆域的植被覆盖面积(包括林草地和农用地的面积)、水域的叶绿素 a 浓度、悬浮物质浓度和海表面温度,以及纳潮量。表 7.6 是指标体系。

表 7.6　基于压力-脆弱性-状态的指标体系

指标层次	要素	指标内容
压力	陆域压力	人口密度变化率
		农用地比率变化
		建筑用地比率变化
		植被比率变化
		水域比率变化
		未利用地比率变化
	潮间带压力	港口工程比率变化
		养殖比率变化
		盐田比率变化
		旅游区比率变化
	海域压力	海水养殖产量变化率
		海洋生物种类变化率
		港口水域比率变化
		泊位数目变化率变化
		年吞吐量变化率变化
		浅海水域养殖比率变化

指标层次	要素	指标内容
脆弱性	海岸线脆弱性	淤泥质岸线比率变化
		砂质岸线比率变化
		基岩岸线比率变化
		生物岸线比率变化
		可利用岸线比率变化
	滩涂脆弱性	红树林滩比率变化
		淤泥质滩比率变化
		砂砾质滩比率变化
		岩滩比率变化
		滩涂可利用率变化
	海域脆弱性	赤潮发生的频率变化
	形态脆弱性	海湾开敞度变化率
		潮汐范围变化率
		岸线分形维数变化率
状态	陆域	陆域已利用率变化
	滩涂	海湾纳潮量变化率
		滩涂已利用率变化
	海域	海域已利用率变化
		叶绿素 a 浓度变化率
		悬浮物质浓度变化率
		海表面温度变化率

3. 指标获取与量化

指标涵义的不同决定了指标的值可以是连续的数值、唯一确定的值,或是一些难以定量化的描述性文字。若不能或不易直接对指标进行量测,可通过经验/半经验模型或数学模型/统计模型等间接手段获得,还可选择替代方式将指标的值简化或将其分类处理获得半定量化的值(图 7.7)。

(1)压力指标的获取

压力指标中,农用地比率、建筑用地比率、植被比率、水域比率和未利用地比率分别表示农用地、建筑用地、林草地、陆域水域和陆域未利用地在所有陆域土地中所占的比例。潮间带压力指标中的港口工程比率、养殖比率、盐田比率和旅游区比率,分别表示这几种利用类型与潮间带滩涂总面积的比值,可根据潮间带滩涂利用矢量数据获得。海域部分的港口水域面积是指航道和泊位面积与海域面积的比值。海水养殖产量、海洋生物种类、泊位数目、年吞吐量的值均可参考海洋统计年鉴和相关的文献资料。浅海水域养殖面积可以结合遥感影像,进行判读或自动提取。

人口密度数据的获取方法有两种途径:其一,利用栅格空间化的人口分布数据,如中

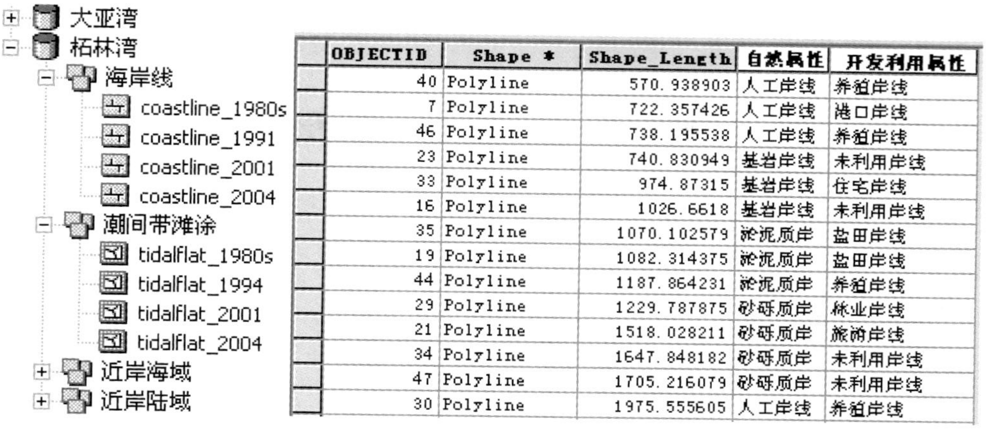

大亚湾
柘林湾
　海岸线
　　coastline_1980s
　　coastline_1991
　　coastline_2001
　　coastline_2004
　潮间带滩涂
　　tidalflat_1980s
　　tidalflat_1994
　　tidalflat_2001
　　tidalflat_2004
　近岸海域
　近岸陆域

OBJECTID	Shape *	Shape_Length	自然属性	开发利用属性
40	Polyline	570.938903	人工岸线	养殖岸线
7	Polyline	722.357426	人工岸线	港口岸线
46	Polyline	738.195538	人工岸线	养殖岸线
23	Polyline	740.830949	基岩岸线	未利用岸线
33	Polyline	974.87315	基岩岸线	住宅岸线
16	Polyline	1026.6618	基岩岸线	未利用岸线
35	Polyline	1070.102579	淤泥质岸	盐田岸线
19	Polyline	1082.314375	淤泥质岸	盐田岸线
44	Polyline	1187.864231	淤泥质岸	养殖岸线
29	Polyline	1229.787875	砂砾质岸	林业岸线
21	Polyline	1518.028211	砂砾质岸	旅游岸线
34	Polyline	1647.848182	砂砾质岸	未利用岸线
47	Polyline	1705.216079	砂砾质岸	未利用岸线
30	Polyline	1975.555605	人工岸线	养殖岸线

图 7.7　自然属性和开发利用数据库组织结构(部分)

国科学院资源环境数据中心的基于公里格网人口分布数据，人口密度值为研究区陆域范围内所有人口数目与栅格总数的比值；其二，利用评价区域所属县市的人口密度来代替。

（2）脆弱性指标的获取

海岸线和潮间带滩涂的脆弱性指标借助遥感影像和相应的专题数据，相对较容易获得。而用于描述海域脆弱性的赤潮发生频率数据可参考海洋统计年鉴和相关文献资料的统计结果。海岸形态脆弱性指标中的潮汐范围是指海水最高高潮位和最低低潮位之间的范围，由于该值较难确定，可以采用潮差来代替潮汐范围。海湾潮差的值可以通过水文资料和历史文献资料获得。

海湾开敞度是指海湾口门宽度与海湾岸线长度之比值，该值反映了海湾的动力条件和水交换能力(吴桑云和王文海，2000)。口门宽度可以借助遥感影像或者海湾的专题图数据勾画，从而确定其长度。海岸线的分维数能很好地反映海岸线的弯曲程度，是描述岸线形态的一个重要参数。可通过网格法或量规法，借助 ArcGIS Workstation 中的 shp to grid 命令，将海岸线按不同的尺寸大小进行栅格转换，然后对栅格尺寸和所转换成的栅格数据进行回归分析，确定直线的斜率，即为海岸线的分维数。

（3）状态指标的获取

状态因子中，水环境指标可通过遥感反演模式或结合实例获得。陆域植被的覆盖面积，包括农田、林地和草地的面积，其值既可从遥感影像中利用归一化指数计算，也可直接参考土地利用数据中的农田和林地、草地的面积。

海湾纳潮量是海湾从低潮到高潮所能容纳海水的量。通常把年平均纳潮量称为海湾的纳潮量。纳潮量的计算通常采用以下算式(7.16)：

$$Q = \frac{1}{2}(\bar{S}_1 + \bar{S}_2) \times (\bar{h}_1 - \bar{h}_2)$$ (7.16)

式中，Q 为纳潮量；$\bar{S}_1$ 为年平均高潮水域面积；$\bar{S}_2$ 为年平均低潮水域面积；$\bar{h}_1$ 为年平均高潮高；$\bar{h}_2$ 为年平均低潮高。

4. 指标的标准化处理

因各个指标的量纲往往相差很大，各变量的作用常难以比较，且若某一变量改变计量单位后，其协方差阵的特征根也要发生变化，最后导致主成分改变。为克服这一点，先对各基础指标进行标准化变换，标准化公式(7.17)为

$$x'_{ik} = \frac{x_{ik} - \bar{x_i}}{S_i} \tag{7.17}$$

式中，x_{ik} 为指标的原始数值；x'_{ik} 为 $\bar{x_i}$ 标准化变换后的值；$\bar{x_i}$ 为 i 指标的算术平均值；S_i 为 i 指标的标准差。

5. 指标权重的确定

指标权重的确定方法有多种，如特尔斐法、主成分分析法、灰色关联分析法、变异系数法、多元回归分析法等。其中灰色关联分析法是根据因素之间发展趋势的相似或相异程度，亦即灰色关联度作为衡量因素间关联程度的一种方法，如果因素间同步变化程度较高，则认为两者的关联程度较大；反之，两者的关联度较小。由于海岸系统结构和动力作用复杂，内部机制很难分清，利用灰色关联度分析原理，可以在不同的信息中，通过一定的数据处理，找出数据的关联性，确定各影响因素的影响程度，从而确定出权重(黄鹄等，2005；赵鹏大，2004)。

为了既能反映指标间的统计规律，又能体现所选指标在特定领域范围内被认知的重要程度，这里采用灰色关联分析和专家打分相结合的方法确定指标的权值。首先，通过灰色关联分析，确定各个指标关联度的先后顺序，即指标权重的大小顺序，再结合专家打分法对各个指标赋权重。

设 $X_0(k) = \{x_0(1), x_0(2), \cdots, x_0(n)\}$ 为代表各项参考指标的母序列，$X_i = \{x_i(1), x_i(2), \cdots, x_i(n)\}, i = 1, 2, \cdots, m$ 为比较序列，那么 k 点的关联系数 $L_{0i}(k)$ 式(7.18)：

$$L_{0i}(k) = \frac{\min\limits_i \min\limits_k |x_0(k) - x_i(k)| + \rho \times \max\limits_i \max\limits_k |x_0(k) - x_i(k)|}{|x_0(k) - x_i(k)| + \rho \times \max\limits_i \max\limits_k |x_0(k) - x_i(k)|} \tag{7.18}$$

式中，$|x_0(k) - x_i(k)|$ 表示 X_0 数列与 X_i 数列在 k 点的绝对差值；$\min\limits_i \min\limits_k |x_0(k) - x_i(k)|$ 为二级最小差，$\min\limits_k |x_0(k) - x_i(k)|$ 为一级最小差，表示 X_0 数列与 X_i 数列在 k 点差值中的最小值；$\max\limits_i \max\limits_k |x_0(k) - x_i(k)|$ 为二级最大差值，意义与二级最小差相似；ρ 为分辨系数，其值为 $0 \sim 1$，一般取 0.5。关联度(等权关联度)用 r_i 表示，如式(7.19)所示：

$$r_i = \frac{1}{n} \sum_{j=1}^{n} L_{0i}(k_j) \tag{7.19}$$

式中，r_i 为 X_i 的关联系数的均值。根据关联度的大小顺序就可以确定各个被比较的指标与参考指标的关联程度。

依据式(7.18)和式(7.19)，利用程序计算出各个指标相对于其中一个指标的关联度的大小，将各个关联度的值按照由大到小进行排序，再结合专家打分法，对各个指标按照顺序赋值，由此，便可确定出指标最终的权重。

6. 开发强度等级划分

不同的海域，因其地貌和其他自然特性的差异，等级划分的标准也不尽相同，如对南海海域，结合不同海域的特点及专家经验，可将其海湾的开发强度划分成 5 个等级，如表

7.7 所示的南海海域的标准,对模型评价得出的海湾开发强度值按照该等级标准,判别其开发强度的类别。

表 7.7　开发强度指数分级标准

海湾开发强度值	强度分级
≤1	极弱
1～10	弱
10～30	中等
30～50	强
＞50	超强

7.2　大亚湾开发强度评价

本节选取大亚湾作为研究区,利用上节提出的模型进行开发利用强度的评价。数据采用 20 世纪 80 年代到 2004 年前后的 4 期数据,对大亚湾的近岸陆域、潮间带滩涂、近岸海域、岸线和整个海湾的综合开发强度分别进行了评价和时间上的纵向对比,再就岸带结构进行空间上的横向对比。

7.2.1　大亚湾基本概况与数据

广东省濒临南海,海岸线东起广东、福建两省交界处的大埕湾湾头,西至广东、广西两省(自治区)交界的英罗港洗米河口。深圳、珠海、汕头经济特区和香港、澳门位于其中。粤东面积在 50km² 以上的海湾有大鹏湾、大亚湾、红海湾、碣石湾、海门湾、企望湾、汕头港和柘林湾 8 个,其分布如图 7.8 所示。该岸段处热带海洋性季风区,主要为基岩海岸,间或砂质海岸,动力以浪控为主,除柘林湾是河口湾、汕头港是构造河口型外,其他以构造成湾为主。

图 7.8　粤东海湾分布

1. 大亚湾概况

大亚湾位于广东省惠东县、惠阳市和深圳宝安区之间，东靠红海湾，西邻大鹏湾。据《广东省海域地名志》，大亚湾的地理位置为 $22°30' \sim 22°50'$N，$114°29' \sim 114°49'$E。大亚湾属沉降山地溺谷湾，岛屿众多，素有"百岛湾"之称，湾内有大小岛屿 75 个及众多的暗礁。岸线曲折，形成了有良好屏蔽环境的 3 个次一级海湾，大鹏澳、哑铃湾和范和港，形成大湾套小湾的结构。海湾中部及南部水深为 $10 \sim 15$m，其余水域为 $4 \sim 7$m。大亚湾海岸及海底地形如图 7.9 所示。海湾内没有大河径流注入，海水盐度稳定在 $29.65‰\sim$

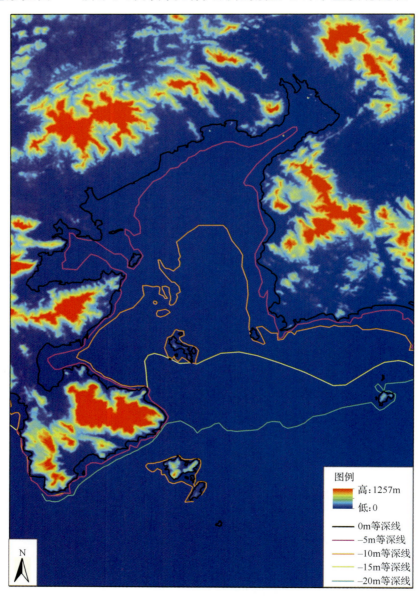

图 7.9　大亚湾海岸及海底地形

32.5‰,平均为31.60‰,海水温度年平均为21.9℃,潮汐为不规则半日潮,最大潮差2.34m,平均潮差为0.83m,大亚湾内的海流既有潮流也有余流,潮流在相对低的速度下(大约为0.1m/s)按顺时针方向环形流动,在相对高的速度下(大约为0.2m/s)按逆时针方向环形流动。而从动力特征来看,大亚湾的平均潮差和平均浪高之比为2~3,基于海水动力的分类方法,属于以浪控为主的混合型海湾(吴桑云和王文海,2000)。而从开敞度类型来说,大亚湾属于半开敞型海湾。

2. 研究区域

研究区以海岸线轴线为基准的3km缓冲区范围,范围如图7.10所示。大亚湾三面环山,东部有平海半岛的低山丘陵,西部有大鹏半岛的低山丘陵,北部有铁炉障山脉,山势宏伟,直逼海边。西南还有沱泞列岛为屏障,非常隐蔽。岸线曲折,岬湾相间,且多为基岩岸滩,岩壁陡峭,潮间带浅滩狭窄,并以砂砾石为主。海湾底质以泥质为主,平坦;海底地貌类型单一,有堆积的水下浅滩和侵蚀型的水下岩礁两种,如图7.11所示。

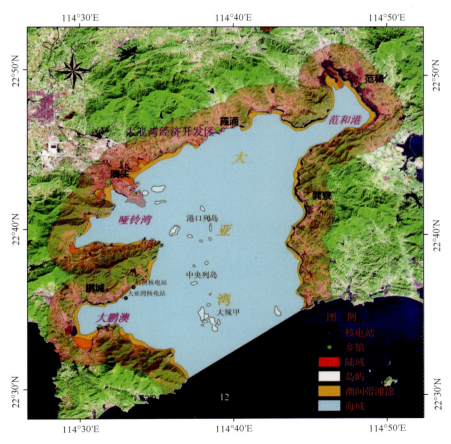

图7.10 大亚湾的研究范围

图 7.11 大亚湾研究范围内的主要地貌特征

图例:
- 侵蚀剥蚀低丘陵
- 侵蚀剥蚀低山
- 侵蚀剥蚀台地
- 侵蚀剥蚀高丘陵
- 岩滩
- 水下浅滩
- 河流
- 河漫滩及冲积平原
- 潟湖平原
- 洪积阶地
- 海岸砂堤或砂地
- 海积平原
- 淤泥质潮滩
- 盐田
- 砂砾质海滩

0 6 12km

3. 利用方式及典型问题

大亚湾临近深圳和香港,地理位置优越。其主要的开发利用方式有养殖、核电站及其他海岸工程的建设。

大亚湾是广东省重要的水产基地和水产资源保护区,也是我国目前水域生物多样性保存良好的重要海湾之一(王朝晖等,2004)。作为广东海水养殖的传统产区,大亚湾海域范围内的水池养殖、珍珠养殖、滩涂养殖、网箱养殖等都具有相当的规模。随着经济的发展,养殖的规模也在不断扩大,在"九五"期间完成了惠州市大亚湾水产增养殖种苗培育中心、海水珍珠贝优良种苗培育中心和 10hm^2 的工厂化养鲍基地建设等项目。图 7.12 为大亚湾海水养殖主要项目规划的示意图(广东省海洋与水产厅海洋综合开发处,1998),根据规划,到 2010 年大亚湾增养殖面积达 7600hm^2,产量 3 万 t,其中,网箱养鱼 3700t;鱼塭养殖 3600t;对虾养殖 1000hm^2,产量 3600t;牡蛎等贝类养殖 1200hm^2,产量 8000t;浅海滩涂贝类护养增殖 3000hm^2,产量 1 万 t。

目前,在大亚湾大鹏澳海岸已建成两座核电站:大亚湾核电站和岭澳核电站。其中,大亚湾核电站是中国大陆建成的第二座核电站,于 1987 年开工,使用压水型反应堆技术,安装两台 90 万 kW 发电机组,并于 1994 年全部并网发电。岭澳核电站位于大亚湾核电

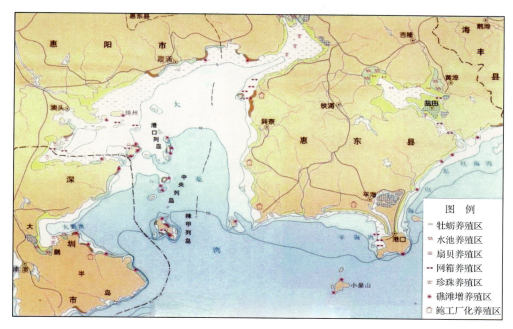

图 7.12 大亚湾海水养殖主要项目规划示意图

站以西 1000m 处。规划安装 4 台 100 万 kW 发电机组,分两期建设。一期工程于 1997 年开工,于 2002 年投产。二期工程建于一期工程与大亚湾核电站之间,于 2005 年 12 月 15 日开工,两台机组已于 2010~2011 年投入商业运行。大亚湾—岭澳核电站目前共有 4 台发电机组,总装机容量 380 万 kW。

中海壳牌石油化工有限公司负责建设和运营的中海壳牌南海石化项目位于广东省惠州市大亚湾经济技术开发区的东联村,靠近大亚湾北岸。该项目占地 2.6km²,于 2002 年 11 月 1 日建设奠基,2005 年 12 月底完工,2006 年 2 月 10 日成功投产。项目投产后每年向市场提供 80 万 t 乙烯和 230 万 t 高附加值产品,这对缓解广东沿海地区日益紧张的油气供应起到一定作用。

惠州 LNG 电厂位于广东省境内大亚湾北海岸、惠州市大亚湾经济开发区,电厂冷却水取自大亚湾,经冷凝器升温后直接排入大亚湾海域。据 2001 年惠州市对大亚湾经济开发区总体规划所作的调整,填海面积约 6.56km²,填至海区水下 4.0m 线附近,新岸线为原岸线向海区前移了约 1.2km。围垦工程分两期,一期为北端围垦线,二期为包括纯州岛区域围垦线,图 7.13 为大亚湾经济开发区围垦范围及排水口布置方案示意图(黄健东等,2006)。惠州 LNG 电厂一期工程建设 3 台 350MWF 级燃气-蒸汽联合循环发电机组,规划装机容量为 6×350 MW 及预留 2300MW 级抽气供热机组的扩建可能,最大冷却水流量为 56.37m³/s,电厂排取水温升 7.8℃。

可见,由于大亚湾特殊的地质、地貌条件和区位优势,核电站和石油化工基地的建设成为除海水养殖以外主要的开发利用方式。这些重大工程设施的建设,既改变了海湾的自然演化进程,影响了海湾内外的水交换,同时也对大亚湾沿岸地区的土地利用方式和周围的生态环境造成了不同程度的影响。例如,大亚湾的生态环境已经由贫营

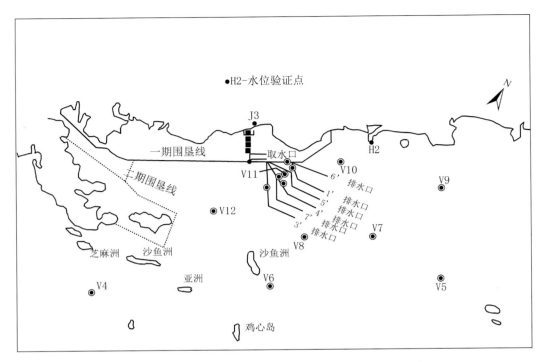

图 7.13 大亚湾经济开发区围垦范围及排水口布置方案示意图

养状态发展到中营养状态,局部海域出现富营养化的趋势,营养盐的限制因子已由 20 世纪 80 年代的氮限制过渡到了目前的磷限制(王友绍等,2004),赤潮灾害时有发生;核电站运转后其温排水的存在,会使局部海域的水温升高,监测资料显示,核电站运转后大亚湾海域平均水温比运转前升高 1℃ 多(彭云辉等,1998),加剧底层的贫氧状况,对生物造成影响。

4. 主要数据源

为了从空间上对所选的两个海湾的开发强度做横向的对比;从时间上,对单个海湾选择从 20 世纪 80 年代至 2005 年前后其开发利用的关键时间切面,对比几个时间范围内的开发强度变化情况。因此,数据源的选取会因不同海湾所选择的时间切面而有所差异,但为了让各个湾的开发强度之间具有可比性,将其置于相同的初始和终止时间下,即从 20 世纪 80 年代到 2005 年前后。故此,无论中间时间切面如何选取,对所研究的海湾而言,都涉及这两个时间切面的数据,而对各海湾所使用的其他数据源将在各湾的分析部分介绍。此外,各海湾还要用到其他一些辅助数据,具体的数据情况如下:

(1) 20 世纪 80 年代海岸带调查数据

该数据为国家海洋局于 1980～1986 年所开展的"全国海岸带和滩涂资源综合调查"的数据成果,主要包括土地利用、底质和地貌 3 个专题,这些专题数据作分析参考。

(2) 粤东 DEM

研究中所用到的 DEM 数据,覆盖了研究区的陆域和大部分水域。

（3）海岸带遥感调查数据

该部分数据包括遥感影像和解译出的土地利用、地貌、围填海 3 个专题数据。其中，本研究用到的遥感影像主要为 SPOT5，其多光谱波段空间分辨率为 10m，全色波段达到 2.5m，经 Pansharp 融合处理后，分辨率达 5m。数据的获取时间为 2003～2005 年。此外，还对部分区域补充了中巴数据和 SPOT4 数据。整个粤东所使用的各种遥感影像分布如图 7.14 所示。

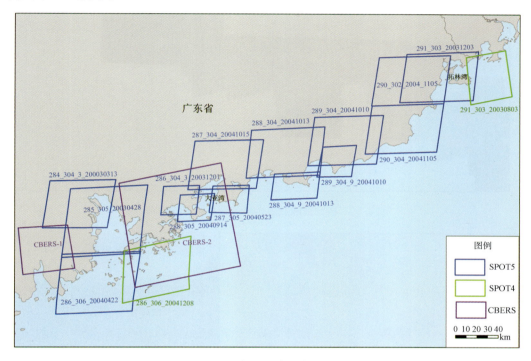

图 7.14　粤东遥感影像的分布

（4）统计和文献资料

海湾周边的社会经济发展情况和自然灾害的数据来源于《广东省海湾志——第九分册》、《中国海洋统计年鉴》(1990～2005 年)、《中国海洋年鉴》(1990～2005 年)及《中国海洋环境质量公报》(1990～2005 年)。其中，人口数据部分来源于中国科学院资源环境数据中心的 1km 格网的人口数据库和部分统计数据。

（5）实地调查数据

为了验证遥感影像解译的精度，于 2008 年 1 月 14～28 日进行了遥感野外调查验证工作，对验证点周围的图斑进行实地对照，调查路线如图 7.15 所示。调查过程中，搜集了大量的实地照片，并形成了野外调查报告，报告的格式如图 7.16 所示。

（6）卫星遥感数据

研究区中 2004 年前后的数据采用了高分辨率的 SPOT5 影像。其中，大亚湾用了 4 景 SPOT5 影像，1 景 CBERS-2 数据；柘林湾用了 1 景 SPOT5 影像，所用 SPOT5 影像的轨道号和获取时间如表 7.8 所示。

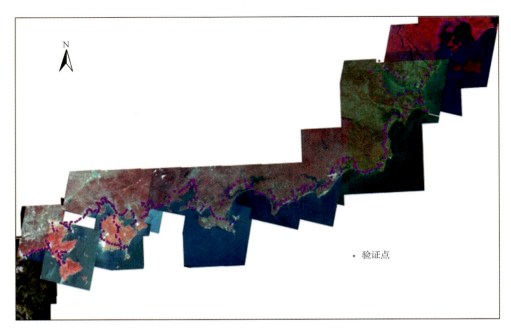

图 7.15 研究区陆域遥感解译野外验证点分布

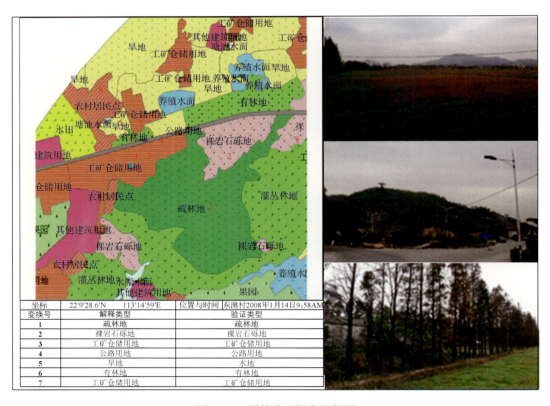

坐标	22°9′28.6′N	113°14′59′E	位置与时间	东澳村2008年1月14日9:58AM
变换号	解释类型		验证类型	
1	疏林地		疏林地	
2	裸岩石砾地		裸岩石砾地	
3	工矿仓储用地		工矿仓储用地	
4	公路用地		公路用地	
5	旱地		水地	
6	有林地		有林地	
7	工矿仓储用地		工矿仓储用地	

图 7.16 野外验证报告示例图

表 7.8 SPOT5 影像的轨道号和获取时间

研究区	SPOT5 轨道号	获取时间(年-月-日)
大亚湾	286-304	2004-12-01
	287-304	2004-10-15
	287-305	2004-05-23
	287-305	2004-09-14
柘林湾	291-303	2003-12-03

5. 状态时间选定

考虑到大亚湾以核电站和石化企业等重大海岸工程设施为主的开发利用方式,本节选择了这些重大工程设施建设前后的几个时间切面,如图 7.17 所示。即 1985 年(大亚湾核电站建设之前)、1991 年(大亚湾核电站建设中)、2001 年(大亚湾核电站投入使用,岭澳核电站建设中)、2004 年(中海壳牌南海石化项目建设中)对大亚湾的开发强度进行分析。

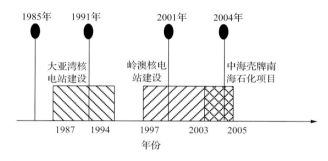

图 7.17 大亚湾开发利用主要时间节点

研究起始和终止时间采用了 20 世纪 80 年代海岸带调查和本研究成果,而 1991 年和 2001 年的数据,则分别选择了一景 Landsat5 TM 影像和 Landsat7 ETM+ 影像,获取的时间分别为 1991 年 10 月 9 日和 2001 年 12 月 31 日。

7.2.2 大亚湾结构要素时空变化

1. 陆域类别一致化与时空变化

根据所选择的研究时间切面,对 1991 年的陆域土地利用数据采用在 1990 年土地利用数据库的基础上,结合 Landsat5 TM 影像对变化的图斑进行修正的方法;而对 2001 年的土地利用数据亦采用在 2000 年土地利用数据库的基础上,结合 Landsat7 ETM+ 影像对变化的图斑进行修正的方法。故这两期数据采用了与 1990 年和 2000 年相同的分类体系(1990 年和 2000 年的分类体系相同)。

土地利用变化分析必须在统一的基准下进行,而几期土地利用数据采用了不同的分类体系,20 世纪 80 年代数据采用了一级分类体系,主要包括 35 个土地利用类型;1991 年和 2001 年的数据采用了三级分类体系,主要包括 8 个一级类:耕地、林地、草地、水域、未利用地、城镇、工矿、居民地、25 个二级类和 8 个三级类;2004 年数据采用三级分类体系,共有 3 个类为农业用地、建筑用地和未利用地,下分 13 个二级分类和 46 个三级分类。因此,在进行土地利用变化分析之前须进行分类系统的统一。

由于 4 期数据的精细度存在较大差异,20 世纪 80 年代数据精度为 1∶20 万,1991 年和 2001 年为 1∶10 万,类型划分越详细,各类型数据的误差越大。因此,结合研究区的特点和两期分类系统,将研究区陆域部分的开发利用分为农业用地、林草地、建筑用地、水域和未利用地五大类,统一后的分类系统所对应的两期土地利用类型如表 7.9 所示。

表 7.9 统一后的海湾陆域土地利用分类系统

土地利用类型	20 世纪 80 年代	1991 年和 2001 年	2004 年
农业用地	平川田、蔬菜地、梯地、滨海旱地、蔬菜地	水田、旱地	水田、旱地、果园、桑园、茶园、其他园地、苗圃
林草地	竹林、松杂林、海岸防护林、农田防护林、疏林地、其他林地、薪炭林、红树林海涂、滨海草地、山坡草地、坡地	有林地、灌木林、疏林地、其他林地、高覆盖度草地、中覆盖度草地	有林地、疏林地、灌丛林地、未成林造林地、迹地、苗圃、天然草地、人工草地
建筑用地	城镇用地、农村居民点、其他建筑用地	城镇用地、农村居民点、其他建设用地	公共建筑用地、其他建筑用地、农村居民点、城镇单一住宅、城镇混合住宅、工矿仓储用地、教育及文体用地、瞻仰景观休闲地、海滨大道、河港码头、水工建筑用地、特殊用地、公路用地
水域	河流、水库、池塘、滩涂沼泽地、盐田	河渠、湖泊、水库坑塘	河流水面、湖泊坑塘水面、农田水利用地、水库水面、盐田
未利用地	裸岩地、荒山荒地、已围待用地、在围海滩涂、其他土地	滩涂、滩地、砂地、戈壁、盐碱地、沼泽地、裸土地、裸岩石砾地、其他、低覆盖度草地	荒草地、盐碱地、沼泽地、砂地、裸土地、裸岩石砾地、其他未利用地、苇地、河湖滩涂、未利用海滩、已围待用地

图 7.18 和图 7.19 分别是 4 个时期大亚湾利用类型的空间分布和统计对比情况,图 7.18 中左上、右上、左下、右下分别为 20 世纪 80 年代、1991 年、2001 年和 2004 年的陆域利用状态,从图中可以看出:①大亚湾陆域以林地和草地为主要利用类型,且集中分布于海湾的西部和东部,其次是分布于湾北部和东北部范和港沿岸的农用地,这与大亚湾三面环山、低山丘陵平原和台地发育的地貌特征有关。②这 20 年来大亚湾近岸陆域的林草地和农用地面积都呈现递减趋势,但不同时期面积减少程度有所不一。农用地面积变化最为显著的时期为 20 世纪 80 年代至 1991 年,其面积减少 17.496km²,集中在湾北的澳头、霞涌,及湾西部的鹏城附近,林草地面积变化最剧烈的时期为 2001~2004 年,面积减少量为 20.703km²,面积减少的区域主要在湾北霞涌附近的大亚湾经济开发区。③20 年来大亚湾陆域建筑用地和水域面积呈现递增趋势,变化最为明显的时期均为 20 世纪 80 年代至 1991 年,变化量分别为 17.943km² 和 9.881km²,引起这一变化的直接推动力为经济的发展和人口的增加,建筑用地面积的增加主要源于大量工矿仓储用地和公共建设用地的急剧膨胀,而水域面积的增加则主要源于养殖面积的不断扩大。④未利用地在 20 世纪 80 年代至 1991 年面积急剧减少后,又呈现渐增的趋势,20 世纪 80 年代未利用地面积之所以很高,原因在于从 80 年代开始对大亚湾的宏观规划,存在大面积的已围待用地。随着这些待用地的建成使用,未利用地面积在 1991 年时开始减少,之后随着工矿企业待建和待用地的出现,未利用地面积又逐渐开始增加。

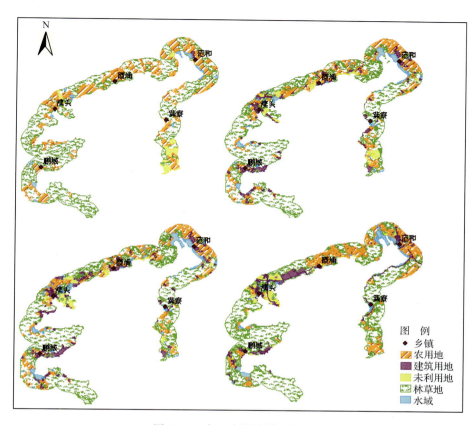

图 7.18　大亚湾陆域利用分布图

左上、右上、左下、右下分别为 20 世纪 80 年代、1991 年、2001 年和 2004 年的大亚湾陆域利用分布图

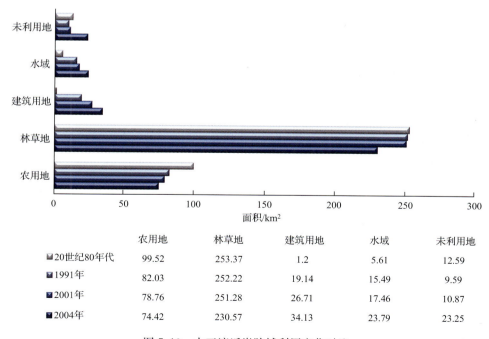

	农用地	林草地	建筑用地	水域	未利用地
■ 20世纪80年代	99.52	253.37	1.2	5.61	12.59
■ 1991年	82.03	252.22	19.14	15.49	9.59
■ 2001年	78.76	251.28	26.71	17.46	10.87
■ 2004年	74.42	230.57	34.13	23.79	23.25

图 7.19　大亚湾近岸陆域利用变化对比

2. 海岸线变化

20世纪80年代海岸线的确定参考海图、地形图，以及地貌和土地利用图；2004年的岸线则首先借助SPOT5影像，确定水边线或海岸线，并在此基础上进行了实地修测；1991年和2001年海岸线分别借助TM和ETM影像，并参考20世纪80年代和2004年的岸线，根据植被边界来确定。

岸线自然属性的变化分析包括：岸线位置的变化和各种类型岸线长度的变化。近20年海岸线位置的变化如图7.20所示，从图中可以看出岸线位置变化较为明显的区域主要分布在鹏城东北部的大鹏澳附近，以及澳头、霞涌西南部和范和港周边。图7.21为研究区内近20年自然属性变化的对比分析。从对比结果来看，砂质岸线、淤泥质岸线和生物岸线长度呈现递减的趋势，其中，砂质岸线基本呈线性递减趋势，而淤泥质岸线在20世纪80年代至1991年减少最为显著，减少了24.92km；基岩岸线长度基本保持不变；而人工岸线长度呈线性递增趋势，增长了3倍之多。

发生变化的主要原因是围海工程的建设，使原淤泥质海岸和砂砾质海岸被人工岸线所代替。由于人类对岸线的开发和改造，不仅改变了海岸线的位置和形状，而且对整个海岸线类型结构的分布产生了重要影响。

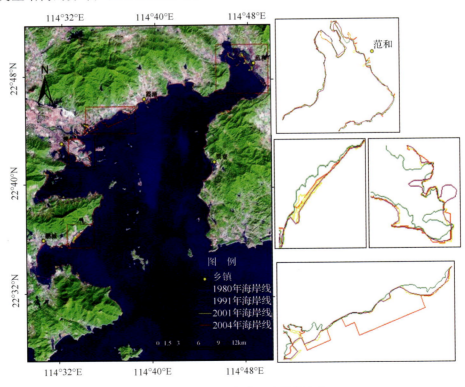

图7.20　近20年大亚湾岸线变化

根据前面所选择的海岸线的6个开发利用因子，对其进行对比分析如图7.22所示。由图可知，近20年大亚湾的养殖和工业岸线的长度呈渐增趋势，养殖岸线长度从20世纪80年代的25.47km增加到2004年的45.90km，工业岸线从80年代的3.78km增加到

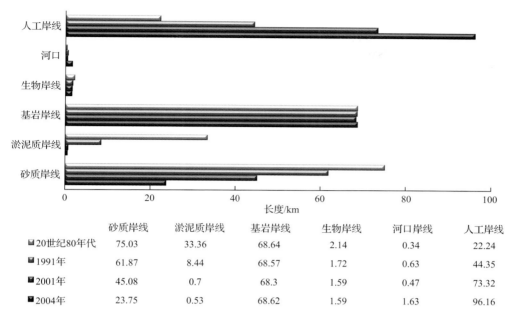

	砂质岸线	淤泥质岸线	基岩岸线	生物岸线	河口岸线	人工岸线
■20世纪80年代	75.03	33.36	68.64	2.14	0.34	22.24
■1991年	61.87	8.44	68.57	1.72	0.63	44.35
■2001年	45.08	0.7	68.3	1.59	0.47	73.32
■2004年	23.75	0.53	68.62	1.59	1.63	96.16

图 7.21　近 20 年大亚湾各类型海岸线变化

2004 年的 27.28km。港口岸线长度由 0.84km 增至 1991 年的 4.63km,2004 年则为
8.17km。沿岸建有居民点的岸线由 0.85km 上升到 5.54km,到 2004 年增加量为 80 年代
的 5.5 倍。另外,盐田岸线和自然岸线呈下降趋势,其中,盐田岸线缩减量为 0.94km,自
然岸线缩减量为 23.67km,减少了 18.5%。综上,在大亚湾沿岸 5 类人工岸线中,除盐田
岸线呈下降趋势外,其他类型均有不同程度的增加,相应地,自然岸线逐步被人工岸线
代替。

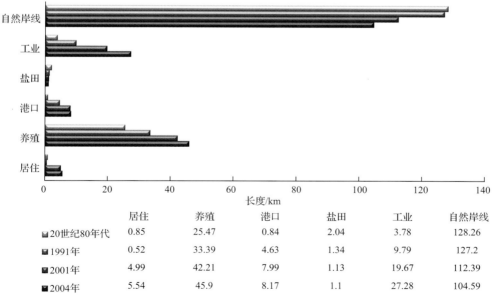

	居住	养殖	港口	盐田	工业	自然岸线
■20世纪80年代	0.85	25.47	0.84	2.04	3.78	128.26
■1991年	0.52	33.39	4.63	1.34	9.79	127.2
■2001年	4.99	42.21	7.99	1.13	19.67	112.39
■2004年	5.54	45.9	8.17	1.1	27.28	104.59

图 7.22　近 20 年大亚湾岸线自然属性变化

3. 潮间带滩涂变化

对于 20 世纪 80 年代的潮间带滩涂的范围可以根据当时的地貌数据和土地利用数据来确定。1991 年、2001 年和 2004 年理论基准面的确定方法是利用 DEM 数据生成等高线,再从等高线数据中提取 0m 等深线。

由于大亚湾岸段以基岩岸线为主,滩涂面积相对较小,主要为沙滩、岩滩、淤泥质海滩及红树林滩 4 种类型,但各种类型的滩涂在此期间均有不同程度的发育,四个时期大亚湾自然属性(各种类型的滩涂)面积变化如图 7.23 所示。由图可知,在近 20 年间,大亚湾的淤泥质海滩和沙滩面积均呈递减趋势,淤泥质海滩在 4 个年份间呈线性递减,而沙滩在 20 世纪 80 年代~1991 年和 1991~2001 年变化幅度较大。红树林滩减小面积约为 0.14km² ,仅余最初面积的 1/3。不仅如此,近 20 年大亚湾潮间带滩涂的总面积也呈现出渐减的趋势,4 个时期的滩涂总面积分别为 32.03km² 、27.95km² 、21.74km² 和 20.06km² 。

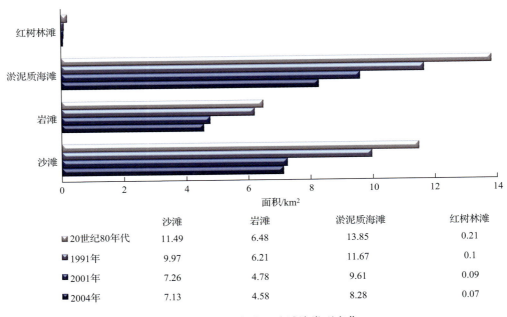

	沙滩	岩滩	淤泥质海滩	红树林滩
■20世纪80年代	11.49	6.48	13.85	0.21
■1991年	9.97	6.21	11.67	0.1
■2001年	7.26	4.78	9.61	0.09
■2004年	7.13	4.58	8.28	0.07

图 7.23 近 20 年大亚湾滩涂类型变化

不同类型的滩涂有不同的利用方式,大亚湾沿岸滩涂的利用方式是滩涂分布类型和社会发展需求相互作用的产物,主要有养殖、港口码头建设、林地、工业和未利用海滩 5 种。各种方式的利用面积变化如图 7.24 所示。从图中可以看出,养殖、港口和工业 3 类利用方式均有不同程度的增长,在 20 世纪 80 年代~2004 年增加面积依次为 2.74km² 、0.09km² 和 0.18km² ,三者略有区别之处在于,养殖利用方式呈现先降后升的波动,最低值出现在 1991 年,而其余两类保持递增趋势。近 20 年大亚湾潮间带滩涂未利用海滩的面积逐年递减,由 80 年代的 28.91km² 减少到 2004 年的 15.08km² ,缩减了 47.8%。比较特殊的是林地利用方式,出现先降后升再降的情况,并且后两期升降幅度都比较大,这与当地护林政策和建设规划的调整有关。

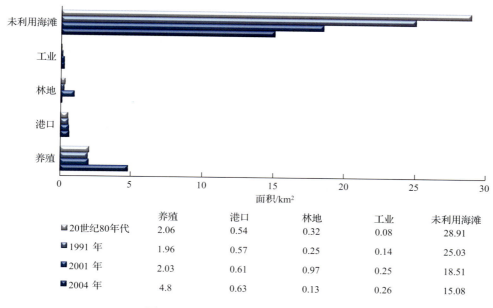

	养殖	港口	林地	工业	未利用海滩
20世纪80年代	2.06	0.54	0.32	0.08	28.91
1991 年	1.96	0.57	0.25	0.14	25.03
2001 年	2.03	0.61	0.97	0.25	18.51
2004 年	4.8	0.63	0.13	0.26	15.08

图 7.24　近 20 年大亚湾滩涂利用变化

4. 近岸海域变化

大亚湾的近岸海域不妨界定为理论基准面零点与海湾两个岬角连线之间的海域,大亚湾的岬角为波沙山角和奚齐角。近岸海域的变化主要从两方面讨论,一是开发利用的程度,二是海域水环境的变化。

浅海水域资源,是海湾重要的空间资源。水深 5m 以下的浅海水域是海产养殖的主要场所,如珍珠养殖、网箱养殖、贝类养殖等。大亚湾是广东省的重要水产资源保护区。其中虎头门以内和大鹏澳是广东省主要的马氏珠母贝天然采苗场和养殖基地,此外,澳头港的珍珠养殖、网箱养殖、捻山"蟹洲"蟹养殖,范和港至巽寮港的扇贝、贻贝、珍珠养殖,大鹏澳东山珍珠养殖,中央列岛、沱泞列岛的贝类养殖等都非常闻名。图 7.25 是大亚湾不同时期各利用方式面积对比。由于数据精度的限制,所指的海域利用面积主要是指浅海养殖和港口工程。网箱养殖的面积在研究的时间范围内呈现递增的趋势,共增加面积 8.07km^2,而且 1991～2001 年增加最多,增量达 6.12km^2,港口工程面积也有所增加,但幅度并不显著,增加面积仅为 1.28 km^2。

大亚湾是我国目前水域生物多样性保存良好的重要海湾之一,也是我国重要的亚热带物种种植资源库,同时也是广东省重要的水产基地。近年来,大亚湾沿岸经济的迅速发展,大亚湾核电站(DNPS,1800MW)已于 1994 年正式投入运行,岭澳核电站(LNPS,4000MW)以及坐落在大亚湾北岸的中国最大的石化企业都已完成建设;此外,大亚湾沿岸海水养殖业的发展也非常迅速。这些对大亚湾海域的水环境产生了很大影响,海域水环境和生态环境受到了一定程度的破坏,赤潮也时有发生(Song et al.,2004)。目前,大亚湾已经成为我国 15 个近海岸生态监控区之一,同时也是中国科学院海洋生物综合实验站(MBRS)所在地(瞿敏等,2006)。

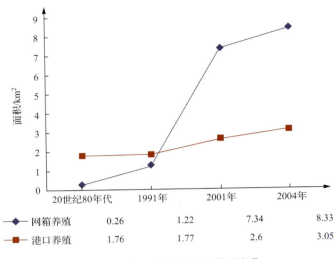

	20世纪80年代	1991年	2001年	2004年
◆— 网箱养殖	0.26	1.22	7.34	8.33
■— 港口养殖	1.76	1.77	2.6	3.05

图 7.25　大亚湾近岸海域利用变化

　　根据前文对近岸海域利用变化监测指标的分析,本节主要获取海表面温度的变化(ΔT)、悬浮物质浓度的变化(ΔSS)及叶绿素浓度含量(Chl. a)作为大亚湾水环境变化分析的指标。

　　由于大亚湾的重要性和地理位置的特殊性,对海湾水环境的研究和调查工作开展得比较早,有大量的文献和数据资料可以参考和借鉴(瞿敏等,2006;Yu et al.,2007;彭云辉等,2001),尤其是在卫星遥感数据资料还不太丰富的时期。本研究所用的大亚湾 20 世纪 80 年代的水环境数据资料,主要参考《中国海湾志》和文献资料。其中,叶绿素 a 数据来源于国家海洋局第三海洋研究所于 1987 年 3 月至 1989 年 9 月的多航次调查数据;海表面温度数据来源于中国科学院南海海洋研究所大亚湾海洋生物综合实验站 20 年来获得的大量现场观测数据和资料;悬浮物质浓度数据来源于 1988 年 10 月测得的大亚湾泥沙大面观测站的数据。

　　后 3 个时期的海表面温度和叶绿素浓度数据主要参考了中国生态研究网络和大亚湾的环境报告(Yu et al.,2007),其数据来源均为中国科学院南海海洋研究所大亚湾海洋生物综合实验站的观测资料数据(Yu et al.,2007)。随着卫星遥感技术的发展,及各种水环境反演算法的提出,遥感数据已经成为获取水环境参数的重要手段。对大亚湾后 3 个时期水环境参数的获取除了借助部分观测站数据外,同时还利用水环境反演算法对大亚湾海域的悬浮泥沙含量进行了遥感反演。各期数据情况如表 7.10 所示。

表 7.10　各时期主要水环境参数对比表

水环境参数	20 世纪 80 年代	1991 年	2001 年	2004 年
叶绿素浓度/(mg/m³)	1.7	2.2	3.9	6.2
悬浮物质浓度/(mg/L)	11	10.8	9.9	9.8
海表面温度变化/℃	23.3	23.8	24.2	24.4

由表 7.10 可以看出：大亚湾海表面温度出现小幅上升的趋势，在 1994 年大亚湾核电站投入运营以前，海表面温度保持在 23.5℃ 左右，而自 1994 年以后，其温度有所升高，超过 24℃。大亚湾海表面温度升高的主要原因是由于大亚湾内核电站温排水的存在，使得局部海域的水温升高。海表面温度的升高将导致大亚湾局部地区海水季节性分层的持续时间延长，加剧底层的贫氧状况，从而影响底栖生物，同时会令海水的溶解氧降低。随着岭澳核电站的运行，温排水量的增加，大亚湾海域温度变化影响也将增大。叶绿素浓度在 20 世纪 80 年代仅为 1.7mg/m³，到 2004 年浓度升高至 6.2mg/m³，约为 80 年代的 3.6 倍，叶绿素浓度的增加，源于海水增养殖规模的扩大。悬浮物质浓度由 80 年代的 11mg/L 降至 2004 年的 9.8mg/L，其主要原因是大亚湾核电站的建立截留了一部分的悬浮固体，使得大亚湾海域的悬浮固体浓度有所降低。

7.2.3 大亚湾结构要素开发强度评价

1. 海岸线开发强度评价

根据大亚湾海岸线利用变化的分析，可以得到 4 个时期大亚湾海岸线状态指标（各利用类型在整个大亚湾岸线中所占比例）和开发强度指标的变化，分别如图 7.26 和图 7.27 所示。在岸线的 6 种利用类型中，已利用地所占的比率呈现渐增的趋势，且在 1991～2001 年的增加幅度最高，达到 12.2；可利用地所占比率在 20 世纪 80 年代至 2001 年逐渐减少，且在 1991～2001 年减少量最大，达到 8.2，而到 2001 年又开始回升。工业比率呈现增加—减少—增加的折线形变化态势，在 2001～2004 年的变化最为显著，变化量为 14.06。

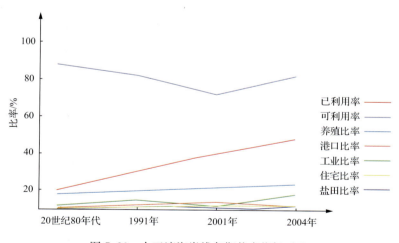

图 7.26　大亚湾海岸线各期状态指标对比

海岸线的开发强度是对海岸线开发利用状态的综合描述，海岸线的开发强度高表明对岸线的利用程度高和速度快。通过对海岸线开发利用强度指标的分析和计算，得到大亚湾岸线在 3 个时间范围内的开发强度值，如图 7.28 所示。由图可知，近 20 年，大亚湾海岸线的开发强度由高到低依次为 2001～2004 年，20 世纪 80 年代～1991 年和 1991～2001 年。引起这一变化的原因主要是：2001～2004 年，由于南海石化项目的

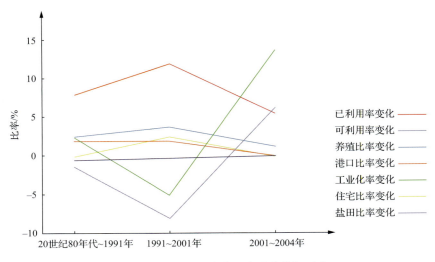

图 7.27 大亚湾海岸线开发强度指标对比

建设,在湾北的霞涌岸段,进行了较大面积的围垦;而 80 年代~1991 年大亚湾核电站的建设也利用了大段的岸线,相比较而言,岭澳核电站的建设,对大亚湾开发强度的影响相对较小。

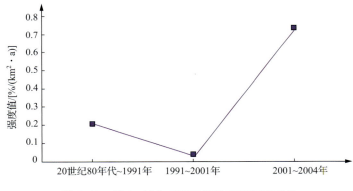

图 7.28 近 20 年大亚湾海岸线开发强度对比

2. 潮间带开发强度评价

大亚湾近 20 年潮间带滩涂开发利用状态指标和开发强度指标分别如图 7.29 和图 7.30 所示。由图可知,近 20 年大亚湾滩涂的各种开发利用方式中除了养殖比率和已开发利用率在 2001～2004 年有较大幅度的增长外,其余几种类型的变化幅度和速度都不甚明显。

对比图 7.31 中大亚湾 3 个时间段潮间带滩涂开发强度值可知,大亚湾潮间带滩涂的开发强度呈现递增趋势,且在 2001～2004 年的开发强度达到 8.1%/(km² · a),其原因归于南海石化项目对湾北的围垦。其余两个时期潮间带滩涂的开发强度变化不大,分别为 0.8%/(km² · a)和 1.3%/(km² · a)。

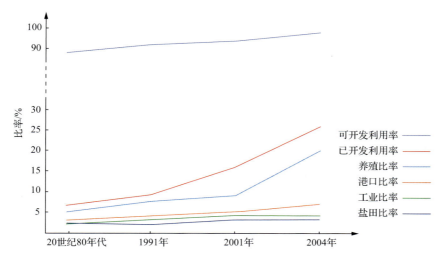

图 7.29　大亚湾潮间带滩涂利用状态指标对比

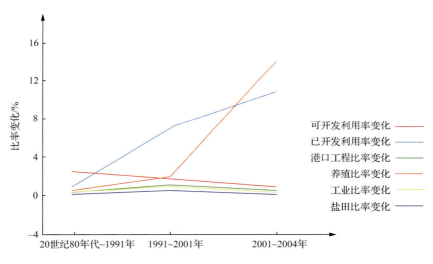

图 7.30　大亚湾潮间带滩涂开发强度指标对比

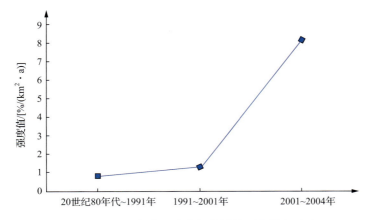

图 7.31　近 20 年大亚湾潮间带滩涂开发强度对比

3. 陆域开发强度评价

根据大亚湾陆域利用变化的分析,可以得到 4 个时期大亚湾陆域利用状态指标和开发强度指标的情况,分别如图 7.32 和图 7.33 所示。由图可知,在陆域的 5 种开发利用类型中,农用地和林草地不仅面积呈现递减的趋势,而且所占的比例也呈递减变化。农用地在 20 世纪 80 年代至 1991 年所占比例变化较为显著,变化量为 5.059,表明在这一时间范围内农用地的变化速率相对较快;林草地在 2001～2004 年所占比例变化较为明显,变化量为 5.546;建筑用地和水域面积虽然持续递增,但所占比例在 80 年代至 1991 年增加最多,表明在这期间建筑和水域的增加速度较快;未利用地面积所占比例呈增加的趋势,其中 2001～2004 年的变化最为显著。在 80 年代至 2004 年大亚湾沿岸的人口密度持续

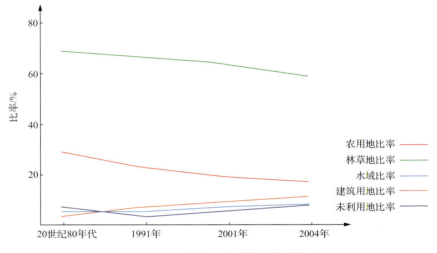

图 7.32 近 20 年大亚湾陆域状态指标对比

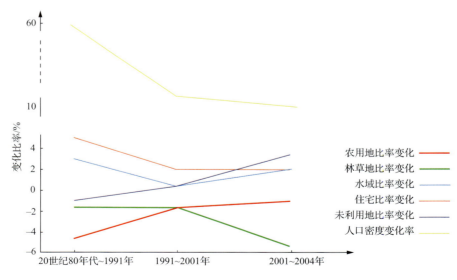

图 7.33 近 20 年大亚湾陆域开发强度指标对比

增加,从 80 年代的 183.2 人/km²(中国海湾志编纂委员会,1999),增加到 2001 年的 504.825 人/km²(源自中国科学院资源环境数据中心基于公里格网人口分布数据),但增加的速度在逐渐减小,从 80 年代的 57.757,减少到 2004 年的 9.084。

利用前文陆域开发强度的评价方法,结合各指标的权重和大亚湾陆域部分的各指标值,计算出 20 世纪 80 年代至 1991 年、1991～2001 年和 2001～2003 年的大亚湾整个陆域的开发强度,如图 7.34 所示。由图可知,大亚湾在 3 个时段的开发强度由大到小依次为 80 年代至 1991 年、2001～2004 年和 1991～2001 年,表明大亚湾核电站的建设和南海石化项目对大亚湾近岸陆域开发强度都有较大的影响。

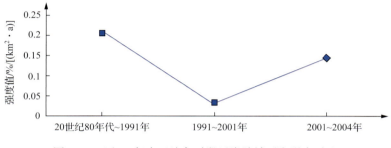

图 7.34　近 20 年大亚湾各时段近岸陆域开发强度对比

4. 海域开发强度评价

图 7.35 为大亚湾近岸海域 5 种指标的对比情况。由图可知,近 20 年大亚湾海域开发强度的 5 个指标中,网箱养殖比率、港口水域比率和叶绿素浓度比率呈现增加趋势,且均在 1991～2001 年变化幅度最大;海表面温度变化率也呈增加的趋势,但变化幅度极小;悬浮物质浓度变化率呈递减变化,且在 1991～2001 年变化的幅度最大。

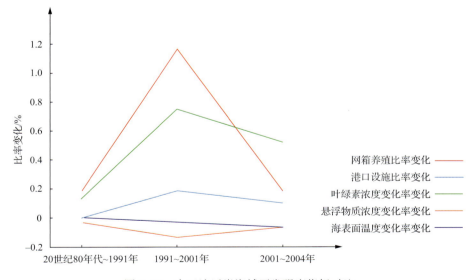

图 7.35　大亚湾近岸海域开发强度指标对比

对比图 7.36 中大亚湾近 20 年的开发强度值可知,大亚湾海域在研究时间范围内呈渐增的趋势。开发强度从 20 世纪 80 年代至 1991 年的 0.25,增加到 2001~2004 年的 1.08。海域部分反映开发强度增大主要源于大亚湾和岭澳核电站的建设使得湾内温排水增多,从而导致海表面温度的增加,海域网箱养殖面积的不断增大,及因养殖而导致的叶绿素浓度的增加。

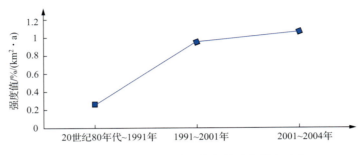

图 7.36 近 20 年大亚湾近岸海域开发强度对比

7.2.4 大亚湾开发强度综合评价

海湾各空间结构要素的分析与评价为海湾的整体评价提供了重要的数据源。据前文的分析,除了海湾各轴面结构要素的指标外,海湾的综合评价指标还包括海湾形态指标和统计指标。形态指标可以根据评价目的来定义。

1. 指标获取

在指标的获取中,除利用遥感影像经过分析处理得到部分数据外,通过统计年鉴和历史文献补充了相关数据。例如,浅海水域养殖面积结合遥感影像(TM、ETM＋和SPOT5),进行判读,最终确定总的面积。而海水养殖产量、海洋生物种类、泊位数目和年吞吐能力等值参考了海洋统计年鉴和相关的文献资料。1990 年大亚湾的海水养殖产量为 2.5 万 t(《中国海湾志》),而到 2005 年,仅渔获量就达 55 409t,再加上增养殖产量30 185t,共计 88 594t(孙志辉,2006)。类似地,脆弱性指标中的赤潮发生的频率数据也参考了上述资料。据《中国海洋年鉴》1998~2004 年的统计和历史文献的记载,大亚湾海域发生赤潮的次数共为 8 次,主要有 1998 年 5 月 18 日发生在大亚湾海区的甲藻赤潮;1999 年 3 月 25~29 日发生在大亚湾衙前海域的赤潮;1999 年 5 月 20~26 日发生在惠州港的赤潮;2000 年 8 月 17 日发生在深圳坝光至惠阳的赤潮,受灾面积达 20km² ,经济损失 0.02 亿元;2000 年 9 月 3~6 日发生在澳头海域的赤潮,和 2001 年 7 月 10~13 日发生在大亚湾近岸海域大面积的赤潮,受灾面积高达 242km²。另外,潮差参考《中国海湾志·第九分册》,平均为 0.83m。表 7.11 为 4 个时期大亚湾的各指标的值。

表 7.11 各时期大亚湾开发强度指标值

指标内容	20 世纪 80 年代	1991 年	2001 年	2004 年
人口密度($P_{人口}$)/(人/km²)	183.250	433.796	504.825	555.263
农用地比率($R_{农用}$)/%	26.732	21.674	20.452	19.271
建筑用地比率($R_{建筑}$)/%	0.322	5.058	6.935	8.839

指标内容	20 世纪 80 年代	1991 年	2001 年	2004 年
植被覆盖率($R_{植被}$)/%	68.0564	66.642	65.255	59.709
陆地水域比率($R_{水域}$)/%	1.507	4.093	4.535	6.161
未利用地比率($R_{未利用}$)/%	3.382	2.533	2.822	6.021
港口码头比率($R_{港口码头}$)/%	1.686	2.050	2.744	3.004
围垦养殖比率($R_{围养}$)/%	6.450	7.014	9.060	22.954
盐田比率($R_{盐田}$)/%	0.990	0.877	0.793	0.641
工业比率($R_{工业}$)/%	0.263	0.497	1.108	1.263
浅海养殖比率($R_{海养}$)/%	0.049	0.229	1.403	0.255
港口水域($R_{港口水域}$)/km^2	0.339	0.332	0.496	0.582
海水养殖产量($R_{海养产量}$)/(万 t/a)	0.25	0.96	1.60	1.949
泊位数目($R_{泊位}$)/个	3	6	17	28
年吞吐量($R_{吞吐量}$)/(万 t/a)	20	50	1050	1515
淤泥质岸线比率($RL_{淤泥}$)/%	16.535	4.546	0.372	0.028
砂质岸线比率($RL_{砂}$)/%	37.187	33.341	23.792	12.355
基岩岸线比率($RL_{基岩}$)/%	34.022	36.947	36.048	35.697
生物岸线比率($RL_{生物}$)/%	1.061	0.928	0.841	0.801
人工岸线比率($RL_{人工}$)/%	11.025	23.899	38.698	50.023
岸线可利用率($RL_{岸线}$)/%	86.105	84.282	76.026	81.923
红树林滩比率($RS_{红树林}$)/%	0.208	0.101	0.09	0.07
沙滩比率($RS_{砂}$)/%	11.49	9.97	7.257	7.134
淤泥质滩比率($RS_{淤泥}$)/%	13.85	11.668	9.614	8.28
岩滩比率($RS_{岩}$)/%	6.48	6.207	4.775	4.577
滩涂可利用率($RS_{滩涂}$)/%	89.225	91.294	92.846	93.285
赤潮发生的频率($F_{赤潮}$)/(次/a)	4	7	18	5
平均潮差($M_{潮差}$)/m	0.83	0.83	0.83	0.8
海湾开敞度($W_{开敞度}$)	0.075	0.081	0.082	0.078
岸线分维数($D_{分维数}$)	1.0004	1.0014	1.0017	1.0022
潮间带利用率($R_{潮间带}$)/%	9.390	10.438	17.252	27.862
海岸线利用率($R_{岸线}$)/%	20.451	28.085	40.341	45.688
陆域已利用率($R_{陆域}$)/%	96.617	97.467	97.178	93.979
叶绿素 a 浓度($C_{叶绿素}$)/(mg/L)	1.7	2.2	3.9	6.2
悬浮物质浓度($C_{悬浮}$)/(mg/L)	11	10.8	9.9	9.8
海表面温度(SST)	23.3	23.8	24.2	24.4

2. 海湾开发强度指标相关性分析

为了进一步分析所选择的各个指标间是否具有包含关系,本节对 3 个指标层次分别进行了相关性分析。由表 7.12、表 7.13 和表 7.14 中各个指标层次的指标间相关系数值可知,3 个部分的 36 个指标间存在一定关联性,未见有完全重叠指标,或可以完全由另一指标替代的指标。

表 7.12 压力指标相关系数表

	$P_{人口}$	$R_{农用}$	$R_{建筑}$	$R_{植被}$	$R_{水域}$	$R_{未利用}$	$R_{港口码头}$	$R_{围养}$	$R_{盐田}$	$R_{工业}$	$R_{海养}$	$R_{港口水域}$	$R_{海养产量}$	$R_{泊位}$	$R_{吞吐量}$
$P_{人口}$	1														
$R_{农用}$	-0.999	1													
$R_{建筑}$	0.991	-0.991	1												
$R_{植被}$	-0.771	0.777	-0.847	1											
$R_{水域}$	0.973	-0.977	0.989	-0.886	1										
$R_{未利用}$	0.378	-0.388	0.495	-0.881	0.568	1									
$R_{港口码头}$	0.912	-0.907	0.95	-0.88	0.921	0.596	1								
$R_{围养}$	0.641	-0.649	0.734	-0.983	0.79	0.953	0.789	1							
$R_{盐田}$	-0.906	0.909	-0.954	0.965	-0.966	-0.729	-0.961	-0.9	1						
$R_{工业}$	0.892	-0.886	0.931	-0.86	0.895	0.58	0.998	0.768	-0.944	1					
$R_{海养}$	0.477	-0.454	0.43	-0.045	0.295	-0.305	0.511	-0.105	-0.265	0.548	1				
$R_{港口水域}$	0.763	-0.759	0.835	-0.91	0.816	0.748	0.958	0.865	-0.928	0.963	0.397	1			
$R_{海养产量}$	0.963	-0.96	0.986	-0.873	0.966	0.55	0.988	0.769	-0.969	0.978	0.482	0.91	1		
$R_{泊位}$	0.823	-0.822	0.89	-0.963	0.891	0.784	0.966	0.916	-0.976	0.96	0.301	0.985	0.94	1	
$R_{吞吐量}$	0.791	-0.786	0.857	-0.904	0.834	0.718	0.971	0.849	-0.935	0.976	0.431	0.999	0.927	0.985	1

表 7.13　脆弱性指标相关系数

	$L_{淤泥}$	$L_{砂}$	$L_{基岩}$	$L_{生物}$	$L_{人工}$	$L_{岸线}$	$S_{红树林}$	$S_{砂}$	$S_{淤泥}$	$S_{岩}$	$S_{滩涂}$	$F_{赤潮}$	$M_{潮差}$	$D_{开敞}$	$D_{分维}$
$L_{淤泥}$	1														
$L_{砂}$	0.79	1													
$L_{基岩}$	-0.758	-0.253	1												
$L_{生物}$	0.974	0.906	-0.603	1											
$L_{人工}$	-0.905	-0.975	0.436	-0.977	1										
$L_{岸线}$	0.73	0.526	-0.38	0.715	-0.65	1									
$S_{红树林}$	0.988	0.779	-0.801	0.957	-0.888	0.617	1								
$S_{砂}$	0.924	0.908	-0.456	0.973	-0.968	0.819	0.874	1							
$S_{淤泥}$	0.934	0.955	-0.496	0.99	-0.997	0.679	0.916	0.976	1						
$S_{岩}$	0.84	0.938	-0.283	0.927	-0.96	0.784	0.78	0.982	0.955	1					
$S_{滩涂}$	-0.976	-0.897	0.599	-0.999	0.973	-0.747	-0.952	-0.98	-0.987	-0.934	1				
$F_{赤潮}$	-0.52	-0.161	0.38	-0.44	0.325	-0.923	-0.399	-0.549	-0.37	-0.485	0.481	1			
$M_{潮差}$	0.461	0.861	-0.01	0.618	-0.748	0.024	0.509	0.571	0.704	0.639	-0.589	0.361	1		
$D_{开敞}$	-0.764	-0.219	0.883	-0.61	0.432	-0.714	-0.733	-0.562	-0.498	-0.407	0.628	0.768	0.211	1	
$D_{分维}$	-0.964	-0.905	0.64	-0.987	0.967	-0.598	-0.971	-0.927	-0.979	-0.875	0.979	0.31	-0.681	0.57	1

表 7.14　状态指标相关系数

	$R_{潮间带}$	$R_{岸线}$	$R_{陆域}$	$C_{叶绿素}$	$C_{悬浮}$	SST
$R_{潮间带}$	1					
$R_{岸线}$	0.921	1				
$R_{陆域}$	−0.862	−0.597	1			
$C_{叶绿素}$	0.997	0.946	−0.824	1		
$C_{悬浮}$	−0.89	−0.982	0.55	−0.915	1	
SST	0.873	0.987	−0.519	0.906	−0.949	1

3. 灰色关联分析权重确定

根据公式(7.18)和公式(7.19),利用 matlab 程序计算出各个指标相对于其中一个指标的关联度的大小。在海湾的压力指标中(表 7.15),关联度由大到小的排列顺序依次为港口码头比率、陆域水域比率、盐田比率、海养产量、未利用地比率(0.9133～0.9126),工业比率、建筑用地比率、港口水域比率(0.9123～0.9120),海水养殖比率、泊位数目、围垦养殖比率(0.9117～0.9060),农用地比率、植被覆盖率、港口吞吐量、人口密度(0.8721～0.5040)。

在海湾的脆弱性指标中(表 7.16),关联度由大到小的顺序依次为生物岸线比率、岸线分维数、潮差(0.7954～0.7949),岩滩面积比率、红树林面积比率、海湾开敞度(0.7906～0.7901),淤泥质岸线比率、沙滩面积比率、赤潮发生频率、淤泥质滩涂面积比率(0.7873～0.7646),砂质岸线比率、人工岸线比率(0.6653～0.6329),基岩岸线比率、岸线可利用率、滩涂可利用率(0.5396～0.448)。

在海湾的状态指标中(表 7.17),关联度由大到小的顺序依次为潮间带已利用率、海表面温度、叶绿素浓度(0.7777～0.7397),悬浮物质浓度、岸线已利用率、陆域已利用率(0.7356～0.5073)。

利用灰色关联分析对压力、脆弱性和状态 3 个子系统内的各个指标的权重大小顺序进行界定后,结合特尔斐法,通过专家调查打分对各个指标按已排好的顺序打分。最终所得到的各个指标的权重如表 7.18 所示。

4. 大亚湾开发强度综合评价

根据海湾开发强度综合评价模型,利用 4 个时期的指标值和专家打分最终所确定的指标权重,对大亚湾两个时期的开发强度进行评价,并利用综合指数得分的分级方法,判定大亚湾在不同的时间范围内的开发利用状态。其结果如表 7.19 所示。3 个时期中,开发强度最大的 2001～2004 年,其次为 20 世纪 80 年代～1991 年,1991～2001 年的开发强度最小。这表明南海石化项目、大亚湾核电站和岭澳核电站对整个海湾的开发强度有着不同的影响,其影响程度依次降低。

表 7.15 海湾压力指标的关联度表

	$P_{人口}$	$R_{农用}$	$R_{建筑}$	$R_{植被}$	$R_{水域}$	$R_{未利用}$	$R_{港口码头}$	$R_{围养}$	$R_{盐田}$	$R_{工业}$	$R_{海养}$	$R_{港口水域}$	$R_{海养产量}$	$R_{泊位}$	$R_{存叶量}$
关联度	0.5040	0.8721	0.9122	0.7805	0.913	0.9126	0.9133	0.9060	0.9126	0.9123	0.9117	0.9120	0.9126	0.9075	0.6074
次序	13	10	5	11	2	3	1	9	3	4	7	6	3	8	12
等级	五	五	三	五	一	二	一	四	二	三	四	三	二	四	五
权重	0.01	0.02	0.07	0.02	0.14	0.11	0.16	0.03	0.11	0.08	0.04	0.06	0.11	0.03	0.01

表 7.16 海湾脆弱性指标的关联度

	$L_{淤泥}$	$L_{砂}$	$L_{基岩}$	$L_{生物}$	$L_{人工}$	$L_{岸线}$	$S_{红树林}$	$S_{砂}$	$S_{淤泥}$	$S_{岩}$	$S_{滩涂}$	$F_{赤潮}$	$M_{堰差}$	$D_{开敞}$	$D_{分堆}$
关联度	0.7873	0.6653	0.5396	0.7954	0.6329	0.4498	0.7905	0.7768	0.7646	0.7906	0.448	0.7754	0.7949	0.7901	0.7953
次序	7	11	13	1	12	14	5	8	10	4	15	9	3	6	2
等级	三	四	五	一	四	五	三	三	三	三	五	三	一	二	一
权重	0.07	0.04	0.02	0.12	0.03	0.01	0.10	0.07	0.05	0.10	0.01	0.06	0.11	0.09	0.12

表 7.17　海湾状态指标的关联度

	$R_{潮间带}$	$R_{岸线}$	$R_{陆域}$	$C_{叶绿素}$	$C_{悬浮}$	SST
关联度	0.7777	0.7018	0.5073	0.7397	0.7356	0.7673
关联次序	1	5	6	3	4	2
权重	0.22	0.14	0.10	0.18	0.16	0.20

表 7.18　海湾开发强度指标权重表

指标类型	权重	指标类型	权重	指标类型	权重
压力指标	0.4	脆弱性指标	0.3	状态指标	0.3
人口密度变化率	0.01	淤泥质岸线比率变化	0.07	潮间带已利用率变化	0.22
农用地比率变化	0.02	砂质岸线比率变化	0.04	海表面温度变化率变化	0.14
建筑用地比率变化	0.07	基岩岸线比率变化	0.02	叶绿素浓度变化率变化	0.10
植被覆盖率变化	0.02	生物岸线比率变化	0.12	悬浮物质浓度变化率变化	0.18
陆域水域比率变化	0.14	人工岸线比率变化	0.03	岸线已利用率变化	0.16
未利用地比率变化	0.11	可利用岸线比率变化	0.01	陆域已利用率变化	0.20
港口码头比率变化	0.16	红树林滩比率变化	0.10		
围垦养殖比率变化	0.03	淤泥质滩比率变化	0.05		
盐田比率变化	0.11	砂砾质滩涂比率变化	0.07		
工业比率变化	0.08	岩滩比率变化	0.10		
海水养殖产量变化率	0.04	滩涂可利用率变化	0.01		
航道码头水域比率变化	0.06	赤潮发生的频率	0.06		
泊位数目变化率变化	0.11	平均潮差变化率	0.11		
年吞吐量变化率	0.09	海湾开敞度变化率	0.09		
浅海水域养殖比率变化	0.12	岸线分维数变化率	0.12		

表 7.19　大亚湾开发强度对比

时间	开发强度值	开发利用状态
20 世纪 80 年代~1991 年	5.927	弱开发
1991~2001 年	3.059	弱开发
2001~2004 年	30.343	中等开发

7.3　柘林湾开发强度评价

本节以柘林湾为研究区,利用本章提出的开发利用冲量模型进行开发利用强度评价。

数据采用 20 世纪 80 年代～2004 年前后的 4 期数据,对柘林湾的近岸陆域、潮间带滩涂、近岸海域、岸线和整个海湾的综合开发强度分别进行了评价和时间上的纵向对比,以及针对岸带结构的横向空间对比。

7.3.1　柘林湾基本概况与数据

柘林湾位于饶平县的南部,地理位置为 23°32′～23°37′N,116°57′～117°05′E,是略呈"门"形的基岩海湾,湾口朝南,宽约 6.5km,纵深约 8km,岸线长约 43.2km。湾内水域阔,水流平稳,岛屿环布。东面有大肚山、寨山拱卫,高程 158～190m,东南面有旗头山连岛沙堤,高程 7～8m,西南面有海山、黄芒二岛拱护;南面有西澳、汛洲二岛立于口门处,北面为陆域。进港航道有大金门、小金门 2 条,主航道为大金门,水深 5～7m。柘林湾东部为高程 100～200m 的山丘,西部为韩江三角洲水网地带;北部为黄冈河出海口冲积平原,柘林湾水深大部分 1～3m,中间涂槽 5～8m。图 7.37 为柘林湾海岸及海底 DEM。

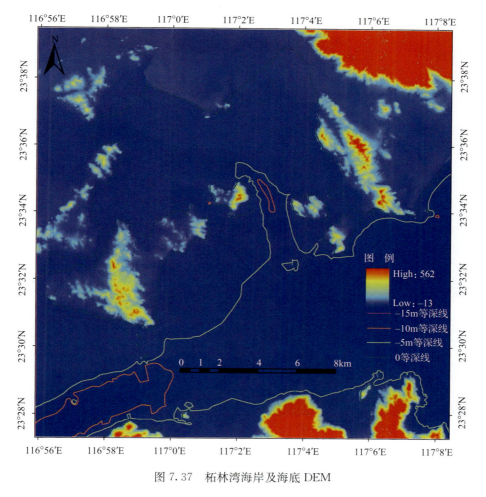

图 7.37　柘林湾海岸及海底 DEM

柘林湾潮汐作用是柘林湾水下地形发育的主要动力因素,潮汐属于不规则半日潮,平均潮差 1.74m。大潮潮差可达到 3m 以上。该区海水平均温度 14.9～27.0℃（年平均 22.7 ℃）；盐度一般为 10.780‰～27.41‰；海水透明度 1m 左右；海水氧含量 4.34～9.75mg/L；海水 pH 7.74～8.14。年均降雨量 1500mm。柘林湾内纳潮水域面积 67km²，纳潮量为 1.06 亿 km³，深槽水域从泥层以下 20m 内未发现岩石。

1. 研究区域

柘林湾陆域的研究范围以海岸线 2km 缓冲区来划分。其余各部分的范围如图 7.38 所示。海湾近岸以平原地貌为主，三角洲平原和海积平原在湾北和湾的西岸均有大面积发育，以湾的北岸尤为显著。而湾的东岸侵蚀剥蚀低丘陵较为发育。海湾底质以泥质为主，平坦；海底地貌类型单一，主要为水下浅滩，如图 7.39 所示。

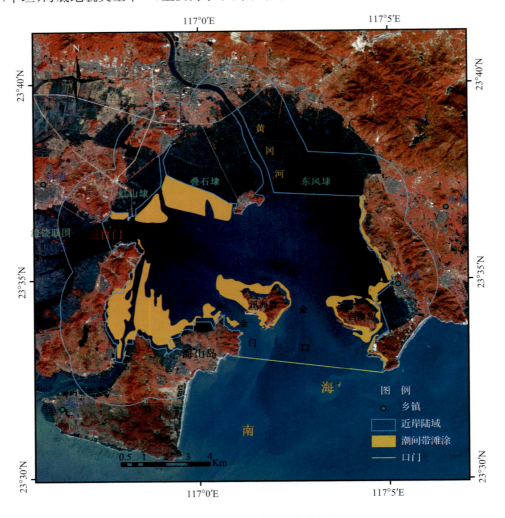

图 7.38　柘林湾的研究范围

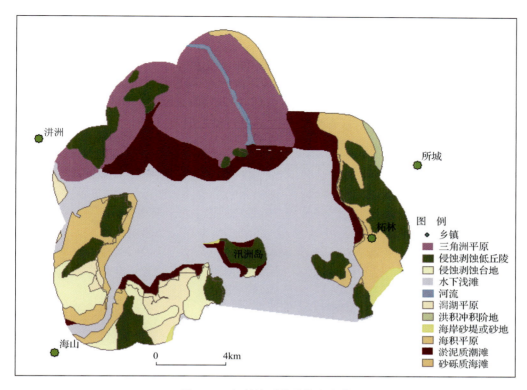

图 7.39　柘林湾近岸及海底地貌

图　例
- 乡镇
- 三角洲平原
- 侵蚀剥蚀低丘陵
- 侵蚀剥蚀台地
- 水下浅滩
- 河流
- 潟湖平原
- 洪积冲积阶地
- 海岸砂堤或砂地
- 海积平原
- 淤泥质潮滩
- 砂砾质海滩

0　　　4km

洪洲　所城　柘林　汛洲岛　海山

2. 利用方式及典型问题

柘林湾地理条件优越,是一个稳定性比较好的半封闭小型河口湾。近岸的地貌特征、良好的避风条件和适宜的气候,使得围垦和水产养殖成为柘林湾的主要开发利用方式。

早在 20 世纪 60～70 年代,饶平进行了大规模围海造地,在没有经过充分论证、缺乏科学依据的情况下,先后围起了东方埭、叠石埭、红山埭、澄饶联围等,大片海域变成了陆地。近 30 余年来,海湾周围的围海大堤不仅减少了水域面积,同时还切断了韩江三角洲与柘林的通道。到 2003 年,内湾的面积已被围去 2/5。若以海浸最大范围的古海岸线为界,现在的柘林湾仅为原来海湾面积的 1/2(朱琳,2003;黄长江等,2004)。而与此同时,该湾的渔业养殖规模还在不断扩大(朱琳,2003)。围填对海洋的影响不仅是海域面积减少,更重要的是正常的海流、鱼类洄游路线被隔断,鱼类的索饵、产卵、栖息与繁殖生长场所消失,许多优质海产品种类无家可归。原来的黄冈河口、洪洲湾等优良的鱼类产卵、索饵场及滩涂养殖基地消失,三百门大堤隔断了柘林湾与洪洲湾的海流和某些经济鱼类的洄游路线(黄良民,2004)。湾内东西和北部已有 6 处围堤滩涂总面积 13 万亩[①]。

柘林湾 1983 年开始网箱养殖,1988 年以来养殖业发展迅速,至 1997 年已发展网箱 18 500 个,到 2000 年养殖网箱已达 2 万余个,贝类养殖面积超过 1500 亩,成为广东省养殖规模最大的海湾之一。仅 1999～2000 年,其养殖面积就增加了近 1 倍。例如,三百门

---

① 1 亩≈666.7m²。

港,该港同时具有大面积的网箱和牡蛎养殖区;东面的柘林港,其附近也有相当面积的网箱养殖,大金门和小金门两个湾口更是发展了大规模的渔排养殖区。柘林湾内侧主要为贝类养殖区,近湾口及湾口处主要为网箱渔排,但在湾内侧近三百门处有一较大规模的网箱渔排,目前该湾网箱渔排总数超过 5 万格。湾内东部为大规模牡蛎挂养区,面积近 20km^2,西部则为挂养牡蛎与底播蛤类的混养区(黎裕成,2002)。图 7.40 为柘林湾海水养殖主要项目规划示意图(广东省海洋与水产厅海洋综合开发处,1998)。根据规划,到 2010 年柘林湾的海水增养殖面积将达到 8000hm^2,产量达 120 000t。

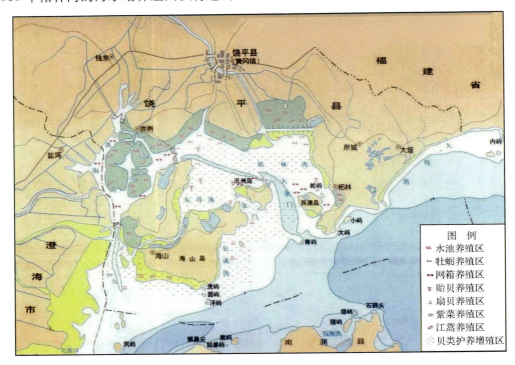

图 7.40 柘林湾海水养殖主要项目规划示意图

养殖业的迅速发展,使得柘林湾水体富营养化日益加重,赤潮频繁发生(黄长江等,2008),成为赤潮频发重灾区(黄长江等,1999;Huang et al.,1998)。1997 年年底棕囊藻赤潮大规模侵袭我国东南沿海时,其中灾情最严重的就是柘林湾海域,使该湾的网箱渔业一夜之间损失超过亿元。1999 年 7 月棕囊藻赤潮卷土重来,灾情中心仍是柘林湾(黎裕成,2002)。目前,柘林湾的富营养化程度已达到较高水平,磷与硅的含量显著高于国内绝大多数同类型的海湾(黄长江等,2004)。水环境的富营养化已经造成了柘林湾海域内浮游植物与浮游动物的生物多样性下降,少数优势种的优势度极高,群落构成小型化趋势明显(黄长江等,2004)。

湾内有两个港口,即位于西北方向的三百门港和位于东面的柘林港。其中三百门于 1976 年开港,1988 年吞吐能力为 0.4 万 t,是饶平县和邻近市、县出海的通道。

3. 状态时间选定

由于柘林湾大规模的围垦工程始于 20 世纪 60~70 年代,而受早期数据资料缺乏的限制,本研究未将其纳入分析评价的时段范围内,而是选择了开始网箱养殖的 1983～1985 年作为研究的时间起点,研究的时间终点仍为 2004 年前后。据前述的柘林湾养殖的发展过程,在 1997～2000 年发展迅速,因此选择了之前的 1994 年和之后的 2001 年作为时间节点。柘林湾的重大开发利用活动及本研究的时间节点如图 7.41 所示。

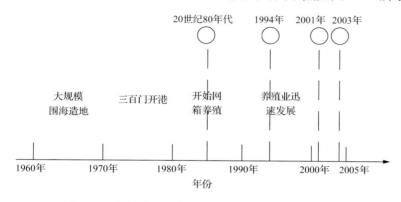

图 7.41　柘林湾的重大开发利用活动及数据时间节点

起始和终止时间的数据仍然以研究区的遥感解译数据为主。1994 年的数据源于 1994 年 11 月 11 日的 TM 影像,轨道号为 120-44,2001 年数据源于 2001 年 11 月 22 日的 ETM 影像。SPOT 影像的获取时间为 2003 年 12 月 3 日,轨道号为 291-303。同时收集相关统计数据、文献资料、实地测量数据和为保证数据精度而进行的野外调查和验证数据。

7.3.2　柘林湾结构要素时空变化

1. 陆域变化

柘林湾陆域部分 4 个时期的利用分布和面积分别如图 7.42 和图 7.43 所示。通过对比分析可以发现:①近 20 年柘林湾近岸陆域农用地和林草地面积均出现减小趋势,分别由 80 年代的 52.09km^2 和 24.56km^2 减少到 2003 年的 20.12km^2 和 17.75km^2,分别减少了 61.4% 和 27.7%,且 4 个时期农用地面积减少量均高于林草地面积减少量。农用地面积减少最显著的时期是 80 年代～1994 年,面积减少量为 18.9km^2,减少的农用地主要分布在柘林湾北岸,黄冈河西岸的叠石埭,黄冈河东岸的东风埭,以及坂上西侧部分区域。②近 20 年柘林湾建筑用地面积、水域面积和未利用地面积均呈现渐增趋势,且水域面积增加最为显著。从 80 年代的 11.49km^2 增加到 2003 年的 46.48km^2,约为原来的 4 倍,增加的面积主要分布在柘林湾北岸,黄冈河西岸的叠石埭,黄冈河东岸的东风埭和坂上西侧,即农用地面积减少的区域。水域面积在 80 年代～2003 年共增加 34.99km^2,主要源于柘林湾近岸养殖面积和规模的不断扩大,由农用地和水域分布情况和面积变化可知,柘林湾在 80 年代～1994 年进行了大面积的围垦养殖。③未利用地面积所占比例较低。虽然面积均有所增加,但变化幅度相对较小,在 2001～2003 年面积增加的主因是城镇附近新增加的已围待用地。

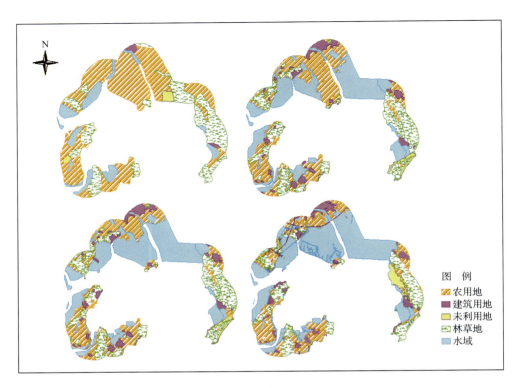

图 7.42　柘林湾陆域利用分布图

左上、右上、左下、右下分别为 80 年代、1994 年、2001 年和 2003 年

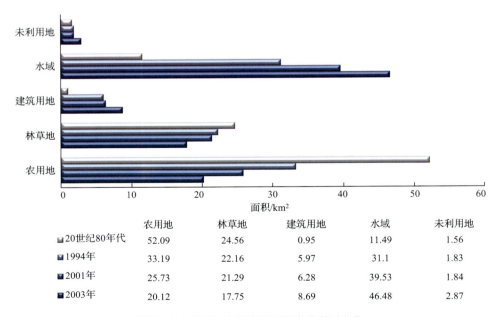

	农用地	林草地	建筑用地	水域	未利用地
20世纪80年代	52.09	24.56	0.95	11.49	1.56
1994年	33.19	22.16	5.97	31.1	1.83
2001年	25.73	21.29	6.28	39.53	1.84
2003年	20.12	17.75	8.69	46.48	2.87

图 7.43　近 20 年柘林湾近岸陆域利用变化

2. 海岸线变化

通过图7.44和图7.45中柘林湾海岸线自然属性和利用方式对比可知,柘林湾的砂质岸线和淤泥质岸线在20世纪80年代~1994年有较大幅度的减小,减少量分别为4.32km和15.78km;整体上,人工岸线呈渐增的趋势,由80年代的16.60km增加到2003年的48.82km,其余几种岸线类型变化不大。岸线的利用类型中,养殖岸线呈现渐增的趋势,近20年长度增加31.39km;港口岸线长度在80年代~2003年只增加了2.74km;自然岸线长度逐年减少,近20年共减少了26.33km,其余几种利用类型岸线长度变化不大。

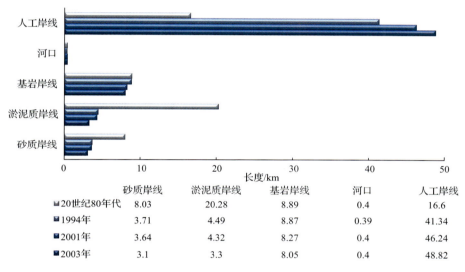

	砂质岸线	淤泥质岸线	基岩岸线	河口	人工岸线
20世纪80年代	8.03	20.28	8.89	0.4	16.6
1994年	3.71	4.49	8.87	0.39	41.34
2001年	3.64	4.32	8.27	0.4	46.24
2003年	3.1	3.3	8.05	0.4	48.82

图7.44 柘林湾各海岸线自然属性变化

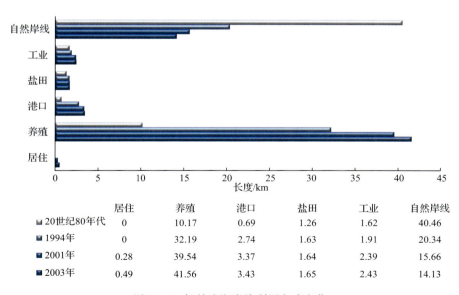

	居住	养殖	港口	盐田	工业	自然岸线
20世纪80年代	0	10.17	0.69	1.26	1.62	40.46
1994年	0	32.19	2.74	1.63	1.91	20.34
2001年	0.28	39.54	3.37	1.64	2.39	15.66
2003年	0.49	41.56	3.43	1.65	2.43	14.13

图7.45 柘林湾海岸线利用方式变化

3. 潮间带滩涂变化

通过图 7.46 和图 7.47 柘林湾潮间带滩涂自然属性和开发利用变化对比分析可知，柘林湾的淤泥质海滩面积呈现递减趋势，由 20 世纪 80 年代的 16.52km² 减少到 2003 年的 12.78km²，沙滩和岩滩的面积较少，且基本上无变化。在滩涂的利用类型上，柘林湾的滩涂主要有两种利用方式：养殖和盐田。滩涂养殖面积除了 80 年代～1994 年有部分减少外，其余 3 个时期无明显变化，盐田面积在 80 年代～1994 年无明显变化，表明柘林湾潮间带滩涂利用相对稳定。但未利用海滩的面积呈现递减的趋势，这主要归因于围垦养殖面积的扩大，致使潮间带滩涂的总面积不断缩小。

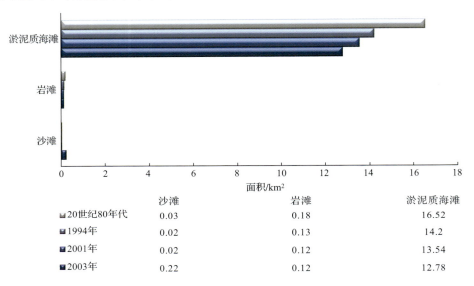

	沙滩	岩滩	淤泥质海滩
20世纪80年代	0.03	0.18	16.52
1994年	0.02	0.13	14.2
2001年	0.02	0.12	13.54
2003年	0.22	0.12	12.78

图 7.46　柘林湾潮间带滩涂自然属性变化

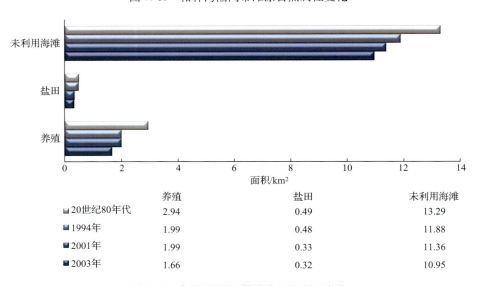

	养殖	盐田	未利用海滩
20世纪80年代	2.94	0.49	13.29
1994年	1.99	0.48	11.88
2001年	1.99	0.33	11.36
2003年	1.66	0.32	10.95

图 7.47　柘林湾潮间带滩涂开发利用变化

4. 近岸海域变化

近岸海域的变化主要从两个方面进行分析,一是海域的利用方式,另一是近岸海域水环境的变化情况。柘林湾海域的利用方式相对较为单一,主要方式为海域的网箱养殖和港口航道泊位利用两类。从图7.48柘林湾近20年主要利用类型面积变化可知,海域网箱养殖占了绝大部分海域,而且在1994~2001年和2001~2003年均有大幅度增加。增加量分别为15.62km² 和6.15km²。

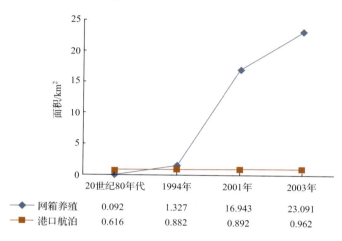

	20世纪80年代	1994年	2001年	2003年
网箱养殖	0.092	1.327	16.943	23.091
港口航泊	0.616	0.882	0.892	0.962

图7.48 近20年柘林湾海域利用变化

对柘林湾水环境的研究主要集中在因养殖所导致的海水营养盐含量的变化上,同时由于缺少本研究时段的数据,故此,对于实测数据缺失的水环境参数值采用基于遥感的海域水环境参数获取方法,利用 TM 和 ETM 影像进行遥感反演。图7.49 和图7.50 分别为1994年和2001年柘林湾悬浮物质浓度分布图和叶绿素浓度分布图。尽管近岸水体环境参数的反演不确定性较大,但仍能从分布趋势上体现海域环境质量。由图可以看出,2001年的悬浮物质浓度比1994年的悬浮物质浓度的高值部分所占区域比例明显增加,说明该区域海水悬浮物质浓度处于上升状态。对比1994年和2001年叶绿素浓度遥感反

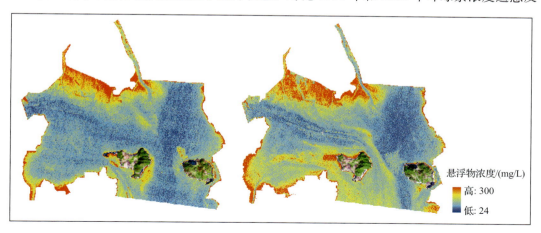

图7.49 1994年(左)和2001年(右)柘林湾悬浮物质浓度分布图

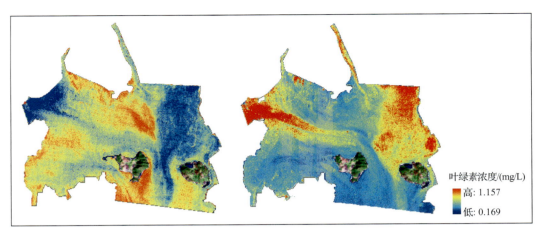

图 7.50 1994 年(左)和 2001 年(右)柘林湾叶绿素浓度分布图

演图可以发现,高值区域和低值区域出现反转现象,即以前呈现高值的海域现在变为低值,以前呈现低值的海域现在变为高值。叶绿素浓度的变化主要与大范围海水养殖有关,结果出现如此大的反差,还可能与 2001~2002 年厄尔尼诺现象导致粤东地区于 2002 年春夏期间气候异常、径流剧减等方面有关(黄长江等,2005)。

7.3.3 柘林湾各结构要素开发强度评价

1. 近岸陆域开发强度评价

图 7.51 和图 7.52 分别为柘林湾近岸陆域利用状态指标和开发强度指标对比图,通过对比分析可知,农用地和林草地所占的比率整体上呈现递减趋势,且在 20 世纪 80 年代~1994 年的变化最为剧烈,其所占的比率分别由 80 年代的 57.5%和 27.1%减少到 1994 年的 35.2%和 23.5%。水域所占的比率呈现递增趋势,且在 80 年代~1994 年幅度最大,达 20.3%。建筑用地比率和未利用地比率变化不甚显著。

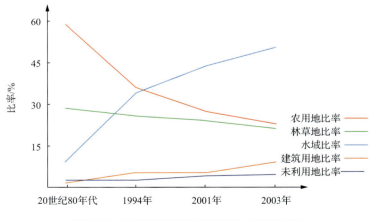

图 7.51 柘林湾近岸陆域利用状态指标对比

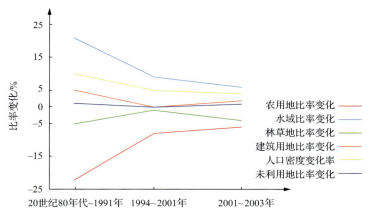

图 7.52　柘林湾近岸陆域开发强度指标对比

对比 3 个时期柘林湾近岸陆域的开发强度(图 7.53)可知,柘林湾的开发强度呈现先减少后增加的趋势,开发强度的最大值为 2001～2003 年的 39.3%/(km²·a),最小值出现在 1994～2001 年,为 10.7%/(km²·a)。20 世纪 80 年代～1994 年和 2001～2003 年开发强度较大的主要原因在于湾北岸叠石埭和东风埭围垦养殖面积的增加。

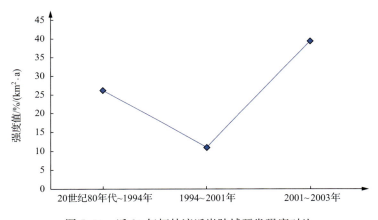

图 7.53　近 20 年柘林湾近岸陆域开发强度对比

2. 海岸线开发强度评价

通过对图 7.54 和图 7.55 柘林湾岸线开发利用特征(状态)与开发强度对比分析可知,养殖岸线比率、岸线已利用率、工业和港口岸线比率呈现渐增趋势,前二者的增加幅度较大,且增加量最大的时期均在 20 世纪 80 年代～1994 年。其余几种岸线利用类型所占比率和变化不大。

对比图 7.56 中柘林湾海岸线 3 个时期的开发强度值可知,近 20 年柘林湾海岸线的开发强度呈现递减趋势。其中 20 世纪 80 年代～2001 年开发强度变化比较剧烈,强度值从 2.0%/(km·a)减小到 0.6 %/(km·a)。2001 年以前开发强度之所以较高,原因在于对湾北东风埭和叠石埭围垦养殖的开发,大量的未利用岸线变成了养殖池的提坝。

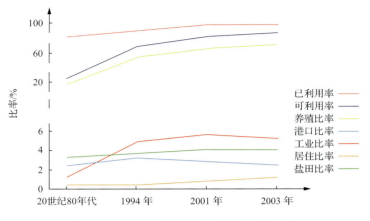

图 7.54　柘林湾岸线开发利用状态指标对比

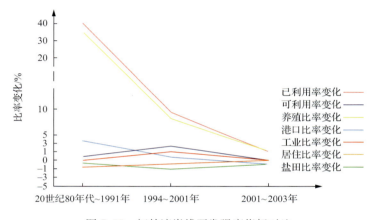

图 7.55　柘林湾岸线开发强度指标对比

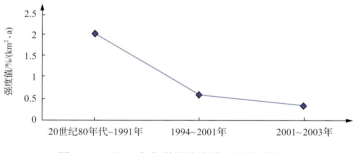

图 7.56　近 20 年柘林湾海岸线开发强度对比

3. 潮间带滩涂开发强度评价

　　由于柘林湾湾内淤泥质滩涂发育，其他的滩涂类型所占比例较小，可供开发利用的面积广，但从图 7.57 和图 7.58 中柘林湾潮间带滩涂开发状态指标及开发强度指标对比分析可知，柘林湾滩涂目前的利用率相对较低，变化幅度也都较小。但开发强度指标变化比较明显，养殖比率变化、已利用率变化均出现骤升骤降的情况，盐田比率变化与两者相反，呈现先降后升的趋势,但变化幅度明显小于前两者,可利用率变化比较缓和,略有下降。

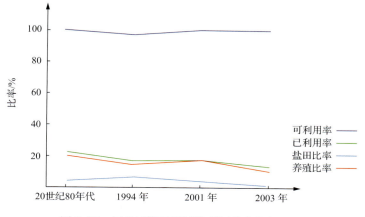

图 7.57　柘林湾潮间带滩涂利用状态指标对比

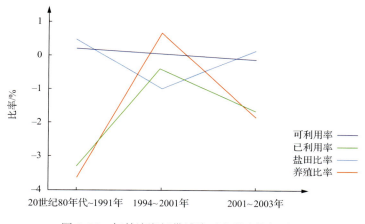

图 7.58　柘林湾潮间带滩涂开发强度指标对比

对比图 7.59 中柘林湾潮间带滩涂 3 个时期的开发强度可知,3 个时期中开发强度最大的是 2001～2003 年,其次是 20 世纪 80 年代～1994 年,再次为 1994～2001 年。

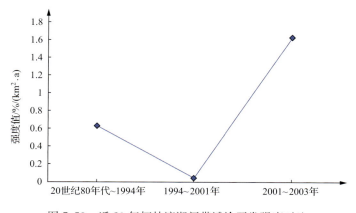

图 7.59　近 20 年柘林湾潮间带滩涂开发强度对比

4. 近岸海域开发强度评价

通过图 7.60 和图 7.61 中柘林湾海域开发利用状态指标及开发强度对比分析可知，在 3 个时期内柘林湾海域的网箱养殖比率、叶绿素浓度都呈现增大的趋势，且变化率最大时期均为 1994～2001 年。整个柘林湾海域的开发强度也呈现渐增的趋势，强度值均在 $1\%/(km^2 \cdot a)$ 以上。

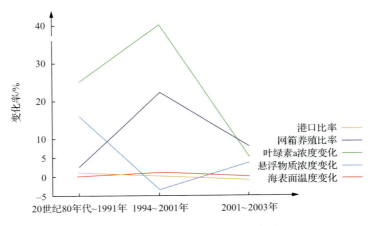

图 7.60　柘林湾海域开发利用状态对比

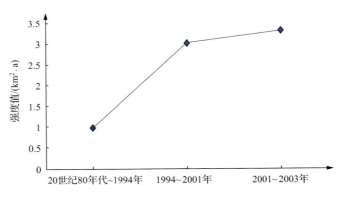

图 7.61　柘林湾海域开发强度对比

7.3.4　柘林湾开发强度综合评价

表 7.20 为 4 个时期柘林湾压力、脆弱性和状态 3 个系统层次的开发强度指标值。

表 7.20　柘林湾 4 个时期的指标值

指标内容	20 世纪 80 年代	1994 年	2001 年	2003 年
人口密度($R_{人口}$)/(人/km²)	687	750	780	810
农用地比率($R_{农用}$)/%	57.5	35.2	27.2	21
建筑用地比率($R_{建筑}$)/%	1.1	6.3	6.6	9.1
植被覆盖率($R_{植被}$)/%	27.1	23.5	22.5	18.5

指标内容	20 世纪 80 年代	1994 年	2001 年	2003 年
陆地水域比率($R_{水域}$)/%	12.7	33	41.8	48.5
未利用地比率($R_{未利用}$)/%	1.7	1.9	1.9	3
围垦养殖比率($R_{围养}$)/%	17.597	13.849	14.524	12.812
盐田比率($R_{盐田}$)/%	2.947	3.365	2.384	2.438
浅海养殖比率($R_{海养}$)/%	0.143	1.986	24.832	33.285
港口水域($R_{港口水域}$)/km²	0.960	1.320	1.307	1.387
海水养殖产量($R_{海养产量}$)/(万 t/a)	2.1	4.104	7.4	12
泊位数目($R_{泊位}$)/个	2	3	5	11
年吞吐量($R_{吞吐量}$)/(万 t/a)	10	50	110	200
淤泥质岸线比率($RL_{淤泥}$)/%	37.410	7.641	6.863	5.189
砂质岸线比率($RL_{砂}$)/%	14.821	6.315	5.791	4.870
基岩岸线比率($RL_{基岩}$)/%	16.397	15.089	13.161	12.634
人工岸线比率($RL_{人工}$)/%	30.635	70.284	73.545	76.674
岸线可利用率($RL_{岸线}$)/%	82.865	84.241	86.120	86.733
沙滩比率($RS_{沙}$)/%	0.161	0.167	0.161	0.147
淤泥质滩比率($RS_{淤泥}$)/%	98.745	98.913	98.998	98.955
岩滩比率($RS_{岩}$)/%	1.0941	0.920	0.841	0.898
滩涂可利用率($RS_{滩涂}$)/%	98.906	99.080	99.159	99.102
赤潮发生的频率($F_{赤潮}$)/(次/a)	0	0	2	1
平均潮差($M_{潮差}$)/m	1.74	1.74	1.74	1.74
海湾开敞度($W_{开敞度}$)	0.119	0.112	0.103	0.103
岸线分维数($D_{分维数}$)	1.008	1.009	1.010	1.011
潮间带利用率($R_{潮间带}$)/%	20.544	17.214	16.908	15.250
海岸线利用率($R_{岸线}$)/%	25.354	65.411	75.091	77.811
陆域已利用率($R_{陆域}$)/%	98.282	98.059	98.058	97.006
叶绿素 a 浓度($C_{叶绿素}$)/(mg/L)	0.32	0.40	0.56	0.59
悬浮物质浓度($C_{悬浮}$)/(mg/L)	31.3	36.423	34.8	35.9
海表面温度(SST)/℃	24.9	25.1	25	25.2

按照与大亚湾相同的指标相关性分析方法,得出所选择的指标均相互不存在完全替代关系,利用灰色关联分析所确定的指标权重和海湾开发强度的冲量模型公式,最终得到柘林湾 3 个时期的开发强度值如表 7.21 所示。3 个时期中,1994～2001 年的开发强度达到最大,为中等开发强度,其次为 20 世纪 80 年代～1994 年,2001～2003 年的开发强度在 3 个时期中相对最小,属于弱开发。

表 7.21　柘林湾开发强度对比

时间	开发强度值	开发利用状态
20 世纪 80 年代～1994 年	13.231	中等开发
1994～2001 年	27.616	中等开发
2001～2003 年	1.903	弱开发

7.4　评价结果验证及对比分析

从前述两个海湾的开发强度评价结果来看,海湾开发强度具有特定时空分异。以大亚湾为例,从时间角度来看,对大亚湾的同一个空间组成要素而言,20 世纪 80 年代～1991 年、1991～2001 年、2001～2004 年 3 个时间范围内大亚湾的开发强度先略降后急剧升高。从空间的角度来看,2001～2004 年,大亚湾潮间带滩涂的开发强度最高,强度值的变化由大到小依次是潮间带滩涂、近岸海域、近岸陆域;1991～2001 年,大亚湾各个空间组成要素开发强度的变化由大到小依次为海岸带滩涂、近岸海域、海岸线、近岸陆域;80年代～1991 年,其开发强度在各空间要素上的表现与 1991～2001 年的表现相同。以下通过模型计算结果与大亚湾实际情况进行关联对比的方法验证模型。

1) 据模型计算结果,大亚湾各个组成要素的开发强度在时间上呈现递增的趋势。实际上,由于大亚湾良好的区位和自然资源条件,被列为广东省重点开发的十二个重要海湾之一(广东省海洋与水产厅海洋综合开发处,1998)。此外,随着经济和社会的发展,对海湾开发利用技术水平的提高,大亚湾开发的频度和广度逐渐增大,如港口数目由 20 世纪80 年代的 8 个增加到 2005 年的 13 个,码头数目也增加了 4 个,泊位数目达到了 28 个等(中国海湾志编纂委员会,1999;国家海洋局,2004)。

2) 就大亚湾滩涂的开发而言,由于大亚湾岸线曲折、岬湾相间,且多为基岩岸,水深大于 10m 的浅海海域丰富,适宜建港;湾顶东北部的范和镇沿岸分布有大面积的淤泥滩,是良好的养殖场所,因此,潮间带滩涂一直是大亚湾开发的重点。大亚湾滩涂养殖规模不断扩大,据广东省沿海重点海湾海水养殖发展规划(广东省海洋与水产厅海洋综合开发处,1998;广东省国土总体规划办公室,1988),大亚湾 1995 年牡蛎和贻贝等滩涂养殖面积为 82hm^2,产量为 427t,而到 2000 年面积达到 112hm^2,产量达 1000t。这与模型计算得出的 3 个时间范围内,潮间带滩涂的开发强度均为最大的结果相符。此外,由于围海工程,尤其是中海壳牌南海石化项目的建设,在湾顶的霞涌镇和澳头镇进行了大面积围填海,使得 2001～2004 年潮间带滩涂的开发强度始终位居第一。

3) 根据模型的结果,1991～2001 年大亚湾近岸海域的开发强度高于其他两个时期,这也与实际情况相符。一方面大亚湾核电站(1987 年开工,1994 年并网发电)和岭澳核电站(一期 1997 年开工,2002 年投产)的建设,在海域中建造了大型的散热设施;另一方面,据资料记载(广东省海洋与水产厅海洋综合开发处,1998),1991～2001 年大亚湾海域网箱养殖规模不断扩大,大亚湾 1995 年网箱养殖的产量为 4596 万 t,到 2000 年增加到5500 万 t。

由此,运用所构建的海湾开发强度的冲量模型所得出的结果完全符合大亚湾的实际情况,从而验证了模型结果的有效性。

7.4.1　利用类型对开发强度的影响

对比图 7.62 中大亚湾和柘林湾各个组成要素的开发强度可知,对于以海岸工程建设为主要开发利用方式的大亚湾而言,潮间带滩涂的开发强度最大,其次为海域,在 3 个时期中,2001～2004 年开发强度最大,其次为 1991～2001 年,20 世纪 80 年代～1991 年开发强度最小。大亚湾在 2001～2004 年的开发强度之所以最大,主要是因南海石化项目的建设而在潮间带滩涂和近岸陆域部分进行了较大面积的围垦。而对以海水养殖开发为主的柘林湾而言,海域部分除了 80 年代～1994 年,其他两个时期的开发强度均最大,这主要因柘林湾海域网箱养殖规模不断扩大之故;岸线和潮间带滩涂部分的开发强度也相对较大,其主因在于陆域围垦养殖规模的扩大,尤其是 80 年代～1994 年东风埭和叠石埭所进行的大面积围垦活动。

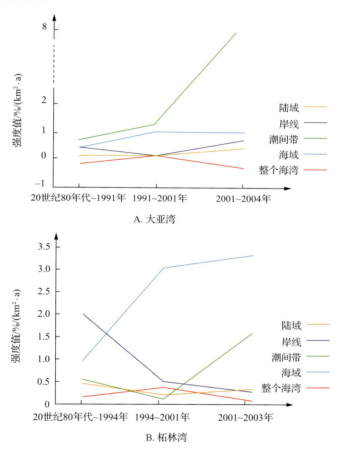

图 7.62 近 20 年大亚湾和柘林湾各组成要素开发强度对比

对比大亚湾和柘林湾海岸带的 4 个结构要素发现,20 世纪 80 年代～2004 年,对于近岸陆域、近岸海域的开发强度,两湾具有类似的发展趋势,近岸陆域的开发强度均呈现减弱—增强—减弱的波动变化,近岸海域的开发强度均为先升后降,而且柘林湾均高于大亚湾。对于潮间带滩涂的开发强度,两海湾发展趋势相同,开发强度大亚湾高于柘林湾。对于海岸线的开发强度,柘林湾的开发强度表现为先减弱后增强,大亚湾的开发强度表现为先增强后减弱,2001～2003 年柘林湾的开发强度小于大亚湾的开发强度,其他时期柘林湾的开发强度均小大亚湾,如图 7.63 所示。

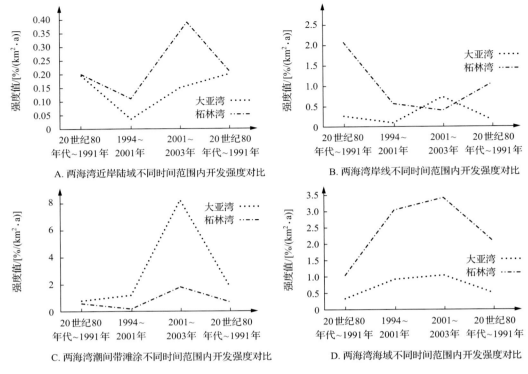

图 7.63　大亚湾和柏林湾各个组成要素各时段开发强度对比

7.4.2　形态特征对开发强度的影响

　　海湾的开敞度是海湾口门（湾口）宽度与海湾岸线长度之比，海湾的开敞度代表了海湾的暴露程度（陈则实等，2007），是对海湾动力条件和水交换能力的反映。海湾开敞度大，则波浪和外海对海湾的作用大，抗人类活动干扰能力就强。

　　在 20 世纪 80 年代时，柏林湾和大亚湾的开敞度分别为 0.119 和 0.075，虽然根据吴桑云和王文海（2000）对海湾的分类方法，两个海湾分别属于半开敞型海湾和半封闭型海湾，但由于柏林湾湾口的汛洲岛和西澳岛的存在，大大降低了柏林湾对海的暴露程度，从而使得柏林湾海域的开发强度相对较大。

　　对比大亚湾和柏林湾的岸线分维数可知，两个湾在 4 个时间点的岸线分维数平均值分别为 1.0014 和 1.00095。大亚湾的岸线分维数高于柏林湾，表明大亚湾的岸线较柏林湾更为曲折，由此，大亚湾的人工岸线所占的比例相对于柏林湾就较小，表明大亚湾岸线的开发强度相对较低，这刚好符合图 7.63 中两个湾海岸线开发强度的对比分析结果。

　　海湾围垦和海岸堤坝等人工岸线的建设，一方面减少了海湾的面积，降低了海湾的纳潮量；另一方面，使海流速度减小，弱化了水动力，从而加速了泥沙的淤积。图 7.64 为柏林湾 1994 年和 2001 年湾北的叠石埤的泥沙淤积状况对比。很明显，短短 7 年内，柏林湾海域淤积了大量的泥沙，扩大了淤泥质滩涂的面积。柏林湾潮间带滩涂的开发强度之所以小于大亚湾，主要原因在于滩涂面积的大量淤涨，从而使得已经开发利用的滩涂面积相对降低。

图 7.64 柘林湾海岸淤积状态(1994 年 11 月 11 日和 2001 年 11 月 22 日)

7.4.3 动力特征对开发强度的影响

潮汐的涨落与围垦、盐业、海水养殖和航行等开发利用的关系很大(中国海岸带土地利用编写组,1993),因此对海湾的开发强度具有很大影响。潮汐对海湾开发利用的影响主要表现在以下几个方面(中国海岸带土地利用编写组,1993;Ryan et al.,2003):

1) 潮差大的岸段可围滩涂的高程较潮差小的岸段高,致使土地利用类别有所差异。

2) 潮差大、高潮位高或涨潮历时长的海湾较潮差小、高潮位低或涨潮历时短的海域以及盐场与养殖池等的纳潮条件更为优越。

3) 对于高潮位高的海湾,即使航道水位不够深,大型海轮仍然可以利用高潮进港。

与潮汐的作用有所区别,波浪对海湾开发利用的影响主要表现在海岸工程和海水养殖两个方面:

1) 对于侵蚀型的岸段而言,一般其滩面低水深大,多建有块石或石墙结构的海堤。

2) 海浪的作用会冲刷海湾的滩涂,从而对滩涂的养殖造成影响。通常,对于有效波高在 0.5m 以下的隐蔽型海湾,其养殖条件最为适宜,而对于波浪作用强烈的开敞型海湾不适宜进行海水养殖。

从潮汐类型上来讲,柘林湾和大亚湾均属于不规则半日潮。柘林湾的平均潮差为 1.73,最大浪高 2.4m,最小浪高 1.5m;大亚湾平均潮差为 0.83,浪高为 0.5~0.8m。按海湾的动力成因类型来划分(吴桑云和王文海,2000),二者分别属于以潮控为主的混合湾和以浪控为主的混合湾。潮控型海湾的主要特点是:具有宽阔的潮滩,发育明显的潮流脊与潮流槽(陈则实等,2007)。故柘林湾潮间带滩涂面积较大亚湾大,而使得已利用滩涂面积减少,从而致使柘林湾潮间带滩涂的开发强度较大亚湾低。

7.4.4 地貌对开发强度的影响

海湾陆域的开发强度除了受到重大工程设施的影响外,与陆域的地貌有很大相关性。虽然海湾陆域的地貌是在一定的地质条件和水动力条件下形成的,但在较小的时间尺度上,可单独对其进行考虑。

海岸带的利用是在一定的地貌体上进行的,地貌是构成岸带综合体的重要因子,不仅直接影响土地类型的形成和发展,更通过其对热量和水分的地表再分配影响乃至决定着岸带利用的难易和方式,是岸带利用意识形成最直接、最关键的因素(宋乃平和陈忠祥,1993;中国海岸带地貌编写组,1995;Silbernagel et al.,1997;Verberg and Chen,2006)。土地利用方式的变化反映了各种资源类型对地貌和自然环境的适应状况(王成等,2007;贾宁凤等,2007),及人类对资源利用的干扰程度。对于地处海陆交接地带,同时受海、陆影响的海湾而言,其开发利用是在海岸带这一特殊的地貌单元上进行的。海岸带特殊的地貌类型无疑对海湾的开发利用方式及其变化造成特殊的影响。

本节以大亚湾3km缓冲区范围内的陆域为研究对象,在20世纪80年代～2004年的时间范围内,选择了反映地貌形态的高程、坡度和地貌成因3个因子,分别对其与海湾开发利用变化的关系进行定量分析。根据海岸带地貌的特征,结合现有的高程和坡度分级方法(冯险峰,2006),对研究区内的高程和坡度分别分成了五级,即≤0m、0～30m、30～50m、50～200m和≥200m,≤2°、2°～7°、7°～15°、15°～25°和≥25°,如表7.22所示。

表7.22 高程、坡度范围与等级

高程等级	1级	2级	3级	4级	5级
高程范围/m	≤0	0～30	30～50	50～200	≥200
坡度范围/(°)	≤2	2～7	7～15	15～25	≥25

1. 高程因子的影响

高程是海湾开发利用变化的一个重要影响因子。从图7.65对大亚湾各级高程的土地利用变化的对比情况来看,在0～30m高程范围内,5种用地类型变化均最大,其中,农用地和林草地减少,农用地的减少量又远高于林草地;建筑用地、水域和未利用地的面积增加,增加量最大的是建筑用地,其次为未利用地和水域。其余几个等级的高程范围中,农用地均有小幅度的减少。林草地在<200m高程范围内均有所减少,而在≥200m范围

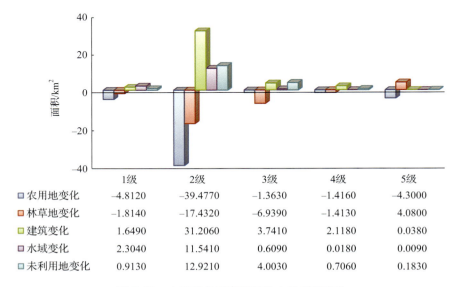

	1级	2级	3级	4级	5级
■农用地变化	−4.8120	−39.4770	−1.3630	−1.4160	−4.3000
■林草地变化	−1.8140	−17.4320	−6.9390	−1.4130	4.0800
■建筑变化	1.6490	31.2060	3.7410	2.1180	0.0380
■水域变化	2.3040	11.5410	0.6090	0.0180	0.0090
■未利用地变化	0.9130	12.9210	4.0030	0.7060	0.1830

图7.65 大亚湾各级高程下的土地利用变化

内有所增加。建筑用地和未利用地在 0～30m 高程范围内面积均有大幅度增加,其余范围内变化不明显。水域在≤0m 和 0～30m 范围内有所增加,且在 0～30m 范围内增加显著,其余部分变化不明显。

0～30m 高程范围在地貌类型上一般为平原或低台地,是经济活动的主要场所,因此,该范围内各种用地类型的面积变化均很明显,而且,随着城镇化进程的加快,大量农用地和林草地被圈占,大量的住宅、厂矿等建筑用地和已围待建地取而代之。高程值≤0m的潮间带范围也是人类活动极为活跃的区域,随着养殖基地、港口码头、工矿业等围海工程的建设,农用地和林草地被占用,面积不断减少。

2. 坡度因子的影响

坡度是优化土地利用分布格局的重要因子之一(贾宁凤等,2007)。从图 7.66 各级坡度的开发利用变化情况来看,坡度对海湾开发利用变化的影响所呈现出的规律性不及高程那么显著,各个类型的利用方式对坡度的敏感性呈现出较大的差异。

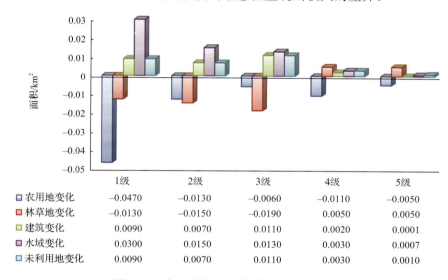

	1级	2级	3级	4级	5级
□农用地变化	-0.0470	-0.0130	-0.0060	-0.0110	-0.0050
□林草地变化	-0.0130	-0.0150	-0.0190	0.0050	0.0050
□建筑变化	0.0090	0.0070	0.0110	0.0020	0.0001
□水域变化	0.0300	0.0150	0.0130	0.0030	0.0007
□未利用地变化	0.0090	0.0070	0.0110	0.0030	0.0010

图 7.66 大亚湾各级坡度下的土地利用变化

对农用地而言,其对坡度还是较为敏感的。农用地整体呈现减少的趋势,在≤2°范围,减少量最大,其次为 2°～7°和 15°～25°范围,7°～15°及≥25°范围内农用地的减少量较小。在≤15°的坡度范围内,林草地的面积都在减小,减少量呈现出随着坡度的增加渐增的趋势,>15°的坡度范围,林草地面积增加,增加量相对较小。未利用地和水域均在 7°～15°坡度范围内增加最大,其次为≤2°和 2°～7°范围。≥15°坡度范围变化较小。建筑用地面积变化显著的区域集中在≤15°范围,且随着坡度的增加,变化量逐渐减小,>15°范围无明显变化。

3. 地貌成因的影响

任何海岸带开发活动都是在一定的海岸地貌体上进行的。不同的地貌体具有不同的发育历史和演化规律,是各种自然环境要素综合作用的产物。海岸的开发利用应该因地制宜,在不同的地貌体上以不同的适宜方式进行,各种空间资源的利用类型在不同地貌单元上所占份额的差异正是对此现象的一种体现。从表 7.23 各种地貌类型所对应的开发利用类型面积对比可以看出,在以侵蚀剥蚀地貌为主的大亚湾地区,农用地和林草地在侵蚀剥蚀地貌和冲积地貌中有大面积的分布,且变化较为显著。在侵蚀剥蚀地貌单元上,农用地由 20 世纪 80 年代的 72.77km² 减少到 2004 年的 35.59km²,减少量为 37.18km²;林草地由 381.75km² 减少到 317.11km²,减少量为 64.64km²;在冲积地貌上,农用地由 80 年代的 42.20km² 减少到 2004 年的 12.51km²,减少量为 29.69km²,而林草地的变化较小。

表 7.23　各地貌类型所对应的开发利用方式面积对比　　　　(单位:km²)

地貌类型	开发利用类型	面积(20 世纪 80 年代)	面积(2004 年)	地貌类型	开发利用类型	面积(20 世纪 80 年代)	面积(2004 年)
侵蚀剥蚀地貌	农用地	72.77	35.59	冲积地貌	农用地	42.20	12.51
	林草地	381.75	317.11		林草地	7.62	7.96
	建筑用地	0.3	10.19		建筑用地	0.67	11.17
	水域	3.17	2.9		水域	3.144	5.31
	未利用地	6.88	13.79		未利用地	0.94	4.61
海积地貌	农用地	16.76	5.35	洪积地貌	农用地	16.72	0.67
	林草地	7.20	5.35		林草地	11.43	0.14
	建筑用地	0.42	1.38		建筑用地	0.39	0.11
	水域	0	0.78		水域	0.004	0.12
	未利用地	0.08	0.35		未利用地	16.72	0.67

4. 地貌因子与开发利用的关系

从前文地貌与海湾开发利用的分析可知,二者存在着很强的相关性。从 图 7.67 对海湾开发利用类型与坡度、高程和地貌成因的相关系数来看,农用地与坡度、高程具有较高的相关性,相关系数 R^2 分别为 0.8438 和 0.6857,表明坡度和高程对农用地的变化有着较大的影响,而与地貌成因的相关性则相对较小;林草地与地貌成因之间具有很强的相关性,相关系数达到了 0.9344,而受高程和坡度的影响相对较小。建筑用地,总体上来讲,与 3 个因子间的相关性都不太大。水域和未利用地与坡度地貌成因和高程的相关性较小。

5. 地貌综合影响

大亚湾近岸陆域部分的高程均值为 94.0m,柘林湾陆域部分的平均高程值为 12.8m,其高程分布见大亚湾和柘林湾的海岸和海底 DEM 图;两个海湾陆域坡度分布如图 7.68 所示,其坡度均值分别为 12.6 和 3.2。由此可见,大亚湾的高程和坡度均高于柘林湾,高程和坡度越高,农用地的变化越小,故农用地的变化柘林湾高于大亚湾;坡度越小,水域的变化越大,故柘林湾的水域变化较大亚湾显著;大亚湾近岸陆域部分的侵蚀剥蚀型地貌较柘林湾发育,故林草地的变化较柘林湾显著。因此,柘林湾近岸陆域的开发强度(几种陆域利用类型的综合)高于大亚湾的开发强度。

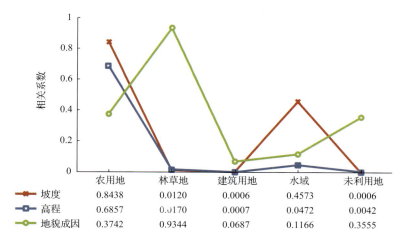

	农用地	林草地	建筑用地	水域	未利用地
━ 坡度	0.8438	0.0120	0.0006	0.4573	0.0006
━ 高程	0.6857	0.0170	0.0007	0.0472	0.0042
━ 地貌成因	0.3742	0.9344	0.0687	0.1166	0.3555

图 7.67　土地利用类型与地貌因子的相关系数

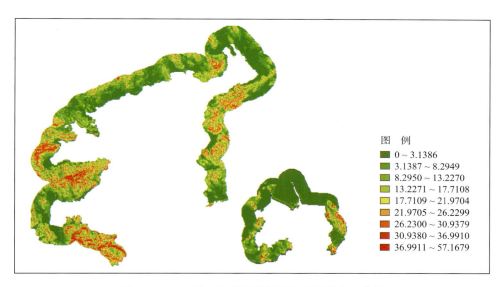

图 例
■ 0～3.1386
■ 3.1387～8.2949
■ 8.2950～13.2270
■ 13.2271～17.7108
■ 17.7109～21.9704
■ 21.9705～26.2299
■ 26.2300～30.9379
■ 30.9380～36.9910
■ 36.9911～57.1679

图 7.68　大亚湾和柘林湾陆域研究范围坡度变化图

第8章 海岸生态系统时空差异服务评价与预测

海岸带高强度开发和快速变化导致了景观出现高动态性和异质性,这也往往造成许多的评价模型并不能非常适合或贴切地反映海岸带评价的要求,或不能成为海岸带综合管理的精确依据。本章秉承本书的空间和动态思想,即评价对象处于区域内,评价必须反映区域内的相互关系,必须具有空间的位置关联性,同时能考虑到海岸利用的不同时期的不同开发状态,并能反映海岸利用的过程性。

具体地,内部结构、质量以及状态等完全相同的某一类型生态系统,其年际间所提供的生态服务价值量会因其处于不同的区域而存在较大差异;而同一生态系统在不同的时间范围内,其提供的生态服务价值量也会因水、热等自然条件变化而存在差异;同一区域某类生态系统所提供的生态服务量,也会因其景观格局差异而不同,如相同面积条件下,破碎化、零散分布的红树林所能提供的栖息地服务功能要小于完整、聚集的;在不同发展程度的社会经济条件下,人们对于同质量生态服务的支付意愿也是不同的。因此在进行生态系统服务功能评价研究中,需要利用各种评价指标对生态系统的时空差异进行客观描述,构建基于海岸带生态系统时空差异的评价模型,进而得出修正后的生态系统服务价值,其结果会更接近客观真实而更具有指导意义。为此,本章将发展一种基于生态系统时空差异服务的评价模型,以实现对海岸当前或过去开发利用状态的生态评估。

事实上,对过去和现在的评估依然是不够的,为此本章最后将结合 CLUE-S 模型,构建海岸带生态系统服务模拟预测模型,以期回答海岸带生态系统的潜力以及海岸带土地利用变化如何对生态系统服务价值产生影响等问题,这无疑对建立可持续发展的、资源节约型、环境友好型海岸带具有现实意义和指导意义。研究先是利用研究区已获得的开发利用状况预测未来某个时期的开发利用状况,进而对未来该时期的海岸开发利用空间分布估算生态服务价值,如此以实现海岸带生态系统服务价值的发展趋势分析。

8.1 评价模型的构建与指标确定

人类对于不同的发展阶段具有不同的欲求,这里的发展阶段包括自然景观和人类社会的发展阶段。为此,本节将把区域的自然和社会差异作为评价的重要出发点,从空间上,选取状态差异指标、区域经济差异指标和生态系统稳定性差异指标对海岸带生态系统时空差异特征进行描述,在确定权重以及建立海岸带生态系统服务价值当量表的基础上,构建评价模型。为了便于叙述,在本节的模型建立中以 8.2 研究区为实例进行各参数计算的介绍。

8.1.1 基于时空差异的评价模型构建

海岸带提供给人类社会的巨大物质和精神财富对人类文明进程和全球化趋势的形成等

具有突出意义，并占据重要地位。如何开发利用人类这一有限而宝贵的资源，并使之可持续发展已成为人类社会研究的热点，由此进行的评价活动近几十年来更是如火如荼。除前两章的开发利用适宜性和强度等评价外，生态系统服务价值的评价也是重要研究内容。

海岸带生态系统服务价值评价在发达国家研究较多。Costanza 等（1997）评估了河口、海藻/海藻床、珊瑚礁、大陆架和潮滩沼泽/红树林湿地等海岸带生态系统提供的扰动调节、营养物循环、废物处理、生物控制、物种生境、食物生产、原材料、娱乐、文化 9 项服务和功能价值，采用了比较简单的算术和方式，公式（8.1）如下：

$$\text{ESV} = \sum A_N \times \text{VC}_N \tag{8.1}$$

式中，ESV 为生态系统服务功能价值（元）；A_N 是研究区第 N 种生态系统类型面积（hm²）；VC 为单位面积的生态系统服务功能的价值（元/hm²）。这里并未区分同类生态系统的空间差异，也不区分不同区域同类生态系统对该区域作用的差异。这样的方式对于大尺度的评价比较合适，对于区域的评价则过于宽泛，同时该评价比较偏重于基础研究，对于应用基础研究或管理基础研究尚需操作性更强的方案。

事实上，同一种生态系统在不同的发展阶段其提供服务的质和量不同，同等质量的生态系统在不同区域所扮演的功能不同，与此同时，同一生态系统在不同的社会发展阶段其社会需求或期盼也是不同的。影响其生态服务价值的因素既包括社会因素、经济因素，也包括生态系统的自然环境因素。基于上述考虑，本章将在海岸带生态系统时空差异基础上构建海岸带生态系统服务价值评价模型如式（8.2）所示。

$$\text{ESV} = (a\rho_S + b\rho_L + c\rho_E) \times \sum A_N \times \text{VC}_N \tag{8.2}$$

式中，ESV 为生态系统服务功能价值（元）；A_N 是研究区第 N 种生态系统类型面积（hm²）；VC 为单位面积的生态系统服务功能的价值（元/hm²）；ρ_S、ρ_L、ρ_E 分别为海岸带生态系统状态差异指标、生态系统稳定性差异指标、社会经济差异指标；a、b、c 分别为各指标权重系数。

8.1.2 指标选取及计算

中国海岸带跨度大，从北至南经过温带、亚热带和热带，海岸带生态系统具有较高的空间异质性，而在目前研究中大都将其忽略不计，直接利用单一的生态系统服务价值评价体系评价全国海岸带生态系统，这将影响评价结果可信度。事实上同类生态系统的相同性质的服务价值与该生态系统发展阶段、表现形式或生物量、稳定性及所处的社会需求等关系密切。这一点同样适用于区域性海岸。

1. 状态差异指标

生物量是一个生态系统产出或能力的重要指标。一般情况下，生物量越大，其生态服务功能越大（谢高地等，2008b）。故可以借助生态系统生物量作为状态差异系数，修正该生态系统服务功能大小，如式（8.3）所示：

$$\rho_{状态差异指标} = b_j / B_j \tag{8.3}$$

式中，$\rho_{状态差异指标}$ 为基于生物量的状态差异系数；b_j 为研究区 j 类生态系统年均生物量；B_j 为全省 j 类生态系统年均生物量。

其中 20 世纪 80 年代、1995 年和 2000 年状态差异系数以中国科学院资源环境科学数据中心提供的 1981~2000 年全国净生产力数据为基础进行计算。2005 年状态差异系数以 2005 年 MODIS/Terra 的四级处理产品 MOD17A3 为基础进行计算,生物量数据空间分辨率为 1km×1km。将广东省与研究区海岸带生态系统数据与历年生物量数据进行叠加,获取研究区及全省各海岸带生态系统年均生物量,即可按式(8.3)分别计算广东省与珠江口部分海岸带生态系统状态差异系数如表 8.1 所示。

表 8.1　部分海岸带生态系统年均生物量及状态差异系数

| 类型 | 20 世纪 80 年代 | | | 1995 年 | | | 2000 年 | | | 2005 年 | | |
	珠江口	广东省	ρ	珠江口	广东省	ρ	珠江口	广东省	ρ	珠江口	广东省	ρ
耕地	682.4	704.2	0.97	680.4	761.8	0.89	694.7	786.7	0.88	11 613.4	5 353.1	2.17
林地	649.5	692.2	0.94	645.5	690.6	0.93	662.3	714.7	0.93	9 127.1	5 756.4	1.59
草地	868.1	673.0	1.29	743.8	438.4	1.70	713.8	435.1	1.64	16 050.4	8 924.3	1.80
裸地	251.8	540.8	0.47	22.0	538.7	0.04	21.0	557.9	0.04	11 185.7	8 273.3	1.35
红树林	687.2	805.6	0.85	708.0	924.9	0.77	956.8	1 031.7	0.93	28 035.2	21 417.0	1.31

2. 景观稳定性差异指标

海岸带区域人类活动强度大,各种开发活动频繁,在一般情况下,景观单元从单一、连续、均匀的整体向复杂、不连续、异质的斑块镶嵌体转变。在相同面积的前提下,单一、连续、均质的某一生态系统所提供的服务价值量,要高于复杂、不连续、异质的同类生态系统。景观生态学发展至今,已提出几十种评价指标,这里选择景观破碎相关指数:斑块密度(PD)、边缘密度(ED)以及景观稳定性相关指数:聚集度指数(AI),构建各类生态系统稳定性差异评价指标模型(8.4),对海岸带生态系统稳定性进行评价,设广东全省的生态系统稳定性是一种平均标准状态,通过将研究区的生态系统稳定性指数与全省进行比值,即可得到研究区生态系统稳定差异指标(表 8.2)。式(8.5)为景观稳定指数。

$$C = AI/(PD + ED) \tag{8.4}$$

式中,C 为景观稳定指数;AI 为聚集度指数;PD 为斑块密度;ED 边缘密度。

$$\rho_{\text{生态系统稳定差异指数}} = C_{\text{研究区}}/C_{\text{全省}} \tag{8.5}$$

式中,C 为景观稳定指数;ρ 为生态系统稳定差异指数。

表 8.2　各海岸带生态系统类型景观稳定差异系数

类型	20 世纪 80 年代	1995 年	2000 年	2005 年
耕地	2.27	2.78	2.80	2.17
林地	2.22	2.78	2.76	2.67
草地	4.21	7.14	8.15	1.59
居民地	1.15	2.16	1.74	1.64
裸地	7.56	20.52	28.98	1.02
河流	1.10	1.25	1.35	1.03
湿地	2.96	1.51	1.44	1.43
红树林	0.88	2.00	2.45	3.21

3. 区域经济差异指标

支付意愿(willing to pay)是生态服务价值评价的重要概念之一,其随着人们对生态服务价值的认识程度和生态服务的紧缺程度而变化,一般情况下人们的支付意愿是随着生活水平的提高而提高的。通过问卷调查的方式可获取局部区域人们对非市场产品和服务的支付意愿,进而可比较准确地反映其价值。而采用能够表征支付意愿的发展阶段系数(李金昌,1999),可以较为快速、便捷地表现支付意愿(石晓丽和王卫,2008;粟晓玲等,2006;栾维新和崔红艳,2004)。发展阶段系数可由 Pearl 生长曲线模型[式(8.6)]求得

$$l = \frac{L}{1 + e^{-(1/En-3)}} \tag{8.6}$$

式中,l 为可表征支付意愿的发展阶段系数;L 为极富阶段的支付意愿,此处取值为 1;En 为恩格尔系数,联合国粮食及农业组织将恩格尔系数划分为,大于 0.59 为贫困;0.5～0.59 为温饱;0.4～0.49 为小康;0.2～0.39 为富裕;小于 0.2 为绝对富裕。

而将研究区发展阶段系数与同时间全国发展阶段系数进行比值,可得到区域经济差异指标(表 8.3)。

表 8.3 广东省区域经济差异指数

时间	范围	城乡	恩格尔系数 En	区域经济差别指标
1980 年	全国	城市	53.30%	0.970
		农村	57.80%	
	广东省	城市	56.90%	
		农村	61.80%	
1995 年	全国	城市	50.10%	1.085
		农村	58.60%	
	广东省	城市	48.00%	
		农村	54.50%	
2000 年	全国	城市	41.90%	1.109
		农村	52.60%	
	广东省	城市	38.60%	
		农村	49.80%	
2005 年	全国	城市	36.70%	0.970
		农村	45.50%	
	广东省	城市	36.10%	
		农村	48.30%	

资料来源:中国经济与社会发展统计数据库. 中国知网

8.1.3 指标权重的确定

对于所选取的指标,需要对其赋予相应的权重。确定影响因子权重的方法较多,如特尔菲法、层次分析法、主成分分析法以及数理统计法等。根据研究对象的特点和结构特

征,这里选择层次分析法确定权重。

层次分析法(analytic hierarchy process)由美国匹茨堡大学运筹学家 Saaty 于 20 世纪 70 年代提出,其原理是将问题中有关的要素分解成多层要素的层次结构,并在此基础之上以同一层次的各种要素为准则,进行两两比较判断并按标度(表 8.4)构造出判断矩阵,计算出各方案的权重,进而进行定性和定量分析的决策方法(蒋耀,2009;李崧等,2006)。

表 8.4 层次分析法标度及其描述

标度	定义
1	表示 2 个因素相比,具有同等重要性
3	表示 2 个因素相比,1 个比另 1 个稍重要
5	表示 2 个因素相比,1 个比另 1 个明显重要
7	表示 2 个因素相比,1 个比另 1 个强烈重要
9	表示 2 个因素相比,1 个比另 1 个极端重要
2,4,6,8	表示 2 个相邻判断的中值
上面所列标度的倒数	上述定义描述的相反情况

1. 建立层次结构模型

根据对研究问题的分析,以海岸带生态系统服务价值评价为目标,以供给服务、调节服务、支持服务以及文化服务为系统层,以状态差异指标、景观稳定差异指标以及社会经济差异指标为指标层,建立递阶层次结构(图 8.1)。

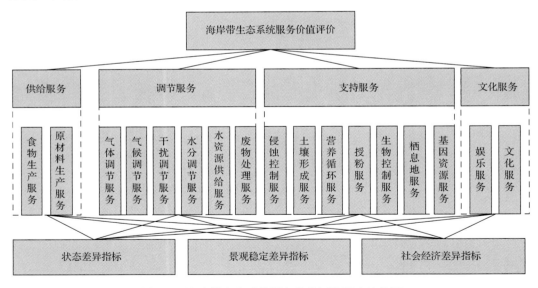

图 8.1 海岸带生态系统服务价值评价层次结构图

2. 构造判断矩阵及权重计算

考虑到生态系统服务系统本身以及各差异指标对图 8.1 中 17 类生态服务影响的复

杂性,这里不对各类服务进行展开,而是赋予相同权重,即仅对供给服务、调节服务、支持服务和文化服务 4 类生态服务和 3 个差异指标本身进行重要性判断。为了客观确定判断矩阵,参考已有研究中对供给服务、调节服务、支持服务和文化服务 4 类生态服务价值的分析结果,以此为基础确定判断矩阵(表 8.5 至表 8.7)。

表 8.5 海岸带生态系统服务功能评价判断矩阵

	支持服务	供给服务	调节服务	文化服务
支持服务	1	9	2	4
供给服务	1/9	1	1/4	1/2
调节服务	1/2	4	1	2
文化服务	1/4	2	1/2	1

表 8.6 供给服务、调节服务子系统判断矩阵

	状态差异指数	区域经济差异指数	生态系统稳定差异指标
状态差异指数	1	2	6
区域经济差异指数	1/2	1	3
生态系统稳定差异指标	1/6	1/3	1

表 8.7 支持服务、文化服务子系统判断矩阵

	状态差异指数	区域经济差异指数	生态系统稳定差异指标
状态差异指数	1	2	6
区域经济差异指数	1/2	1	3
生态系统稳定差异指标	1/6	1/3	1

利用层次分析法确定层次指标排序,其实质是计算判断矩阵的最大特征根和相应的特征向量。判断矩阵的特征向量经归一化后,即为同层次相应因素对于上一层次某因素相对重要性的排序权值。为了降低分析过程中的片面性和主观性造成的误差和错误,需要计算一致性指标和随机性指标,当随机一致性比率(consistency ratio)CR<0.1 时,可认为判断矩阵具有可以接受的满意一致性,当 CR≥0.1 时,则需要重新调整判断矩阵,并重新进行权重计算和一致性检验,直到通过为止。运用 yaahp5.1 层次分析法软件完成上述运算,经过一致性检验,所构造的判断矩阵均具有满意的一致性,最终得出的权重见表 8.8。

表 8.8 各项指标权重及排序

层指标	权重	排序	总权重	一致性比率
支持服务	0.5417	1		
供给服务	0.0638	4	1	
调节服务	0.2630	2		
文化服务	0.1315	3		0.0006<0.1
状态差异指数	0.5663	1		
区域经济差异指数	0.2598	2	1	
景观稳定差异指数	0.1739	3		

8.2 研究区选取及概况

选取珠江口区域作为研究区。西江、北江、东江、潭江和流溪河等河流进入三角洲网河区,经过虎门、蕉门、宏奇门、横门、磨刀门、鸡鸣门、虎跳门、崖门八大口门注入南海。以海岸线向内陆5km作为研究范围,空间范围为 21°41′～23°9′N,112°56′～114°35′,即西起黄茅海,东至深圳湾,北迄广州市,南达万山群岛。行政区域包括广州市、中山市、珠海市、东莞市、深圳市和江门市,香港和澳门特别行政区不包括在研究范围内。

8.2.1 研究区自然概况

珠江口位于北回归线以南,属于南亚热带季风气候型。年平均温度约22℃,1月平均气温13～14℃,7月平均气温约28℃。由于周围地形和海洋的影响,年平均等温线大体沿海岸走向,年平均太阳辐射总量约为50亿J/m²。由于受季风气候影响,风向和风速的季节变化明显,秋冬季节受东北季风控制为主,由于地形影响,除南部沿海海面吹东北风外,大部分盛吹偏北风,春夏季风以偏南风为主,年平均风速以上川岛最大,为4.6m/s,其次为斗门,4.0m/s,东莞最小为1.9m/s。年平均风速等值线基本上与岸线平行,并且从沿海向内陆递减,尤其珠江口东岸更为显著。

珠江口地区雨季长,雨量充沛。年平均降雨量为1600～2300mm,干湿季明显,4～10月是雨季,而4～6月为前汛期,占全年降雨量的42%左右,以锋面降水为主,7～10月为后汛期,占全年降雨量的48%左右,以台风雨为主。影响珠江口的灾害性天气,主要是热带气旋、暴雨和冷害等。

珠江口海岸属三角洲河口类型,口门多,浅滩多,由珠江三角洲平原及边缘山地、丘陵、台地和口外岛屿组成。珠江口东岸地貌结构相对西岸复杂多样,以丘陵台地、冲积平原为主,东部深圳与东莞多山,海拔多为200～600m,西岸的中山、番禺大部分为平坦开阔的冲积平原与滩涂,是三角洲重要作物生产基地。

以20世纪80年代海岸带调查地貌数据为参考,选取珠江口DEM数据、坡度数据和高分辨率SPOT5影像为基础数据源,对珠江口地貌信息进行提取(图8.2)。通过对地貌数据分析可知,珠江口两岸地貌基底构成复杂,但主要地貌类型均以山地、台地、平原和滩涂为主。其中,珠江口西岸北部河网密布,以大面积三角洲平原为主,并每年以近百米的速度向南扩展,该地是珠江口主要的农业区。西岸南部地势相对较陡,除珠海西部的三角洲平原外,还分布有海积平原。西岸河流口门众多,各种滩涂广泛分布,其中淇澳岛保存有红树林滩地,西岸山地相对坡度较小,属缓侵蚀剥蚀山地。珠江口东岸地势呈阶梯状分布,近岸均分布有淤泥质滩涂,平原以海积为主且沿海岸线呈带状分布,山地坡度相对较大,山地和平原之间分布有侵蚀剥蚀台地。东岸及其内陆多山地丘陵,土地开发的适宜空间不如西岸广阔。黄茅海沿岸地势较高,两岸分布有大面积的淤泥质海滩,多被开发为沿海养殖。

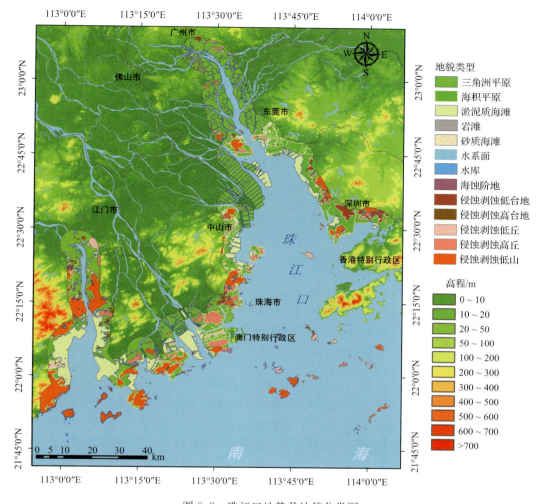

图 8.2　珠江口地势及地貌分类图

8.2.2　研究区社会经济概况

珠江口地区有两个特别行政区(香港、澳门),两个经济特区(深圳、珠海),一个沿海开放城市(广州),一个开放区(珠江三角洲),是我国层次最多、规模最大、发展最早的改革先行地区。改革开放以来,其经济迅猛发展,已成为我国经济最发达、发展最迅速的地区之一。其中,工业区已成为各产业的主体,又以轻工业为主,纺织、电子、塑料、家用电器、食品为城市工业的五大支柱。第三产业近年来蓬勃发展,商业、饮食业和服务业的从业人员较多,外向型产业日渐突出。珠江三角洲地区还是我国著名的鱼米之乡,是广东省重要农业生产基地,是我国亚热带经济作物的主要产区和重要的水产基地。此外,乡镇企业兴旺发达,"三资企业"不断增加,外贸创汇不断增长,成为珠江地区经济的主要特征。

珠江口沿海各市、县海涂主要是由河流输沙而成的三角洲,开发利用主要方式是围垦造地筑堤围塘,围后进行种植、养殖。近年来,随着城镇经济的发展,许多土地用于开办工业、旅游、交通、商业等。

8.2.3　研究区生态环境状况

珠江口水体污染日益严重,生态环境不断恶化,渔业资源枯竭,生物多样性减少,海域功能明显下降,整个珠江口水体均退化为四类、劣四类水体,黄茅海水体为三类水体(图8.3),珠江口成为仅次于渤海湾的第二重点污染海域(何桂芳等,2004)。

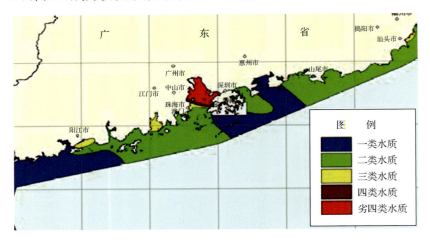

图8.3　珠江口海域水质图(国家环境保护总局2005)

表8.9列举了珠江口近25年有代表性年份的水质监测结果,分析可知,从20世纪80年代初至今,珠江口水质污染主要超标物由重金属变为营养盐,水质等级不断下降。珠江口海域原来是200余种海洋鱼类的产孵和索饵场,现已经减少到50余种,而且种群数量还在不断减少,海洋渔业资源密度仅为80年代初期的1/8,珠江口的渔汛已不复存在。2003年珠江口渔获物仅以青鳞鱼、小公鱼等低质种类为主,约占总渔获量的90%,并绝大多数种类是当年个体,同时鱼卵和仔鱼种类数下降(柯东胜等,2007)。

表8.9　珠江口水质年际间变化

年份	站位数	c/(mg/L)					c/(μg/L)			
		溶解氧	化学需氧量	石油类	无机氮	PO_4-P	Hg	Cu	Pb	Cd
1981	—	6.99	0.88	0.079	—	—	0.024	5.0	9.0	1.0
1985	7	5.05	0.75	0.053	2	2	0.050	2.8	5.2	1.10
1990	7	7.00	0.96	0.038	484.4	15.3	0.060	0.4	1.3	0.26
1995	15	6.60	0.99	0.051	510.2	26.6	0.042	1.2	1.1	0.20
2000	18	5.54	2.15	0.025	628.2	38.6	0.066	0.4	1.3	0.15
2004	19	5.80	1.77	0.055	678.2	17.4			3.4	—

资料来源:王锦康,1995;陈土标,李强,2000;王宏,李强,2004

红树林生态系统的高生产力以及重要价值已经得到了学术界以及社会的公认,在我国,红树林生态系统主要分布于东南沿海、热带及亚热带海岸港湾.珠江口地区曾是我国重要的红树林分布区,但由于城镇的扩张以及围垦开发,珠江口红树林受到了严重的破坏(黎夏等,2006)。目前,珠江口红树林仅分布于深圳福田红树林保护区,淇澳岛红树林保护区以及江门市黄茅海西岸地区,主要种类为秋茄(*Kandelia candel*)、无瓣海桑(*Sonneratia apetala*)、老鼠勒(*Acanthus ilicifolius*)、桐花树(*Aegiceras corniculatum*)和白骨壤(*Auicennia marina*)等。

8.3 生态系统服务价值评价结果与分析

8.3.1 海岸带生态系统服务评价当量表

在社会经济高速发展的背景下,对生态系统服务价值的识别、量化和货币化研究的需求日趋迫切,但目前世界上仍没有成熟、公认的定价方法,国内外生态系统服务价值量的评估结果均难以被公众和学术界广泛接受和认可(谢高地等,2008a)。在已有的研究中,Costanza于1997年发表于 *NATURE* 的"全球生态系统服务价值和自然资本"一文中,对全球生态系统服务价值进行了科学的评估,其所使用的评价原理和方法被广泛接受并应用于各类国内外生态系统服务价值研究中,但该研究也受到不少批评,部分学者指出 Costanza 评价体系中某些数据存在较大偏差,如耕地的生态服务价值过低,而湿地的生态服务价值过高等,直接应用于中国生态系统服务价值研究会带来争议与问题。针对上述问题,部分学者通过问卷调查的方式对 Costanza 的评价体系进行修正后,建立中国陆地生态系统服务价值当量因子表(谢高地等,2003)。本研究对 Costanza 评价体系与中国陆地生态系统服务价值当量因子表进行综合,建立了海岸带生态系统服务价值当量表(表8.10)。

表 8.10 海岸带生态系统服务价值当量表

一级类型	二级类型	林地	草地	耕地	湿地	河流/湖泊	荒漠/裸地	红树林	海草	珊瑚礁	河口	大陆架
供给服务	食物生产	0.93	1.23	1.00	0.30	0.77	0.00	8.63	0.00	4.07	9.65	1.26
	原材料生产	2.73	0.19	0.10	0.07	0.11	0.01	3.00	0.04	0.50	0.46	0.04
	小计	3.66	1.42	1.10	0.37	0.88	0.01	11.63	0.04	4.57	10.11	1.30
调节服务	气体调节	0.65	0.29	0.13	1.80	0.06	0.17	0.00	0.00	0.00	0.00	0.00
	气候调节	3.10	1.14	1.00	17.10	0.68	0.12	34.06	0.00	50.93	10.50	0.00
	水文调节	2.36	0.19	0.13	15.50	122.98		0.00	0.00	1.07	0.00	0.00
	废物处理	1.78	1.60	0.17	18.18	0.10	0.01	124.00	0.00	1.07	0.00	0.00
	小计	7.89	3.22	1.43	52.58	123.82	0.30	158.06	0.00	52.00	10.50	0.00
支持服务	保持土壤	8.86	2.41	1.70	1.71	0.22	0.00	0.00	351.89	0.00	390.74	27.43
	维持生物多样性	3.80	3.60	1.00	2.50	0.87	0.07	3.13	0.00	0.22	3.87	0.72
	小计	12.66	6.01	2.70	4.21	1.09	0.07	3.13	351.89	0.22	394.61	28.15
文化服务	提供美学景观	1.80	0.36	0.06	5.55	3.97	0.02	12.19	0.00	55.72	7.57	1.30
合计		26.01	11.01	5.29	62.71	129.76	0.40	185.01	351.93	112.51	422.79	30.75

8.3.2 生态系统服务价值空间分布特征

珠江口海岸带生态系统服务 4 个时期的总价值分别为 681.23 亿元、661.23 亿元、650.16 亿元、631.86 亿元(表 8.11)。从各海岸带生态系统服务价值贡献分析,近海与河口水域所提供的服务价值最大,在各时期均占总价值的 90% 以上,而在各海岸带陆域生态系统中,林地生态系统所提供的服务价值比例最大,4 个时期分别占总价值的 1.47%、1.56%、1.54% 和 2.02%。其余生态系统提供服务价值量从多到少依次为湿地、河流与湖泊、红树林、耕地、草地和裸土地。

表 8.11 珠江口海岸带各生态系统类型服务价值

生态系统类型	1980 年		1995 年		2000 年		2005 年	
	服务价值/万元	比例/%	服务价值/万元	比例/%	服务价值/万元	比例/%	服务价值/万元	比例/%
林地	100 305.745	1.47	102 975.686	1.56	100 402.911	1.54	127 726.986	2.02
耕地	32 115.085	0.47	30 046.631	0.45	25 785.965	0.40	27 207.791	0.43
草地	5 523.939	0.08	2 929.447	0.04	2 452.832	0.04	3 247.683	0.05
湿地	34 638.993	0.51	83 529.558	1.26	94 530.181	1.45	198 040.141	3.13
红树林	22 691.852	0.33	5 823.974	0.09	10 264.655	0.16	39 187.363	0.62
河流与湖泊	61 120.161	0.90	53 076.268	0.80	46 367.740	0.71	92 389.113	1.46
裸土地	20.058	0.00	14.763	0.00	18.373	0.00	121.283	0.00
近海与河口	6 555 843.317	96.24	6 333 949.417	95.79	6 221 802.372	95.70	5 830 649.938	92.28
总计	6 812 259.15	100.00	6 612 345.744	100.00	6 501 625.029	100.00	6 318 570.298	100.00

通过分析海岸带生态系统各类型服务功能价值可知(表 8.12),海岸带支持服务占到最大,占总价值的 90% 左右,这主要是由近海与河口水域所提供的。其次为调节服务,占总价值 5% 左右,再次为供给服务,占总价值 2.6% 左右,文化服务价值最少,仅占总价值量的 2% 左右。从整体分析,珠江口海岸带生态系统所提供的间接服务价值量,是其所提供直接价值量的 36 倍左右,这说明海岸带生态系统提供了巨大的服务价值的同时,还说明其所提供的生态系统服务中,主体是对人类贡献显著但容易被人类忽略的间接服务。

表 8.12 珠江口海岸带各生态系统服务类型价值

服务功能	1980 年		1995 年		2000 年		2005 年	
	服务价值/万元	比例/%	服务价值/万元	比例/%	服务价值/万元	比例/%	服务价值/万元	比例/%
供给服务	180 317.926	2.65	173 796.276	2.63	170 103.739	2.62	167 736.88	2.65
调节服务	310 305.898	4.56	323 189.641	4.89	324 951.592	5.00	479 633.43	7.59
支持服务	6 190 335.613	90.87	5 984 987.439	90.51	5 877 386.139	90.40	5 534 607.16	87.59
文化服务	131 299.711	1.93	130 372.387	1.97	129 183.559	1.99	136 592.82	2.16
总计	6 812 259.148	100.00	6 612 345.743	100.00	6 501 625.029	100.00	6 318 570.30	100.00

由于珠江口区域不同岸段间存在较大的自然和社会经济条件差异,珠江口区域生态系统服务价值分布具有较大的空间差异性。通过分析珠江口海岸带生态系统服务价值的空间分布特征可知(图 8.4),各时期珠江口海岸带生态系统服务价值整体上均呈现出自西向东逐渐下降,自北向南逐渐上升的趋势。将珠江口海岸带分为黄茅海至珠海岸段、中

山至广州岸段以及东莞至深圳岸段 3 个岸段进行分析,其中,黄茅海至珠海市岸段生态系统服务价值最高,其主要原因是这一岸段经济发展程度较其他两个岸段低,大面积的林地生态系统得以保存。而中山市至广州市岸段地貌形态以三角洲平原为主,存在大面积的耕地,致使这一岸段的生态系统服务价值相对居中。东莞市至深圳市岸段是珠江口地区城镇用地比例最高的岸段,大量的土地被开发为城镇住宅以及工业用地,林地等生态系统面积减少,故这一岸段的生态系统服务价值量最低。

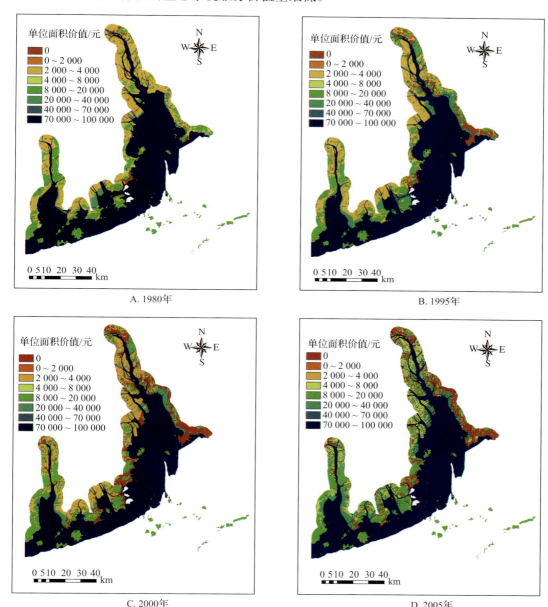

图 8.4　各时期珠江口海岸带生态系统服务单位面积价值图

本研究中对海岸带生态系统服务价值的估算是在考虑了其时空状态差异的基础上进

行的,暂且认为结果是可靠的并具有较强的指导意义,但是生态系统所提供的部分服务功能与生态系统面积之间是非线性关系(Barbier et al.,2008),当生态系统面积缩减至某一临界值时,其就会丧失物质循环、能量流动以及信息交换等基本功能,因此在估算中仍会存在一定的误差。

8.3.3 生态系统服务价值变化特征分析

1. 珠江口海岸带生态系统服务价值总量变化

从价值总量看,生态系统服务总值呈逐年递减趋势(表 8.13)。1980～1995 年,总值下降幅度为 2.93%,共损失 19.99 亿元,损失速率为 1.33 亿元/年;1995～2000 年,总值下降幅度为 1.67%,损失量为 11.07 亿元,损失速率为 2.21 亿元/年;2000～2005 年,总值下降幅度为 2.82%,损失量为 18.31 亿元,损失速率为 3.66 亿元/年。通过各时期损失速率分析,珠江口海岸带生态系统服务价值一直处于加速损失状态。从社会经济角度分析,研究区经济发展水平呈由弱变强的趋势,道路网密集程度、城镇及工矿用地密度逐渐变高,景观破碎程度变大,景观稳定程度变低,也是造成生态服务总值降低的主要原因之一。

表 8.13　珠江口海岸带各类型生态系统提供服务价值变化

生态系统类型	1980～1995 年		1995～2000 年		2000～2005 年	
	变化值/万元	变化比率/%	变化值/万元	变化比率/%	变化值/万元	变化比率/%
林地	2 669.941	2.66	−2 572.774	−2.50	27 324.074	27.21
耕地	−2 068.454	−6.44	−4 260.666	−14.18	1 421.826	5.51
草地	−2 594.492	−46.97	−476.615	−16.27	794.851	32.41
湿地	48 890.565	141.14	11 000.623	13.17	103 509.960	109.50
红树林	−16 867.878	−74.33	4 440.681	76.25	28 922.708	281.77
河流与湖泊	−8 043.893	−13.16	−6 708.528	−12.64	46 021.373	99.25
裸土地	−5.295	−26.40	3.610	24.45	102.910	560.11
近海与河口	−221 893.899	−3.38	−112 147.045	−1.77	−391 152.434	−6.29
总值	−199 913.405	−2.93	−110 720.715	−1.67	−183 054.732	−2.82

2. 珠江口海岸带各类生态系统服务价值量变化

从各类生态系统的服务价值变化上看(图 8.5),珠江口海岸带地区湿地生态系统服务价值增长幅度最大,1980～2005 年增加 16.34 亿元;森林生态系统服务价值呈波动式增长,增加 2.74 亿元。耕地生态系统、草地生态系统以及河流与湖泊生态系统服务价值相类似,均是于 1980～2000 年持续下降,而在 2000～2005 年增长,前两者在 1980～2005 年分别损失 0.49 亿元和 0.23 亿元,而河流与湖泊生态系统增加 3.13 亿元。红树林生态系统服务价值于 1980～1995 年损失 1.69 亿元,而在 1995～2005 年,由于社会生态保护意识的加强,各红树林保护区的相继成立而且规模逐步扩大,红树林生态系统服务价值增长了 3.34 亿元。近海与河口生态系统服务价值在 1980～2005 年期间持续减少,虽然减少比例相对较小,3 个时期减少率分别为 2.93%、1.67%和 2.82%,但由于其占研究区总价值的比例最大,故生态服务价值损失量也最大,损失 49.37 亿元。由于缺少研究区海域水质实测数据,本研究中对近海与河口生态系统的状态差异指数均设为 1,但从实际情况来看,珠江口区域海域水质持续下降,监测结果表明,珠江口八大口门年排入污染物在 200 万 t 以上,2008 年受监测的 97 个入海排污口中有 61 个超标(广东省海洋与渔业局,2009)。海域生产力急剧减少,赤潮等灾害频繁发生,海域荒漠化持续蔓延(柯东胜等,2007),故近海与河口生态系统所提供的生态服务实际价值应低于本研究中的评价结果,且实际损失速度和幅度应比本研究结果更严峻。

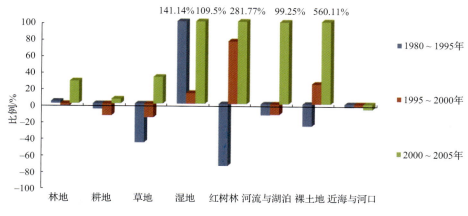

图 8.5　各时期珠江口海岸带各类生态系统服务价值变化图

3. 珠江口海岸带生态系统各类服务价值量变化

1980～2005 年研究区生态系统各项服务中,调节服务价值以 0.68 亿元/年的幅度持续增长,共增长 16.93 亿元(表 8.14)。支持服务价值则以 2.62 亿元/年的幅度逐年减少,25 年间共损失 65.57 亿元。提供产品的供给服务也与支持服务相似,其价值以 0.05 亿元/年的幅度减少,共损失 1.26 亿元。研究区内生态系统所提供的文化服务价值在 1980～2000 年损失了 0.21 亿元,而在 2000～2005 年增加了 0.74 亿元。

表 8.14　珠江口海岸带各类型生态系统服务价值变化

服务类型	1980～1995 年		1995～2000 年		2000～2005 年	
	变化值/万元	变化比率/%	变化值/万元	变化比率/%	变化值/万元	变化比率/%
供给服务	−6 521.650	−3.62	−3 692.537	−2.12	−2 366.856	−1.39
调节服务	12 883.743	4.15	1 761.951	0.55	154 681.842	47.60
支持服务	−205 348.174	−3.32	−107 601.301	−1.80	−342 778.979	−5.83
文化服务	−927.325	−0.71	−1 188.828	−0.91	7 409.262	5.74
总值	−199 913.405	−2.93	−110 720.715	−1.67	−183 054.732	−2.82

4. 珠江口海岸带生态系统服务价值变化空间差异

本研究将研究区 4 个时期的生态系统服务价值数据进行栅格运算,以进行生态服务价值变化的空间差异性研究(图 8.6)。

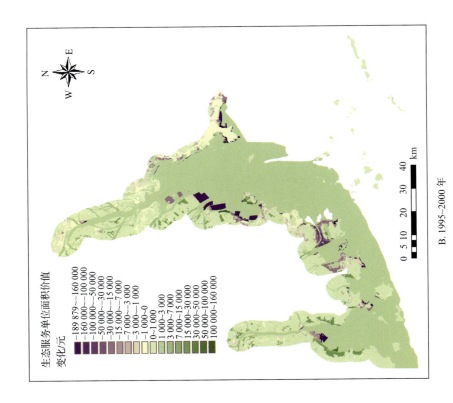

生态服务单位面积价值
变化/元

-189 879～-160 000
-160 000～-100 000
-100 000～-50 000
-50 000～-30 000
-30 000～-15 000
-15 000～-7 000
-7 000～-3 000
-3 000～-1 000
-1 000～-0
0～1 000
1 000～3 000
3 000～7 000
7 000～15 000
15 000～30 000
30 000～50 000
50 000～100 000
100 000～160 000

B. 1995～2000 年

0 5 10   20   30   40
km

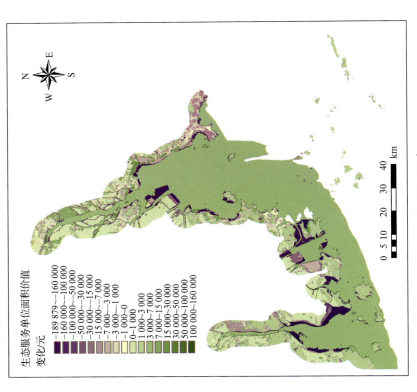

生态服务单位面积价值
变化/元

-189 879～-160 000
-160 000～-100 000
-100 000～-50 000
-50 000～-30 000
-30 000～-15 000
-15 000～-7 000
-7 000～-3 000
-3 000～-1 000
-1 000～-0
0～1 000
1 000～3 000
3 000～7 000
7 000～15 000
15 000～30 000
30 000～50 000
50 000～100 000
100 000～160 000

A. 1980～1995 年

0 5 10   20   30   40
km

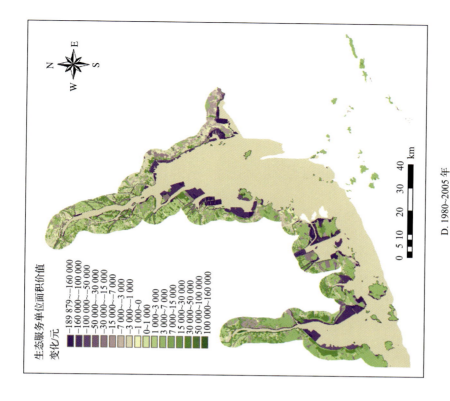

D. 1980~2005 年

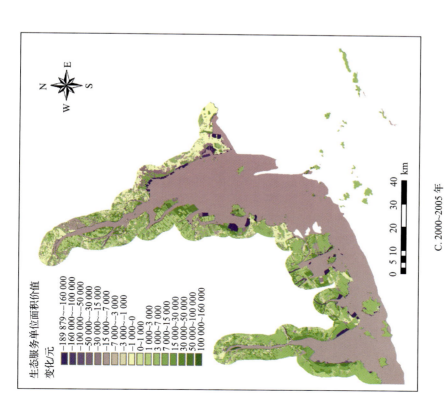

C. 2000~2005 年

图 8.6　各时期珠江口海岸带生态系统服务价值变化图

1980～1995年,研究区生态系统服务价值的主要减少区域为黄茅海两岸、珠海横琴岛北部、伶仃洋西岸北部以及伶仃洋东岸;1995～2000年,研究区生态服务价值的主要减少区域为珠海横琴岛北部、伶仃洋西岸以及深圳蛇口岸段;2000～2005年,研究区生态服务价值的主要减少区域为伶仃洋东岸。1980～2005年25年间研究区生态服务价值变化分析可知,崖门至江门市岸段、虎门至广州市岸段的生态服务价值变化呈逐步增加,而研究区的主要生态服务价值损失发生在沿海滩涂区域和城镇周边,由城市化发展和围填海活动引起。

8.4 围填海活动生态服务价值损失分析

围填海增加了土地供给,提高了国民生产总值,但从生态服务价值来看,其价值变化如何? 如果减损了为整个区域人口服务的生态价值,如何进行补偿? 这一节,将在珠江口海岸带生态系统服务价值评价研究以及珠江口围填海活动分析的基础上,建立围填海生态损害以及补偿金模型,对珠江口围填海活动造成的生态服务价值损失进行分析,为我国围填海补偿金收取标准修正提供计算模型。

1. 围填海有偿使用制度

我国沿海地区经济、城镇规模迅速发展,人口数量迅速增加,为解决土地资源不足的问题,采取向海洋要地的方法,进行大规模围填海活动,在我国沿海频繁发生,截至2002年,我国已查明围海造地 $513.42km^2$(国家海洋局,2002),累计损失滨海湿地面积约为219万 hm^2(王萱和陈伟琪,2009),红树林、珊瑚礁、海草等重要生态系统严重损失。2002年之前,我国政策规定,占用1亩耕地需缴纳土地出让金3000元,而造地1亩可得到补助6000～9000元,进行围填海不用补偿造成的生态损失(彭本荣和洪华生,2006),生态补偿在政策上的缺失,进一步刺激了沿海地区的围填海活动。这一现象在2002年之后得以遏制,国家颁布了《中华人民共和国海域使用管理办法》,其规定了海域有偿使用制度,为海域管理和沿海生态保护提供了支持。

由于缺乏足够的科学支撑,各沿海地区制定海域使用金标准时,对海岸带生态系统价值存在不同程度的低估和忽略,而较低的海域使用金仍会进一步刺激围填海活动,表8.15为

表8.15 广东省围填海费用征收标准

围填海项目	一等			二等			三等		
	一级	二级	三级	一级	二级	三级	一级	二级	三级
非农业围填海(一次性征收)	270 000 元/hm²			225 000 元/hm²			180 000 元/hm²		
农业围填海(一次性征收)	12 000 元/hm²			10 500 元/hm²			9 000 元/hm²		

说明:①海域等级的划分根据各地经济发展差异和海域状况不同,将广东省海域划分为三等。一等包括深圳、珠海、广州、汕头(市辖区)、东莞、中山。二等包括阳江(市辖区)、台山、新会、惠阳、汕尾(市辖区)、恩平、湛江(市辖区);三等包括南澳、惠东、电白、海丰、陆丰、吴川、徐闻、雷州、遂溪、廉江、阳东、阳西、饶平、惠来、揭东。同一等的海域按离海岸(岛岸)线的远近确定相应级别,离海岸(岛岸)线3海里以内的为一级;离海岸(岛岸)线3海里以外,5海里以内的为二级;离海岸(岛岸)线5海里以外的为三级。一等市县毗邻海域按一等标准征收,二等市县毗邻海域按二等标准征收,以此类推。②对在批准设立的海洋特别保护区、海上自然保护区内从事开发建设活动的,加倍征收海域使用金,但最高不得超过规定征收标准的2倍。(广东省财政厅和广东省海洋与水产厅,2005)

2005年广东省推出的《广东省海域使用费征收使用管理暂行办法》,其根据自然条件和经济发展程度的差异以及围填出陆地的不同用途对不同海域进行了划分并制定了相对应的补偿金收取标准,其中珠江口海岸带被划分为一等收费区,农业围填海与非农业围填海的补偿金分别为 27 万元/hm² 和 1.2 万元/hm²。其补偿金的制定仅考虑围填海经济用途(农业、工业、商业)的生产要素价值,而忽略了围填活动造成的生态服务价值损失。

2. 围填海活动对海岸带生态系统服务的影响

围填海活动是在短时间内、一定范围内对海岸带自然格局进行强行人为干扰,海岸带生态系统自然属性被永久改变,生态环境稳定性、生物多样性均被不同程度影响,海岸带生态系统服务功能降低或者完全丧失。围填海直接影响表现为强行占用海岸带滩涂和近海的空间,减少了生物的栖息空间、降低生物多样性,在河口区域的围填活动会减少潮汐活动,降低从海水到淡水的梯度,影响动植物生存。围填海活动进而改变被围填区及周边区域的地形地貌、景观结构以及水动力等条件,减小纳潮和消浪空间以及废物处理能力,破坏海岸线原始自然景观等,对海岸带生态系统的供给服务、调节服务、支持服务和文化服务造成损失(于格等,2009;罗章仁,1997;郭伟和朱大奎,2005)。

3. 围填海活动生态影响评价与补偿计算

研究区围填海活动主要可分为 3 类。①将近海海域围塘为沿海养殖区;②将近海海域围填为耕地、果园等农业用地;③将近海海域围填为城镇居民用地及工矿用地。按 2005 年广东省颁布的《广东省海域使用费征收使用管理暂行办法》区分,前两类属于农业用地围填海,而后一类属于非农业用地围填海(图 8.7)。

我国沿海地区在制定围填海政策时,采用的是传统经济学原理,以围填海经济用途(农业、工业、商业)的生产要素价值为依据进行评估,而忽略了围填海活动造成的生态服务价值损失。因此,在制定围填海补偿金标准时,必须考虑其所引起的生态系统退化损失并将损失的价值包括到围填海海域使用金中,即补偿金总值为海域生产价值与未来生态服务损失之和。从社会的可持续发展角度出发,必要的自然资源折补是资源环境再生产的重要组成部分,也是维护代际公平以及保障自然资源安全的需要(姜文来,2004)。围填海活动造成的生态系统服务价值损失评价模型如式(8.7)所示及补偿金模型如式(8.8)所示:

$$LV = ESV_{原} - ESV_{现} \tag{8.7}$$

$$CV = V_1 + V_2 = V_1 + \sum_{i=1}^{n} \frac{LV}{(1-r)^i} \tag{8.8}$$

式中,LV 为因围填海活动造成的生态服务价值损失量;$ESV_{原}$ 是受损害的生态系统原有服务价值;$ESV_{现}$ 为围填出的生态系统服务价值。CV 为补偿金值;V_1 为海域生产要素价值,以 2005 年实施的《广东省海域使用费征收使用管理暂行办法》中的补偿金为准;V_2 为生态服务价值损失;n 为影响周期,由于围填海影响较为持久,恢复率较低,故可使 n 为正无穷;r 为折补率,本研究中选择 1980~2005 年 25 年期间中国人民银行 3 年定期存款年基准利率平均值 6.23%。

1980~2005 年,研究区内共计围填海面积 41 516.66hm²,其中,农业围填面积为

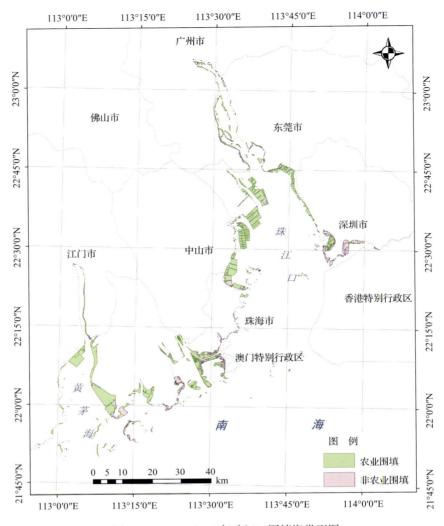

图 8.7　1980～2005 年珠江口围填海类型图

34 106.08hm²,非农业围填面积为 7 410.58hm²,按上述模型可得出研究区围填海造成的生态服务损失价值为 76.81 亿元/a,每公顷损失量为 180 392.6 元/a。研究区农业围填海和非农业围填海补偿金分别为 183 809 元/hm²、461 831 元/hm²(表 8.16)。

表 8.16　基于生态服务价值修正后的围填海补偿金

围填海项目	一等			二等			三等		
	一级	二级	三级	一级	二级	三级	一级	二级	三级
非农业围填海(一次性征收)	461 831 元/hm²			416 831 元/hm²			371 831 元/hm²		
农业围填海(一次性征收)	183 809 元/hm²			182 309 元/hm²			180 809 元/hm²		

从最终结果看,基于生态系统服务价值修正后的围填海补偿金比现行的征收标准高出数倍,修正后的征收标准可以驱使人们在围海造地活动中重新进行思考与权衡,能够有效地抑制过度围填活动,进而减少其造成的生态服务损失,有利于海岸带地区的可持续发展和综合效益最大化。在本研究评价模型中,只考虑围填海活动的直接生态服务损害,而其对周围

生态系统的间接影响没有得到充分体现,并且在农业围填海中应分别针对围海养殖和填海造地、非农业围填海中针对工业填海和商业填海进行重新分析评价,对红树林、海草等生态自然保护区进行详细评价,具有针对性地建立更为详细的、科学的征收标准。

8.5 海岸带生态系统服务压力评价

海岸因其资源环境及区位优势,吸附了大量的人力、财力和物力,其生态系统服务承受巨大的压力。定量地对压力进行评估,可科学地规划海岸利用模式和规模。考虑到在压力下的海岸带生态系统服务能力并非线性变化,这里将引入突变理论来完成对海岸带生态系统服务的压力模拟。

海岸带生态系统的变化过程是非线性的,包括许多跳跃过程,这种由量变累积而引起质变的不连续性通过常规微积分的方法是无法较好解决的。突变理论(catastrophe theory)是20世纪70年代发展起来的一门新的拓扑学理论,能直接处理不连续性问题,在各领域有广泛应用。其中突变级数法由突变理论衍生以解决多准则决策问题,用突变模糊隶属函数将突变理论同模糊数学结合,可以较为合理、客观地进行多目标评价(郭健,2004)。与层次分析法相比,突变级数法可避免权重确定过程因目标间矛盾性及主观性所带来的偏差。

1. 初等突变论模型

突变理论的研究对象是系统的势函数。势函数通过系统的控制变量与状态变量描述系统行为,状态变量表示系统的行为状态,控制变量为影响行为状态的诸因素。突变理论把状态曲面的奇点集映射到控制空间,得到状态变量在控制空间的轨迹——分叉集。处于分叉集中的控制变量值会使势函数发生突变。根据拓扑学原理构造突变理论的数学模型,可对系统各类突变现象进行分类(周绍江,2003;魏婷,2008)。当控制变量的个数不超过4时,有4种基本的突变模型:折迭型、尖点型、燕尾型、蝴蝶型(表8.17)。如果控制变量个数超过4个,则需用因子分析法进行提纯。

表 8.17 常用突变模型

突变模型	控制变量	势函数	分歧集方程	归一公式
折叠突变	1	$F(x)=\dfrac{1}{3}x^3+ax$	$a=-3x^2$	$x_a=a^{1/2}$
尖点突变	2	$F(x)=\dfrac{1}{4}x^4+\dfrac{1}{2}ax^2+bx$	$a=-6x^2$ $b=8x^3$	$x_a=a^{1/2}$ $x_b=b^{1/3}$
燕尾突变	3	$F(x)=\dfrac{1}{5}x^5+\dfrac{1}{3}ax^3+\dfrac{1}{2}bx^2+cx$	$a=-6x^2$ $b=8x^3$ $c=-3x^4$	$x_a=a^{1/2}$ $x_b=b^{1/3}$ $x_c=c^{1/4}$
蝴蝶突变	4	$F(x)=\dfrac{1}{6}x^6+\dfrac{1}{4}ax^4+\dfrac{1}{3}bx^3+\dfrac{1}{2}cx^2+dx$	$a=-10x^2$ $b=20x^3$ $c=-15x^4$ $d=4x^5$	$x_a=a^{1/2}$ $x_b=b^{1/3}$ $x_c=c^{1/4}$ $x_d=d^{1/5}$

注:$F(x)$为势函数,x为状态变量,a、b、c、d为控制变量。

2. 突变级数评价步骤

1）一般情况下，突变级数法需先对评价对象进行分解，建立倒树状多层次结构模型，从评价总目标到下层目标再到子目标，原始数据只需知道最下层子目标数据即可（滕克，2005）。评价指标确定后，各指标的重要程度可根据评价值的经验进行确定，在同一层次指标中，根据指标的重要程度进行前后排列。由于一般突变系统的控制变量不超过4个，故各层指标（控制变量）也不超过4个。

2）层次结构模型建立后，需确定各层次体系的突变模型，各突变模型如表8.17所示。在指标体系中，若一个指标可以分为两个子指标，该系统可视为尖点突变系统，若一个指标可分解为3个子指标，则可视为燕尾突变系统，相应4个子指标可视为蝴蝶突变系统。

3）归一公式中，控制变量 a、b、c、d 代表状态变量 x 不同方面特性，其原始数据范围和单位均不同，无法进行相互比较，因此在使用归一公式之前，需要将原始数据转化到 $[0,1]$ 无量纲可比较数值。无量纲化公式为正向指标，$y_{i,j} = x_{i,j}/\max(x_{i,j})$；逆向指标，$y_{i,j} = 1 - x_{i,j}/\max(x_{i,j})$，其中，$i=1,2,\cdots,m$（$m$ 为指标数）；$j=1,2,\cdots,n$（n 为评价目标数）。利用归一公式计算各控制变量的突变级数值，并逐步向上综合，直至得到总突变隶属函数值。利用突变理论进行模糊综合评价时，必须考虑"互补"、"非互补"两个原则，对于指标之间存在相互关联作用的互补型指标，对应的 x 按平均值法取值，即 $x=(xa+xb+xc+xd)/4$；对于指标之间不存在明显相互关联作用的非互补型指标，选取最小值作为系统 x 值，即 $x=\min(xa,xb,xc,xd)$。

3. 珠江口海岸带生态系统压力评价分析

1）在之前对各时期珠江口海岸带生态系统服务价值评价结果以及围填海影响分析的基础之上，收集研究区其他相关统计资料，构建珠江口海岸带生态系统压力评价体系，选取海岸带自然环境系统、社会经济系统共计12个指标，按前文的评价流程对研究区6个地级市海岸进行突变级数法评价，研究区各岸段无量纲化数据为表8.18。

表 8.18 珠江口海岸带各岸段无量纲化压力指标

A层指标	B层指标	C层指标	江门岸段	珠海岸段	中山岸段	广州岸段	东莞岸段	深圳岸段
A₁ 海岸带自然环境	B₁ 海岸带生态系统服务价值	C₁ 支持服务价值	0.228	0.684	0.506	0.000	0.472	0.845
		C₂ 调节服务价值	0.000	0.481	0.305	0.252	0.303	0.761
		C₃ 供给服务价值	0.000	0.483	0.169	0.134	0.169	0.762
		C₄ 文化服务价值	0.000	0.548	0.635	0.254	0.603	0.802
	B₂ 生态系统状态	C₅ 景观多样性	0.000	0.347	0.344	0.342	0.349	0.345
		C₆ 景观破碎程度	0.602	0.714	1.000	0.990	0.982	0.605
		C₇ 景观聚集程度	0.209	0.058	0.319	0.347	0.345	0.140
	B₃ 灾害	C₈ 台风灾害	1.000	0.900	0.600	0.300	0.500	0.900
A₂ 社会经济环境	B₄ 海岸开发活动	C₉ 围填海程度	0.084	1.000	0.830	0.744	0.391	0.430
		C₁₀ 人工岸线比率	0.525	0.947	1.000	0.992	0.988	0.861
	B₅ 人口压力	C₁₁ 人口密度	0.101	0.198	0.319	0.301	0.628	1.000
		C₁₂ 人类干扰指数	0.218	0.094	0.678	0.431	0.909	1.000

部分资料来源：国家统计局，1996～2006年

2）利用突变模型归一公式自下而上逐步综合，以深圳市岸段为例，说明各层指标的计算过程：

C_1、C_2、C_3、C_4构成蝴蝶突变模型，按互补原则计算如下：$X_{B1}=(X_{C1}^{1/2}+X_{C2}^{1/3}+X_{C3}^{1/4}+X_{C4}^{1/5})/4=(0.845^{1/2}+0.761^{1/3}+0.762^{1/4}+0.802^{1/5})/4=0.931$

C_5、C_6、C_7构成燕尾突变模型，按互补原则计算如下：$X_{B2}=(X_{C5}^{1/2}+X_{C6}^{1/3}+X_{C7}^{1/4})/3=(0.345^{1/2}+0.605^{1/3}+0.000^{1/4})/3=0.478$

C_8构成折叠突变系统，$X_{B3}=X_{C8}^{1/2}=0.949$

C_9、C_{10}构成尖点突变系统模型，按互补原则计算如下：$X_{B4}=(X_{C9}^{1/2}+X_{C10}^{1/3})/2=(0.430^{1/2}+0.861^{1/3})/2=0.804$

C_{11}、C_{12}构成尖点突变系统模型，按互补原则计算如下：$X_{B5}=(X_{C11}^{1/2}+X_{C12}^{1/3})/2=(1^{1/2}+1^{1/3})/2=1.000$

B_1、B_2、B_3构成燕尾突变模型，按取小原则计算如下：$X_{A1}=\min(X_{B1}^{1/2},X_{B2}^{1/3},X_{B3}^{1/4})=\min(0.931^{1/2},0.478^{1/3},0.949^{1/4})=0.782$

B_4、B_5构成尖点突变系统模型，按取小原则计算如下：$X_{A2}=\min(X_{B4}^{1/2},X_{B5}^{1/3})=\min(0.804^{1/2},1.000^{1/3})=0.896$

A_1、A_2构成尖点突变系统模型，按取小原则计算如下：$X=\min(X_{A1}^{1/2},X_{A2}^{1/3})=\min(0.782^{1/2},0.896^{1/3})=0.884$

同理，可计算得出珠江口海岸带其他岸段地区的生态压力得分，计算结果如表8.19所示。

表 8.19　珠江口海岸带各岸段压力得分及排名

海岸分段	江门岸段	珠海岸段	中山岸段	广州岸段	东莞岸段	深圳岸段
生态压力评价得分	0.588	0.915	0.926	0.841	0.923	0.884
排名	6	3	1	5	2	4

结果表明：中山岸段是珠江口海岸带区域生态系统价值较高且承受压力最大的区域，其余岸段生态压力评价得分依次为东莞岸段、珠海岸段和深圳岸段和广州岸段，而江门岸段的生态压力最小。若将江门岸段设为健康状态，则珠江口其余岸段均处于高压高胁迫的非健康状态，这与实际情况基本相符。快速城市化、日益严重的污染和土地资源逐渐匮乏等问题，使得珠江口海岸带生态系统服务能力逐年下降，赤潮等灾害频发，生态环境承载力趋于饱和。因此，在制定珠江口地区未来发展战略时，当转移方向，向腹地发展，减少压力以修复生态环境，优化产业结构和城镇布局，增加绿地和自然保护区面积等措施对珠江口生态系统进行恢复。

8.6　海岸开发利用及生态价值预测模拟

8.6.1　模型构建及参数设定

海岸开发利用生态系统服务价值的模拟预测，核心在于海岸开发利用预测。海岸开发利用预测模型可借鉴土地利用预测模型进行。土地利用预测模型是研究土地利用特征、变化过程和对生态系统及环境影响的重要工具(何春阳等,2005),主要有元胞自动机模型(cellular automata,CA)、GTR模型(generalized thunen-ricardian)、GEOMOD模型以及CLUE模型(conversion of land use and its effects)等。

元胞自动机模型是一种应用较为广泛的土地利用格局模拟模型,其包括单元、状态、规则和邻域4个组成部分,各单元具有特定的状态,而各单元的状态则根据规则进行变化,其状态属性取决于前一时刻的属性和邻域。元胞自动机模型可以模拟系统中复杂的时空变化,尤其适用于城市土地利用的模拟,其邻域函数和转换规则的确定需要依靠专家知识和经验(Verburg et al.,1999)。

GTR模型是传统地租理论杜能模型(Thunen model)的延伸,其将城镇发展作为土地利用变化的主要驱动力。结合珠江口的自然条件,构建模型的两个动力因素。其中的杜能成分包括城镇中心人口和农村与城镇间距离,代表着来自区域城市中心的影响方面的两个状态变量(龙花楼和李秀彬,2001)。该模型的特点是偏重于经济分析,忽视了土地利用变化的内在机制。

GEOMOD模型是基于地理的土地利用变化模拟模型,由马里兰大学和纽约州立大学共同开发,其主要应用于大尺度范围研究,主要用于预测"已开发用地"与"未开发用地"之间的变换,其土地利用类型转化需遵循以下4条基本原则:最大功率原则、相邻开发原则、扩散原则以及匀速变化原则。

CLUE模型是动态、多尺度土地利用变化空间分布模拟模型,由4个主要的模块组成:需求模块、人口模块、产量模块以及空间分配模块。CLUE模型用复合类型表示所模拟的土地利用特征,主要用于发现较大尺度的土地利用变化热点区。在CLUE模型的基础之上,各学者和研究机构纷纷对其进行了改进。其中,CLUE-S模型(the conversion of land use and its effects at small region)是由荷兰Wageningen University的研究人员开发,与原CLUE模型不同,CLUE-S模型针对中小尺度的土地利用变化模拟,兼顾了影响土地利用变化的社会经济和自然驱动因素,并在空间上模拟出变化的过程和结果,具有更高的可信度(Verburg et al.,2002)。CLUE-S模型可以分为需求模拟模块(非空间分析模块)和空间模拟模块。需求模拟模块通过分析自然、社会经济因素,研究各土地利用类型的需求。空间模拟模块是将需求模拟模块的结果在研究区各空间位置进行分配。从研究区尺度和研究目标的角度出发,本节将CLUE-S模型与海岸带生态系统时空差异服务功能评价模型相结合,构建海岸带生态系统服务价值模拟模型,并将之应用到珠江口2020年海岸开发利用的生态评估中。模型结构如图8.8所示。其计算流程及参数设定如下。

1)以珠江口海岸带1995年、2000年和2005年3期数据为基础,参考CLUE-S模型的特性以及研究区的范围特征,将各期数据空间分辨率统一为280m×280m。

2)选择珠江口海岸带高程、坡度、距海岸距离、距公路距离、距城镇距离、距农村距离、土壤类型和地貌类型,共8种变化驱动因子(图8.9)。各驱动因子均以ASCII格式输入模型。

3)Logistic回归分析获取各土地利用类型与驱动力因子之间的关系,表达式如(8.9)所示:

$$\mathrm{Log}\left(\frac{P_i}{1-P_i}\right)=\beta_0+\beta_1 X_{1i}+\beta_2 X_{2i}+\cdots+\beta_n X_{ni} \tag{8.9}$$

式中,P_i为各栅格出现第i类土地利用类型的概率;X为各驱动因子;β为各驱动因子的回归系数。各类驱动因子的回归系数见表8.20。

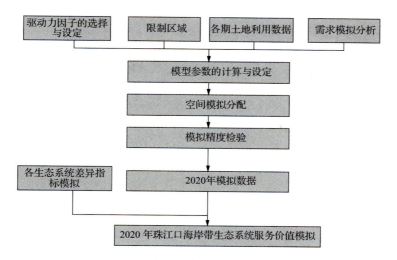

图 8.8　模型流程图

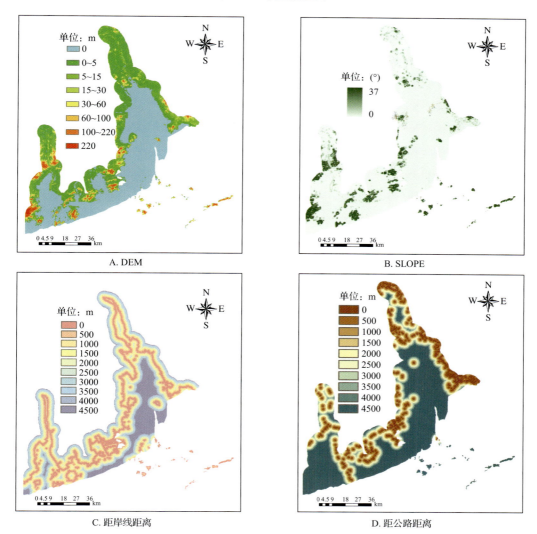

A. DEM

B. SLOPE

C. 距岸线距离

D. 距公路距离

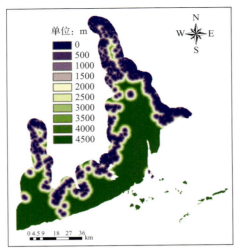

E. 距城镇距离

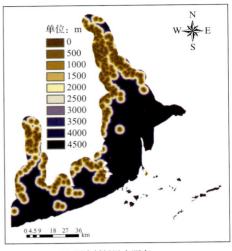

F. 距农村居民点距离

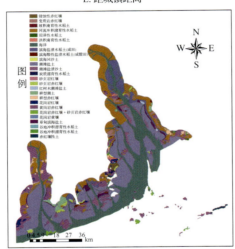

G. 土壤类型

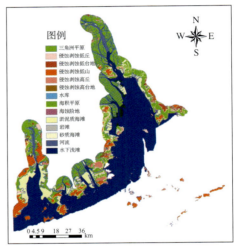

H. 地貌类型

图 8.9　各变化驱动因子图

表 8.20　各类型回归系数

驱动因子	耕地	林地	湿地	红树林	草地	居民地	裸土地
DEM	−0.005	−0.006	−0.020	0.048	0.015	−0.005	0.127
SLOPE	−0.064	−0.088	−0.092	−0.109	0.081	−0.065	−0.669
岸线距离	0.000	0.000	0.000	0.002	0.001	0.000	0.008
公路距离	0.000	0.000	0.000	−0.002	−0.001	0.000	−0.001
城镇距离	0.000	−0.001	−0.001	−0.004	−0.004	−0.001	−0.013
农村距离	0.000	0.000	0.000	−0.001	0.000	−0.001	−0.003
地貌类型	−0.020	−0.138	−0.670	−0.283	−0.458	−0.279	−0.308
土壤类型	0.013	−0.010	−0.039	−6.568	−8.118	−0.035	−5.564
常量	−0.358	1.321	1.026	−2.348	3.840	1.778	−29.892
ROC	0.675	0.817	0.893	0.991	0.982	0.867	0.999

4) CLUE-S 模型进行模拟需要输入各类参数文件,其中包括:

a) 模型模拟开始年份的土地利用类型数据。在检验精度流程中将其设定为 1995 年土地利用数据,而在模拟 2020 年格局时将其设定为 2005 年土地利用数据。

b) 逐年土地需求量。在不同的情景模拟分析中,此参数起到决定作用。在检验精度流程中,假定 1995～2000 年,各土地利用类型匀速变化算得逐年土地需求量。而在模拟 2020 年格局流程中,根据《珠江三角洲地区改革发展规划纲要(2008—2020 年)》《广东省土地利用总体规划(2006～2020 年)》《广东省环境保护规划纲要(2006—2020 年)》等资料对该参数进行赋值,规划中部分类型的预期数量见表 8.21。

表 8.21　2005～2020 年部分类型预期数量表

	耕地		林地		建筑用地		草地	
	2005 年	2020 年	2005 年	2020 年	2005 年	2020 年	2005 年	2020 年
广东省	295.27	290.87	1015.74	1026.16	171.53	200.60	2.76	2.74
广州	10.41	12.8	25.72	25.98	14.95	17.72	0.01	0.01
深圳	0.45	0.43	5.90	5.96	8.39	9.76	0.00	0.00
珠海	2.02	2.76	4.06	4.10	4.78	5.62	0.05	0.05
东莞	1.49	3.16	3.70	3.73	9.83	11.77	0.02	0.02
中山	4.58	4.96	3.53	3.57	4.42	5.42	0.00	0.00
江门	20.69	19.57	44.48	44.93	10.09	11.49	0.03	0.03

c) 区域限制文件。其内容为 ASCII 格式的限制图,其值为 0 或 -9999,0 表示该区域可以发生类型转变,而 -9999 表示该区域为不可发生转变的限制区。

d) 驱动因子参数。其为 ASCII 格式的各驱动因子,* 表示序号,从 0～7 分别设置为高程、坡度、距海岸距离、距公路距离、距城镇距离、距农村距离和土壤类型。

e) 转移矩阵参数。其内容为 $k \times k$ 矩阵,k 为类型个数,其值可为 0、1 两种,其中 0 表示不能转变,1 表示可以转变。参考所选珠江口海岸带各期土地利用数据的特点和变化趋势,将居民地和红树林设为不可被侵占,河流与湖泊不发生变化,其余类型均设为可以转变。

f) 模型基本设定参数。其内包括类型数、类型代码、驱动因子数等十余项。

g) 回归结果参数。需要依据前文的计算结果并按照模型要求格式进行赋值。

8.6.2　模型有效性及精度

对于计算回归系数的精度,可以用 ROC(relative operating characteristics)曲线进行检验,根据曲线下方的面积进行评价,其值域范围为 0～1,值越大说明该地类概率分布和真实的地类分布之间具有越好的一致性,回归方程可以更好地模拟该地类的空间分布,分配结果越精确。一般认为该值越趋近 0.5 时,回归方程对地类分布意义越小,各类型 ROC 曲线检验结果见表 8.22。结果显示模型的拟合程度较好。

表 8.22　各类型模拟 ROC 曲线

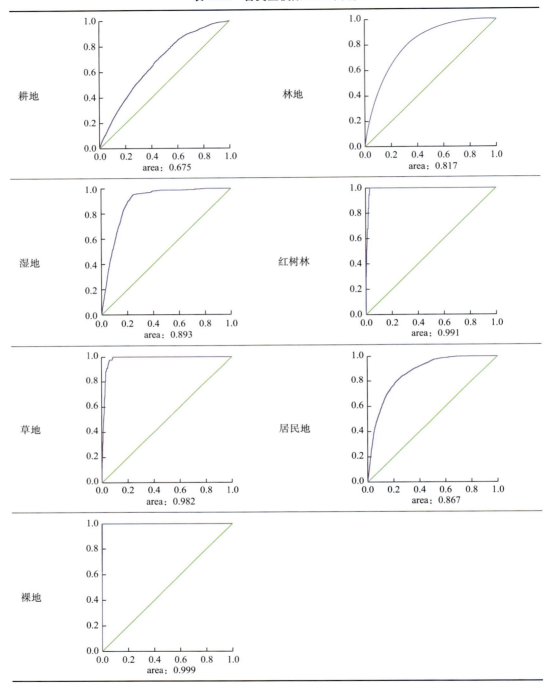

耕地　area: 0.675

林地　area: 0.817

湿地　area: 0.893

红树林　area：0.991

草地　area: 0.982

居民地　area: 0.867

裸地　area: 0.999

　　对 2020 年珠江口海岸带土地利用格局以及生态系统服务价值进行模拟之前,需要对模型的模拟结果精度进行检验以证明模型的有效性。选取珠江口海岸带 1995 年和 2000 年两期数据,以珠江口海岸带 1995 年数据为基期数据进行模拟 2000 年土地利用类型图,进而对模拟结果与实际数据进行比较以评价模拟精度。在按上文进行参数设定后,即运行模型进行模拟,珠江口海岸带 2000 年土地利用实际情况与模拟结果如图 8.10 所示。

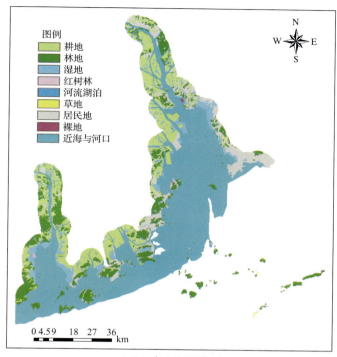

A. 2000 年土地利用情况

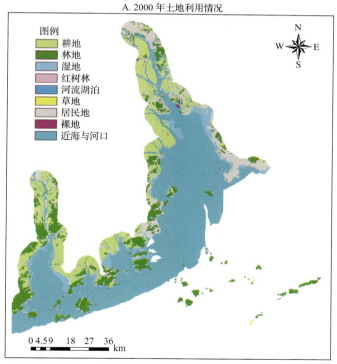

B. 2020 年模拟土地利用数据

图 8.10　珠江口 2000 年土地利用数据与模拟结果对比图

利用珠江口海岸带 2000 年实际土地利用图对模拟结果的精度进行验证,通过 Kappa 指数(8.10)对模拟结果精度进行定量评价,公式如下:

$$\text{Kappa index} = (P_a - P_c)/(P_e - P_c) \qquad (8.10)$$

式中,P_a 为模拟结果与实际相符的栅格比率;P_c 为期望得到的随机正确模拟比率;P_e 为理想情况下正确模拟的比率。

利用栅格运算,将珠江口海岸带 2000 年模拟结果与 2000 年实际土地利用数据相减,结果中栅格值为 0 的栅格数即为模拟正确的栅格数,共计 67 894 个,与总栅格数 75 555 的比率为 89.86%。而理想情况下正确模拟的比率为 100%,期望得到的随机正确模拟比率为 12.5%。进而可计算出模拟结果的 Kappa 指数为 0.8841,模拟结果具有较高吻合度,精度较高,说明该模型可用于珠江口海岸带 2020 年土地利用及生态服务价值的模拟研究。

8.6.3 生态价值预测分析

1)根据之前的模型有效性验证可知,采用 CLUE-S 模型可以较为精确地对珠江口海岸带土地利用格局进行模拟研究。在此基础上,采用珠江口海岸带 2005 年土地利用数据作为基期数据,对 2020 年珠江口海岸带土地利用数据进行模拟计算,模拟之前需要对模型部分参数进行修改,模拟结果如图 8.11 所示。

通过对比 2005 年与 2020 年珠江口海岸带各用地类型模拟结果(图 8.12)可知,在 2005～2020 年,珠江口海岸带地区各类型将发生明显变化,其中,居民建筑用地将持续增加 9024hm²,伶仃洋东岸形成大规模城市带。红树林增长幅度也较大,增加面积 2015hm²。林地增加 925hm²;滨海湿地、裸地、耕地将下降,减少面积分别为 2030hm²、1451hm² 和 808hm²;珠江口围填海将继续增加 6650hm²。

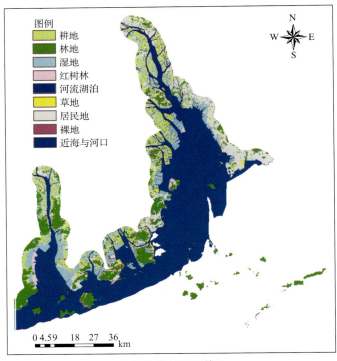

A. 2005 年土地利用情况

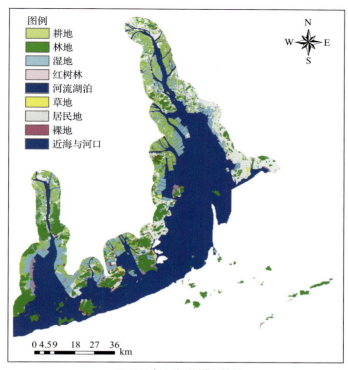

B. 2020 年土地利用模拟结果

图 8.11　珠江口 2005 年土地利用实际情况与 2020 年模拟结果对比图

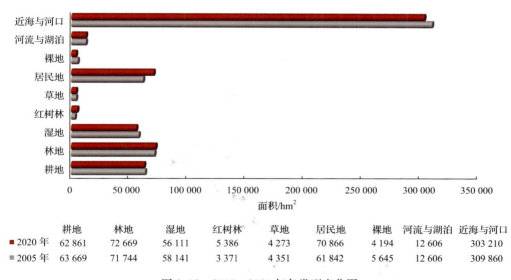

	耕地	林地	湿地	红树林	草地	居民地	裸地	河流与湖泊	近海与河口
2020 年	62 861	72 669	56 111	5 386	4 273	70 866	4 194	12 606	303 210
2005 年	63 669	71 744	58 141	3 371	4 351	61 842	5 645	12 606	309 860

图 8.12　2005～2020 年各类型变化图

2）在珠江口海岸带 2020 年各类型模拟结果的基础上，进行生态系统服务功能价值模拟，需首先确定 2020 年珠江口海岸带生态系统的状态差异指数、稳定性差异指数和区域经济差异性指数，根据往期指数数据，分别对各指标进行回归分析模拟，根据不同指标的特征，对状态差异指数采用平均回归模拟，而稳定性差异指数和区域经济差异指数均采用线性回归进行模拟,结果如表 8.23 所示。

表 8.23　2020 年珠江口生态系统差异指标模拟结果

类型	区域状态差异指数	稳定性差异指数	区域经济差异指数
耕地	1.227 5	2.623	
林地	1.097 5	3.122	
草地	1.607 5	4.808	
裸地	0.475	17.499	1.083
湿地	—	0.199	
红树林	0.965	4.36	
河流与湖泊	—	1.221	

　　3)将 CLUE-S 模型对珠江口海岸带 2020 年的模拟结果和各类生态系统差异指标模拟结果带入生态系统服务价值评价模型,即可模拟出 2020 年珠江口海岸带生态系统服务价值,结果如图 8.13A 所示。将模拟结果与 2005 年生态系统服务价值评价数据进行栅格运算,即可得到 2005～2020 年期间的生态系统服务价值变化量,结果见图 8.13B。

　　通过对模拟结果的分析可知,在根据国家发展和改革委员会颁布的《珠江三角洲地区改革发展规划纲要(2008—2020 年)》、《广东省土地利用总体规划(2006—2020 年)》、《广东省环境保护规划纲要(2006—2020 年)》等资料所制定的模拟情景中,从 2005～2020 年这 15 年期间,珠江口海岸带生态系统服务价值将延续减少的趋势,年均提供服务价值与 2005 年相

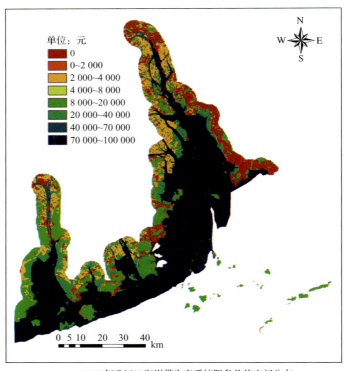

A. 2020年珠江口海岸带生态系统服务价值空间分布

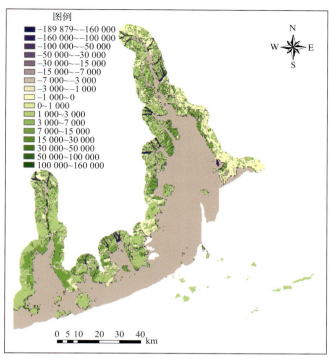

B. 2005~2020 年生态服务单位面积价值变化

图 8.13　2020 年珠江口海岸带生态系统服务价值空间分布及变化模拟图

比减少 9.36 亿元,其中由于围填海活动而导致的损失量为 1.63 亿元。珠江口海岸带生态系统服务价值减少量要小于 2000~2005 年的 18.31 亿元,说明珠江口海岸带生态系统的压力有变小趋势。从各地级市海岸带生态系统服务价值变化来分析(图 8.14),2000~2005 年,广州市和江门市的服务价值量有所增长,增长量分别为 2.21 亿元和 3.35 亿元,而其余 4 个地级市服务价值量均减少,其中珠海市减少量最多,为 12.22 亿元。

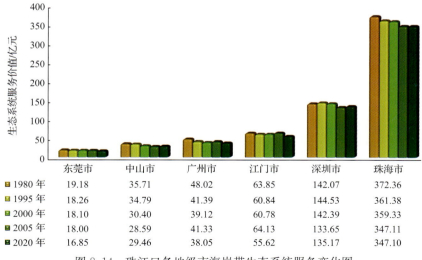

	东莞市	中山市	广州市	江门市	深圳市	珠海市
1980 年	19.18	35.71	48.02	63.85	142.07	372.36
1995 年	18.26	34.79	41.39	60.84	144.53	361.38
2000 年	18.10	30.40	39.12	60.78	142.39	359.33
2005 年	18.00	28.59	41.33	64.13	133.65	347.11
2020 年	16.85	29.46	38.05	55.62	135.17	347.10

图 8.14　珠江口各地级市海岸带生态系统服务变化图

参 考 文 献

陈吉余.1989.中国海岸发育过程和演变规律.上海:上海科学技术出版社.

陈吉余,恽才兴,徐海根,董永发.1979.长江三角洲的地貌发育.海洋学报,1(1):103-111.

陈建伟,黄桂林.1995.中国湿地分类系统及其划分指标的探讨.林业资源管理,5:65-71.

陈士标,李强.2000.中国海洋统计年鉴.北京:海洋出版社.

陈述彭.1990.卫星遥感信息与华北平原第四纪环境变迁研究.第四纪研究,1:51-63.

陈述彭.1996.海岸带及其持续发展.遥感信息,(3):6-12.

陈则实,王文海,吴桑云.2007.中国海湾引论.北京:海洋出版社.

谌艳珍,方国智,倪金,等.2010.辽河口海岸线近百年来的变迁.海洋学研究,28(2):14-21.

程连生,孙承平.2003.我国海岸带经济环境与经济走势分析.经济地理,23(2):211-215.

戴志军,李春初,王文介,等.2006.华南弧形海岸的分形和稳定性研究.海洋学报,28(001):176-180.

丁一汇,任国玉,石广玉,等.2006.气候变化国家评估报告(Ⅰ):中国气候变化的历史和未来趋势.气候变化研究进展,2(1):3-8.

樊玉山,刘纪远.1992.西藏自治区土地利用.北京:科学出版社.

冯金良,郑丽.1997.海岸线分维的地质意义浅析.海洋地质与第四纪地质,17(001):45-51.

冯险峰.2006.海岸带地貌制图研究.北京:中国科学院地理科学与资源研究所博士学位论文.

高志强,刘纪远,庄大方.1999.中国土地资源生态环境质量状况分析.自然资源学报,14(1):92-96.

葛瑞卿.1994.海岸带资源性资产的类型分析.海洋开发与管理,11(3):13-15.

广东省国土资源厅.2009.广东省土地利用总体规划(2006—2020年).

广东省国土总体规划办公室.1988.广东省国土规划专题规划之十一:海岸带及滩涂开发利用.内部资料.

广东省海洋与水产厅海洋综合开发处.1998.广东省沿海重点海湾海水养殖发展规划.广东:广东科技出版社.

广东省海洋与渔业局.2009.2008年广东省海洋环境质量公报.

广东省人民政府.2005.广东省海域使用费征收使用管理暂行办法.http://www.gd.gov.cn/govpub/zfwj/zfxxgk/gfxwj/yf/200809/t20080916_67139.htm.

广东省人民政府.2006.广东省环境保护规划纲要(2006—2020年).

郭健.2004.突变理论在复杂系统脆性理论研究中的应用.黑龙江:哈尔滨工程大学.

郭伟,朱大奎.2005.深圳围海造地对海洋环境影响的分析.南京大学学报(自然科学版),41(3):286-296.

国家发展和改革委员会.2008.珠江三角洲地区改革发展规划纲要(2008—2020年).

国家海洋局.1995-2004.中国海洋统计年鉴.北京:海洋出版社.

国家海洋局.1995-2008.中国海洋环境质量公报.

国家海洋局.2002.2002年海域使用管理公报.

国家海洋局.2004.2003年中国海平面公报.http://www.soa.gov.cn/zwgk/hygb/zghpmgb/201211/t20121105_5562.html.

国家海洋局.2009.中国海洋环境质量公报.http://www.coi.gov.cn/gongbao/huanjing/201107/t20110729_17485.html.

国家海洋局908专项办公室.2005.海岛海岸带卫星遥感调查技术规程.北京:海洋出版社.

国家环境保护总局.1995-2005.中国近海海域环境质量公报.

国家环境保护总局.2006a.中国保护海洋环境免受陆源污染.

国家环境保护总局.2006b.中国环境科学研究院.保护海洋环境免受陆基活动影响中国行动计划编制技术大纲.国家行动计划编制研讨会材料(之二).

国家环境保护总局.2007.中国近海海域环境质量公报.http://jcs.mep.gov.cn/hjzl/jagb/07hygb/.

国家统计局.1996.中国统计年鉴.http://www.stats.gov.cn/tjsj/ndsj/information/njml.html.

国家统计局.1997.中国统计年鉴.http://www.stats.gov.cn/tjsj/ndsj/information/njml.html.

国家统计局.1998.中国统计年鉴.http://www.stats.gov.cn/tjsj/ndsj/information/nj98n/index98.htm.

国家统计局.1999.中国统计年鉴.http://www.stats.gov.cn/yearbook/indexC.htm.

国家统计局.2000.中国统计年鉴.http://www.stats.gov.cn/tjsj/ndsj/zgnj/mulu.html.

国家统计局.2001.中国统计年鉴.http://www.stats.gov.cn/tjsj/ndsj/2001c/mulu.htm.

国家统计局.2002.中国统计年鉴.http://www.stats.gov.cn/yearbook2001/indexC.htm.

国家统计局.2003.中国统计年鉴.http://www.stats.gov.cn/tjsj/ndsj/yearbook2003_c.pdf.

国家统计局.2004.中国统计年鉴.http://www.stats.gov.cn/tjsj/ndsj/yb2004-c/indexch.htm.

国家统计局.2005.中国统计年鉴.http://www.stats.gov.cn/tjsj/ndsj/2005/indexch.htm.

国家统计局.2006.中国统计年鉴.http://www.stats.gov.cn/tjsj/ndsj/2006/indexch.htm.

国家质量技术监督局.2000.海洋学术语:海洋地质学(GB/T18190—2000).北京:中国标准出版社.

韩维栋,高秀梅,卢昌义,等.2000.中国红树林生态系统生态价值评估.生态科学,19(1):40-46.

何春阳,史培军,陈晋,等.2005.基于系统动力学模型和元胞自动机模型的土地利用情景模拟研究.中国科学D辑:地球科学,35(5):464-473.

何桂芳,袁国明,李凤岐.2004.珠江口沿岸城市经济发展对珠江口水质的影响.海洋环境科学,23(4):50-52.

何执兼,关履基.2001.广东省海岸带湿地遥感调查与开发.中山大学学报,40(5):122-126.

黄长江,董巧香,林俊达,等.2008.粤东大规模海水增养殖区柘林湾表层沉积物中的含水量、有机质、氮和磷.海洋学报,30(3):38-50.

黄长江,董巧香,吴常文,等.2005.大规模增养殖区柘林湾叶绿素a的时空分布.海洋学报,27(2):127-134.

黄长江,董巧香,郑磊.1999.1997年底中国东南沿海大规模赤潮原因生物的形态分类与生态学特征.海洋与湖沼,30(6):581-590.

黄长江,杜虹,陈普文,等.2004.2001-2002年柘林湾大量营养盐的时空分布.海洋与湖沼,35(1):21-29.

黄鹄,戴志军,胡自宁,黄志强.2005.广西海岸环境脆弱性研究.北京:海洋出版社.

黄健东,江涓,倪培桐,等.2009.惠州LNG电厂取排水工程研究,广东水利水电,18:5-8.

黄良民.2004.饶平海洋生态环境与经济持续协调发展浅析.饶平论坛.

黄贤金.1993.海涂资源经济评价的理论与方法.海洋与海岸带开发,10(2):5-8.

黄镇国,李平日.1982.珠江三角洲形成发育演变.广州:科学普及出版社广州分社.

季中淳.1981.温州地区海滨沼泽的初步研究.地理科学,1(1):77-84.

季子修.1996.中国海岸侵蚀特点及侵蚀加剧原因分析.自然灾害学报,5(002):65-75.

贾宁风,段建南,乔志敏.2007.土地利用空间分布与地形因子相关性分析方法.经济地理,27(2):310-312.

姜文来.2004.自然资源资产折补研究.中国人口·资源与环境,14(5):8-11.

蒋耀.2009.基于层次分析法(AHP)的区域可持续发展综合评价——以青浦区为例.上海交通大学学报,(4):566-571.

金建君,恽才兴.2001.海岸带可持续发展及其指标体系研究——以辽宁省海岸带部分城市为例.海洋通报,20(1):61-66.

柯东胜,关志斌,余汉生,等.2007.珠江口海域污染及其研究趋势.海洋环境科学,26(5):488-491.

黎景良,后斌,危双峰,等.2007.基于 DEM 的广东省山区土地利用变化分析.测绘通报,6:53-57.

黎夏,刘凯,王树功.2006.珠江口红树林湿地演变的遥感分析.地理学报,61(1):26-34.

黎裕成.2002.GIS 在柘林湾生态研究中的应用.广东:汕头大学博士学位论文.

李从先,范代读.2002.构造运动与中国沿岸平原的地质灾害.自然灾害学报,11(001):28-33.

李从先,陈刚,姚明.1988.我国河流输沙对海岸和大陆架沉积的影响.同济大学学报(自然科学版).2:
    138-147.

李德潮,吴平生.1995.海岸带资源性产计价方法初探.海洋开发与管理,12(1):43-46.

李健.2006.海岸带可持续发展理论及其评价研究.辽宁:大连理工大学博士学位论文.

李金昌.1999.要重视森林资源价值的计量和应用.森林资源管理,5:43-46.

李平日.2011.重新审视珠江三角洲海面升降问题.热带地理,(01):34-38.

李崧,邱微,赵庆良,等.2006.层次分析法应用于黑龙江省生态环境质量评价研究.环境科学,27(5):
    1031-1034.

李猷,王仰麟,彭建,等.2009.深圳市 1978 年至 2005 年海岸线的动态演变分析.资源科学,31(5):
    875-883.

刘红,何青,Jan W G 等.2011.长江口入海泥沙的交换和输移过程——兼论泥沙区的"泥库"效应.地理
    学报,66(3):291-304.

刘慧平,朱启疆.1999.应用高分辨率遥感数据进行土地利用与覆盖变化监测的方法及其研究进展.资源
    科学,21(3):23-27.

刘纪远.1992.西藏自治区土地利用.北京:科学出版社.

刘纪远.1996.中国资源环境遥感宏观调查与动态研究.北京:中国科学技术出版社.

刘凯,黎夏,王树功,等.2005.珠江口近 20 年红树林湿地的遥感动态监测.热带地理,2(25):111-116.

刘明亮,庄大方,胡文岩,等.2001.基于地貌和空间分异特征的中国近期耕地变化分析.资源科学,
    23(5):11-16.

刘容子.1994.我国滩涂资源价值量核算初探.海洋开发与管理,11(4):25-30.

刘孝贤,赵青.2004.基于分形的中国沿海省区海岸线复杂程度分析.中国图象图形学报,9(10):
    1249-1257.

刘岩,张珞平.2001.以海岸带可持续发展为目标的战略环境评价.中国环境科学,21(1):45-48.

刘彦随,彭留英,王大伟.2005.东南沿海地区土地利用转换态势与机制分析.自然资源学报,20(3):
    333-339.

龙花楼,李秀彬.2001.长江沿线样带土地利用变化时空模拟及其对策.地理研究,20(6):560-568.

陆健健.1996.中国滨海湿地的分类.环境导报,1:1-2.

栾维新,崔红艳.2004.基于 GIS 的辽河三角洲潜在海平面上升淹没损失评估.地理研究,23(6):
    805-814.

罗章仁.1997.香港填海造地及其影响分析.地理学报,52(3):220-227.

马柱国.2005.黄河径流量的历史演变规律及成因.地球物理学报,48(006):1270-1275.

茅志昌,郭建强,虞志英,等.2008.杭州湾北岸岸滩冲淤分析.海洋工程,26(1):108-113.

茅志昌,郭建强,赵常青.2006.杭州湾北岸金汇潮滩冲淤分析.海洋湖沼通报,4:9-16.

孟伟.2005.渤海典型海岸带生境退化的监控与诊断研究.青岛:中国海洋大学博士学位论文.

倪晋仁,殷康前,赵智杰.1998.湿地综合分类研究:Ⅳ.分类.自然资源学报,13(3):214-221.

欧维新,杨桂山,于兴修.2005.海岸带自然资源价值评估的研究现状与趋势.海洋通报,24(2):79-86.

欧阳志云,赵同谦,赵景柱,等.2004.海南岛生态系统生态调节功能及其生态经济价值研究.应用生态学

报,15(8):1395-1402.

潘桂娥. 2005. 辽河口演变分析. 泥沙研究,1:57-62.

庞家珍,张广泉. 1992. 黄河下游河道冲淤演变. 山东水利科技,(004):1-11.

彭本荣,洪华生,陈伟琪,等. 2005. 填海造地生态损害评估:理论、方法及应用研究. 自然资源学报,
  20(5):714-726.

彭本荣,洪华生. 2006. 海岸带生态系统服务价值评估理论与应用研究. 北京:海洋出版社.

彭本荣,洪华生,陈伟琪. 2004. 海岸带环境资源价值评估——理论方法与案例研究. 厦门大学学报(自然
  科学版),43(增刊):184-189.

彭补拙,包浩生,周炳中,等. 2000. 长江三角洲地区土地资源开发强度评价研究. 地理科学,20(3):
  218-223.

彭云辉,陈浩如,王肇鼎,等. 2001. 大亚湾核电站运转前和运转后临近海域水环境状况评价. 海洋通报,
  20(3):45-52.

彭云辉,王肇鼎,陈浩如,等. 1998. 大亚湾核电站运转前及运转后大鹏澳海域水环境状况评价. 海洋环境
  科学,17(2):12-16.

瞿敏,邢前国,潘伟斌. 2006. 大亚湾水质遥感监测指标分析. 生态科学,25(3):262-265.

全国海岸带和海涂资源综合调查成果编委会. 1991. 中国海岸带和海涂资源综合调查报告. 北京:海洋出
  版社.

任美锷. 1993. 黄河、长江、珠江三角洲近30年海平面上升趋势及2030年上升量预测. 地理学报,48(5):
  385-393.

施雅风. 2000. 长江三角洲及其临近地区海平面上升影响预测与防治. 中国科学,30(3):225-232.

石晓丽,王卫. 2008. 生态系统功能价值综合评估方法与应用——以河北省康保县为例. 生态学报,
  28(8):3998-4006.

史培军,陈晋,潘耀忠. 2000. 深圳市土地利用变化机制分析. 地理学报,55(2):151-160.

宋乃平,陈忠祥. 1993. 地貌与土地利用关系之探讨. 宁夏大学学报(自然科学版),14(3):28-31.

粟晓玲,康绍忠,佟玲. 2006. 内陆河流域生态系统服务价值的动态估算方法与应用——以甘肃河西走廊
  石羊河流域为例. 生态学报,26(6):2011-2019.

孙志辉. 2001. 1999-2000年中国海洋年鉴. 北京:海洋出版社.

孙志辉. 2002. 1999-2000年中国海洋年鉴. 北京:海洋出版社.

孙志辉. 2003. 2002年中国海洋年鉴. 北京:海洋出版社.

孙志辉. 2004. 2003年中国海洋年鉴. 北京:海洋出版社.

孙志辉. 2005. 2004年中国海洋年鉴. 北京:海洋出版社.

孙志辉. 2006. 2005年中国海洋年鉴. 北京:海洋出版社.

滕克. 2005. 基于突变理论的上市公司业绩综合评价. 广东财经职业学院学报,4(3):34-38.

田彦军,郝晋珉,韩亮,等. 2003. 县域土地利用程度评估模型的构建及应用研究. 农业工程学报,19(6):
  293-297.

王朝晖,齐雨藻,李锦,等. 2004. 大亚湾养殖区营养盐状况分析与评价. 海洋环境科学,23(2):25-28.

王成,魏朝富,袁敏,等. 2007. 不同地貌类型下景观格局对土地利用方式的响应. 农业工程学报,23(9):
  64-71.

王宏,李强. 2004. 中国海洋统计年鉴. 北京:海洋出版社.

王宏志,李仁东,毋河海. 2002. 土地利用动态度双向模型及其在武汉郊县的应用. 国土资源遥感,52:
  20-22.

王锦康. 1995. 中国海洋统计年鉴. 北京:海洋出版社.

王树功,黎夏. 2005. 遥感与GIS技术在湿地定量研究中的应用趋势分析. 热带地理,(3):201-205.

王秀兰,包玉海.1999.土地利用动态变化研究方法探讨.地理科学进展,18(1):81-87.

王萱,陈伟琪.2009.围填海对海岸带生态系统服务的负面影响及其货币化评估技术的选择.生态经济, (5):48-51.

王友绍,王肇鼎,黄良民.2004.近20年来大亚湾生态环境的变化及其发展趋势.热带海洋学报,23(5): 85-95.

魏婷,朱晓东,李杨帆.2008.基于突变级数法的厦门城市生态系统健康评价.生态学报,28(12): 6312-6320.

温秀萍.2007.土地利用更新调查中坡度分级数据库建设方法研究.中国土地科学,21(2):44-50.

吴桑云,王文海.2000.海湾分类系统研究.海洋学报,22(4):83-89.

夏东兴,王文海.1993.中国海岸侵蚀述要.地理学报,48(005):468-476.

谢高地,鲁春霞,冷允法,等.2003.青藏高原生态资产的价值评估.自然资源学报,18(2):189-196.

谢高地,甄霖,鲁春霞,等.2008a.生态系统服务的供给,消费和价值化.资源科学,30(1):93-99.

谢高地,甄霖,鲁春霞,等.2008b.一个基于专家知识的生态系统服务价值化方法.自然资源学报,23(5): 911-919.

辛琨,肖笃宁.2002.盘锦地区湿地生态系统服务功能价值估算.生态学报,22(8):1345-1349.

熊永柱.2007.海岸带可持续发展评价模型及其应用研究——以广东省为例.热带地理,2007,27(6): 511-515,520.

许炯心,孙季.2003.近50年来降水变化和人类活动对黄河入海径流通量的影响.水科学进展,14(006): 690-695.

许启望,张玉祥.1994.海洋资源核算.海洋开发与管理,11(3):16-20.

杨光梅,李文华,闵庆文,等.2006.生态系统服务价值评估研究进展.生态学报,26(1):205-212.

杨桂山.1997.中国海岸环境变化及其区域响应.南京:中国科学院南京地理与湖泊研究所.

杨静,陈昭炯.2007.不同颜色空间中全局色彩传递算法的分析研究.计算机工程与应用,43(25):80-82.

杨清伟,蓝崇钰,辛琨.2003.广东—海南海岸带生态系统服务价值评估.海洋环境科学,22(4):25-29.

杨文鹤.1997.1994-1996年中国海洋年鉴.北京:海洋出版社.

杨文鹤.1999.1997-1998年中国海洋年鉴.北京:海洋出版社.

尧德明,陈玉福,张富刚,等.2008.海南省土地开发利用强度评价研究.河北农业科学,12(1):86-87.

叶庆华,陈沈良,黄羽中,等.2007.近现代黄河尾闾摆动及其亚三角洲体发育的景观信息图谱特征.中国 科学D辑,37(006):813-823.

于格,张军岩,鲁春霞,等.2009.围海造地的生态环境影响分析.资源科学,31(2):265-270.

余炯,曹颖.2006.钱塘江河口段长周期泥沙冲淤和河床变形.海洋学研究,24(2):28-38.

虞志英,楼飞.2004.长江口南汇嘴近岸海床近期演变分析——兼论长江流域来沙量变化的影响.海洋学 报,26(3):47-53.

约翰R·克拉克.2000.海岸带管理手册.北京:海洋出版社.

恽才兴,蒋兴伟.2002.海岸带可持续性发展与综合管理.北京:海洋出版社.

张朝晖.2007.桑沟湾海洋生态系统服务价值评估.青岛:中国海洋大学博士学位论文.

张华国,黄韦艮.2006.基于分形的海岸线遥感信息空间尺度研究.遥感学报,10(004):463-468.

张晰,张杰,纪永刚,等.2010.基于结构特征的SAR船只类型识别能力分析.海洋学报,32(1):146-152.

张绪良.2004.海岸湿地退化对胶州湾渔业和生物多样性保护的影响.海洋技术,23(2):68-70.

张振克.1996.黄渤海沿岸海岸带灾害环境变化趋势及其持续发展对策的研究.海洋通报,15(5):91-96.

赵焕庭.1984.珠江河口演变的基本过程.热带海洋,3(4):1-10.

赵焕庭,王丽荣.2000.中国海岸湿地的类型.海洋通报,19(6):72-82.

赵鹏大.2004.定量地学方法及应用.北京:高等教育出版社.

赵晟,洪华生,张珞平,等. 2007. 中国红树林生态系统服务的能值价值. 资源科学,29(1):147-154.

郑全安,吴隆业. 1992 胶州湾遥感研究. 海洋与胡沼,23(1):1-6.

中国海岸带地貌编写组. 1995. 中国海岸带和海涂资源综合调查专业报告集:中国海岸带地貌. 北京:海洋出版社.

中国海岸带土地利用编写组. 1993. 中国海岸带土地利用. 北京:海洋出版社.

中国海湾志编纂委员会. 1999. 中国海湾志·第九分册. 北京:科学出版社.

中国知网. 2010. 中国经济与社会发展统计数据. http://tongji.cnki.net/kns55/Dig/dig.aspx. 2010.

中国自然资源丛书编纂委员会. 1995. 中国自然资源丛书·海洋卷. 北京:中国环境科学出版社.

中华人民共和国环境保护部. 2007. 中国近岸海域环境质量公报.

周炳中,包浩生,彭补拙. 2000. 长江三角洲地区土地资源开发强度评价研究. 地理科学,20(3):218-223.

周凯,黄长江. 2002. 2000—2001 年粤东柘林湾营养盐分布. 生态学报,2212:2116-2124.

周绍江. 2003. 突变理论在环境影响评价中的应用. 人民长江,34(2):52-54.

朱诚,卢春成. 1996. 长江三角洲及苏北沿海地区 7000 年以来海岸线演变规律分析. 地理科学,16(003):207-214.

朱会义,李秀彬. 2003. 关于区域土地利用变化指数模型方法的讨论. 地理学报,58(5):643-650.

朱琳. 2003. 2001-2002 年粤东大规模增养殖区柘林湾浮游植物的生态学研究. 广东:汕头大学博士学位论文.

朱晓东,施丙文. 1998. 海岸带环境管理与评价的基本问题. 海洋开发与管理,15(2):28-31.

庄大方,刘纪远. 1997. 中国土地利用程度的区域分异模型研究. 自然资源学报,12(2):105-111.

庄振业,许卫东. 1991. 渤海南岸 6000 年来的岸线演变. 青岛海洋大学学报(自然科学版),21(2):99-110.

Al Habshi A,Youssef T,Aizpuru M,Blasco F. 2007. New mangrove ecosystem data along the UAE coast using remote sensing. Aquatic Ecosystem Health & Management,10(3):309-319.

Alphan H,Yilmaz K T. 2005. Monitoring environmental changes in the Mediterranean coastal landscape:The case of Cukurova Turkey. Environmental management,35(5):607-619.

Anderson Siegel D A,Kudela R M,et al. 2009. Empirical models of toxigenic Pseudo-nitzschia blooms:Potential use as a remote detection tool in the Santa Barbara Channel. Harmful Algae,8(3):478-492.

Andrew M,Melanie C,David S,et al. 2006. Integrated estuary assessment framework. Cooperative Research Centre for Coastal Zone,Estuary & Waterway Management,Technical Report 69. May 2006.

Barbier E B,Koch E W,Silliman B R,et al. 2008. Coastal ecosystem-based management with nonlinear ecological functions and values. Science,319:321-323.

Barducci A,Guzzi D,Marcoionni P,et al. 2009. Aerospace wetland monitoring by hyperspectral imaging sensors:A case study in the coastal zone of San Rossore Natural Park. Journal of Environmental Management,90(7):2278-2283.

Bidone E D,Lacerda L D. 2004. The use of DPSIR framework to evaluate sustainability in coastal areas. Case study:Guanabara Bay basin,Rio de Janeiro,Brazil. Region Environment Change,4:5-16.

Bricker S B,Ferreira J G,Simas T. 2003. An integrated methodology for assessment of estuarine trophic status. Ecological Modelling,169(1):39-60.

Brinson M M. 1993. A hydrogeomorphic classification for wetlands. Wetlands Research Program Technical Report,Vicksburg MS:1-2.

Carr J R,Benzer W B. 1991. On the practice of estimating fractal dimension. Mathematical Geology,23(7):945-958.

Champeaux J L,Han K S,Arcos D,et al. 2004,Ecoclimap2:A new approach at global and European scale for ecosystems mapping and associated surface parameters database using SPOT/VEGETATION data-

First results//Geoscience and Remote Sensing Symposium,2004. IGARSS'04. Proceedings. 2004 IEEE International. IEEE,3:2046-2049.

Chaudhuri D,Samal A. 2008. An automatic bridge detection technique for multispectral images. IEEE Transactions on Geoscience and Remote Sensing,46(9):2720-2727.

Chauhan H B,Dwivedi R M. 2008. Inter sensor comparison between RESOURCESAT LISS III,LISS IV and AWiFS with reference to coastal landuse/landcover studies. International Journal of Applied Earth Observation and Geoinformation,10(2):181-185.

Clint Slatton K C,Crawford M M,Chang L D,et al. 2008. Modeling temporal variations in multipolarized radar scattering from intertidal coastal wetlands. Isprs Journal of Photogrammetry and Remote Sensing,63(5):559-577.

Cooper J A G,Ramm A E L,Harrison T D,et al. 1994. The estuarine health index — a new approach to scientific-information transfer. Ocean & Coastal Management,25(2):103-141.

Costanza R,d'Arge R,De Groot R,et al. 1997. The value of the world's ecosystem services and natural capital. Nature,387:253-260.

Curran P J,Steele C M. 2005. MERIS:the re-branding of an ocean sensor. International Journal of Remote Sensing,26(9):1781-1798.

Daniel C J. 2007. Deriving bathymetry from multispectral and hyperspectral imagery. Masters Thesis of University of New South Wales — Australian Defence Force Academy.

De Vries S,Hill D,Schipper M A,et al. 2009. Using stereo photogrammetry to measure coastal waves. Journal of Coastal Research,2:1484-1488.

Dellepiane S,Laurentiis R De,Giordano F. 2004. Coastline extraction from SAR images and a method for the evaluation of the coastline precision. Pattern Recognition Letters,25:1461-1470.

Dobosiewicz J F. 2003. An assessment of spatial variability in water level observations and susceptibility to inundation from coastal storms in a developed estuary,Raritan Bay,New Jersey. Doctoral dissertation of Graduate School-New Brunswick.

Dolan R,Haden B,Heywood J. 1978. A new method for determining shoreline erosion. Coastal Engineering,(2):21-39.

Everitt,J H,Yang C,Sriharan S,et al. 2008. Using high resolution satellite imagery to map black mangrove on the texas gulf coas. Journal of Coastal Research,24(6):1582-1586.

Ferreira J G. 2000. Development of an estuarine quality index based on key physical and biogeochemical features. Ocean & Coastal Management,(43):99-122.

Gamanya R,Maeyer De P,De Dapper M,et al. 2009. Object-oriented change detection for the city of Harare,Zimbabwe. Expert Systems with Applications,36(1):571-588.

Glooschenko W A,Tarnocai C,Zoltai S,et al. 1993. Wetlands of Canada and Greeland. Wetlands of the world:Inventory,ecology and management. USA:Kluwer Academic Publishers,15(2):415-514.

Goodchild M F,Hunter G J. 1997. A simple positional accuracy measure for linear features. International Journal of Geographical Information Science,11(3):299-306.

Gopal B. 2003. Perspectives on wetland science,application and policy. Hydrobiologie,490:1-10.

Hard P,Barg S,Hodge T. 1997. Measuring sustainable development:Review of current practices. Occasional Paper Number,17(11):1-2.

Heo J,Kim J H,Kim J W. 2009 . A new methodology for measuring coastline recession using buffering and non-linear least squares estimation. International Journal of Geographical Information Science,23(9):1165-1177.

Hilbert K W. 2006. Land Cover change within the Grand Bay National Estuarine Research Reserve:1974-2001. Journal of coastal research,22 (6):1552.

Houghton J T,Callanger B A. 1992. Climate Change 1992:the Supplementary Report to the IPCC Scientific Assessment. London:Cambridge University Press.

Huang X N,Zhu Z H,Xu M C,et al. 1998. Variation of water temperature in the southwestern Daya Bay before and after the operation of Daya Bay nuclear power plant. Annual Research Reports(II):Marine Biology Research Station at Daya Bay. Beijing:Science Publishing House:102-112.

Hyde K J W,O'Reilly J E,Daly K,et al. 2007. Validation of SeaWiFS chlorophyll a in Massachusetts Bay. Continental Shelf Research,27(12):1677-1691.

IGBP,IHDP. 2001. Abstract of Science Paper and Posters Presented at the Global Change Open Science Conference "Challenges of a changing Earth" ,Amsterdam,The Netherlands,10-13 July:1-443.

IPCC. 1996. Climate Change 1995:Impacts,adaptations and mitigation of climate change:scientific-technical analyses. Cambridge:Cambridge University Press:267-324.

Jiang J W,Plotnick R E. 1998. Fractal analysis of the complexity of United States coastlines. Mathematical Geology,30(5):535-546.

Kelly R E J,Davie T J A,Atkinson P M,et al. 2003. Explaining temporal and spatial variation in soil moisture in a bare field using SAR imagery. International Journal of Remote Sensing, 24 (15): 3059-3074.

Kiddon J A,Paul J F,Buffum H W,et al. 2003. Ecological condition of US mid-Atlantic estuaries,1997 – 1998. Marine Pollution Bulletin,(46):1224-1244.

Kwoun O I,Lu Z. 2009. Multi-temporal RADARSAT-1 and ERS Backscattering Signatures of Coastal Wetlands in Southeastern Louisiana. Photogrammetric Engineering and Remote Sensing, 75 (5): 607-617.

Lantuit H,Rachold V,Pollard W H,et al. 2009. Towards a calculation of organic carbon release from erosion of arctic coasts using non-fractal coastline datasets. Marine Geology,257(1-4):1-10.

Ledoux L,Turner R K. 2002. Valuing ocean and coastal resources:A review of practical examples and issues for future action. Ocean & Coastal Management,45:583-616.

Levenson H. 1991. Coastal systems:On the margin. Coastal Wetlands. New York:American Society of Civil Engineers:75-83.

Li R,Liu J,Felus Y. 2001. Spatial modeling and analysis for shoreline change detection and coastal erosion monitoring. Marine Geodesy,24(1):1-12.

Liu J K. 1998. Developing geographic information system applications in analysis of responses to lake Erie shoreline changes. Ohio State University.

Luo J,Ming D,Liu W,et al. 2007. Extraction of bridges over water from IKONOS panchromatic data. International Journal of Remote Sensing,29(16):3633-3648.

Maiti S,Bhattacharya A K. 2009. Shoreline change analysis and its application to prediction:A remote sensing and statistics based approach. Marine Geology,257(1-4):11-23.

Mandelbrot B B. 1967. How long is the coast of Britain? Statistical self-similarity and fractional dimension. Science,156(3775):636-638.

Mandelbrot B B. 1977. The fractal geometry of nature. San Francisco:WH Freeman,1982,Revised edition of:Fractals (1977),1.

Mandelbrot B B. 1982. The fractal geometry of nature. San Freeman.

Mandelbrot B B. 1983. The fractal geometry of nature. London:Macmillan.

Martin S. 2004. An introduction to ocean remote sensing. Cambridge University Press.

McLean R, Mimura N. 1993. Vulnerability assessment to sea level rise and coastal zone management. Proceedings of the IPCC/WCC'93 Eastern Hemisphere workshop, Tsukuba, 3-6 August 1993. Department of Environment, Sport and Territories, Canberra, Australia.

Meyer M, Harff J, Gogina M, et al. 2008. Coastline changes of the Darss-Zingst Peninsula —A modelling approach. Journal of Marine Systems, 74: 147-154.

Miller S D, Hawkins J D, Turk F J. 2006. Previewing NPOESS/VIIRS imagery capabilities. Bulletin of the American Meteorological Society, 87(4): 433-446.

Mokhtarzade M, Ebadi H, Valadan zoej M J, et al. 2007. Optimization of road detection from high-resolution satellite images using texture parameters in neural network classifiers. Canadian Journal of Remote Sensing, 33(6): 481-491.

Moore L J. 2000. Shoreline mapping techniques. Journal of Coastal Research, 16(1): 111-124.

Muslim A M, Foody G M. 2008. DEM and bathymetry estimation for mapping a tide-coordinated shoreline from fine spatial resolution satellite sensor imagery. International Journal of Remote Sensing, 29(15): 4515-4536.

Navalgund R R, Jayaraman V, Roy P S. 2007. Remote sensing applications: An overview. Current Science, 93(12): 1747-1766.

Nirchio F, Sorgente M, Giancaspro A, et al. 2005. Automatic detection of oil spills from SAR images. International Journal of Remote Sensing, 26(6): 1157-1174.

NPOESS. 2006. Environmental Data Record-to-Sensor Mapping-Reconfigured.

O'Hara C G, King J S, Cartwright J H, et al. 2003. Multitemporal land use and land cover classification of urbanized areas within sensitive coastal environments. IEEE Transactions on Geoscience and Remote Sensing, 41(9): 2005-2014.

Pascucci S, Bassani C, Palombo A, et al. 2008. Road asphalt pavements analyzed by airborne thermal remote sensing: Preliminary results of the Venice highway. Sensors, 8(2): 1278-1296.

Paul J F, Stroebel C, Melzian B D, et al. 1998. State of the estuaries in the mid-Atlantic region of the United States. Environmental Monitoring and Assessment, (51): 269-284.

Phalippou, Rey L, De château-Thieny, et al. 2001. Overview of the performances and tracking design of the SIRAL altimeter for the Cryosat mission, Proc. IEEE Trans. Geosci. Remote Sens. Symposium, 5: 2025-2027.

Phillips J D. 1986. Spatial analysis of shoreline erosion, Delaware Bay, New Jersey. Annals of the Association of American Geographers, 76(1): 50-62.

Pinkerton, M H, Moore G F, Lavender S J, et al. 2006. A method for estimating inherent optical properties of New Zealand continental shelf waters from satellite ocean colour measurements. New Zealand Journal of Marine and Freshwater Research, 40(2): 227-247.

Plaziata J C, Augustinus P G E F. 2004. Evolution of progradation/erosion along the French Guiana mangrove coast: a comparison of mapped shorelines since the 18th century with Holocene data. Marine Geology, 208: 127-143.

Raychaudhuri B, Adhikari J, Bhaumik S, et al. 2008. Multispectral and hyperspectral analysis and modelling of the absorbance characteristics of marine algal pigments. International Journal of Remote Sensing, 29(3): 787-799.

Robinson E. 2004. Coastal changes along the coast of Vere, Jamaica over the past two hundred years: data from aps and air photographs. Quaternary International, 120: 153-161.

Ryan D A. 2003. Conceptual models of Australia's estuaries and coastal waterways: applications for coastal resource management. Geoscience Australia, Dept. of Industry, Tourism & Resources.

Sanger D, Blair A, DiDonato G, et al. 2008. Support for integrated ecosystem assessments of NOAA's National Estuarine Research Reserves System (NERRS), Volume I: The impacts of coastal development on the ecology and human well-being of tidal creek ecosystems of the US Southeast. http://aquaticcommons. org/2114/.

Schultz H W. 1981. Clean Water Act of 1977. Food Law Handbook: 421-432.

Shalaby A, Tateishi R. 2007. Remote sensing and GIS for mapping and monitoring land cover and land-use changes in the Northwestern coastal zone of Egypt. Applied Geography, 27 (1): 28-41

Shanmugam P, Ahn Y H, Ram P S, et al. 2008. SeaWiFS sensing of hazardous algal blooms and their underlying mechanisms in shelf-slope waters of the Northwest Pacific during summer. Remote Sensing of Environment, 112(7): 3248-3270.

Shen S, Leptoukh G G, Acker J G, et al. 2008. Seasonal variations of chlorophyll a concentration in the northern South China Sea. IEEE Geoscience and Remote Sensing Letters, 5(2): 315-319.

Shutler J D, Land P E, Smyth T J, et al. 2007. Extending the MODIS 1km ocean colour atmospheric correction to the MODIS 500m bands and 500 m chlorophyll-a estimation towards coastal and estuarine monitoring. Remote Sensing of Environment, 107(4): 521-532.

Silbernagel J, Martin S R, Gale M R, et al. 1997. Prehistoric, historic, and present settlement patterns related to ecological hierarchy in the eastern upper peninsula of Michigan. USA. Landscape Ecology, (12): 223-240.

Smeets E, Weterings R. 1999. Environmental Indicators: Typology and Overview. Technical Report: European Environmental Agency, Copenhagen.

Smith G M, Thomson A G, Moller I, et al. 2004. Using hyperspectral imaging for the assessment of mud-flat surface stability. Journal of Coastal Research, 20(4): 1165-1175.

Soergel, U, Cadario E, Thiele A, et al. 2008. Feature extraction and visualization of bridges over water from high-resolution inSAR data and one orthophoto. IEEE Journal of Selected Topics in Applied Earth Observations and Remote Sensing 1, (2): 147-153.

Song X, Huang L, Zhang J, et al. 2004. Variation of phytoplankton biomass and primary production in Daya Bay during spring and summer. Marine Pollution Bulletin, 49: 11-12.

Souza-Filho P W M, Goncalves F D, Rodrigues Swp, et al. 2009. Multi-sensor data fusion for geomorphological and environmental sensitivity index mapping in the amazonian mangrove coast. Brazil, Journal of Coastal Research, 2: 1592-1596.

Sridhar P N, Surendran A, Ramana I V, et al. 2008. Auto-extraction technique-based digital classification of saltpans and aquaculture plots using satellite data. International Journal of Remote Sensing, 29(2): 313-323.

Stokstad E. 2005. Taking the pulse of earths life-support systems. Science, 308: 41-43.

Teodoro A C, Veloso-Gomes F. 2007. Quantification of the total suspended matter concentration around the sea breaking zone from in situ measurements and TERRA/ASTER data. Marine Georesources & Geotechnology, 25(2): 67-80.

Teodoro A C, Veloso-Gomes F. 2008. Statistical techniques for correlating total suspended matter concentration with seawater reflectance using multispectral satellite data. Journal of Coastal Research, 24 (4C): 40-49.

The Governing Board of the National Research Council. 1995. Wetlands: characteristics and boundaries.

America National Academies Press.

Thieler E R, Danforth W W. 1994. Historical shoreline mapping (i): improving techniques and reducing positioning errors. Journal of Coastal Research, 10(3): 549-563.

Thieler E R, Himmelstoss E A, Zichichi J L, et al. 2009. The digital shoreline analysis system (DSAS) version 4. 0: an arcgis extension for calculating historic shoreline change. US Geological Survey.

Thieler E R, Himmelstoss E A, Zichichi J L, et al. 2005. The digital shoreline analysis system (DSAS) version 3. 0, an arcgis extension for calculating historic shoreline change. US Geological Survey.

Thu P M, Populus J. 2007. Status and changes of mangrove forest in Mekong Delta: Case study in Tra Vinh, Vietnam. Estuarine, Coastal and Shelf Science, 71: 98-109.

Tigny V, Ozer A, De Falco G, et al. 2007. Relationship between the evolution of the shoreline and the Posidonia oceanica meadow limit in a Sardinian coastal zone. Journal of coastal research, 23 (3): 787-793.

Tol R S J, Fankhauser S. 1998. On the representation of impact in integrated assessment models of climate change. Environmental Modeling and Assessment, 3(1-2): 63-74.

Verberg P H, Chen Y Q. 2006. Multiscale characterization of land use patterns in China. Ecosystem, 3: 369-385.

Verburg P H, Soepboer W, Limpiada R, et al. 2002. Land use change modelling at the regional scale: the CLUE-S model. Environmental Management, 30: 391-405.

Verburg P H, Veldkamp A, de Koning, et al. 1999. A spatial explicit allocation procedure for modelling the pattern of land use change based upon actual land use. Ecological Modelling, 116: 45-61.

Watson R T, Zinyowera M C, MOSS R H, et al. 1996. Climate Change 1995: Impacts, Adaptations and Mitigation of Climate Change. Britain: Cambridge University Press: 56-57.

Watson R T, Zinyowera M C, MOSS R H, et al. 1998. The regional Impacts of climate change: An assessment of Vulnerability. Britain: Cambridge University Press: 12-78.

WCC'93. 1995. Preparing to meet the coastal challenges of the 21st century. Proceedings of the World Coast Conference, Noordwijk, 1-5 November 1993, CZM Center Publication No. 4, Ministry of Transport, Public Works and Water Management. The Hague, Netherlands.

Wilen B O. 1993. Wetlants of the United States. Wetlands of the world: Inventory, ecology and management USA: Kluwer Acadetmic Publishers, 15(2): 515-636.

Yagoub M M, Kolan G R. 2006. Monitoring coastal zone land use and land cover changes of Abu Dhabi using remote sensing. Photonirvachak-Journal of The Indian Society of Remote Sensing, 34 (1): 57-68.

Yan Z Z, Tang D L. 2009. Changes in suspended sediments associated with 2004 Indian Ocean tsunami. Advances in Space Research, 43(1): 89-95.

Yang C, Everitt J H, Fletcher R S, et al. 2009. Evaluating AISA plus Hyperspectral Imagery for Mapping Black Mangrove along the South Texas Gulf Coast. Photogrammetric Engineering and Remote Sensing, 75(4): 425-435.

Yu J, Tang D, Oh I, et al. 2007. Response of harmful algal blooms to environmental changes in Daya Bay, China. Terrestrial, Atmospheric and Oceanic Sciences, 18(5): 1011-1027.

Zatyagalova V V, Yu I A, Golubov B N. 2007. Application of Envisat SAR imagery for mapping and estimation of natural oil seeps in the South Caspian Sea. Proceedings of the Envisat Symposium, Montreux, Switzerland, April 23-27 (ESA SP-636).

Zhou Y, Fu L, Cheng L, et al. 2007. Characterization of in-use light-duty gasoline vehicle emissions by remote sensing in Beijing: impact of recent control measures. Journal of the Air & Waste Management

Association,57(9):1071-1077.

Zhu X H,Cai Y L,Yang X C. 2004. On fractal dimensions of China's coastlines. Mathematical Geology, 36 (4):447-461.

Zoltai S C,Pollett F C. 1983. Wetlands in Canada,Their Classification,Distribution,and Use. UK:Elsevier Scientific.

Zoran M,Andersona E. 2006. The use of multi-temporal and multispectral satellite data for change detection analysis of the Romanian Black Sea coastal zone. Journal of Optoelectronics and Advanced Materials,8 (1):252-256.